岂兴明 吴炜 郑子都 宋振国◎编著

西门子S7-200 PLC 从入门到精通

U0247723

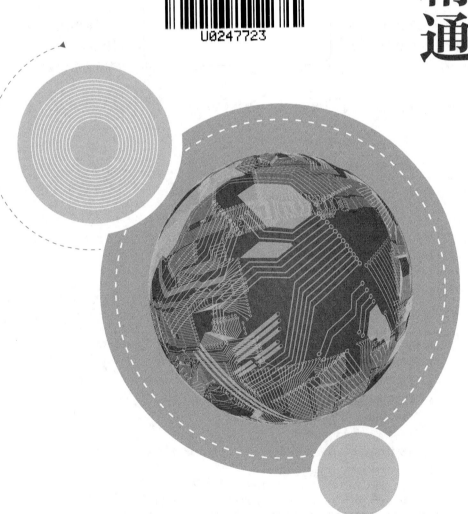

人民邮电出版社
北 京

图书在版编目（ＣＩＰ）数据

西门子S7-200PLC从入门到精通 / 邑兴明等编著. --
北京：人民邮电出版社，2019.6
ISBN 978-7-115-51103-4

Ⅰ．①西… Ⅱ．①邑… Ⅲ．①PLC技术 Ⅳ.
①TM571.61

中国版本图书馆CIP数据核字(2019)第067885号

内 容 提 要

本书主要介绍了西门子公司 S7-200 系列 PLC 的硬件资源、指令系统等基础知识，并详细讲解了编程软件的安装和使用方法、PLC 控制系统的设计方法与步骤，然后通过 10 个综合实例介绍了 S7-200 系列 PLC 在控制领域的应用与开发方法。本书采用图、表、文相结合的方法，使书中的内容既通俗易懂又不失专业性。

本书可供工程技术人员自学使用，还可作为相关专业培训的参考教材。

◆ 编　　著　邑兴明　吴　炜　郑子都　宋振国
　　责任编辑　黄汉兵
　　责任印制　彭志环

◆ 人民邮电出版社出版发行　　北京市丰台区成寿寺路 11 号
　　邮编　100164　电子邮件　315@ptpress.com.cn
　　网址　http://www.ptpress.com.cn
　　固安县铭成印刷有限公司印刷

◆ 开本：787×1092　1/16
　　印张：24.5　　　　　　　　2019 年 6 月第 1 版
　　字数：627 千字　　　　　　2019 年 6 月河北第 1 次印刷

定价：99.00 元
读者服务热线：(010)81055493　印装质量热线：(010)81055316
反盗版热线：(010)81055315

前　言

可编程控制器（PLC）以微处理器为核心，将微型计算机技术、自动控制技术及网络通信技术有机地融为一体，是应用十分广泛的工业自动化控制装置。PLC 技术具有控制能力强、可靠性高、配置灵活、编程简单、使用方便、易于扩展等优点，不仅可以取代继电器控制系统，还可以进行复杂的生产过程控制及应用于工厂自动化网络，它已成为现代工业控制的四大支柱技术（PLC 技术、机器人技术、CAD/CAM 技术和数控技术）之一。因此，学习、掌握和应用 PLC 技术已成为工程技术人员的迫切需求。

西门子公司生产的 PLC 可靠性高，在我国的应用很广泛。西门子公司的 S7 系列 PLC 是 S5 系列 PLC 的更新换代产品，包括 S7-200、S7-300 和 S7-400 三大系列，其中 S7-200 属于小型 PLC（如无特殊说明，书中提到的 S7-200 PLC 均指 S7-200 系列 PLC）。西门子公司虽然为其产品编写了相应的硬件安装手册、程序编写手册和网络通信手册，但在介绍的时候对所有类型的 PLC 一视同仁，没有突出介绍现阶段重点使用的几种类型。并且，有的参考手册是英文版的，这就要求用户具有较高的英语水平，给 PLC 的普及和学习带来了一定的困难。

本书从 PLC 技术初学者自学的角度出发，由浅入深地从入门、提高、实践 3 个方面介绍 S7-200 系列 PLC 的基础知识和应用开发方法。书中内容包括 S7-200 系列 PLC 硬件及内部资源、基本指令系统、编程系统使用方法、PLC 的网络与通信技术、控制系统设计方法，并通过 10 个综合实例详细介绍 S7-200 系列 PLC 在电气控制系统、机电控制系统和日常生活及工业生产中的应用开发方法。

本书在编写时力图文字精练，分析步骤详细、清晰，且图、文、表相结合，内容充实、通俗易懂。读者通过对本书的学习，可以全面、快速地掌握 S7-200 系列 PLC 的应用方法。本书适合工控技术人员自学使用，也可供技术培训及在职人员进修学习时使用。

本书由呙兴明、吴炜、郑子都、宋振国编著，由于编者水平有限，加之编写时间仓促，书中如有疏漏之处，欢迎广大读者提出宝贵的意见和建议。

编　者
2019 年 1 月

目 录

入 门 篇

提 高 篇

实 践 篇

入门篇

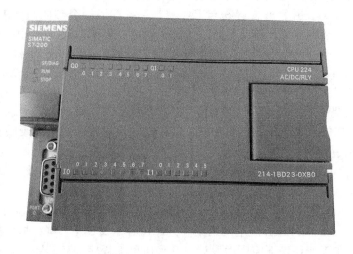

第1章 可编程控制器概述

可编程控制器（Programmable Logic Controller，PLC）是在电气控制技术和计算机技术的基础上开发出来的，并逐渐发展成为以微处理器为核心，把自动化技术、计算机技术、通信技术融为一体的一种新型工业自动化控制装置。PLC 将传统的继电器控制技术和现代计算机信息处理技术的优点有机地结合起来，具有结构简单、性能优越、可靠性高等优点，在工业自动化控制领域得到了广泛的应用。本章将主要介绍 PLC 的发展历史及相关技术的发展趋势，进而概述 PLC 的特点、功能和分类，并详细讨论 PLC 的基本结构、软件系统、扫描工作方式、输入/输出（I/O）原则等，最后对部分西门子 S7 系列 PLC 的性能特点进行了简单介绍。

1.1 PLC 的定义与发展

PLC 是一种数字运算操作的电子系统，即计算机。不过，PLC 是专为在工业环境下应用而设计的工业计算机。它具有很强的抗干扰能力，广泛的适应能力和应用范围，这也是其区别于其他计算机控制系统的一个重要特征。这种工业计算机采用"面向用户的指令"，因此编程更方便。PLC 能完成逻辑运算、顺序控制、定时、计数和算术运算等操作，具有数字量和模拟量输入、输出能力，并且非常容易与工业控制系统连成一个整体，易于"扩充"。由于 PLC 引入了微处理器及半导体存储器等新一代电子器件，并用规定的指令进行编程，因此 PLC 是通过软件方式来实现"可编程"的，程序修改灵活、方便。

1.1.1 PLC 的定义

早期的 PLC 主要用来实现逻辑控制功能。但随着技术的发展，PLC 不仅有逻辑运算功能，还有算术运算、模拟处理和通信联网等功能。PLC 这一名称已不能准确反映其功能。因此，1980 年美国电气制造商协会（National Electrical Manufacturers Association，NEMA）将它命名为可编程序控制器（Programmable Controller），并简称 PC。但是，由于个人计算机（Personal Computer）也简称为 PC，为避免混淆，后来仍习惯称其为 PLC。

为使 PLC 生产和发展标准化，1987 年，国际电工委员会（International Electrotechnical Commission，IEC）颁布了 PLC 标准草案第三稿，对 PLC 定义如下：PLC 是一种数字运算操作的电子系统，专为在工业环境下应用而设计。它采用可编程序的存储器，用来在其内部存储执行逻辑运算、顺序控制、定时、计数和算术运算等操作的指令，并通过数字式和模拟式的输入和输出，控制各种类型的机械或生产过程。PLC 及其有关外部设备，都应按易于与工业系统连成一个整体、易于扩充其功能的原则设计。

该定义强调了 PLC 应用于工业环境，必须具有很强的抗干扰能力、广泛的适应能力和广阔的应用范围，这是 PLC 区别于一般微机控制系统的重要特征。

综上所述，PLC 是专为工业环境应用而设计制造的计算机。PLC 具有丰富的 I/O 接口，并具有较强的驱动能力。但 PLC 产品并不针对某一具体工业应用，在实际应用时，其硬件需要根据实际需求进行选用配置，其软件需要根据控制需求进行设计编制。

1.1.2　PLC 的产生

20 世纪 20 年代，继电器控制系统开始盛行。继电器控制系统就是将继电器、定时器、接触器等元器件按照一定的逻辑关系连接起来而组成的控制系统。继电器控制系统结构简单、操作方便、价格低廉，在工业控制领域一直占据着主导地位。但是，继电器控制系统具有明显的缺点：体积大，噪声大，能耗大，动作响应慢，可靠性差，维护性差，功能单一，采用硬连线逻辑控制，设计安装调试周期长，通用性和灵活性差等。

1968 年，美国通用汽车公司（GM）为了提高竞争力，更新汽车生产线，以便将生产方式从少品种大批量转变为多品种小批量，公开招标一种新型工业控制器。为尽可能减少更换继电器控制系统的硬件及连线，缩短重新设计、安装、调试周期，降低成本，美国通用汽车公司提出了以下 10 条技术指标。

① 编程方便，可现场编辑及修改程序。

② 维护方便，最好是插件式结构。

③ 可靠性高于继电器控制装置。

④ 数据可直接输入管理计算机。

⑤ 输入电压可为市电 115V（国内 PLC 产品电压多为 220V）。

⑥ 输出电压可以为市电 115V，电流大于 2A，可直接驱动接触器、电磁阀等。

⑦ 用户程序存储器容量大于 4KB。

⑧ 体积小于继电器控制装置。

⑨ 扩展时系统变更最少。

⑩ 成本与继电器控制装置相比，有一定的竞争力。

1969 年，美国数字设备公司根据上述要求，研制出了世界上第一台 PLC，即型号为 PDP-14 的一种新型工业控制器。它把计算机的完备功能、灵活及通用等优点和继电器控制系统的简单易懂、操作方便、价格低廉等优点结合起来，制成了一种适合于工业环境的通用控制装置，并把计算机的编程方法和程序输入方式加以简化，用"面向控制过程，面向对象"的"自然语言"进行编程，使不熟悉计算机的人也能方便地使用。它在美国通用汽车公司的汽车生产线上试用成功，取得了显著的经济效益，开创了工业控制的新局面。

1.1.3　PLC 的发展历史

PLC 问世时间虽然不长，但是随着微处理器的出现，大规模、超大规模集成电路技术的迅速发展和数据通信技术、自动控制技术、网络技术的不断进步，PLC 也在迅速发展。其发展过程大致可分为以下 5 个阶段。

（1）从 1969 年到 20 世纪 70 年代初期

CPU 由中、小规模数字集成电路组成，存储器为磁芯式存储器；控制功能比较简单，主要用于定时、计数及逻辑控制。这一阶段 PLC 产品没有形成系列，应用范围不是很广泛，与继电器控制装置比较，可靠性有一定的提高，但仅仅是其替代产品。

（2）从 20 世纪 70 年代初期到 20 世纪 70 年代末期

这个阶段 PLC 采用微处理器、半导体存储器，使整机的体积减小，而且数据处理能力获得很大提高，增加了数据运算、传送、比较、模拟量运算等功能。这一阶段 PLC 产品已初步实现了系列化，并具备软件自诊断功能。

（3）从 20 世纪 70 年代末期到 20 世纪 80 年代中期

由于大规模集成电路的发展，PLC 开始采用 8 位和 16 位微处理器，数据处理能力和速度大大提高；PLC 开始具有了一定的通信能力，为实现 PLC "集中管理，分散控制" 奠定了重要基础；软件上开发出了面向过程的梯形图语言及助记符语言，为 PLC 的普及提供了必要条件。在这一阶段，发达的工业化国家在多种工业控制领域开始应用 PLC 控制。

（4）从 20 世纪 80 年代中期到 90 年代中期

超大规模集成电路促使 PLC 完全计算机化，CPU 已经开始采用 32 位微处理器；PLC 的数学运算、数据处理能力大大提高，增加了运动控制、模拟量比例–积分–微分（proportion–integral–differential，PID）控制等功能，联网通信能力进一步加强；PLC 在功能不断增加的同时，体积在减小，可靠性更高。在此阶段，国际电工委员会颁布了 PLC 标准，使 PLC 向标准化、系列化发展。

（5）从 20 世纪 90 年代中期至今

这一阶段 PLC 产品实现了特殊算术运算的指令化，通信能力进一步加强。

1.1.4　PLC 的发展趋势

PLC 诞生不久就在工业控制领域占据了主导地位，日本、法国、德国等国家相继研制出各自的 PLC。PLC 技术随着计算机和微电子技术的发展而迅速发展，由最初的 1 位机发展到现在的 16 位、32 位机，实现了多处理器的多通道处理。另外，通信技术使 PLC 的应用得到了进一步发展。PLC 正在向高集成化、小体积、大容量、高速度、使用方便、高性能和智能化等方向发展。具体表现在以下几个方面。

1. 小型化、低成本

微电子技术的发展，大幅度提高了新型器件的功能并降低了其成本，使 PLC 结构更为紧凑，PLC 的体积越来越小，使用起来越来越方便灵活。同时，PLC 的功能不断提升，人们将原来大、中型 PLC 才具有的功能移植到小型 PLC 上，如模拟量处理、数据通信和其他更复杂的功能指令，而其价格却在不断下降。

2. 大容量、模块化

大型 PLC 采用多处理器系统，有的采用了 32 位微处理器，可同时进行多任务操作，处理速度大幅提高，特别是增强了过程控制和数据处理功能。而且存储容量也大大增加。PLC 的另一个发展方向是大型 PLC，具有上万个输入/输出量，广泛用于石化、冶金、汽车制造等领域。

PLC 的扩展模块发展迅速，大量特定的复杂功能由专用模块来完成，主机仅仅通过通信设备箱模块发布命令和测试状态。PLC 的系统功能进一步增强，控制系统设计进一步简化，如计数模块、位置控制和位置检测模块、闭环控制模块、称重模块等。尤其是，PLC 与个人计算机技术相结合后，使 PLC 的数据存储、处理功能大大增强；计算机的硬件技术也越来越多地应用于 PLC 上，并可以使用多种语言编程，直接与个人计算机相连进行信息传递。

3. 多样化和标准化

各个 PLC 生产厂家均在加大力度开发新产品，以求更大的市场占有率。因此，PLC 产品正在向多样化方向发展，出现了欧、美、日等多个流派。与此同时，为了避免各种产品间的竞争而导致技术不兼容，国际电工委员会不断为 PLC 的发展制定一些新的标准，对各种类型的产品进行归纳或定义，为 PLC 的发展制定方向。目前，越来越多的 PLC 生产厂家能提供符合 IEC 1131-3 标准的产品，甚至还推出了按照 IEC 1131-3 标准设计的"软件 PLC"在个人计算机上运行。

4. 网络通信增强

目前，PLC 可以支持多种工业标准总线，使联网更加简单。计算机与 PLC 之间，以及各个 PLC 之间的联网和通信能力不断增强，使工业网络可以有效地节省资源、降低成本，提高系统的可靠性和灵活性。

5. 人机交互

PLC 可以配置操作面板、触摸屏等人机对话装置，不仅为系统设计开发人员提供了便捷的调试手段，还为用户提供了一个掌控 PLC 运行状态的窗口。在设计阶段，设计开发人员可以通过计算机上的组态软件，方便快捷地创建各种组件，设计效率大大提高；在调试阶段，调试人员可以通过操作面板、状态指示灯、触摸屏等反馈的报警、故障代码，迅速定位故障源，分析并排除各类故障；在运行阶段，用户可以方便地根据反馈的数据和各类状态信息掌控 PLC 的运行情况。

1.2 PLC 的特点、功能及分类

1.2.1 PLC 的特点

PLC 是专为工业环境下应用而设计的，以用户需求为主，采用了先进的微型计算机技术，具有以下几个显著特点。

1. 可靠性高、抗干扰能力强

PLC 选用了大规模集成电路和微处理器，使系统器件数大大减少，而且在硬件和软件的设计制造过程中采取了一系列隔离和抗干扰措施，使它能适应恶劣的工作环境，所以具有很高的可靠性。PLC 控制系统平均无故障工作时间可达到 2 万小时以上，高可靠性是 PLC 成为通用自动控制设备的首选条件之一。PLC 的使用寿命一般在 4 万～5 万小时，西门子、ABB 等品牌的微小型 PLC 寿命可达 10 万小时以上。在机械结构设计与制造工艺上，为使 PLC 更安全、可靠地工作，采取了很多措施以确保 PLC 耐振动、耐冲击、耐高温（有些产品的工作环境温度达 80～90℃）。另外，PLC 的软件与硬件采取了一系列提高可靠性和抗干扰的措施，如系统硬件模块冗余，采用光电隔离、失电保护，对干扰的屏蔽和滤波，在运行过程中运行模块热插拔，设置故障检测与自诊断程序及其他措施。

（1）硬件措施

PLC 的主要模块均采用大规模或超大规模集成电路，大量开关动作由无触点的电子存储器完成，I/O 系统设计有完善的通道保护和信号调理电路。

① 对电源变压器、CPU、编程器等主要部件，采用导电、导磁良好的材料进行屏蔽，以防外界干扰。

② 对供电系统及输入线路采用多种形式的滤波，如 LC 或 π 型滤波网络，以消除或抑制

高频干扰，削弱了各种模块之间的相互影响。

③ 对微处理器这个核心部件所需的+5V电源，采用多级滤波，并用集成电压调节器进行调整，以适应交流电网的波动，削弱过电压、欠电压的影响。

④ 在微处理器与I/O电路之间，采用光电隔离措施，有效地隔离I/O接口与CPU之间的联系，减少故障和误动作，各I/O口之间也彼此隔离。

⑤ 采用模块式结构有助于在故障情况下短时修复，一旦查出某一模块出现故障，能迅速替换，使系统恢复正常工作；同时也有助于更迅速地查找故障原因。

（2）软件措施

PLC编程软件具有极强的自检和保护功能。

① 采用故障检测技术，软件定期检测外界环境，如失电、欠电压、锂电池电压过低及强干扰信号等，以便及时进行处理。

② 采用信息保护与恢复技术，当偶发性故障条件出现时，不破坏PLC内部的信息。一旦故障条件消失，就可以恢复正常，继续原来的程序工作。所以，PLC在检测到故障条件时，立即把现状态存入存储器，软件配合对存储器进行封闭，禁止对存储器的任何操作，以防止存储信息被冲掉。

③ 设置警戒时钟WDT，如果程序循环执行时间超过了WDT的规定时间，预示程序进入死循环，立即报警。

④ 加强对程序的检查和校验，一旦程序有错，立即报警，并停止执行。

⑤ 对程序集动态数据进行电池后备，停电后，利用后备电池供电，有关状态和信息不会丢失。

2. 通用性强、控制程序可变、使用方便

PLC品种齐全的各种硬件装置，可以组成满足各种要求的控制系统，用户不必再自己设计和制造硬件装置。用户在硬件确定以后，在生产工艺流程改变或生产设备更新的情况下，不必改变PLC的硬件设备，只需更改程序就可以满足要求。因此，PLC除应用于单机控制外，在工厂自动化中也被大量采用。

利用PLC实现对系统的各种控制是非常方便的。首先，PLC控制逻辑的建立是通过程序来实现的，而不是通过硬件连线实现的，更改程序比更改接线方便得多；其次，PLC的硬件高度集成化，已集成为各种小型化、系列化、规格化、配套的模块。各种控制系统所需的模块，均可在市场上选购到各PLC生产厂家提供的丰富产品。因此，硬件系统配置与建造同样方便。

用户可以根据工程控制的实际需要，选择PLC主机单元和各种扩展单元进行灵活配置，提高系统的性价比。若生产过程对控制功能的要求提高，则PLC可以方便地对系统进行扩充，如通过I/O扩展单元来增加I/O点数，通过多台PLC之间或PLC与上位计算机的通信来扩展系统的功能；利用阴极射线管（CRT）屏幕显示进行编程和监控，便于修改和调试程序，易于故障诊断，缩短维护周期。设计开发在计算机上完成，采用梯形图（LAD）、语句表（STL）和功能块图（FBD）等编程语言，可以利用编程软件在各语言之间进行转换，满足不同层次工程技术人员的需求。

目前，大多数PLC仍采用继电控制形式的梯形图编程方式。这种方式既继承了传统控制线路的清晰直观的优点，又考虑到大多数工厂企业电气技术人员的读图习惯及编程水平，所以非常容易被读者接受和掌握。梯形图语言的编程元件符号和表达方式与继电器控制电路原

理图相当接近。通过阅读 PLC 的用户手册或短期培训，电气技术人员和技术工人很快就能学会使用梯形图语言编制控制程序。另外，大多数 PLC 还提供了功能块图、语句表等编程语言。

3. 体积小、质量小、能耗低、维护方便

PLC 是将微电子技术应用于工业设备的产品，其结构紧凑、坚固、体积小、质量小、能耗低。PLC 具有强抗干扰能力，易于安装在各类机械设备的内部。例如，三菱公司的 FX$_{2N}$-48MR 型 PLC：外形尺寸仅为 182mm×90mm×87mm，质量为 0.89kg，能耗为 25W，且具有很好的抗振，适应环境温度、湿度变化的能力；在系统的配置上既固定又灵活，I/O 点数可达 24～128 点；另外，该 PLC 还具有故障检测和显示功能，使故障处理时间缩短为 10min，对维护人员的技术水平要求也不太高。

PLC 采用了软件来取代继电器控制系统中大量的中间继电器、时间继电器、计数器等器件，控制柜的设计安装接线工作量大为减少。同时，PLC 的用户程序可以在实验室模拟调试，减少了现场的调试工作量。并且，PLC 的低故障率、很强的监视功能以及模块化等特点，使维修极为方便。

4. 功能强大，灵活通用

现代 PLC 不仅有逻辑运算、计时、计数、顺序控制等功能，还具有数字和模拟量的输入与输出、功率驱动、通信、人机对话、自检、记录显示等功能，既可控制一台生产机械、一条生产线，又可控制一个生产过程。

PLC 的功能全面，可以满足大部分工程生产自动化控制的要求。这主要与 PLC 具有丰富的处理信息的指令系统及存储信息的内部器件有关。PLC 的指令多达几十条、几百条，不仅可以进行各式各样的逻辑问题处理，还可以进行各种类型数据的运算。PLC 内存中的数据存储器种类繁多，容量宏大。I/O 继电器可以存储 I/O 信息，存储容量少则几十、几百条，多达几千、几万条，甚至十几万条。PLC 内部集成了继电器、计数器、计时器等功能，并可以设置成失电保持或失电不保持，以满足不同系统的使用要求。PLC 还提供了丰富的外部设备，可建立友好的人机界面，进行信息交换。PLC 可输入程序、数据，也可读出程序、数据。

PLC 不仅精度高，而且可以选配多种扩展模块、专用模块，功能已经涵盖了工业控制领域的绝大部分。随着计算机网络技术的迅速发展，通信和联网功能在 PLC 的应用中越来越重要，将网络上层的大型计算机的强大数据处理能力和管理功能与现场网络中 PLC 的高可靠性结合起来，可以形成一种新型的分布式计算机控制系统。利用这种新型的分布式计算机控制系统，可以实现远程控制和集散系统控制。

1.2.2 PLC 的功能

PLC 是一种专门为当代工业生产自动化而设计开发的数字运算操作系统，可以把它简单理解成专为工业生产领域而设计的计算机。目前，PLC 已经广泛地应用于钢铁、石化、机械制造、汽车、电力等各个行业，并取得了可观的经济效益。特别是在发达的工业国家，PLC 已广泛应用于各个工业领域。随着性价比的不断提高，PLC 的应用领域还将不断扩大。因此，PLC 不仅拥有现代计算机所拥有的全部功能，还具有一些为适应工业生产而特有的功能。

1. 开关量逻辑控制功能

开关量逻辑控制是 PLC 的最基本功能，PLC 的 I/O 信号都是通/断的开关信号，而且 I/O 点数可以不受限制。在开关量逻辑控制中，PLC 已经完全取代了传统的继电器控制系统，实现了逻辑控制和顺序控制功能。目前，用 PLC 进行开关量控制涉及许多行业，如机场电气控

制、电梯运行控制、汽车装配、啤酒灌装生产线等。

2. 运动控制功能

PLC 可用于直线运动或圆周运动的控制。目前，制造商已经提供了拖动步进电动机或伺服电动机的单轴或多轴位置控制模块，即把描述目标位置的数据送给模块，模块移动单轴或多轴到目标位置。当每个轴运动时，位置控制模块保持适当的速度和加速度，确保运动平稳。PLC 还提供了变频器控制的专用模块，能够实现对变频电机的转差率控制、矢量控制、直接转矩控制、U/f 控制。PLC 的运动控制功能广泛应用于各种机械，如金属切削机床、金属成形机械、装配机械、机器人、电梯等场合。

3. 闭环过程控制功能

过程控制是指对温度、压力、流量等连续变化的模拟量的闭环控制。PLC 通过模块实现 A/D、D/A 转换，能够实现对模拟量的控制，包括对稳定、压力、流量、液位等连续变化模拟量的 PID 控制。现代的大、中型 PLC 一般有 PID 闭环控制功能，这一功能可以用 PID 子程序或专用的 PID 模块来实现。其 PID 闭环控制功能已经广泛应用于锅炉、冷冻、核反应堆、水处理、酿酒等领域。

4. 数据处理功能

现代的 PLC 具有数学运算（包括函数运算、逻辑运算、矩阵运算）、数据处理、排序和查表、位操作等功能，可以完成数据的采集、分析和处理，也可以和存储器中的参考数据相比较，并将这些数据传递给其他智能装备。支持顺序控制的 PLC 与数字控制设备紧密结合，可实现计算机数据控制（CNC）功能。数据处理一般用于大、中型控制系统中。

5. 通信联网功能

PLC 的通信包括 PLC 与 PLC 之间、PLC 与上位计算机及其他智能设备之间的通信。PLC 与计算机之间具有串行通信接口，利用双绞线、同轴电缆将它们连成网络，实现信息交换。PLC 还可以构成"集中管理，分散控制"的分布式控制系统。联网可以增加系统的控制规模，甚至可以实现整个工厂生产的自动化控制。

目前，PLC 控制技术已在世界范围内广为流行，国际市场竞争相当激烈，产品更新速度也很快，用 PLC 设计自动控制系统已成为世界潮流。PLC 作为通用自动控制设备，可用于单一机电设备的控制，也可用于工艺过程的控制，且控制精度高，操作简便，具有很大的灵活性和可扩展性。PLC 已广泛应用于机械制造、冶金、化工、交通、电子、电力、纺织、印刷及食品等行业。

1.2.3　PLC 的分类

目前，PLC 的品种很多，性能和型号规格也不统一，结构形式、功能范围各不相同，一般按外部特性进行如下分类。

1. 按结构形式分类

根据结构形式的不同，PLC 可分为整体式 PLC 和模块式 PLC 两种。

（1）整体式 PLC

将 I/O 接口电路、CPU、存储器、稳压电源封装在一个机壳内，通常称为主机。主机两侧分装有输入、输出接线端子和电源进线端子，并有相应的发光二极管指示输入与输出的状态。通常小型或微型 PLC 常采用这种结构，适用于简单控制的场合。西门子的 S7-200 系列、松下的 FP1 系列、三菱的 FX 系列产品均属于整体式 PLC。

（2）模块式 PLC

模块式 PLC 为总线结构，在总线板上有若干总线插槽，每个插槽上可安装一个 PLC 模块，不同的模块实现不同的功能，根据控制系统的要求来配置相应的模块，如 CPU 模块（包括存储器）、电源模块、输入模块、输出模块及其他高级模块、特殊模块等。大型 PLC 通常采用这种结构，一般用于比较复杂的控制场合。西门子的 S7-300/400 系列、三菱的 Q 系列产品均属于模块式 PLC。

2. 按 I/O 点数分类

（1）小型 PLC

小型 PLC 的 I/O 点数一般在 128 点以下，其中 I/O 点数小于 64 点的为超小型或微型 PLC。其特点是体积小、结构紧凑，整个硬件融为一体，除了开关量 I/O 以外，还可以连接模拟量 I/O 以及其他各种特殊功能模块。它能执行包括逻辑运算、计时、计数、算术运算、数据处理和传送、通信联网等各种应用指令。它的结构形式多为整体式。小型 PLC 产品应用的比例最高。

（2）中型 PLC

中型 PLC 的 I/O 点数一般在 256～2 048 点，采用模块化结构，程序存储容量小于 13KB，可完成较为复杂的系统控制。I/O 的处理方式除了采用 PLC 通用的扫描处理方式外，还能采用直接处理方式，通信联网功能更强，指令系统更丰富，内存容量更大，扫描速度更快。

（3）大型 PLC

大型 PLC 的 I/O 点数一般在 2 048 点以上，采用模块化结构，程序存储容量大于 13KB。大型 PLC 的软、硬件功能极强，具有极强的自诊断功能，通信联网功能强，可与计算机构成集散型控制以及更大规模的过程控制，形成整个工厂的自动化网络，实现工厂生产管理自动化。

3. 按功能分类

（1）低档 PLC

低档 PLC 的功能主要以逻辑运算为主，具有逻辑运算、定时、计数、移位及自诊断、监控等基本功能，还可有少量的模拟量 I/O、算术运算、数据传送和比较、通信等功能。低档 PLC 一般用于单机或小规模过程。

（2）中档 PLC

除了具有低档 PLC 的功能以外，中档 PLC 加强了对开关量、模拟量的控制，提高了数字运算能力，如算术运算、数据传送和比较、数值转换、远程 I/O、子程序等，加强了通信联网功能。中档 PLC 可用于小型连续生产过程的复杂逻辑控制和闭环调节控制。

（3）高档 PLC

除了具有中档 PLC 的功能以外，高档 PLC 增加了带符号算术运算、矩阵运算、位逻辑运算、平方根运算及其他特殊功能函数运算、制表及表格传送等功能。高档 PLC 进一步加强了通信网络功能，适用于大规模的过程控制。

1.3 PLC 的基本结构与工作原理

PLC 的工作是建立在计算机基础上的，故其 CPU 是以分时操作的方式来处理各项任务的，即串行工作方式，而继电器控制系统是实时控制的，即并行工作方式。那么如何让串行工作方式的计算机系统完成并行方式的控制任务呢？通过 PLC 工作方式和工作过程的说明，可以理解 PLC 的工作原理。

1.3.1 PLC 的基本结构

PLC 是微型计算机技术和控制技术相结合的产物，是一种以微处理器为核心的用于控制的特殊计算机，因此，PLC 的基本组成与一般的微型计算机系统相似。

PLC 的种类繁多，但是其结构和工作原理基本相同。PLC 虽然专为工业现场应用而设计，但是其依然采用了典型的计算机结构，主要由 CPU、存储器（EPRAM、ROM）、I/O 单元、扩展 I/O 接口、电源等几大部分组成。小型 PLC 多为整体式结构，中、大型 PLC 则多为模块式结构。

如图 1-1 所示，对于整体式 PLC，所有部件都装在同一机壳内。而模块式 PLC 的各部件相互独立封装成模块，各模块通过总线连接，安装在机架或导轨上（图 1-2）。无论哪种结构类型的 PLC，都可根据用户需要进行配置和组合。

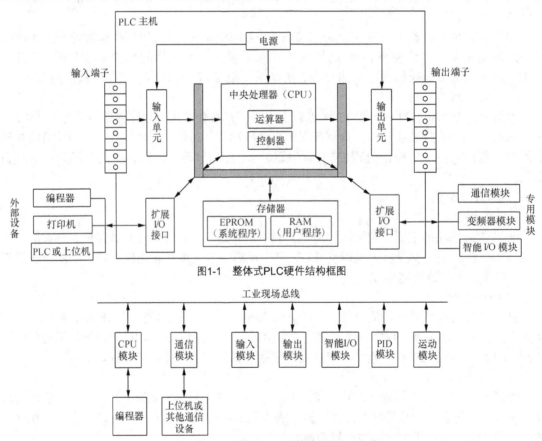

图1-1　整体式PLC硬件结构框图

图1-2　模块式PLC硬件结构框图

1. 中央处理器（CPU）

同一般的微型计算机一样，CPU 也是 PLC 的核心。PLC 中所配置的 CPU 可分为 3 类：通用微处理器（如 Z80、8086、80286 等）、单片微处理器（如 8031、8096 等）和位片式微处理器（如 AMD29W 等）。小型 PLC 大多采用 8 位通用微处理器和单片微处理器，中型 PLC 大多采用 16 位通用微处理器或单片微处理器，大型 PLC 大多采用高速位片式微处理器。

目前，小型 PLC 为单 CPU 系统，而中、大型 PLC 则大多为双 CPU 系统，甚至有些 PLC 中配置了多达 8 个 CPU。对于双 CPU 系统，一般一个为字处理器，另一个为位处理器。字处理器为主处理器，用于执行编程器接口功能，监视内部定时器、扫描时间，处理字节指令以及对系统总线和位处理器进行控制等。位处理器为从属处理器，主要用于位操作指令和实现 PLC 编程语言向机器语言的转换。位处理器的采用，提高了 PLC 的速度，使 PLC 更好地满足实时控制要求。

CPU 的主要任务包括控制用户程序和数据的接收与存储；用扫描的方式通过 I/O 部件接收现场的状态或数据，并存入输入映像寄存器中；诊断 PLC 内部电路的工作故障和编程中的语法错误等；PLC 进入运行状态后，从存储器中逐条读取用户指令，经过命令解释后按指令规定的任务进行数据传递、逻辑或算术运算等；根据运算结果，更新有关标志位的状态和输出映像寄存器的内容，再经输出部件实现输出控制、制表打印或数据通信等功能。

不同型号的 PLC 其 CPU 芯片是不同的，有些采用通用 CPU 芯片，有些采用厂家自行设计的专用 CPU 芯片。CPU 芯片的性能关系到 PLC 处理控制信号的能力和速度，CPU 位数越高，系统处理的信息量越大，运算速度越快。PLC 的功能随着 CPU 芯片技术的发展而提高和增强。

在 PLC 中 CPU 按系统程序赋予的功能，指挥 PLC 有条不紊地进行工作，归纳起来主要有以下几个方面。

① 接收从编程器输入的用户程序和数据。

② 诊断电源、PLC 内部电路的工作故障和编程中的语法错误等。

③ 通过输入接口接收现场的状态或数据，并存入输入映像寄存器或数据寄存器中。

④ 从存储器逐条读取用户程序，经过解释后执行。

⑤ 根据执行的结果，更新有关标志位的状态和输出映像寄存器的内容，通过输出单元实现输出控制。

2. 存储器

存储器主要有两种：可读/写操作的随机存储器 RAM，只读存储器 ROM、PROM、EPROM、EEPROM。PLC 的存储器由系统程序存储器、用户程序存储器和数据存储器 3 部分组成。

系统存储器用来存放由 PLC 生产厂家编写的系统程序，并固化在 ROM 内，用户不能直接更改。它使 PLC 具有基本的功能，能够完成 PLC 设计时规定的各项工作。系统程序质量的好坏，在很大程度上决定了 PLC 的运行。

① 系统管理程序，它主要控制 PLC 的运行，使整个 PLC 按部就班地工作。

② 用户指令解释程序，通过用户指令解释程序，将 PLC 的编程语言变为机器语言指令，再由 CPU 执行这些指令。

③ 标准程序模块与系统调用，包括许多不同功能的子程序及其调用管理程序，如完成输入、输出及特殊运算等的子程序，PLC 的具体工作都是由这部分程序来完成的，这部分程序的多少决定了 PLC 性能的高低。

用户程序存储器（程序区）和用户功能存储器（数据区）总称为用户存储器。用户程序存储器用来存放用户根据控制任务而编写的程序。用户程序存储器根据所选用的存储器单元类型的不同，可以使用 RAM、EPROM（紫外线可擦除 ROM）或 EEPROM 存储器，其内容可以由用户任意修改。用户功能存储器用来存放用户程序中使用器件的状态（ON/OFF）/数值数据等。在数据区中，各类数据存放的位置都有严格的划分，每个存储单元有不同的地址编号。用户存储器容量的大小，关系到用户程序容量的大小，是反映 PLC 性能的重要指标之一。

用户程序是根据 PLC 控制对象的需要编制的，是由用户根据对象生产工艺和控制要求而编制的应用程序。为了便于读出、检查和修改，用户程序一般存于 CMOS 静态 RAM 中，用锂电池作为后备电源，以保证失电时不会丢失信息。为了防止干扰对 RAM 中程序的破坏，当用户程序经过运行正常时，不需要改变，可将其固化在只读存储器 EPROM 中。现在许多 PLC 直接采用 EEPROM 作为用户存储器。

工作数据是 PLC 运行过程中经常变化、存取的一些数据。工作数据存放在 RAM 中，以适应随机存取的要求。在 PLC 的工作数据存储器中，设有存放输入继电器、输出继电器、辅助继电器、定时器、计数器等逻辑器件的存储区，这些器件的状态都是由用户程序的初始化设置和运行情况而确定的。根据需要，部分数据在失电后，用后备电池维持其现有的状态，这部分在失电时可保存数据的存储区域为保持数据区。

3. I/O 单元

I/O 单元是 PLC 与工业生产现场之间的连接部件。PLC 通过输入接口可以检测被控对象的各种数据，以这些数据作为 PLC 对被控对象进行控制的依据；同时，PLC 又通过输出接口将处理后的结果送给被控制对象，以实现控制的目的。

由于外部输入设备和输出设备所需的信号电平是多种多样的，而 PLC 内部 CPU 处理的信息只能是标准电平，因此 I/O 接口要实现这种转换。I/O 接口一般具有光电隔离和滤波功能，以提高 PLC 的抗干扰能力。另外，I/O 接口上通常还有状态指示，工作状况直观，便于维护。

I/O 单元包含两部分：接口电路和 I/O 映像寄存器。接口电路用于接收来自用户设备的各种控制信号，如行程开关、操作按钮、选择开关及其他传感器的信号。通过接口电路将这些信号转换成 CPU 能够识别和处理的信号，并存入输入映像寄存器。运行时，CPU 从输入映像寄存器读取输入信息并进行处理，将处理结果放到输出映像寄存器中。I/O 映像寄存器由输出点相对的触发器组成，输出接口电路将其由弱电控制信号转换成现场需要的强电信号输出，以驱动电磁阀、接触器、指示灯等被控设备的执行元件。

PLC 提供了具有多种操作电平和驱动能力的 I/O 接口，有各种各样功能的 I/O 接口供用户选用。由于在工业生产现场工作，PLC 的 I/O 接口必须满足两个基本要求：抗干扰能力强、适应性强。I/O 接口必须能够不受环境的温度、湿度、电磁、振动等因素的影响，同时又能够与现场各种工业信号相匹配。目前，PLC 能够提供的接口单元包括以下几种：数字量（开关量）输入接口、数字量（开关量）输出接口、模拟量输入接口、模拟量输出接口等。

（1）开关量输入接口

开关量输入接口把现场的开关量信号转换成 PLC 内部处理的标准信号。为防止各种干扰信号和高电压信号进入 PLC，影响其可靠性或造成设备损坏，现场输入接口电路一般有滤波电路和耦合隔离电路。滤波电路有抗干扰的作用，耦合隔离电路有抗干扰及产生标准信号的作用。耦合隔离电路的管径器件是光耦合器，一般由发光二极管和光敏晶体管组成。

常用的开关量输入接口按使用电源的类型不同可分为开关量直流输入接口（图 1-3）、开关量交流/直流输入接口（图 1-4）和开关量交流输入接口（图 1-5）。如图 1-3 所示，输入接口电路的电源可由外部提供，也可由 PLC 内部提供。

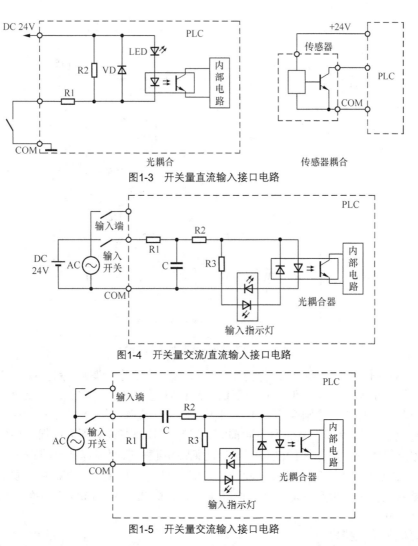

图1-3 开关量直流输入接口电路

图1-4 开关量交流/直流输入接口电路

图1-5 开关量交流输入接口电路

（2）开关量输出接口

开关量输出接口把 PLC 内部的标准信号转换成执行机构所需的开关量信号。开关量输出接口按 PLC 内部使用器件的不同可分为继电器输出型（图 1-6）、晶体管输出型（图 1-7）和晶闸管输出型（图 1-8）。每种输出电路都采用电气隔离技术，输出接口本身不带电源，电源由外部提供，而且在考虑外接电源时，还需考虑输出器件的类型。

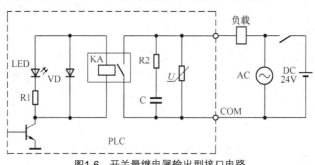

图1-6 开关量继电器输出型接口电路

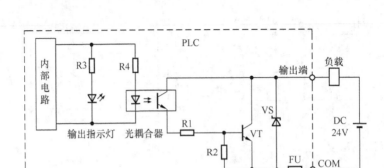

图1-7 开关量晶体管输出型接口电路

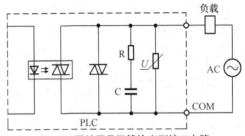

图1-8 开关量晶闸管输出型接口电路

从图 1-6~图 1-8 可以看出，各类输出接口中也都有隔离耦合电路。继电器输出型接口可用于直流及交流两种电源，但通断频率低；晶体管型输出接口有较高的通断频率，但是只适用于直流驱动的场合，晶闸管型输出接口仅适用于交流驱动场合。

为了避免 PLC 因瞬间大电流冲击而损坏，输出端外部接线必须采取保护措施：在 I/O 公共端设置熔断器保护；采用保护电路，对交流感性负载一般用阻容吸收回路，对直流感性负载使用续流二极管。由于 PLC 的 I/O 端是靠光耦合的，在电气上完全隔离，输出端的信号不会反馈到输入端，也不会产生地线干扰或其他串扰，因此 PLC 的 I/O 端具有很高的可靠性和极强的抗干扰能力。

（3）模拟量输入接口

模拟量输入接口把现场连续变化的模拟量标准信号转换成适合 PLC 内部处理的数字信号。模拟量输入接口能够处理标准模拟量电压和电流信号。如图 1-9 所示，由于工业现场中模拟量信号的变化范围并不标准，每一路模拟量输入信号，一般均需要经滤波转换器处理。模拟量信号输入后一般经多路转换开关后，再进行 A/D 转换，存入锁存器，再经光电隔离电路转换为 PLC 的数字信号后传至数据总线。

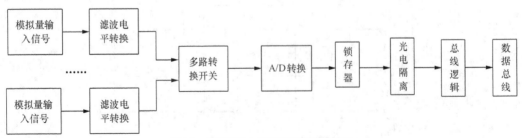

图1-9 模拟量输入接口的内部结构框图

（4）模拟量输出接口

如图 1-10 所示，模拟量输出接口将 PLC 运算处理后的数字信号转换成相应的模拟量信号输出，以满足工业生产过程中现场所需的连续控制信号的需求。模拟量输出接口一般包括光电隔离、D/A 转换、多路转换开关、输出保持等环节。

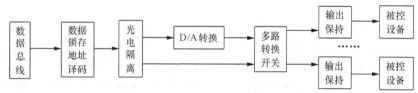

图1-10　模拟量输出接口的内部结构框图

4. 智能接口模块

智能接口模块是一个独立的计算机系统模块，它有自己的 CPU、系统程序、存储器、与 PLC 系统总线相连的接口等。智能接口模块是为了适应较复杂的控制工作而设计的，作为 PLC 系统的一个模块，通过总线与 PLC 相连，进行数据交换，如高速计数器工作单元、闭环控制模块、运动控制模块、中断控制模块、温度控制单元等。

5. 通信接口模块

PLC 配有多种通信接口模块，这些模块大多配有通信处理器。PLC 通过这些通信接口可与监视器、打印机、其他 PLC、计算机等设备实现通信。PLC 与打印机连接，可将过程信息、系统参数等输出打印；PLC 与监视器连接，可将控制过程图像显示出来；PLC 与其他设备连接，可组成多机系统或连成网络，实现更大规模控制；PLC 与计算机连接，可组成多级分布式控制系统，实现控制与管理相结合。

6. 电源部件

电源部件的功能是将交流电转换成 PLC 正常运行的直流电。PLC 配有开关电源，小型整体式 PLC 内部有一个开关式稳压电源。电源一方面可为 CPU 板、I/O 板及控制单元提供工作电源（DC 5V），另一方面可为外部输入元件提供 DC 24V（200mA）电源。与普通电源相比，PLC 电源的稳定性好，抗干扰能力强，对电网提供的电源稳定度要求不高，一般运行电源电压在其额定值 ±15% 的范围内波动。PLC 电源一般使用的是 220V 的交流电源，也可以选配 380V 的交流电源。由于工业环境存在大量的干扰源，这就要求电源部件必须采取较多的滤波环节，还需要集成电压调整器以适应交流电网的电压波动，对过电压和欠电压都有一定的保护作用。另外，电源部件还需要采取较多的屏蔽措施来防止工业环境中的空间电磁干扰。常用的电源电路有串联稳压电源、开关式稳压电路和含有变压器的逆变式电路。

7. 其他部件

PLC 还可以选配的外部设备包括 EPROM 写入器、外部存储器卡（盒）、编程装置、打印机、高分辨率大屏幕彩色图形监控系统和工业计算机等。下面对 EPROM 写入器、外部存储器卡（盒）、编程装置进行介绍。

（1）EPROM 写入器

EPROM 写入器是用来将用户程序固化到 EPROM 存储器中的一种 PLC 外部设备。为了使调试好的用户程序不易丢失，经常用 EPROM 写入器将用户程序从 PLC 内的 RAM 保存到 EPROM 中。

（2）外部存储器卡（盒）

PLC 可用外部磁盘和存储盒等来存储 PLC 的用户程序，这种存储器件称为外存储器。外存储器一般通过编程器或其他智能模块提供的接口，实现与内部存储器之间相互传递用户程序。

（3）编程装置

编程装置的作用是编制、编译、调试和监视用户程序，也可在线监控 PLC 内部状态和参数，与 PLC 进行人机对话。它是开发、应用、维护 PLC 不可或缺的工具。编程装置可以是专用编程器，也可以是配有专用编程软件包的通用计算机系统。专用编程器由厂家生产，专供该厂家生产的 PLC 产品使用，它主要由键盘、显示器和外存储器接插口等部件组成。专用编程器根据编程能力可分简易编程器和智能编程器两种。

简易编程器只能进行联机编程，且往往需要将梯形图转化成机器语言助记符（指令表）后，才能输入。它一般由简易键盘和发光二极管或其他显示器件组成。简易编程器体积小、价格低，可以直接插在 PLC 的编程插座上，或通过专用电缆与 PLC 连接，以方便编程和调试。有些简易编程器带有存储盒，可用来存储用户程序，如三菱公司的 FX-20P-E 简易编程器。

智能编程器又称图形编程器，不仅可以联机编程，还可以脱机编程，具有 LCD 或 CRT 图形显示功能，也可以直接输入梯形图并通过屏幕进行交换。本质上它就是一台专用便携计算机，如三菱公司的 GP-80FX-E 智能编程器。智能编程器使用更加直观、方便，但价格较高，操作也比较复杂。大多数智能编程器带有磁盘驱动器，提供录音机接口和打印机接口。

目前，主流的编程方式为计算机组态软件。这是由于专用编程器（包括智能编程器和简易编程器）只能针对特定厂家的几种 PLC 进行编程，存在使用范围有限、价格较高的缺点。同时，PLC 产品的不断更新换代，导致专用编程器的生命周期非常有限。因此，现在的趋势是使用以个人计算机为支撑的编程装置，用户只需购买 PLC 厂家提供的编程软件和应用的硬件接口装置。这样，用户只用较少的投资即可得到高性能的 PLC 程序开发系统。

如表 1-1 所示，PLC 编程可采用的 3 种方式分别具有各自的优缺点。

表 1-1   3 种 PLC 编程方式的比较

类型 比较项目	简易编程器	智能编程器	计算机组态软件
编程语言	语句表	梯形图	梯形图、语句表等
效率	低	较高	高
体积	小	较大	大（需要计算机连接）
价格	低	中	适中
适用范围	容量小、用量少产品的组态编程及现场调试	各型产品的组态编程及现场调试	各型产品的组态编程，不易于现场调试

8. 最小硬件配置

综上所述，PLC 主机在构成实际硬件系统时，至少需要建立两种双向信息交换通道。PLC 最基本的构造包括 CPU 模块、电源模块、I/O 模块。此时，PLC 通过不断地扩展模块来实现各种通信、计数、运算等功能，通过灵活地变更控制规律来实现对生产过程或某些工业参数的自动控制。

1.3.2 PLC 的软件系统

软件是 PLC 的"灵魂"。当 PLC 硬件设备搭建完成后，通过软件来实现控制规律，高效地完成系统调试。PLC 的软件系统包括系统程序和用户程序。系统程序是 PLC 设备运行的基本程序；用户程序使 PLC 能够实现特定的控制规律和预期的自动化功能。

1. 系统程序

系统程序是由 PLC 制造厂商设计编写的，并存入 PLC 的系统存储器中，用户不能直接读写与更改。系统程序一般包括系统诊断程序、输入处理程序、编译程序、信息传递程序、监控程序等。PLC 的系统程序有以下 3 种类型。

（1）系统管理程序

系统管理程序控制着系统的工作节拍，包括 PLC 运行管理（各种操作的时间分配）、存储器空间管理（生成用户数据区）和系统自诊断管理（如电源、系统出错、程序语法、句法检验等）。

（2）编译和解释程序

编译程序将用户程序变成内码形式，以便于对程序进行修改、调试。解释程序能将编程语言转变为机器语言，以便 CPU 操作运行。

（3）标准子程序与调用管理程序

为提高运行速度，在程序执行中某些信息处理（如 I/O 处理）或特殊运算等是通过调用标准子程序来完成的。

系统程序一般会固化在 PLC 硬件设备中，普通用户难以对系统程序进行修改升级，如果发现系统程序故障或功能无法满足使用要求时，用户需要联系厂家进行设备维修或升级。

2. 用户程序

控制一个任务或过程，是通过在 RUN 模式下，使主机循环扫描并连续执行用户程序来实现的，用户任务决定了一个控制系统的功能。程序的编制可以使用编程软件在计算机或其他专用编程设备中进行（如图形输入设备、编程器等）。

广义上的用户程序由 3 部分组成：参数块、数据块和用户程序（主程序）。

（1）数据块

数据块为可选部分，它主要存放控制程序运行所需的数据，在数据块中允许以下数据类型：布尔型，表示编程元件的状态；二进制、十进制或十六进制；字母、数字和字符型。

（2）参数块

参数块也是可选部分，它主要存放的是 CPU 的组态数据，如果在编程软件或其他编程工具上未进行 CPU 的组态，则系统以默认值进行自动配置。

（3）用户程序

PLC 的用户程序是用户利用 PLC 的编程语言，根据控制要求编制的程序。在 PLC 的应用中，最重要的是用 PLC 的编程语言来编写用户程序，以实现控制目的。根据系统配置和控制要求而编写的用户程序，是 PLC 应用于工程控制的一个重要环节。

用编程软件在计算机上编程时，利用编程软件的程序结构窗口双击主程序、子程序和中断程序的图标，即可进入各程序块的编程窗口。编译时，编程软件自动对各程序段进行连接。

用户程序在存储器空间中又称组织块（OB），它处于最高层次，可以管理其他块，可采用各种语言（如 STL、LAD 或 FBD 等）来编制。不同机型的 CPU，其程序空间容量也不同。用户程序的结构比较简单，一个完整的用户程序应当包含一个主程序（OB1）、若干子程序和若干中断程序三部分。不同的编程设备，对各程序块的安排方法也不同。PLC 程序结构示意图如图 1-11 所示。

PLC 是专门为工业控制而开发的装置，其主要使用者是广大电气技术人员，为了满足他们的传统习惯，PLC 的主要编程语言采用与计算机语言相比，相对简单、易懂、形象的专用语言。PLC 的编程语言多种多样，不同的 PLC 厂家提供的编程语言也不尽相同。常用的编程语言包括如下几种。

（1）梯形图

梯形图编程语言是从继电器控制系统原理图的基础上演变而来的。PLC 的梯形图与继电器控制系统梯形图的基本思想是一致的，只是在使用符号和表达方式上有一定的区别。梯形图是使用最多的 PLC 图形编程语言，梯形图具有直观易懂的优点，很容易被工厂熟悉继电器控制的人员掌握，特别适合于数字量逻辑控制。

梯形图由触点、线圈和用方框表示的指令框组成。触点代表逻辑输入条件，如外部的开关、按钮和内部条件等。线圈通常代表逻辑运算的结果，常用来控制外部的指示灯、交流接触器和内部的标志位等。指令框用来表示定时器、计数器或数学运算等附加指令。使用编程软件可以直接生成和编辑梯形图，并将它下载到 PLC。

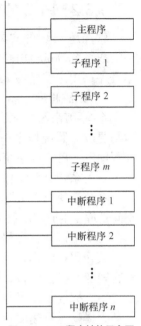

图1-11 PLC程序结构示意图

图 1-12 所示为简单的梯形图，触点和线圈等组成的独立电路称为网络（network），编程软件自动为网络编号。与其对应的语句表如图 1-13 所示。

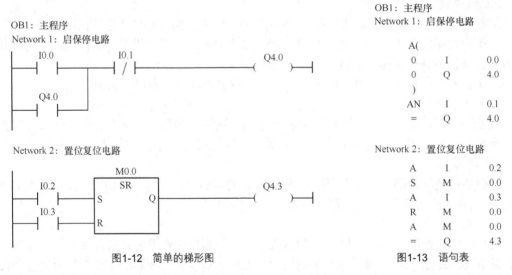

图1-12 简单的梯形图

图1-13 语句表

梯形图的一个关键概念是"能流"（power flow），这仅是概念上的"能流"。如图 1-12 所示，把左边的母线假想为电源的"火线"，而把右边的母线假想为电源的"零线"。如果有"能流"从左到右流向线圈，则线圈被激励；如果没有"能流"，则线圈未被激励。

"能流"可以通过激励（ON）的常开触点和未被激励（OFF）的常闭触点自左向右流动。"能流"在任何时候都不会通过触点自右向左流动。如图 1-12 所示，当 I0.0 和 I0.1 或 Q4.0 和 I0.1 触点都接通后，线圈 Q4.0 才能接通（被激励），只要其中一个触点不接通，线圈就不会接通。

要强调指出的是，引入"能流"的概念，仅仅是为了和继电接触器控制系统相比较，可以对梯形图有一个深入的认识，其实"能流"在梯形图中是不存在的。

梯形图中的触点和线圈可以使用物理地址，如 I0.1、Q4.0 等。如果在符号表中对某些地址定义了符号，如令 I0.0 的符号为"启动"，在程序中可用符号地址"启动"来代替物理地址 I0.1，使程序便以阅读和理解。

用户可以在网络号的右边加上网络的标题，在网络号的下面为网络加上注释。用户还可以选择在梯形图下面自动加上该网络中使用的符号信息。

如果将两块独立电路放在同一个网络内将会出错。如果没有跳转指令，网络中程序的逻辑运算按从左到右的方向执行，与"能流"的方向一致。网络之间按从上到下的顺序执行，执行完所有的网络后，下一次循环返回最上面的网络（网络 1）重新开始执行。

（2）语句表

语句表编程语言类似于计算机中的助记符语言，它是 PLC 最基础的编程语言。语句表编程是用一个或几个容易记忆的字符来代表 PLC 的某种操作功能。它是一种类似于微型计算机的汇编语言中的文本语言，多条语句组成一个程序段。语句表比较适合经验丰富的程序员使用，可以实现某些不能用梯形图或功能块图表示的功能。图 1-13 所示为与图 1-12 梯形图所对应的语句表。

（3）功能块图

功能块图使用类似于布尔代数的图形逻辑符号来表示控制逻辑。一些复杂的功能（如数学运算功能等）用指令框来表示，有数字电路基础的人很容易掌握。功能块图用类似于与门、或门的方框来表示逻辑运算关系，方框的左侧为逻辑运算的输入变量，右侧为输出变量，输入、输出端的小圆圈表示"非"运算，方框被"导线"连接在一起，信号自左向右流动。

利用功能块图可以查看像普通逻辑门图形的逻辑和指令。它没有梯形图编程器中的触点和线圈，但有与之等价的指令，这些指令是作为盒指令出现的，程序逻辑由这些盒指令之间的连接决定。也就是说，一条指令（如 AND 盒）的输出可以用来允许另一条指令（如定时器）执行，这样可以建立所需要的控制逻辑。这样的连接思想可以解决范围广泛的逻辑问题。功能块图编程语言有利于程序流的跟踪，但在目前使用较少。与图 1-12 梯形图相对应的功能块图如图 1-14 所示。

OB1：主程序

Network 1：启保停电路

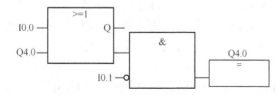

Network 2：置位复位电路

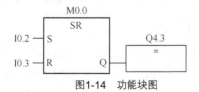

图1-14　功能块图

1.3.3　PLC 的工作原理

PLC 的工作原理是建立在计算机工作原理基础之上的，即通过执行反映控制要求的用户程序来实现的。PLC 控制器程序的执行是按照程序设定的顺序依次完成相应的电器的动作，PLC 采用的是一个不断循环的顺序扫描工作方式。每一次扫描所用的时间称为扫描周期或工作周期。CPU 从第一条指令执行开始，按顺序逐条执行用户程序直到用户程序结束，然后返回第一条指令，开始新一轮的扫描，PLC 就是这样周而复始地重复上述循环扫描过程的。

一般来说，当 PLC 开始运行后，其工作过程可以分为输入采样阶段、程序执行阶段和输出刷新阶段。完成上述 3 个阶段即称为一个扫描周期，如图 1-15 所示。

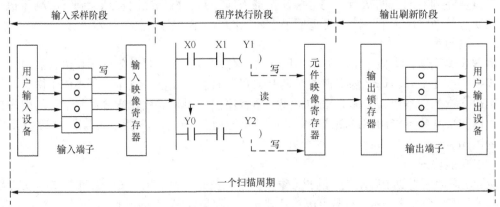

图1-15　PLC的扫描工作过程

1. 输入采样阶段

PLC 在输入采样阶段，首先扫描所有输入端子，并将各输入状态存入对应的输入映像寄存器中，此时，输入映像寄存器被刷新，接着进入程序执行阶段。在程序执行阶段或输出刷新阶段，输入元件映像寄存器与外界隔绝，无论输入信号如何变化，其内容均保持不变，直到下一个扫描周期的输入采样阶段才将输入端的新内容重新写入。

2. 程序执行阶段

PLC 根据梯形图程序扫描原则，按先左后右、先上后下的顺序逐行扫描，执行一次程序，并将结果存入元件映像寄存器中。如果遇到程序跳转指令，则根据跳转条件是否满足来决定程序的跳转地址。当指令中涉及输入、输出状态时，PLC 首先从输入映像寄存器"读入"上一阶段采入的对应输入端子状态，从元件映像寄存器"读入"对应元件的当前状态；然后进行相应的运算，运算结果存入元件映像寄存器中。对于元件映像寄存器，每个元件（除输入映像寄存器外）的状态会随着程序的执行而发生变化。

3. 输出刷新阶段

在所有指令执行完毕后，输出映像寄存器中所有输出继电器的状态（"1"或"0"）在输出刷新阶段被转存到输出锁存器中，再通过一定的方式输出，驱动外部负载。

1.3.4　PLC 的扫描工作方式

PLC 的工作方式是用串行输出的计算机工作方式实现并行输出的继电器-接触器工作方式。其核心手段就是循环扫描。每个工作循环的周期必须足够小以至于我们认为是并行控制。PLC 运行时，是通过执行反映控制要求的用户程序来完成控制任务的，需要执行众多的操作，但 CPU 不可能同时去执行多个操作,它只能按分时操作(串行工作)方式,每一次执行一个操作,按顺序逐个执行。由于 CPU 的运算处理速度很快,因此从宏观上来看,PLC 外部出现的结果似乎是同时(并行)完成的。这种循环工作方式称为 PLC 的循环扫描工作方式。

用循环扫描工作方式执行用户程序时,扫描是从第一条指令开始的,在无中断或跳转控制的情况下,按程序存储顺序的先后,逐条执行用户程序,直到程序结束。之后,再从头开始扫描执行,周而复始重复运行。

如图 1-16 所示,从第一条程序开始,在无中断或跳转控制的情况下,按照程序存储的地址序号递增的顺序逐条执行程序,即按顺序逐条执行程序,直到程序结束;再从头开始扫描,并周而复始地重复进行。

PLC 运行的工作过程包括以下 3 个部分。

第一部分是上电处理。PLC 上电后对 PLC 系统进行一次初始化工作,包括硬件初始化,I/O 模块配置运行方式检查,停电保持范围设定及其他初始化处理。

第二部分是扫描过程。PLC 上电处理完成后,进入扫描工作过程:先完成输入处理,再完成与其他外部设备的通信处理,进行时钟、特殊寄存器更新。因此,扫描过程又被分为 3 个阶段:输入采样阶段、程序执行阶段和输出刷新阶段。当 CPU 处于 STOP 方式时,转入执行自诊断检查。当 CPU 处于 RUN 方式时,还要完成用户程序的执行和输出处理,再转入执行自诊断检查,如果发现异常,则停机并显示报警信息。

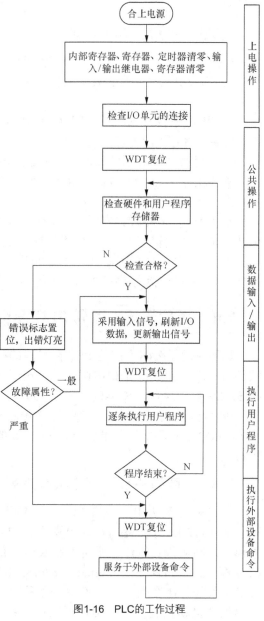

图1-16　PLC的工作过程

第三部分是出错处理。PLC 每扫描一次,执行一次自诊断检查,确定 PLC 自身的动作示范正常,如 CPU、电池电压、程序存储器、I/O、通信等是否异常或出错,如检查出异常,则 CPU 面板上的 LED 灯及异常继电器会接通,在特殊寄存器中会存入出错代码。当出现致命错误时,CPU 被强制为 STOP 方式,停止所有的扫描。

PLC 运行正常时,扫描周期的长短与 CPU 的运算速度、I/O 点的情况、用户应用程序的长短及编程情况等均有关。通常用 PLC 执行 1KB 指令所需时间来说明其扫描速度(一般为 1～10ms/KB)。值得注意的是,不同的指令其执行所需时间是不同的,从零点几微秒到上百微秒不等,故选用不同指令所用的扫描时间将会不同。若高速系统要缩短扫描周期,则可从软件、硬件两个方面考虑。

1.3.5 PLC 的 I/O 原则

根据 PLC 的工作原理和工作特点，可以归纳出 PLC 在处理输入、输出时的一般原则如下。

① 输入映像寄存器的数据取决于输入端子板上各输入点在上一刷新周期的接通和断开状态。

② 程序执行结果取决于用户所编程序和输入映像寄存器、输出映像寄存器的内容及其他各元件映像寄存器的内容。

③ 输出映像寄存器的数据取决于输出指令的执行结果。

④ 输出锁存器中的数据，由上一次输出刷新期间输出映像寄存器中的数据决定。

⑤ 输出端子的接通和断开状态，由输出锁存器决定。

综上所述，外部信号的输入总是通过 PLC 扫描由"输入传送"来完成，这就不可避免地带来了"逻辑滞后"。PLC 能像计算机那样采用中断输入的方法，即当有中断申请信号输入后，系统会中断正在执行的程序而转去执行相关的中断子程序；系统有多个中断源时，按重要性有一个先后顺序的排队；系统能由程序设定允许中断或禁止中断。

1.4　西门子 S7 系列 PLC 简介

德国西门子公司生产的 PLC 在我国的应用非常广泛，在冶金、化工、印刷生产线等领域都有应用。S7 系列是德国西门子公司于 1995 年陆续推出的性价比较高的 PLC 产品，包括 S7-200、S7-300、S7-400、S7-1500 等。其中，S7-200 为整体式微型（超小型）PLC，S7-300 为模块式小型 PLC，S7-400 为模块式中型高性能 PLC，S7-1500 是一款紧凑型、模块式 PLC。由于第 2 章将详细介绍 S7-200 的结构组成，本节仅介绍 S7-300/400 和 S7-1500 的特点。

1.4.1　西门子 S7-300/400 系列 PLC

S7-300 系列为中、小型 PLC，最多可扩展 32 个模块；而中、高档性能的 S7-400 系列（图 1-17），可扩展 300 多个模块。S7-300/400 系列 PLC 均采用模块式结构，各种单独模块之间可以进行广泛组合和扩展。它的主要组成部分有机架（或导轨）、电源模块、CPU 模块、接口模块（interface module，IM）、信号模块（signal module，SM）、功能模块（FM）和通信处理器（CP）模块。品种繁多的 CPU 模块、信号模块和功能模块能满足各种领域的自动控制任务，用户可以根据系统的具体情况选择合适的模块，维修时更换模块也很方便。当系统规模扩大和更为复杂时，可以增加模块，对 PLC 进行扩展。简单实用的分布式结构和强大的通信联网能力，使其应用十分灵活。近年来，它被广泛应用于机床、纺织机械、包装机械、通用机械、控制系统、楼宇自动化、电器制造工业及相关产业等诸多领域。

西门子 S7-300/400 系列 PLC 提供了多种不同性能的 CPU 模块，以满足用户不同的要求，如表 1-2 所示。各种 CPU 有不同的性能，如有的 CPU 模块集成有数字量和模拟量 I/O 点，有的 CPU 集成有 PROFIBUS-DP 等通信接口。CPU 模块前面板上有状态故障指示灯、模式开关、24V 电源端子、电池盒与存储器模块盒（有的 CPU 没有）等。

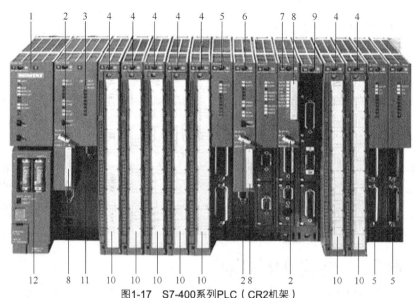

图1-17　S7-400系列PLC（CR2机架）

1．电源模块；2．状态开关（钥匙操作）；3．状态和故障LED；4．I/O模块；5．接口模块；
6．CPU2；7．FM 456-4（M7）应用模块；8．存储器卡；9．M7扩展模块；
10．带标签的前连接器；11．CPU1；12．后备电池

表 1-2　　　　　　　　　　　　　S7-300/400 系列 PLC 的 CPU

PLC 类别	CPU 介绍
S7-300	S7-300 PLC 的 CPU 模块种类有 CPU312 IFM、CPU313、CPU314、CPU315、CPU315-2DP 等。CPU 模块除完成执行用户程序的主要任务外，还为 S7-300 PLC 背板总线提供 DC 5V 电源，并通过 MPI 与其他 CPU 或编程装置通信
S7-400	S7-400 PLC 的 CPU 模块种类有 CPU412-1、CPU413-1/413-2 DP、CPU414-1/414-2 DP、CPU416-1 等。S7-400 PLC 的 CPU 模块都具有实时时钟功能、测试功能、内置两个通信接口等特点

　　信号模块是数字量 I/O 模块和模拟量 I/O 模块的总称，它们使不同的过程信号电压或电流与 PLC 内部的信号电平匹配，S7-300/400 系列 PLC 的信号模块如表 1-3 所示。

表 1-3　　　　　　　　　　　S7-300/400 系列 PLC 的信号模块

PLC 类别	信号模块介绍
S7-300	数字量输入模块 SM321 和数字量输出模块 SM322，数字量 I/O 模块 SM323、模拟量输入模块 SM331、模拟量输出模块 SM332 和模拟量 I/O 模块 SM334 和 SM335。模拟量输入模块可以输入热电阻、热电偶、DC 4～20mA 和 DC 0～10V 等多种不同类型和不同量程的模拟信号。每个信号模块都配有自编码的螺栓锁紧型前连接器，外部过程信号可方便地连在信号模块前连接器上
S7-400	数字量输入模块 SM421 和数字量输出模块 SM442，模拟量输入模块 SM431 和模拟量输出模块 S432

　　功能模块主要用于实时性强、存储计数量较大的过程信号处理任务，S7-300/400 系列 PLC

的功能模块如表 1-4 所示。

表 1-4 S7-300/400 系列 PLC 的功能模块

PLC 类别	功能模块介绍
S7-300	计数器模块 FM350-1/2 和 CM35、快速/慢速进给驱动位置控制模块 FM351、电子凸轮控制器模块 FM352、步进电动机定位模块 FM353、伺服电动机定位模块 FM354、定位和连续路径控制模块 FM338、闭环控制模块 FM355 和 FM355-2/2C/2S、称重模块 SIWAREX U/M 和智能位控制模块 SINUMERIK FM-NC 等
S7-400	计数器模块 FM450-1、快速/慢速进给驱动位置控制模块 FM451、电子凸轮控制器模块 FM452、步进电动机和伺服电动机定位模块 FM453、闭环控制模块 FM455、应用模块 FM458-1DP 和 S5 智能 I/O 模块等

1.4.2 西门子 S7-1500 系列 PLC

S7-1500 是 S7-300/400 的升级换代产品。S7-1500 与 S7-300/400 的程序结构相同，用户程序由代码块和数据块组成。代码块包括组织块、函数和函数块，数据块包括全局数据块和背景数据块。S7-1500 与 S7-300/400 的指令有较大的区别。S7-1500 的指令包含 S7-300/400 的库中的某些函数、函数块、系统函数和系统函数块。

S7-1500 的 CPU 均有 PROFINET 以太网接口，通过该接口可以与计算机、人机界面、PROFINET I/O 设备和其他 PLC 通信，支持多种通信协议。S7-1500 还可以实现 PROFIBUS-DP 通信。S7-1500 不是通过扩展机架进行扩展的，而是通过分布式 I/O 进行扩展的。S7-1500 有标准型、工艺型、紧凑型、高防护等级型、分布式和开放式、故障安全型 CPU，以及基于个人计算机的软控制器，CPU 带有显示屏。ET 200SP CPU 兼备 S7-1500 的功能，其身形小巧、价格低廉。

S7-1500 带有多达 3 个 PROFINET 接口。其中，两个接口具有相同的 IP 地址，适用于现场级通信；第三个接口具有独立的 IP 地址，可集成到公司网络中。通过 PROFINET IRT，可定义响应时间并确保高度精准的设备性能。

S7-1500 中提供一种更为全面的安全保护机制，包括授权级别、模块保护及通信的完整性等各个方面。信息安全集成机制除了可以确保投资安全外，还可持续提高系统的可用性。加密算法可以有效防范未经授权的访问和修改。这样可以避免机械设备被仿造，从而确保了投资安全。可通过绑定 SIMATIC 存储卡或 CPU 的序列号，确保程序无法在其他设备中运行。这样程序就无法复制，而且只能在指定的存储卡或 CPU 上运行。访问保护功能提供一种全面的安全保护功能，可防止未经授权的项目计划更改。为各用户组分别设置访问密码，确保具有不同级别的访问权限。此外，安全的 CP 1543-1 模块的使用，更是加强了集成防火墙的访问保护。系统对传输到控制器的数据进行保护，防止对其进行未经授权的访问。控制器可以识别发生变更的工程组态数据或来自陌生设备的工程组态数据。

S7-1500 中集成有诊断功能，无须再进行额外编程。统一的显示机制可将故障信息以文本方式显示在 TIA、HMI、Web Server 和 CPU 的显示屏上。只需简单一击，无须额外编程操作，即可生成系统诊断信息。整个系统中集成有包含软件、硬件在内的所有诊断信息。无论是在本地还是通过 Web 远程访问，文本信息和诊断信息的显示都完全相同，从而确保所有层级上的投资安全。接线端子/LED 标签的 1：1 分配，在测试、调试、诊断和操作过程中，通过对端子和标签进行快速便捷的显示分配，节省了大量操作时间。发生故障时，可快速准确地识别受影响的通道，从而缩短了停机时间，并提高了工厂设备的可用性。TRACE 功能适用于所有 CPU，不仅增强了用户程序和运动控制应用诊断的准确性，同时还极大优化了驱动装置的性能。

S7-1500 可将运动控制功能直接集成到 PLC 中，而无须使用其他模块。通过 PLCopen 技术，控制器可使用标准组件连接支持 PROFIdrive 的各种驱动装置。此外，S7-1500 还支持所有 CPU 变量的 TRACE 功能，提高了调试效率，还优化了驱动和控制器的性能。TRACE 功能适用于所有 CPU，不仅增强了用户程序和运动控制应用诊断的准确性，同时还极大优化了驱动装置的性能。通过运动控制功能可连接各种模拟量驱动装置及支持 PROFIdrive 的驱动装置。同时该功能还支持转速轴和定位轴。其运动控制功能最多支持 20 个速度控制轴、定位轴和外部编码器，有高速计数和测量功能。运动控制功能支持速度控制轴、定位轴和外部编码器工艺对象。S7-1500 CPU 集成的 PID 控制器有 PID 参数自整定功能，PID 3 步（3-step）控制器是脉冲宽度控制输出的控制器，此外还有适用于带积分功能的外部执行器（如阀门）的 PI 步进控制器。

如图 1-18 所示，S7-1500 采用模块化结构，各种功能皆具有可扩展性。每个控制器中都包含以下组件：一个 CPU（自带液晶显示屏），用于执行用户程序；一个或多个电源；信号模块，用作输入或输出；相应的工艺模块和通信模块。

图1-18　S7-1500系列PLC

1.5　本章小结

本章简述了 PLC 的基本知识，主要包括 PLC 的发展历史、功能特点、工作原理、系统基本组成及部分西门子 S7 系列 PLC 产品的特点。

本章的重点是了解 PLC 的技术发展趋势及其功能特点，难点是熟练地掌握 PLC 的工作原理和系统基本组成。

通过本章的学习，读者对 PLC 有了一定程度的理解，为后续的设计开发打下坚实的基础。

 **第2章** **S7-200 系列 PLC 的硬件及内部资源**

德国西门子公司设计和生产的 S7-200 系列 PLC 是一类小型 PLC，它具有结构设计紧凑、扩展性良好、功能模块丰富、指令系统强大及价格低廉等特点，因此，S7-200 系列 PLC 可以满足多种控制系统的需要。

2.1 S7-200 系列 PLC 简介

S7-200 系列 PLC 一经推出就受到了广大技术人员的关注和青睐。S7-200 系列 PLC 从生产至今已经经历了两代产品的发展。

第一代产品的 CPU 模块为 CPU21x，主机都可以扩展，它有 CPU212、CPU214、CPU215 和 CPU216 等 4 种不同结构配置的 CPU，现在已经停止生产。

第二代产品的 CPU 模块为 CPU22x，它具有速度快、通信能力强的特点，有 5 种不同的 CPU 结构配置单元。

推出的 S7-200 CPU22x 系列 PLC（它是 CPU21x 的替代产品）具有多种可供选择的特殊功能模块和人机界面，所以其系统容易集成，并且可以非常方便地组成 PLC 网络。它同时拥有功能齐全的编程和工业控制组态软件，因此，在设计控制系统时更加方便、简单，可以完成大部分功能的控制任务。

S7-200 系列 PLC 系统的组成如图 2-1 所示。

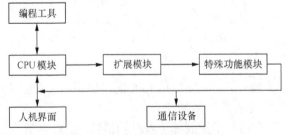

图2-1　S7-200系列PLC系统的组成

S7-200 系列 PLC 的完整系统主要由以下几个部分组成。

1. 基本单元

基本单元可以称为 CPU 模块，有的又称主机或本机。CPU 模块包括 CPU、存储器、基本 I/O 接口和电源等，是 PLC 的主要部分。实际上，CPU 模块就相当于一个完整的控制系统，因为它可以单独完成特定的控制任务。

2. 扩展单元

S7-200CPU22x 系列 PLC 具有 2～7 个扩展模块，用户可以根据需要扩展各种 I/O　模块。

3. 特殊功能模块

当需要完成某些特殊功能的控制任务时，需要用到特殊功能模块。它是完成某种特殊控制任务的装置。

4. 相关设备

为了充分利用系统硬件和软件资源，一些相关设备被开发出来，主要包括编程工具、通信设备和人机界面等。

5. 工业软件

工业软件是指为了能够更好地管理和使用以上设备开发的配套程序。它主要由标准工具、工程工具、运行软件和人机接口软件等几大类组成。

2.2　S7-200 系列 PLC 的基本硬件单元

S7-200 系列 PLC 由于带有部分 I/O 单元，既可以单机运行，又可以扩展其他模块运行。其特点是结构简单、体积较小，具有比较丰富的指令集，能实现多种控制功能，具有非常高的性价比，所以广泛应用于各个行业之中。

S7-200 系列 PLC 属于小型机，采用整体式结构。因此，配置系统时，当 I/O 接口数量不足时，可以通过扩展接口来增减输入、输出的数量，也可以通过扩展其他模块的方式来实现不同的控制功能。

2.2.1　主机

CPU22x 系列 PLC 主机模块的外形如图 2-2 所示。该模块包括一个 CPU、数字 I/O、通信口及电源，这些器件都被集成到一个紧凑独立的设备中。该模块的主要功能为：采集的输入信号通过 CPU 运算后，将生成结果传给输出装置，然后输出点输出控制信号，驱动外部负载。

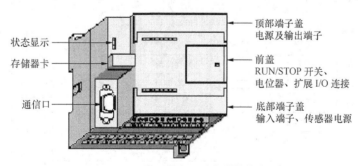

图2-2　CPU22x系列PLC主机模块的外形

S7-200 CPU22x 系列 PLC 具有以下 5 种不同 CPU 的结构配置。

① CPU221 共有 10 个 I/O 点，分别为 6 个输入点和 4 个输出点；没有扩展能力；有 1 个 RS-485 通信/编程口，2 路高速脉冲输出，4 路高速计数器（30kHz）。其程序和数据存储量较小，适合于点数少的控制系统。

② CPU222 共有 14 个 I/O 点，分别为 8 个输入点和 6 个输出点；1 个模拟电位器，最多可以扩展 10 个 AI/AQ 点；1 个 RS-485 通信/编程口，2 路高速脉冲输出，4 路高速计数器（30kHz）；4KB 用户程序区和 2KB 数据存储区，可以进行一定模拟量的控制和 2 个模块的扩展，2 个独立的输入端可同时作加、减计数，可连接 2 个相位差为 90°的 A/B 相增量编码器。因此，CPU222 是应用更广泛的全功能控制器。

③ CPU224 共有 24 个 I/O 点，分别具有 14 个输入点和 10 个输出点；2 个模拟电位器，最大可扩展 35 个 AI/AQ 点；1 个 RS-485 通信/编程口，2 路高速脉冲输出，6 路高速计数器（30kHz），具有与 CPU221/CPU222 相同的功能。与前两种 CPU 相比，其存储容量和扩展能力有很大的提高，存储量扩大了一倍，有 7 个模块可以扩展。它具有更强的模拟量处理能力，因此 CPU224 是 S7-200 系列产品中使用较多的。

④ CPU226 共有 40 个 I/O 点，分别为 24 个输入点和 16 个输出点；2 个模拟电位器，最多可扩展 35 个 AI/AQ 点；2 个 RS-485 通信/编程口，2 路高速脉冲输出，6 路高速计数器（30kHz）；8KB 用户程序区和 5KB 数据存储区。与 CPU224 相比，它增加了通信口的数量，通信能力大大增强。它主要用于点数较多、要求较高的小型或中型控制系统。

⑤ CPU226XM 是西门子公司继 CPU226 之后推出的一种增强型主机，主要在用户程序存储容量和数据存储容量上进行了扩展，其他指标与 CPU226 相同。

2.2.2 存储系统

S7-200 系列 PLC 的存储系统由 RAM 和 EEPROM 两种类型的存储器构成，如图 2-3 所示。CPU 模块内部配备了一定容量的 RAM 和 EEPROM。同时，S7-200 系列 PLC 的 CPU 模块支持可选的 EEPROM 卡。CPU 模块内部的超级电容和电池模块用于长时间地保存数据，用户数据可通过主机的超级电容存储数天。如果选择电池模块，则数据的存储时间会变得更长。S7-200 系列 PLC 的 CPU 规格如表 2-1 所示。

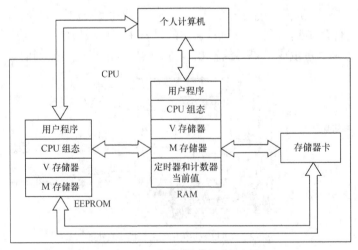

图2-3　PLC存储系统的组成示意图

表 2-1　　　　　　　　　　　S7-200 系列 PLC 的 CPU 规格

主机 CPU 类型		CPU221	CPU222	CPU224	CPU226	CPU226XM
外形尺寸 （mm × mm × mm）		90 × 80 × 62	90 × 80 × 62	120.5 × 80 × 62	190 × 80 × 62	190 × 80 × 62
用户程序区（Byte）		4 096	4 096	8 192	8 192	16 384
数据存储区（Byte）		2 048	2 048	5 120	5 120	10 240
失电保持时间（h）		50	50	190	190	190
本机 I/O		6 入/4 出	8 入/6 出	14 入/10 出	24 入/16 出	24 入/16 出
扩展模块数量		0	2	7	7	7
高速 计数器	单相（kHz）	30（4 路）	30（4 路）	30（6 路）	30（6 路）	30（6 路）
	双相（kHz）	20（2 路）	20（2 路）	20（4 路）	20（4 路）	20（4 路）
直流脉冲输出（kHz）		20（2 路）	20（2 路）	20（2 路）	20（2 路）	20（2 路）
模拟电位器		1	1	2	2	2
实时时钟		配时钟卡	配时钟卡	内置	内置	内置
通信口		1 RS-485	1 RS-485	1 RS-485	2 RS-485	2 RS-485
浮点数运算		有				
I/O 映像区		256（128 入/128 出）				
布尔指令执行速度		0.37μs/指令				

2.3　S7-200 系列 PLC 的扩展硬件单元

当 CPU 模块需要进行某种特殊控制功能或其 I/O 点数不够时，就需要对特殊功能模块或 I/O 模块进行扩展，用户可以根据需要来控制特殊功能模块或 I/O 模块的个数。不同 CPU 受其功能的限制，它们的扩展规范也不尽相同。具体规范请查阅西门子公司提供的操作手册。

2.3.1　扩展模块概述

S7-200 系列 PLC 中的 I/O 是系统的控制点，输入信号来自传感器和开关等现场设备，而输出信号则控制生产、生活过程中的电动机等设备，这些都可以使用主机 I/O 和扩展 I/O 模块来达到实现系统控制功能的目的。目前，S7-200 系列 PLC 主要有 3 大类扩展模块，具体介绍如下。

（1）I/O 扩展模块

S7-200 系列 PLC 的 CPU 为用户提供了一定数量的 I/O 点，但是如果用户需要多于 CPU 单元的 I/O 点时，就要用到扩展模块的 I/O 点。S7-200 系列 PLC 中各种 CPU 的 I/O 扩展模块数量如表 2-2 所示。

表 2-2   S7-200 系列 PLC 各种 CPU 的 I/O 扩展模块数量

CPU 类型	CPU221	CPU222	CPU224	CPU226
I/O 扩展模块数量	无	2	7	7

S7-200 系列 PLC 为用户提供了 5 大类 I/O 扩展模块，具体介绍如下。

① 数字量输入扩展模块 EM221（8 路扩展输入）。

② 数字量输出扩展模块 EM222（8 路扩展输出）。

③ 数字量输入和输出混合扩展模块 EM223（8 输入/输出、16 输入/输出或 32 输入/输出）。

④ 模拟量输入扩展模块 EM231，每个 EM231 可扩展 3 路模拟量输入通道，A/D 转换时间为 25μs，分辨率为 12 位。

⑤ 模拟量输入和输出混合扩展模块 EM235，每个 EM235 可同时扩展 3 路模拟量输入通道和 1 路模拟量输出通道，其中 A/D 转换时间为 25μs，D/A 转换时间为 100μs，它们的分辨率都为 12 位。

（2）热电偶、热电阻扩展模块

热电偶、热电阻扩展模块（EM231）是为 CPU222、CPU224 和 CPU226 设计的，其中 S7-200 系列 PLC 与热电偶、热电阻的连接设备有隔离接口。用户可以通过模块上的 DIP 开关来选择热电偶或热电阻的类型、连接方式、测量单位和开路故障的方向。

（3）通信扩展模块

S7-200 系列 PLC 除了 CPU 集成有通信口以外，还可以根据用户的需要通过通信扩展模块连接更大的网络。S7-200 系列 PLC 具有两种通信扩展模块，它们是 PROFIBUS-DP 扩展从站模块（EM227）和 AS-i 接口扩展模块（CP243-2）。

2.3.2　I/O 点的扩展和编址

CPU22x 系列的每种主机所提供的本机 I/O 点的 I/O 地址都是固定的，进行扩展是在 CPU 右边连接多个扩展模块，每个扩展模块的组态地址取决于各模块的类型和该模块在 I/O 链中所处的位置。

编址就是对 I/O 模块上的 I/O 点进行编号，以便程序执行时可以准确地识别每个 I/O 点。其方法是同种类型输入点或输出点的模块在链中按与主机的位置递减，其他类型模块的有无，以及所处的位置都不影响本类型模块的编号，方法如下。

① 数字量 I/O 点的编址是以字长为单位，采用标志域（I 或 Q）、字节号和位号 3 个部分的组成形式，在字节号和位号之间以点分隔，习惯上称为字节位编址。这样，每个 I/O 点都有了一个唯一的识别地址。数字量 I/O 点的编址方法如表 2-3 所示。

表 2-3   数字量 I/O 点的编址方法

Q	1	.	5
标志域（数字量输出 Q、数字量输入 I）	字节号	字节号和位号的分隔点	字节中位的编号（0~7）

② 模拟量 I/O 点的编址是以字长（16 位）为单位的。在读写模拟量信息时，模拟量 I/O 点以字为单位进行读写。模拟输入只能进行读操作，而模拟输出只能进行写操作，每个模拟量 I/O 点都是一个模拟接口。模拟接口的地址由标志域（AI/AQ）、数据长度标志（W）及字节地址（0~30 之间的十进制偶数）组成。模拟接口的地址从 0 开始，以 2 递增（如 AIW0、

AIW2、AIW4 等），对模拟接口奇数编址是不允许的。模拟量 I/O 点的编址方法如表 2-4 所示。

表 2-4　　　　　　　　　　　　模拟量 I/O 点的编址方法

AI	W	8
标志域（模拟量输出 AQ、模拟量输入 AI）	数据长度（字）	字节地址（0、2、4…）

③ 扩展模块的编址由扩展模块 I/O 接口的类型及其在扩展 I/O 链中的位置决定。扩展模块的编址按照由左至右依次排序。扩展模块的数字量 I/O 点编址以"字节.位"为编址形式，扩展模块的模拟量 I/O 编址仍以字长（16 位）为单位。

S7-200 系列 PLC 有 5 种 CPU（CPU221、CPU222、CPU224、CPU226 及 CPU226XM），其中 CPU226XM 与 CPU226 基本相同。因此，S7-200 共有 4 种配置。S7-200 系列 PLC 的 I/O 编址如表 2-5 所示。

表 2-5　　　　　　　　　　　　S7-200 系列 PLC 的 I/O 编址

信息类型	CPU221	CPU222	CPU224	CPU226
I_数字量输入	0.0～15.7	0.0～15.7	0.0～15.7	0.0～15.7
Q_数字量输出	0.0～15.7	0.0～15.7	0.0～15.7	0.0～15.7
M_中间标志位	0.0～31.7	0.0～31.7	0.0～31.7	0.0～31.7
C_计数器	0～255	0～255	0～255	0～255
T_计时器	0～255	0～255	0～255	0～255
AIW_模拟输入字	—	0～30	0～30	0～30
AQW_模拟输出字	—	0～30	0～30	0～30

下面举例说明 I/O 的编址。例如，某一控制系统选用 CPU224，系统所需的 I/O 各点数位为数字量输入 24 点、数字量输出 20 点、模拟量输入 6 点和模拟量输出 2 点。系统可由多种不同模块进行组合，并且各模块在 I/O 链中的位置排列方式也可能有多种。图 2-4 所示为其中一种模块连接方式，表 2-6 所示为其对应的各模块的编址情况。

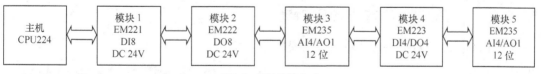

图2-4　模块连接方式

表 2-6　　　　　　　　　　　　与图 2-4 对应的各模块编址

主机 I/O	模块 1 I/O	模块 2 I/O	模块 3 I/O	模块 4 I/O	模块 5 I/O
I0.0 Q0.0	I2.0	Q2.0	AIW0 AQW0	I3.0 Q3.0	AIW8
I0.1 Q0.1	I2.1	Q2.1	AIW2	I3.1 Q3.1	AQW2
I0.2 Q0.2	I2.2	Q2.2	AIW4	I3.2 Q3.2	AIW10
I0.3 Q0.3	I2.3	Q2.3	AIW6	I3.3 Q3.3	AIW12
I0.4 Q0.4	I2.4	Q2.4			AIW14

续表

主机 I/O	模块 1 I/O	模块 2 I/O	模块 3 I/O	模块 4 I/O	模块 5 I/O
I0.5 Q0.5					
I0.6 Q0.6					
I0.7 Q0.7					
I1.0 Q1.0	I2.5	Q2.5			
I1.1 Q1.1	I2.6	Q2.6			
I1.2	I2.7	Q2.7			
I1.3					
I1.4					
I1.5					

由这个例子不难看出，S7-200 系列 PLC 的系统扩展对 I/O 的组态有如下规则。

① 同类型 I/O 点的模块进行顺序编址。

② 对于数字量，I/O 映像寄存器的单位长度为 8 位（1 字节），本模块的高位实际位数未满 8 位，未使用位不能分配给 I/O 链的后续模块。

③ 对于模拟量，I/O 以 2 字节（1 个字）递增方式来分配空间。

2.4　S7-200 系列 PLC 的寻址方式

本节以 S7-200 系列 PLC 的 CPU224 为例介绍 S7-200 CPU 存储器的数据类型和寻址方式，其他机型编程的原理是相同的，只是 I/O 点数、存储器容量大小等技术指标有所不同，可以通过查阅西门子公司的相关技术手册得到。由于 PLC 的核心组成部分是计算机，因此指令和数据在存储器中也是按照存储单元存放的，而操作数是根据其数据类型分类存放、查找的。另外，CPU 以二进制方式存储所有常数，也可以用十进制、十六进制、ASCII 码或浮点数形式来表示，不同数据有不同的格式和大小，可以按字节、字、双字进行存储。

2.4.1　CPU224 的有效范围和特性

CPU224 的外形如图 2-5 所示，其主要性能参数如下。

① 在没有扩展模块的情况下，CPU224 的主要性能参数如下。

I/O 数：14 路数字量输入，10 路数字量输出。

用户程序空间（可永久保存）：4 096 字节。

数据块空间（可永久保存）：2 560 字节。

内部存储器位：256 位（可永久保存的为 112 位）。

高速计数器总数：6 个。

定时器总数：256 个。

计数器总数：256 个。

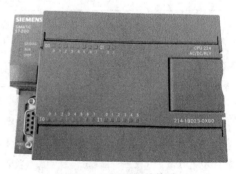

图2-5　CPU224的外形

布尔指令执行速度（33MHz 下）：0.37μs/指令。

通信口数：1 路（电气接口：RS-485，最大波特率：187.5kbit/s）。

② 在加入扩展模块的情况下，CPU224 的主要性能参数如下。

最大可扩展模块：7 个。

最大数字量输入/输出数：94DI/74DQ 点；

最大模拟量输入/输出数：16AI/16AQ 点。

CPU224 存储器范围和特性如表 2-7 所示，CPU224 操作数范围如表 2-8 所示。

表 2-7　　　　　　　　　　　　　CPU224 存储器范围和特性

描述	CPU224
用户程序大小	4 096 字
用户数据大小	2 560 字
输入映像寄存器	I0.0～I15.7
输出映像寄存器	Q0.0～Q15.7
模拟量输入（只读）	AIW0～AIW30
模拟量输出（只写）	AQW0～AQW30
变量存储器（V）	V0.0～V5119.7
局部存储器（L）	L0.0～L63.7
内部标志位存储器（M）	M0.0～M31.7
特殊标志位存储器（SM）	SM0.0～SM179.7
特殊标志位存储器（SW）（只读）	SW0.0～SW29.7
定时器	256（T0～T255）
有记忆接通延迟 1ms	T0，T64
有记忆接通延迟 10ms	T1～T4，T65～T68
有记忆接通延迟 100ms	T5～T31，T69～T95
接通/关断延迟 1ms	T32，T96
接通/关断延迟 10ms	T33～T36，T97～T100
接通/关断延迟 100ms	T37～T63，T101～T255
计数器	C0～C255
高速计数器	HC0～HC5
顺序控制继电器（S）	S0.0～S31.7
累加器	AC0～AC3
跳转/标号	0～255
调用/子程序	0～63
中断程序	0～127
PID 回路	0～7
通信端口号	0

表 2-8   CPU224 操作数范围

位存取（字节、位）	字节存取	字存取	双字存取
V0.0~V5119.7	VB0~VB5119	VW0~VW5118	VD0~VD5116
I0.0~I15.7	IB0~IB15	IW0~IW14	ID0~ID12
Q0.0~Q15.7	QB0~QB15	QW0~QW14	QD0~QD12
M0.0~M31.7	MB0~MB31	MW0~MW30	MD0~MD28
SM0.0~SM179.7	SMB0~SMB179	SMW0~SMW178	SMD0~SMD176
S0.0~S31.7	SB0~SB31	SW0~SW30	SD0~SD28
T0~T255		T0~T255	
C0~C255		C0~C255	
L0.0~L63.7	LB0~LB63	LW0~LW62	LD0~LD60
	AC0~AC3	AC0~AC3	AC0~AC3
		AIW0~AIW30	HC0~HC5
		AQW0~AQW30	
	常数	常数	常数

2.4.2　存储器的直接寻址

1. 存储器的寻址方式和数据表示

S7-200 系列 PLC 的 CPU 提供了存储器的特定区域，使控制数据的运行更快、更有效。S7-200 系列 PLC 将信息存放于不同的存储器单元，每个单元都对应唯一的地址，如果指出要存取的存储器地址，就能够直接存取这个信息。

在 S7-200 系列 PLC 中，CPU 存储器的寻址方式分为直接寻址和间接寻址两种形式。直接寻址就是按给定地址找到存储单元中的内容（即操作数）；而间接寻址方式是指在存储单元中放置一个地址指针，按照这一个地址找到的存储单元中的数据才是所要取的操作数，相当于间接地取得数据。

要存取存储器区域中的某一位，必须指出地址，包括存储器区域标识符、字节地址及位地址。图 2-6 所示是一个位寻址的例子（又称"字节.位"寻址）。在这个例子中，存储器区及字节地址（I=输入，4=第 4 字节）和位地址（第 5 位）之间用"."隔开。

使用字节寻址方式，可以按照字节、字或双字来存取许多存储器区域（V、I、Q、M 及SM 等）中的数据。若要存取 CPU 存储器中的 1 字节、字或双字数据，则必须以类寻址的方式给出地址，包括区域标识符、数据大小及该字节、字或双字的起始字节地址，如图 2-7 所示。其他 CPU 存储器区域（如 T、C、HC 及累加器 AC）中存取数据使用的地址格式为区域标识符和设备号。

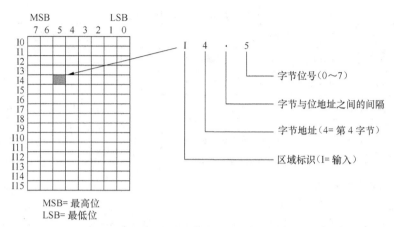

图2-6 CPU存储器中位寻址表示方法举例

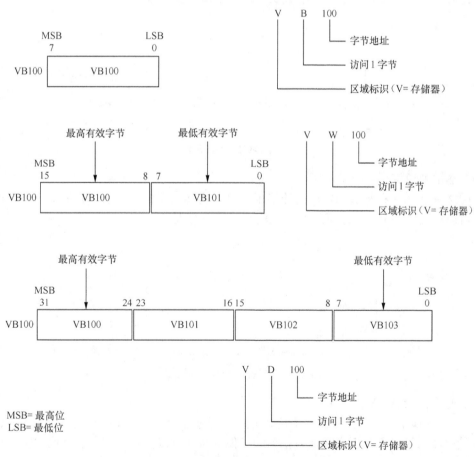

图2-7 CPU存储器中类寻址表示方法举例

实数(或浮点数)采用 32 位单精度数来表示,其格式是正数:+1.175 495 E-38 ~ +3.402 823 E+38;负数:−1.175 495 E-38 ~ −3.402 823 E+38。按照 SNSL/IEEE754 1985 标准格式,以双字长度来存取。数据大小规定及相关整数范围如表 2-9 所示。

表 2-9　　　　　　　　　　　　　数据大小规定及相关整数范围

数据大小	无符号整数		有符号整数	
	十进制	十六进制	十进制	十六进制
B（字节）：8 位	0～255	0～FF	−128～127	80～7F
W（字）：16 位	0～65 535	0～FFFF	−32 768～32 767	8000～7FFF
D（双字）：32 位	0～4 294 967 295	0～FFFFFFFF	−2 147 483 648～ 2 147 483 647	80000000～7FFFFFFF

2. 存储器的直接寻址

（1）输入映像寄存器（I）寻址

如图 2-8 所示，在每个扫描周期的开始，CPU 对输入点进行采样，并将采样值存于输入映像寄存器中，可以按位、字节、字或双字来存取输入映像寄存器。

图2-8　输入映像寄存器寻址格式

（2）输出映像寄存器（Q）寻址

如图 2-9 所示，在每次扫描周期的结尾，CPU 将输出映像寄存器的数值复制到物理输出点上，可以按位、字节、字或双字来存取输出映像寄存器。

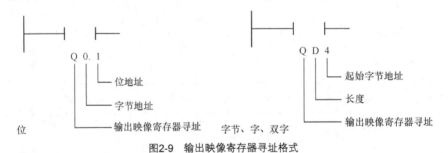

图2-9　输出映像寄存器寻址格式

（3）变量存储器（V）区寻址

如图 2-10 所示，变量存储器用于存储程序执行过程中控制逻辑操作的中间结果，也可以使用变量存储器来保存与工序或任务相关的其他数据，可以按位、字节、字或双字来存取变量存储器。

（4）内部标志位存储器（M）区寻址

如图 2-11 所示，可以使用内部标志位存储器（M）作为控制存储器存取中间操作状态或其他控制信息。虽然名为"内部标志位存储器区"，表示按位存储，但是也可以按字节、字或双字来存取内部标志位存储器区。

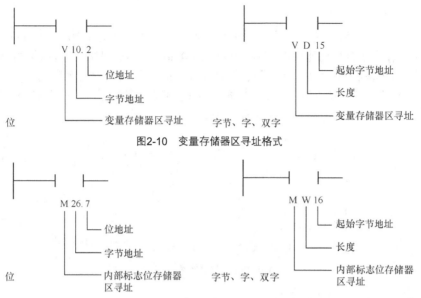

图2-10　变量存储器区寻址格式

图2-11　内部标志位存储器区寻址格式

（5）顺序控制继电器（S）存储器区寻址

如图 2-12 所示，顺序控制继电器用于组织机器操作或进入等效程序段的步控制。顺序控制继电器提供控制程序的逻辑分段，可以按位、字节、字或双字来存取 S 位。

图2-12　顺序控制继电器存储器区寻址格式

（6）特殊标志位存储器（SM 标志位）

如图 2-13 所示，SM 标志位提供了 CPU 和用户程序之间传递信息的方法。可以使用这些位选择和控制 S7-200 系列 PLC CPU 的一些特殊功能：第一次扫描的 ON 位、以固定速度触发位、数学运算或操作指令状态位等。尽管特殊存储器标志位区是基于位存取的，但是它也可以按照位、字节或双字来存取。

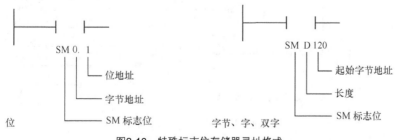

图2-13　特殊标志位存储器寻址格式

（7）局部存储器（L）区寻址

S7-200 系列 PLC 有 64 字节的局部存储器，其中 60 个可以用作暂时存储器或给子程序传递函数。如果用梯形图或功能块图编程，STEP7-Micro/Win32 保留这些局部存储器的最后 4 字节；如果用语句表编程，可以寻址所有的 64 字节，但是不要使用局部存储器的最后 4 字节。

如图 2-14 所示，可以按位、字节、字或双字访问局部存储器。可以把局部存储器作为间接寻址的指针，但不能作为间接寻址的存储器区。

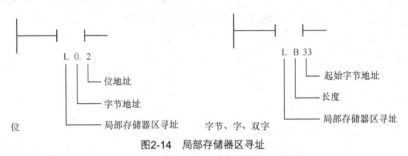

图2-14 局部存储器区寻址

（8）定时器存储器（T）区寻址

S7-200 系列 PLC 的 CPU 中，定时器是累计时间增量的设备。S7-200 系列 PLC 的定时器精度（时基增量）有 1ms、10ms 和 100ms 3 种。定时器有两个相关的变量。

① 当前值。16 位符号整数，存取定时器所累计的时间。

② 定时器位。定时器当前值大于预设值时，该位置为 "1"（预设值作为定时器指令的一部分输入）。

可以使用定时器地址（T+定时器号）来存取这些变量。其格式为 T［定时器号］，如 T24。对定时器或当前值的存取依赖于所用的指令：带位操作数的指令存取定时器位，而带字操作数的指令存取当前值，如图 2-15 所示。其中，常开触点（T3）指令存取定时器位，而 MOV_W 指令存取定时器的当前值。

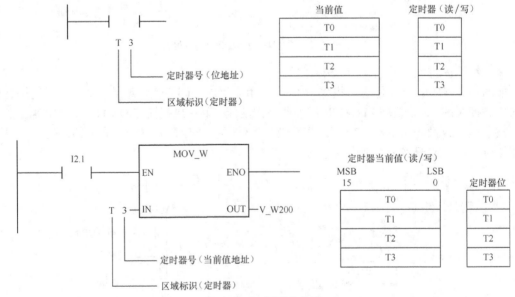

图2-15 定时器寻址举例

（9）计数器存储器（C）区寻址

S7-200 系列 PLC 的 CPU 中，计数器用于累计其输入端脉冲电平由低到高的次数。CPU 提供了 3 种类型的计数器，即增计数器、减计数器和增/减计数器。与计数器相关的变量有两个。

① 当前值。16 位符号整数，存储累计脉冲数。

② 计数器位。当计数器的当前值不小于预设值时，此位置为"1"（作为计数器指令的一部分输入）。

可以使用计数器地址（C+计数器号）来存取这些变量。其格式为 C［计数器号］，如 C20。对计数器位或当前值的存取依赖于所用的指令：带位操作数的指令存取计数器位，而带字操作数的指令存取当前值。如图 2-16 所示，常开触点（C3）指令存取计数器位，而 MOV_W 指令存取计数器的当前值。

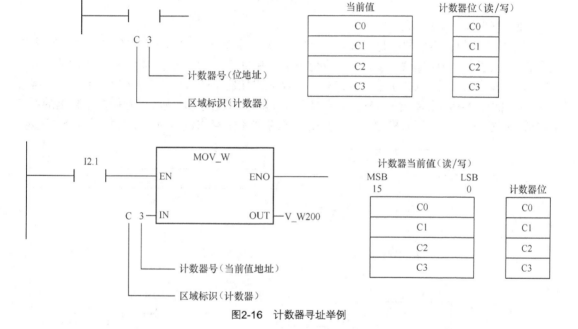

图2-16　计数器寻址举例

（10）模拟量输入（AI）寻址

S7-200 系列 PLC 将实际系统中的模拟量输入值（如温度或者电压）转换成 1 个字长（16 位）的数字量。可以用区域标识符（AI）、数据长度（W）及字节的起始地址来存取这些值。其格式为 AIW［起始字节地址］，如 AIW4。如图 2-17 所示，由于模拟输入量为 1 个字长，且从偶数位字节（如 0、2 或 4）开始，因此必须用偶数字节地址（如 AIW0、AIW2、AIW4）来存取这些值。模拟量输入值的数据都是只读的。

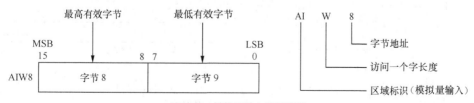

图2-17　模拟量输入寻址举例

（11）模拟量输出（AQ）寻址

S7-200 系列 PLC 将 1 个字长（16 位）的数字值按比例转换成电压或电流。可以用区域标识符（AQ）、数据长度（W）及起始字节地址来置位这些值。其格式为 AQW［起始字节地址］，如 AQW4。如图 2-18 所示，由于模拟输出为 1 个字长，且从偶数位字节（如 0、2 或 4）开始，因此必须用偶数字节地址（如 AQW0、AQW2、AQW4）来设置这些值，否则用户程序无法读取模拟量输出值。

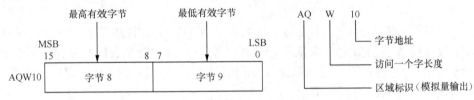

图2-18　模拟量输出寻址举例

（12）累加器（AC）寻址

同存储器相似，累加器也是可以存取数据的读/写设备。例如，可以用累加器向子程序传递参数，或从子程序返回参数，以及用来存储计算的中间值。CPU 提供了 4 个 32 位累加器（AC0、AC1、AC2 及 AC3）。可以按字节、字或双字来存取累加器中的数值。其格式为 AC［累加器］，如 AC0。如图 2-19 所示，按字节、字或双字来存取累加器只能使用存于存储器中数据的低 8 位或低 16 位，按双字来存取累加器可以使用全部的 32 位，存取数据的长度由所用指令来决定。

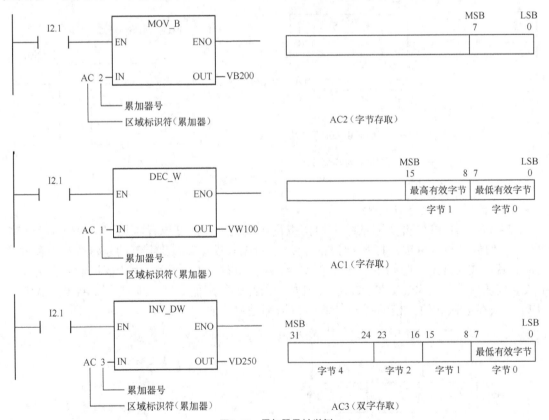

图2-19　累加器寻址举例

（13）高速计数器（HC）寻址

高速计数器用来累计比 CPU 扫描速率更快的事件。高速计数器有 32 位符号整数累计值（或当前值）。若要存取高速计数器中的值，则必须给出高速计数器的地址，即存储器类型（HC）及计数器号。其格式为 HC［高速计数器号］，如 HC2。如图 2-20 所示，高速计数器的当前值为只读值，可作为双字（32 位）来寻址。

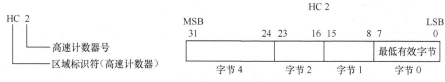

图2-20　高速计数器寻址举例

2.4.3　存储器的间接寻址

间接寻址是指使用指针来存取存储器中的数据。S7-200 系列 PLC 的 CPU 允许使用指针对下述存储器区域进行间接寻址：I、Q、V、M、S、T（仅当前值），但不允许对独立的位（bit）值或模拟量进行间接寻址。

用间接寻址方式存取数据需要进行以下 3 种操作：建立指针、用指针存取数据和修改指针。

（1）建立指针

如图 2-21 所示，使用间接寻址对某个存储器单元读、写时，首先要创建一个指向该位置的指针。指针为双字（32 位），它用于存放另一个存储器的地址，只能用变量存储器（V）、局部存储器（L）或累加器（AC）作为指针的存储区。生成指针时，要使用双字传送指令（MOVD），将数据所在单元的内存地址送入指针，双字传送指令的输入操作数开始处加 "&" 符号，表示某存储器的地址，而不是存储器内部的值。指令输出操作数是指针地址。

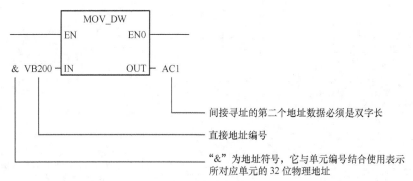

图2-21　建立指针

（2）用指针存取数据

如图 2-22 所示，指针建立好之后，可利用指针存取数据。在使用地址指针存取数据的指令中，操作数前加 "*"，表示该操作数为地址指针，如 MOVW*AC1,AC0。其中，MOVW 表示字传送指令，指令将 AC1 的内容作为起始地址的一个字长的数据（即 VB200、VB201 内部数据）送入 AC0 内。

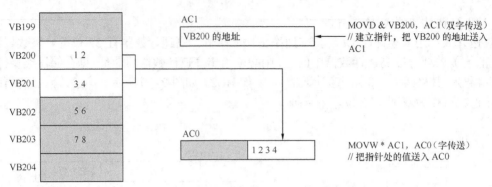

图2-22　用指针存取数据

（3）修改指针

如图 2-23 所示，连续存储数据时，通过修改指针后很容易存取其紧接的数据。简单的数学运算指令，如加法、减法、自增和自减等指令可以用来修改指针。在修改指针时，要记住访问数据的长度：存取字节时，指针加 1；存取字时，指针加 2；存取双字时，指针加 4。

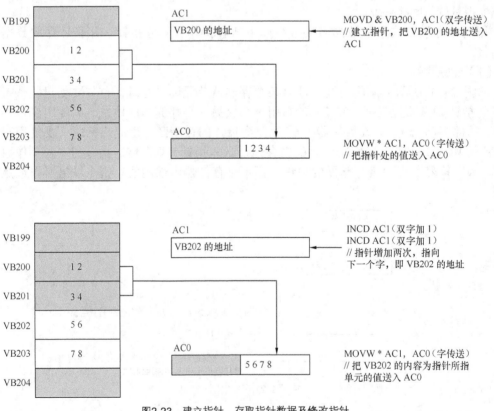

图2-23　建立指针、存取指针数据及修改指针

2.5　本章小结

本章以西门子公司的 S7-200 系列 PLC 为对象，详细地介绍了其硬件单元的结构、扩展

方式和方法。其中，S7-200 系列 PLC 有 5 种 CPU 型号，它们都是整体式结构，除 CPU221 外都可以进行 I/O 和功能模块的扩展。在进行 I/O 扩展或特殊功能模块的扩展时，必须按照其编址方法，遵循一定的扩展原则进行。最后，本章以 S7-200 系列 PLC 为研究对象，详细介绍了 S7-200 系列 PLC 的寻址方式，包括直接寻址和间接寻址。

　　本章的重点是 S7-200 系列 PLC 的基本和扩展硬件单元，难点是 S7-200 系列 PLC 的寻址方式。通过本章的学习，读者可以对 S7-200 系列 PLC 形成感性认识，并为后续的程序编制奠定坚实的基础。

第3章 | S7-200 系列 PLC 的基本指令系统

了解西门子公司的 S7-200 系列 PLC 的指令系统，是对 PLC 进行编程的基础，对于程序的设计有着非常重要的意义。本章将主要讨论 S7-200 系列 PLC 常用的基本指令及其实例。S7-200 系列 PLC 的基本指令有基本逻辑指令，立即 I/O 指令，电路块串、并联指令，多路输出指令，定时器和计数器指令，正（负）跳变触点指令，顺序控制继电器指令，比较触点指令等。

3.1 基本逻辑指令

基本逻辑指令操作时主要以位逻辑为主，其操作元件为输入映像寄存器（I）、输出映像寄存器（Q）、内部标志位存储器（M）、特殊标志位存储器（SM）、定时器存储器（T）、计数器存储器（C）、顺序控制继电器存储器（S）和局部存储器（L）。基本逻辑指令包括标准触点指令、输出指令、置位和复位指令。

3.1.1 标准触点指令

如表 3-1 所示，标准触点指令可分为 LD、LDN、A、AN、O、ON 指令。

表 3-1　　　　　　　　　　　　　　　标准触点指令

指令名称	指令说明	图示说明
LD 指令	LD（load）指令称为取指令，它表示一个逻辑行与左母线开始相连的常开触点指令，即一个逻辑行开始的各类元件常开触点与左母线起始连接时应该使用 LD 指令	LD 左母线
LDN 指令	LDN（load not）指令称为取反指令，又称取非指令，它表示一个与左母线相连的常闭触点指令，即各类元件常闭触点与左母线起始连接时应该使用 LDN 指令	LDN 左母线
A 指令	A（and）指令称为串联指令，在逻辑上称为"与"指令，主要用于各继电器的常开触点与其他各继电器触点串联连接时的情况	LD　A

续表

指令名称	指令说明	图示说明
AN 指令	AN（and not）指令称为串联非指令，在逻辑上称为"与非"指令，主要用于各继电器的常闭触点与其他各继电器触点串联连接时的情况 　　用 A 指令和 AN 指令进行触点的串联连接时，串联触点的个数无限制，可以无限重复地进行串联	LD　　AN
O 指令	O（or）指令称为并联指令，在逻辑上称为"或"指令，主要用于各继电器的常开触点与其他继电器各触点并联连接时的情况	LD / O
ON 指令	ON（or not）指令称为并联非指令，在逻辑上称为"或非"指令，主要用于各继电器的常闭触点与其他各继电器触点并联连接时的情况 　　用 O 指令和 ON 指令进行触点的并联连接时，并联触点的个数无限制，可以无限重复并联使用	LD / ON

3.1.2 输出指令

输出指令又称驱动线圈的指令。在梯形图中，输出指令用"〈 〉"表示；在指令语句表中，输出指令用"="表示。

LD、LDN、A、AN、O、ON 指令及输出指令"="在梯形图中的图形符号和用法分别如图 3-1 和图 3-2 所示。

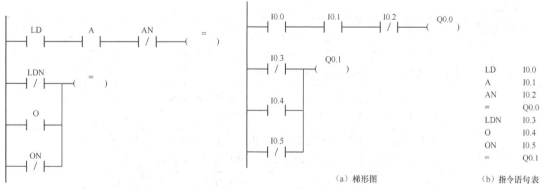

图3-1　各基本逻辑指令在梯形图中的图形符号　　　　图3-2　各基本逻辑指令的用法

3.1.3 置位和复位指令

1. 置位指令 S（set）

置位指令的功能是驱动继电器线圈。当使用置位指令 S 后，被驱动线圈接通并自锁，维持接通的状态。当继电器被驱动后，如果要使被驱动的继电器线圈复位，则要使用复位指令。

2. 复位指令 R（reset）

复位指令用 R 表示。其功能是使置位的继电器线圈复位。

如图 3-3 所示，执行置位和复位（N 位）指令时，把从指令操作数（位）指定的地址开始的 N 个点都置位或复位。置位或复位的点数 N 可以是 1～255。

在图 3-3（a）所示的梯形图中，当输入映像寄存器 I0.0 为"1"时，置位指令 S 将输出映像寄存器 Q0.0 置位为"1"，以驱动外部负载。当输入映像寄存器 I0.1 为"1"时，复位指令 R 将输出映像寄存器 Q0.0 复位为"0"，Q0.0 释放。

当输入映像寄存器 I0.2 为"1"时，置位指令 S 将以输出映像寄存器 Q1.0 为首地址的 3 个输出映像寄存器 Q1.0、Q1.1、Q1.2 置位为"1"，以驱动外部负载。输入映像寄存器 I0.3 为"1"时，由于在输出线圈的下方所标的数字为"1"，因此复位指令 R 将输出映像寄存器 Q1.0 复位为"0"，Q1.0 释放。而 Q1.1、Q1.2 仍然保持"1"的状态。

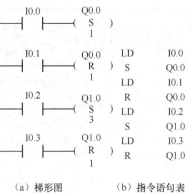

（a）梯形图　　　（b）指令语句表

图3-3　置位和复位指令的用法

3.2　立即 I/O 指令

立即 I/O 指令包括立即触点指令、立即输出指令、立即置位和立即复位指令。

3.2.1　立即触点指令

立即触点指令包括 LDI、LDNI、AI、ANI、OI、ONI 指令，如表 3-2 所示。指令中的"I"即为立即的意思。执行立即触点指令时，直接读取物理输入点的值，输入映像寄存器中的内容不更新。指令操作数仅限于输入物理点的值。立即触点指令用常开和常闭立即触点表示。

表 3-2　　　　　　　　　　　　　　　立即触点指令

指令名称	指令说明	
LDI 指令	LDI 指令称为立即取指令，表示直接读取物理输入点处的值，输入映像寄存器中的内容不更新	LDI ├─┤ I
LDNI 指令	LDNI 指令称为立即取反指令，表示直接读取物理输入点处的取反值，输入映像寄存器中的内容不更新	LDNI ├─/├
AI 指令	AI 指令称为立即串联指令，表示把物理输入点处的值立即与其他触点串联起来，输入映像寄存器中的内容不更新	LDI　　AI ├─┤ I ├─┤ I
ANI 指令	ANI 指令称为立即串联非指令，表示把物理输入点处的值取反后立即与其他触点串联起来，输入映像寄存器中的内容不更新	LDI ├─┤ I
OI 指令	OI 指令称为立即并联指令，表示把物理输入点处的值立即与其他触点并联起来，输入映像寄存器中的内容不更新	LDI ├─┤ I
ONI 指令	ONI 指令称为立即并联非指令，表示把物理输入点处的值取反后立即与其他触点并联起来，输入映像寄存器中的内容不更新	ONI ├─/├

3.2.2　立即输出指令

当执行立即输出指令时，逻辑运算结果被立即复制到物理输出点和相应的输出映像寄存器（立即赋值），而不受扫描过程的影响。

如图 3-4 所示，当装载立即常开触点 I0.0，串联立即常开触点 I0.1 和立即常闭触点 I0.2后，就立即输出线圈 Q0.0；当装载立即常闭触点 I0.3，并联立即常开触点指令 I0.4 和立即常闭触点 I0.5 后，输出线圈 Q0.1。在图 3-4（a）所示的梯形图中，除了输出指令 Q0.1 以外，其他都为立即 I/O 指令。

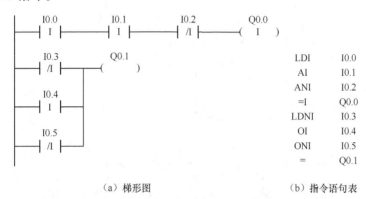

（a）梯形图　　　　　　　　　　（b）指令语句表

图3-4　立即触点指令和立即输出指令的用法

3.2.3　立即置位和立即复位指令

SI 指令称为立即置位指令，RI 指令称为立即复位指令。执行立即置位指令 SI 或立即复位指令 RI 时，从指定位地址开始的 N 个点的映像寄存器都将被立即置位或立即复位。新值被同时写入物理输出点和相应的输出映像寄存器。立即置位或立即复位 N 的点数可以是 1～128。

如图 3-5 所示，当载入常开触点 I0.0 时，从 Q0.0 开始的 1 个触点被立即置位为 "1"；当载入常开触点 I0.1 时，从 Q0.0 开始的 1 个触点被立即复位为 "0"；当载入常开触点 I0.2 时，从 Q0.1 开始的 3 个触点被立即置位为 "1"；当载入常开触点 I0.3 时，从 Q0.1 开始的 1 个触点被立即复位为 "0"。

```
        I0.0        Q0.0
      ──┤ ├──────( SI )
                     1

        I0.1        Q0.0            LD    I0.0
      ──┤ ├──────( RI )            SI    Q0.0, 1
                     1             LD    I0.1
                                   RI    Q0.0, 1
        I0.2        Q0.1           LD    I0.2
      ──┤ ├──────( SI )            SI    Q0.1, 3
                     3             LD    I0.3
                                   RI    Q0.1, 1
        I0.3        Q0.1
      ──┤ ├──────( RI )
                     1
```

（a）梯形图　　　　　　　　　　（b）指令语句表

图3-5　立即置位和立即复位指令的用法

3.3　电路块串、并联指令

ALD 指令称为"电路块与"指令，其功能是使电路块与电路块串联。OLD 指令称为"电路块或"指令，其功能是使电路块与电路块并联。

如图 3-6 所示，将串联触点 I0.0 和 I0.1、I0.2 和 I0.3、I0.4 和 I0.5 这 3 个电路块并联起来，用 OLD 指令连接起来；将并联触点 I1.0、I1.2、I1.4 和 I1.1、I1.3、I1.5 串联起来，用 ALD 指令连接。

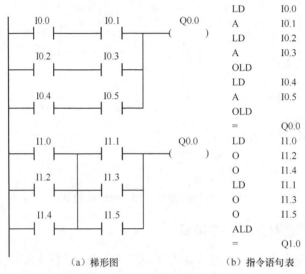

LD	I0.0
A	I0.1
LD	I0.2
A	I0.3
OLD	
LD	I0.4
A	I0.5
OLD	
=	Q0.0
LD	I1.0
O	I1.2
O	I1.4
LD	I1.1
O	I1.3
O	I1.5
ALD	
=	Q1.0

（a）梯形图　　　　　　（b）指令语句表

图3-6　ALD、OLD指令的用法

3.4　多路输出指令

多路输出指令有 LPS、LRD、LPP、LDS，指令说明及用法分别如表 3-3 和图 3-7 所示。

表 3-3　　　　　　　　　　　　　　多路输出指令说明

指令名称	指令说明
LPS 指令	LPS 指令称为逻辑推入栈指令。它的功能是执行 LPS（Logic Push）指令，将触点的逻辑运算结果存入栈内存的顶层单元中，栈内存的每个单元中原来的资料依次向下推移
LRD 指令	LRD 指令称为读栈指令。它的功能是执行 LRD（Logic Read）指令，将栈内存顶层单元中的资料读出来
LPP 指令	LPP 指令称为出栈指令。它的功能是执行 LPP（Logic POP）指令，将栈内存顶层单元中的结果弹出，栈内存中的资料依次往上推移
LDS 指令	LDS 指令称为装入堆栈指令。它的功能是执行 LDS（Load Stack）指令，复制堆栈中第 n 级的值到栈顶。原堆栈各级栈值依次下压一级，栈底值丢失

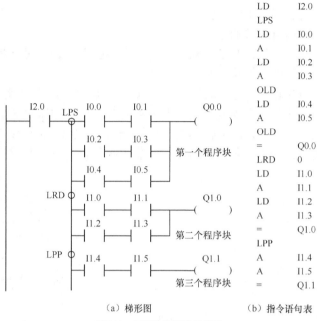

（a）梯形图　　　　　　　　　　（b）指令语句表

图3-7　多路输出指令的用法

如图 3-7 所示，当触点 I2.0 闭合时，执行 LPS 指令，将触点的运算结果存入栈内存的顶层单元中，再执行第一个程序块；执行 LRD 指令，将栈内存顶层中的资料读出来，执行第二个程序块；执行 LPP 指令，将栈内存顶层单元中的结果弹出，然后执行第三个程序块，将结果输出。

3.5　定时器和计数器指令

3.5.1　定时器指令

定时器是利用 PLC 内部时钟脉冲计数的原理而进行计时的。

S7-200 系列 PLC 定时器的类型有 3 种：接通延时定时器（TON）、断开延时定时器（TOF）、有记忆接通延时定时器（TONR）。其定时的分辨率分为 3 种，分别为 1ms、10ms 和 100ms。

定时器的实际设定时间 T=设定值（PT）×分辨率。例如，若某定时器的设定值为 PT=80，分辨率为 10ms，则该计时器的实际设定时间 T=80×10ms=0.8s。

如表 3-4 所示，S7-200 系列 PLC 的定时器共有 256 个，定时器的范围为 T0～T255。

表 3-4　　　　　　　　　S7-200 系列 PLC 定时器的型号和定时分辨率

定时器类型	分辨率（ms）	计时范围（s）	定时器号
TON、TOF	1	32.767	T32、T96
	10	327.67	T33～T36、T97～T100
	100	3 276.7	T37～T63、T101～T255
TONR	1	32.767	T0、T64
	10	327.67	T1～T4、T65～T68
	100	3 276.7	T5～T31、T69～T95

1. 接通延时定时器（TON）指令

当输入端（IN）接通时，接通延时定时器（TON）开始计时；当定时器当前值（PT）不小于设定值时，该定时器动作，其常开触点闭合，常闭触点断开，对电路进行控制。而此时定时器继续计时，一直计到它的最大值为止。

当输入端（IN）断开时，接通延时计时器（TON），定时器当前值清零。

如图 3-8 所示，当输入继电器 I0.0 的常开触点闭合时，定时器 T38 接通并开始计时，经过 10s 后，定时器 T38 动作，T38 的常开触点闭合，输出继电器 Q0.0 接通，驱动外部设备。当输入继电器 I0.0 的常开触点复位断开时，定时器 T38 复位断开，其常开触点复位断开，输出继电器 Q0.0 失电断开。

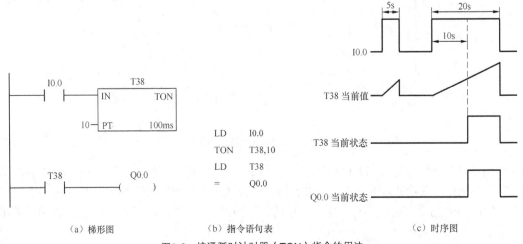

（a）梯形图　　　　　（b）指令语句表　　　　　（c）时序图

图3-8　接通延时计时器（TON）指令的用法

2. 断开延时定时器（TOF）指令

当输入端（IN）接通时，定时器位立即接通动作，即常开触点闭合，常闭触点断开，并把当前值设为 0。当输入端（IN）断开时，定时器开始计时；当断开延时定时器（TOF），当前值等于设定值（PT）时，定时器动作断开，此时常开触点断开，常闭触点闭合。此时就起到了断电延时的作用。

如图 3-9 所示，当输入继电器 I0.0 的常开触点闭合时，定时器 T98 接通立即动作，其常开触点也立即闭合，输出继电器 Q0.0 立即接通，驱动外部设备。当输入继电器 I0.0 的常开触点断开时，断电延时定时器 T98 开始计时。经过 10s 后，定时器 T98 动作复位，其常开触点复位断开，输出继电器 Q0.0 断开。

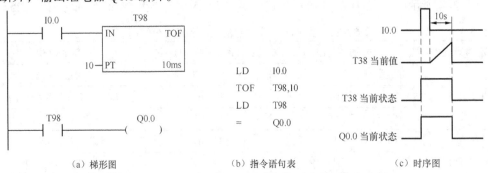

（a）梯形图　　　　　（b）指令语句表　　　　　（c）时序图

图3-9　断开延时定时器（TOF）指令的用法

3. 有记忆接通延时定时器（TONR）指令

当输入端（IN）接通时，有记忆接通延时定时器（TONR）接通，并开始计时。当有记忆接通延时定时器（TONR）的当前值不小于设定值时，该定时器位被置位并动作，定时器的常开触点闭合，常闭触点断开。有记忆接通延时计时器（TONR）累计值达到设定值后继续计时，一直计到最大值为止。

当输入端（IN）断开时，即使未达到定时器的设定值，有记忆接通延时定时器（TONR）的当前值保持不变。当输入端（IN）再次接通，定时器当前值从原保持值开始向上累计时间，继续计时直到有记忆接通延时定时器（TONR）的当前值等于设定值时，定时器才动作。因此，可以用有记忆接通延时定时器（TONR）累计多次输入信号的接通时间。

当需要有记忆接通延时定时器（TONR）复位清零时，可利用复位指令（R）清除有记忆接通延时计时器（TONR）的当前值。

如图 3-10 所示，当输入继电器 I0.0 的常开触点闭合时，定时器 T5 接通并开始计时，计时累计 10s 后，定时器 T5 动作，T5 的常开触点闭合，输出继电器 Q0.0 接通，驱动外部设备。当输入继电器 I0.0 的常开触点复位断开时，定时器 T5 并不失电复位，其常开触点仍然闭合，输出继电器 Q0.0 仍然接通。只有当输入继电器 I0.1 的常开触点闭合时，接通复位指令 R，定时器 T5 才会复位，其常开触点复位断开，输出继电器 Q0.0 失电断开。

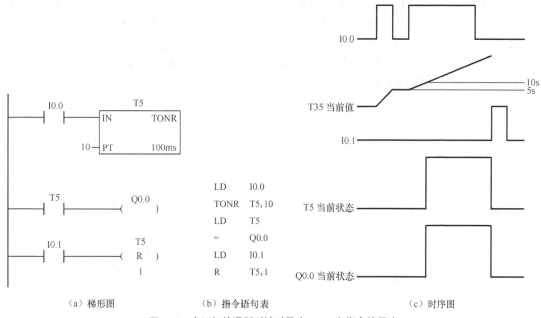

图3-10　有记忆接通延时计时器（TONR）指令的用法

使用定时器时要注意以下几个问题。

① 不能把一个定时器同时用作接通延时定时器（TON）和断开延时定时器（TOF）。从表 3-1 中可以看出，定时器 T37～T63 及 T101～T255 既可以作为接通延时定时器（TON），又可以作为断开延时定时器（TOF），但同一个定时器不能在同一个程序中作为不同用途的定时器使用。例如，在某一个程序中，T37 如果作为接通延时定时器（TON）使用，则不能再作为断开延时定时器（TOF）使用；如果程序中需要有断开延时定时器，则可选其他编号的定时器，

如 T38、T39 等。

② 使用复位指令（R）对定时器重定位后，定时器当前值为零。

③ 有记忆接通延时定时器（TONR）只能通过复位指令进行复位操作。

④ 对于断开延时定时器（TOF），需在输入端有一个负跳变（由 ON 到 OFF）的输入信号启动计时。

3.5.2 计数器指令

计数器是对外部的或由程序产生的计数脉冲进行计数，累计其计数输入端的计数脉冲由低到高的次数。S7-200 系列 PLC 有 3 种类型的计数器：增计数器（CTU）、减计数器（CTD）、增/减计数器（CTUD）。计数器共有 256 个，计数器号范围为 C0～C255。

计数器有两个相关的变量：

① 当前值。计数器累计计数的当前值。

② 计数器位。当计数器的当前值不小于设定值时，计数器位置为"1"。

1. 增计数器（CTU）指令

当增计数器的计数输入端（CU）有一个计数脉冲的上升沿（由 OFF 到 ON）信号时，增计数器接通且计数值加 1，计数器做递增计数，计数至最大值 32 767 时停止计数。当计数器当前值不小于设定值（PV）时，该计数器被置位（ON）。当复位输入端（R）有效时，计数器复位，当前值清零，也可单独用复位指令 R 复位增计数器。设定值（PV）的数据类型为有效整数（INT）。

如图 3-11 所示，当接在增计数器 C20 输入端的输入继电器 I0.0 的常开触点每闭合一次，计数器 C20 的当前值加 1。当达到设定值（梯形图中设定为 2）时，计数器 C20 动作，其常开触点闭合，输出继电器 Q0.0 接通，驱动外部设备。

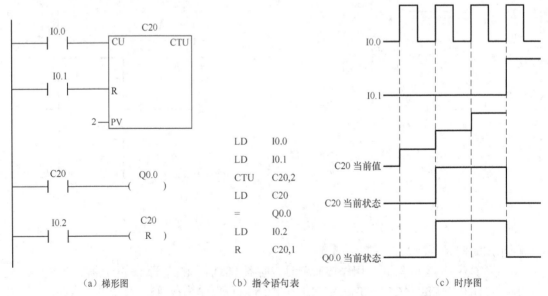

LD	I0.0
LD	I0.1
CTU	C20,2
LD	C20
=	Q0.0
LD	I0.2
R	C20,1

（a）梯形图　　　　　　（b）指令语句表　　　　　　（c）时序图

图3-11　增计数器（CTU）指令的用法

当梯形图中输入继电器 I0.1 的常开触点闭合时，计数器 C20 复位。其常开触点断开，输出继电器 Q0.0 失电断开，停止对外部设备的驱动。

当计数器 C20 动作后，输入继电器 I0.2 的常开触点闭合时，计数器 C20 也会复位。其常开触点断开，输出继电器 Q0.0 失电断开，停止对外部设备的驱动。

2. 减计数器（CTD）指令

当装载输入端（LD）有效时，计数器重定位并把设定值（PV）装入当前值寄存器（CV）中。当减计数器的计数输入端（CD）有一个计数脉冲的上升沿（由 OFF 到 ON）信号时，计数器从设定值开始做递减计数，直至计数器当前值等于 0，停止计数，同时计数器位复位。减计数器（CTD）指令无复位端，它是在装载输入端（LD）接通时，使计数器重定位并把设定值装入当前寄存器中的。

如图 3-12 所示，当输入继电器 I0.1 的常开触点闭合时，计数器 C20 复位，并把设定值 2 装入寄存器中。当接在减计数器 C20 输入端的输入继电器 I0.0 的常开触点闭合一次时，计数器 C20 从设定值 2 开始做递减计数。当计数器 C20 计数递减至 0 时，停止计数，且计数器 C20 动作。其常开触点闭合，输出继电器 Q0.0 接通，驱动外部负载。

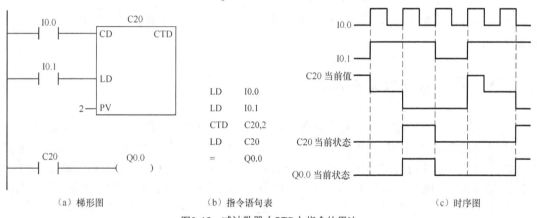

（a）梯形图　　　　　（b）指令语句表　　　　　（c）时序图

图3-12　减计数器（CTD）指令的用法

当输入继电器 I0.1 的常开触点断开时，计数器 C20 动作，其常开触点断开，输出继电器 Q0.0 失电断开。但此时计数器 C20 的当前值仍为 0，直到下一次输入继电器 I0.1 的常开触点闭合时，计数器 C20 复位，并再次把设定值 2 装入当前寄存器中。

3. 增/减计数器（CTUD）指令

当增/减计数器的计数输入端（CU）有一个计数脉冲的上升沿（由 OFF 到 ON）信号时，计数器做递增计数。当增/减计数器的另一个计数输入端（CD）有一个计数脉冲的上升沿（由 OFF 到 ON）信号时，计数器做递减计数；当计数器当前值不小于设定值（PV）时，该计数器置位。当复位输入端（R）有效时，计数器复位。

计数器在达到计数最大值 32 767 后，下一个输入端（CU）上升沿将使计数值变为最小值 -32 768，同样在达到最小计数值 -32 768 后，下一个输入端（CD）上升沿将使计数值变为最大值 32 767。当用复位指令（R）复位计数器时，计数器被复位，计数器当前值清零。

在图 3-13 所示梯形图中，当输入继电器 I0.0 的常开触点从断开到闭合时，计数器 C28 增计数 1 次；当输入继电器 I0.1 的常开触点闭合时，计数器 C28 减计数 1 次。当计数器 C28 计数至设定值 4 时，计数器 C28 动作，其常开触点闭合，输出继电器 Q0.0 接通，驱动外部负载。当计数器 C28 的当前值由于减计数器脉冲的到来而使当前值小于设定值 4 时，计数器 C28 回到原来的状态，其常开触点断开，输出继电器 Q0.0 失电断开。

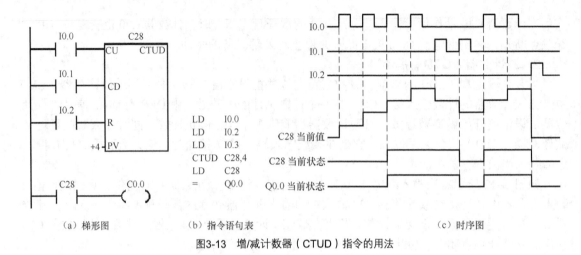

（a）梯形图　　　　　（b）指令语句表　　　　　　　（c）时序图

图3-13　增/减计数器（CTUD）指令的用法

当输入继电器 I0.2 的常开触点闭合时，计数器 C28 复位，计数器当前值清零，此时，计数器从零开始计数。

3.6　正（负）跳变触点指令

正跳变触点指令是指指令在检测到每一次正脉冲（由 OFF 到 ON）信号后，触点会闭合 1 个扫描周期宽的时间，产生 1 个宽度为 1 个扫描周期的脉冲，用于驱动各种可驱动的继电器。

负跳变触点指令是指指令在检测到每一次负跳变（由 ON 到 OFF）信号后，触点会闭合 1 个扫描周期宽的时间，产生 1 个宽度为 1 个扫描周期的脉冲，用于驱动各种可驱动的继电器。

在梯形图中，正跳变指令用 P 表示，负跳变指令用 N 表示；在指令语句表中，正跳变触点指令由 EU 表示，负跳变触点指令由 ED 表示。

如图 3-14 所示，当输入继电器 I0.0 的常开触点从断开到闭合时，输出继电器 Q0.0 接通 1 个扫描周期；当输入继电器 I0.1 的常开触点从断开到闭合时，输出继电器 Q0.1 接通 1 个扫描周期。

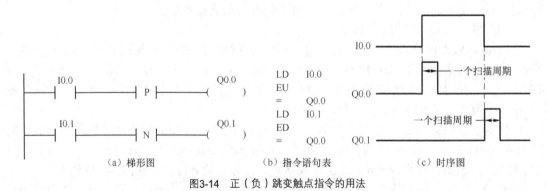

（a）梯形图　　　　　（b）指令语句表　　　　　　　（c）时序图

图3-14　正（负）跳变触点指令的用法

3.7　顺序控制继电器指令

顺序控制继电器指令（SCR）又称步进顺控指令，主要用于对复杂的顺序控制程序进行编程。S7-200 系列 PLC 中的顺序控制继电器 S 专门用于编制顺序控制程序。

顺序控制，即使生产过程按工艺要求事先安排的顺序自动进行控制。它依据被控对象采用顺序功能图进行编程，将控制程序进行逻辑分段，从而实现顺序控制。用 SCR 指令编制的顺序控制程序有清晰明了、统一性强的特点，适合于初学者和不熟悉继电器控制系统的工程技术人员使用。

SCR 包括 LSCR（程序段的开始）指令、SCRT（程序段的转换）指令、SCRE（程序段的结束）指令。一个 SCR 段包括从 LSCR 指令到 SCRE 指令的全部内容。一个 SCR 段对应于功能图中的一步。

1. LSCR 指令

LSCR（load sequential control relay）指令又称装载顺序控制继电器指令。指令 LSCR n 用来表示一个 SCR 段，即顺序功能图中的步的开始。指令中的操作数 n 为顺序控制继电器 S（布尔型）的地址。顺序控制继电器为 1 状态时，执行对应 SCR 段中的程序，反之不执行。

2. SCRT 指令

SCRT（sequential control relay transition）指令又称顺序控制继电器转换指令。指令 SCRT n 用来表示 SCRT 段的转换，即步的活动状态的转换。当 SCRT 线圈通电时，SCRT 中指定的顺序功能图中的后续步对应的顺序控制继电器 n 变为 1 状态，同时当前活动步对应的顺序控制继电器变为 0 状态，当前步变为不活动步。

3. SCRE 指令

SCRE（sequential control relay end）指令又称顺序控制继电器结束指令。SCRE 指令用来表示 SCR 段的结束。

下面举例说明 SCR 的用法。

例如，利用 SCR 控制一个小车的运动，如图 3-15～图 3-17 所示。设小车初始状态为停在左边的位置。当按下控制系统的启动按钮时，输入继电器 I0.0 闭合，小车开始向右运动。运行至行程开关 ST1 处，撞击行程开关 ST1，输入继电器 I0.1 闭合，此时小车停止运动，经过 10s 后，小车向左运动。当运动至行程开关 ST2 处时，撞击行程开关 ST2，输入继电器 I0.2 的常开触点闭合，小车停止运动，并为下一次运动做好准备。

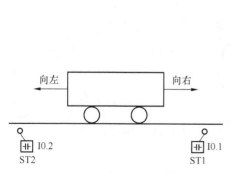

图3-15　继电器控制小车运动示意图

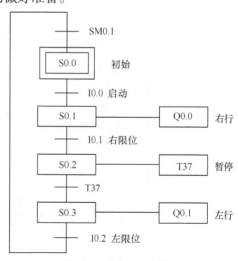

图3-16　小车运动功能图

在图 3-17 所示的梯形图中，当接通 PLC 的控制电源后，特殊标志位存储器 SM0.1 闭合一个扫描周期，使顺序控制继电器存储器 S0.0 置位，控制系统进入初始状态。

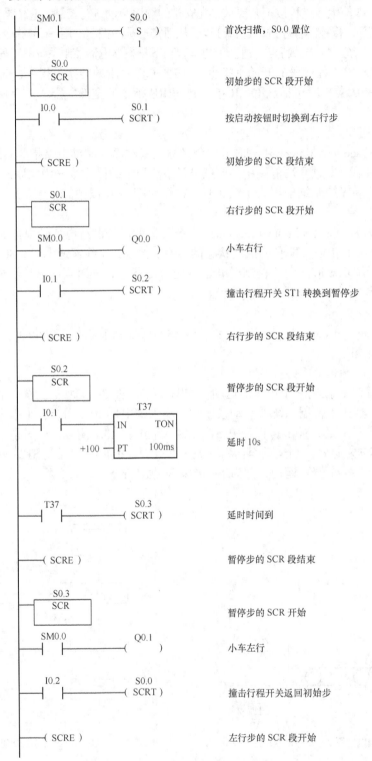

梯形图	说明
SM0.1 —(S)— S0.0 1	首次扫描，S0.0 置位
S0.0 SCR	初始步的 SCR 段开始
I0.0 —(SCRT)— S0.1	按启动按钮时切换到右行步
—(SCRE)	初始步的 SCR 段结束
S0.1 SCR	右行步的 SCR 段开始
SM0.0 —( )— Q0.0	小车右行
I0.1 —(SCRT)— S0.2	撞击行程开关 ST1 转换到暂停步
—(SCRE)	右行步的 SCR 段结束
S0.2 SCR	暂停步的 SCR 段开始
I0.1 —IN TON T37 +100—PT 100ms	延时 10s
T37 —(SCRT)— S0.3	延时时间到
—(SCRE)	暂停步的 SCR 段结束
S0.3 SCR	暂停步的 SCR 开始
SM0.0 —( )— Q0.1	小车左行
I0.2 —(SCRT)— S0.0	撞击行程开关返回初始步
—(SCRE)	左行步的 SCR 段开始

图3-17　小车运动梯形图及说明

当按下控制系统的启动按钮时,输入控制继电器 I0.0 的常开触点闭合,程序段转换到 S0.1 段,同时 S0.0 自动复位,S0.0 段程序结束。特殊标志位存储器 SM0.0 闭合,输出继电器 Q0.0 接通闭合,小车开始右行。

　　当运动至行程开关 ST1 处时,撞击行程开关 ST1,输入继电器 I0.1 的常开触点闭合,程序段转换到 S0.2 段,同时 S0.1 复位,S0.1 段程序结束,小车停止运动。特殊标志位存储器 SM0.0 闭合,接通计时器 T37 线圈电源,计时器 T37 开始计时。

　　经过 10s 后,T37 动作,其常开触点闭合,程序段转换到 S0.3 段,同时 S0.2 自动复位,S0.2 段程序结束。特殊标志位存储器 SM0.0 闭合,输出继电器 Q0.1 接通闭合,小车开始向左运动。

　　当运动至行程开关 ST2 处时,撞击行程开关 ST2,输入继电器 I0.2 的常开触点闭合,程序段转换到 S0.0 初始状态段,同时 S0.3 自动复位,S0.3 段程序结束,小车停止运动。为下一次控制做好准备。

　　顺序控制继电器指令梯形图的指令语句表如表 3-5 所示。

表 3-5　　　　　　　　　　　顺序控制继电器指令梯形图的指令语句表

指令	操作数	指令	操作数	指令	操作数	指令	操作数	指令	操作数
LD	SM0.1	SCRE		SCRT	S0.2	LD	T37	=	Q0.1
S	S0.0	LSCR	S0.1	SCRE		SCRT	S0.3	LD	I0.2
LSCR	S0.0	LD	SM0.0	LSCR	S0.2	SCRE		SCRT	S0.0
LD	I0.0	=	Q0.0	LD	I0.1	LSCR	S0.3	SCRE	
SCRT	S0.1	LD	I0.1	TON	T37,+100	LD	SM0.0		

3.8　比较触点指令

　　比较触点指令就是将指定的两个操作数进行比较,当某条件符合时,触点接通,从而达到控制的目的。比较触点指令为上、下限控制提供了方便。

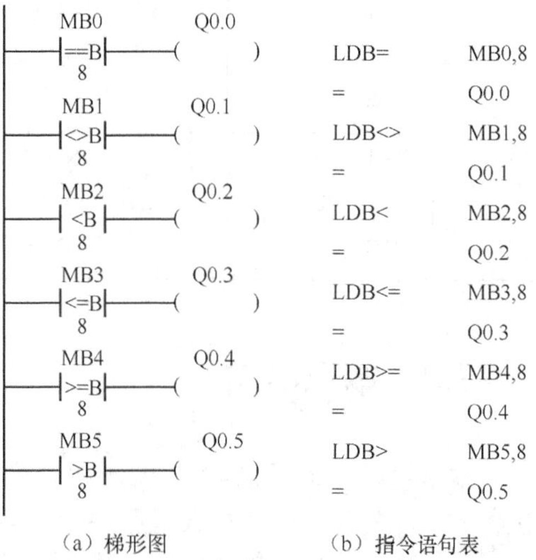

　　图 3-18 中列举了字节型(BYTE)的 6 种比较关系,即 IN1=IN2(两操作数相等),IN1>=IN2(第一操作数大于或等于第二操作数),IN1<=IN2(第一操作数小于或等于第二操作数),IN1>IN2(第一操作数大于第二操作数),IN1<IN2(第一操作数小于第二操作数),IN1< >IN2(第一操作数不等于第二操作数)。

　　当内部标志位寄存器 MB0 中的数据与常数 8 相等时,触点接通,输出继电器 Q0.0 接通,驱动外部负载;当内部标志位寄存器 MB1 中的数据与常数 8 不相等时,触点接通,输出继电器 Q0.1 接通,驱动外部负载;当内部标志位寄存器

```
MB0        Q0.0        LDB=    MB0,8
| ==B |    (    )      =       Q0.0
   8
MB1        Q0.1        LDB<>   MB1,8
| <>B |    (    )      =       Q0.1
   8
MB2        Q0.2        LDB<    MB2,8
| <B |     (    )      =       Q0.2
   8
MB3        Q0.3        LDB<=   MB3,8
| <=B |    (    )      =       Q0.3
   8
MB4        Q0.4        LDB>=   MB4,8
| >=B |    (    )      =       Q0.4
   8
MB5        Q0.5        LDB>    MB5,8
| >B |     (    )      =       Q0.5
   8
```

（a）梯形图　　　　　（b）指令语句表

图3-18　比较触点指令的用法

MB2 中的数据小于常数 8 时，触点接通，输出继电器 Q0.2 接通，驱动外部负载；当内部标志位寄存器 MB3 中的数据小于或等于常数 8 时，触点接通，输出继电器 Q0.3 接通，驱动外部负载；当内部标志位寄存器 MB4 中的数据大于或等于常数 8 时，触点接通，输出继电器 Q0.4 接通，驱动外部负载；当内部标志位寄存器 MB5 中的数据大于常数 8 时，触点接通，输出继电器 Q0.5 接通，驱动外部负载。

如表 3-6 所示，在比较触点指令中，比较触点指令的两个操作数（IN1、IN2）的数据类型可以是字节型（BYTE），也可以是符号整数型（INT）、符号双字整数型（DINT）及实数型（REAL）。按操作数的数据类型，比较触点指令可分为字节比较、整数比较、双字节比较和实数比较指令。这些指令中除了字节比较指令外，其他比较指令都是有符号的。

表 3-6　　　　　　　　　　　　　梯形图中各类比较触点指令

字节比较指令	整数比较指令	双字节比较指令	实数比较指令
IN1 ⊣ =B ⊢ IN2	IN1 ⊣ =I ⊢ IN2	IN1 ⊣ =DB ⊢ IN2	IN1 ⊣ =R ⊢ IN2
IN1 ⊣ <>B ⊢ IN2	IN1 ⊣ <>I ⊢ IN2	IN1 ⊣ <>DB ⊢ IN2	IN1 ⊣ <>R ⊢ IN2
IN1 ⊣ >=B ⊢ IN2	IN1 ⊣ >=I ⊢ IN2	IN1 ⊣ >=DB ⊢ IN2	IN1 ⊣ >=R ⊢ IN2
IN1 ⊣ <=B ⊢ IN2	IN1 ⊣ <=I ⊢ IN2	IN1 ⊣ <=DB ⊢ IN2	IN1 ⊣ <=R ⊢ IN2
IN1 ⊣ >B ⊢ IN2	IN1 ⊣ >I ⊢ IN2	IN1 ⊣ >DB ⊢ IN2	IN1 ⊣ >R ⊢ IN2
IN1 ⊣ <B ⊢ IN2	IN1 ⊣ <I ⊢ IN2	IN1 ⊣ <DB ⊢ IN2	IN1 ⊣ <R ⊢ IN2

3.9　本章小结

本章主要介绍了 S7-200 系列 PLC 的基本指令系统，这是 PLC 编程的基础，只有熟练掌握各种指令的用法，才能读懂程序，进而开发出所需的控制系统。在各种指令的用法介绍之后，还给出了一些简单的程序，帮助读者理解指令的使用方法。

① 常用指令中介绍了 PLC 编程中基础的位触点指令，包括有串联指令、并联指令、置位

指令、复位指令和立即指令等。

② 定时器和计数器是 PLC 中常用的器件,要重点掌握定时器的分辨率及不同分辨率定时器的刷新方式, 对于计数器, 需要注意对其的复位控制。

③ 程序控制指令中主要包括循环指令和顺序控制指令, 本章仅介绍了顺序控制指令, 合理地使用这些指令可以优化程序结构, 增强程序功能。

第4章 S7-200系列PLC的功能指令

PLC的编程语言与一般计算机语言相比，具有明显的特点。它既不同于高级语言，又不同于一般的汇编语言；它既要满足易于编写的要求，又要满足易于调试的要求。目前，还没有一种对各厂家产品都能兼容使用的编程语言。西门子S7-200系列PLC不仅有独特的基本指令，还有特殊的功能指令。

在PLC程序编制过程中，为了进一步简化编程、增强PLC的应用功能和范围，常采用功能指令进行编程。常用的S7-200系列PLC的功能指令包括程序控制指令、传送指令、逻辑操作指令、移位和循环移位指令、数学运算指令、高速运算指令、中断指令、PID指令和数据转换指令等。PLC在编写程序时，功能指令的作用非常重要，本章将依次对上述指令作详细的介绍。

4.1 程序控制指令

程序控制指令可分为有条件结束指令、暂停指令、监视定时器复位指令、跳转与标号指令、循环指令和子程序指令。

4.1.1 有条件结束（END）指令

如图4-1所示，有条件结束（END）指令，就是执行条件成立时结束主程序，返回主程序起点。END指令用在无条件结束（MEND）指令之前。用户程序必须以MEND指令结束主程序。S7-200系列PLC编程软件会自动在主程序结束时加上一个MEND指令。END指令不能在子程序或中断程序中使用。

如图4-2所示，当I0.0接通时，结束主程序。

图4-1 有条件结束指令梯形图   图4-2 有条件结束指令梯形图及语句表

4.1.2 暂停（STOP）指令

暂停（STOP）指令是指当条件符合时，能够引起CPU的工作方式发生变化，从运行方式（RUN）进入停止方式（STOP），立即终止程序执行的命令。如果STOP指令在中断程序中执行，那么该中断程序立即终止，并且忽略所有挂起的中断，继续扫描主程序的剩余部分。

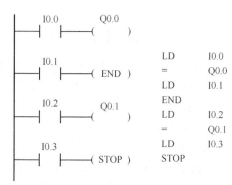

在本次扫描的最后，完成 CPU 从 RUN 到 STOP 方式的转换。

例如，实现 CPU 从 RUN 到 STOP 方式的转换，如图 4-3 所示。在这个程序中，当 I0.0 接通时，Q0.0 有输出，若 I0.1 接通，终止用户程序，Q0.0 仍保持接通，下面的程序不会执行，并返回主程序起始点。若 I0.0 断开，接通 I0.2，则 Q0.1 有输出；若将 I0.3 接通则 Q0.0 与 Q0.1 均复位，CPU 转为 STOP 方式。

LD	I0.0
=	Q0.0
LD	I0.1
END	
LD	I0.2
=	Q0.1
LD	I0.3
STOP	

图4-3 暂停指令梯形图及语句表

4.1.3 监视定时器复位（WDR）指令

监视定时器复位（WDR）指令是指为了保证系统可靠运行，PLC 内部设置了系统监视定时器 WDT，用于监视扫描周期是否超时，每当扫描到 WDT 时，WDT 将复位。

WDT 有一个设定值（100～300ms）。系统正常工作时，所需扫描时间小于 WDT 的设定值，WDT 被计时复位；系统故障情况下，扫描周期大于 WDT 的设定值，该定时器不能及时复位，报警并停止 CPU 运行，同时复位输入、输出。这种故障称为 WDT 故障，应防止因系统故障或程序进入死循环而引起的扫描周期过长。

系统正常工作时，有时会因为用户程序过长或使用中断指令、循环指令使扫描时间过长而超过 WDT 的设定值，为防止这种情况下监视定时器动作，可使用 WDR 指令，使 WDT 复位。使用 WDR 复位定时器，在终止本次扫描之前，下列操作过程将被禁止：通信（自由端口方式除外）、I/O（立即 I/O 除外）、强制更新、SM 标志位更新（SM0，SM5～SM29 不能被更新）、运行时间诊断、在中断程序中的 STOP 指令等。

监视定时器复位指令的用法如图 4-4 所示。

LD	I0.0
WDR	

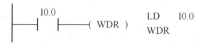

图4-4 监视定时器复位指令的用法

4.1.4 跳转（JMP）与标号（LBL）指令

跳转（JMP）指令是指当指令执行后，可使程序流程转到同一程序中的具体标号（*n*）处的指令。

LD	I0.0
JMP	4
LD	I0.1
=	Q0.1
LBL	4
LD	I0.2
=	Q0.2

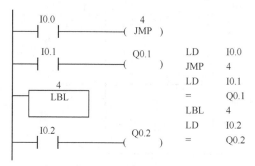

图4-5 跳转与标号指令用法举例

标号（LBL）指令是指标记跳转目的地的位置（*n*）指令。指令操作数 *n* 为常数，通常为 0～255。

跳转指令和相应标号指令必须在同一程序段中使用。

图 4-5 所示的梯形图中，当 JMP 条件满足（即 I0.0 为 ON 时）程序跳转指令 LBL 标号以后的指令，而在 JMP 和 LBL 之间的指令一概不执行，在这个过程中即使 I0.1 接通，Q0.1 也不会有输出。当 JMP 条件不满足时，I0.1 接通 Q0.1 有输出。

4.1.5 循环指令（FOR、NEXT）

循环指令的功能是重复执行相同功能的计算和逻辑处理程序段，极大地优化了程序结构。该指令有两个，分别为循环开始指令（FOR）和循环结束指令（NEXT）。

循环开始指令的功能是作为循环体的开始，其指令格式为 FOR INDX,INIT, FINAL。

循环开始指令有 3 个数据输入端，输入数据类型均为整数型。INDX 为当前循环计数，INIT 为循环初值，FINAL 为循环终值。

其中，当前循环计数 INDX 的操作数为 VW、IW、QW、MW、SW、SMW、LW、T、C、AC、*VD、*AC 和*CD；循环初值 INIT 及循环终值 FINAL 的操作数为 VW、IW、QW、MW、SW、SMW、LW、T、C、AC、常数、*VD、*AC 和*CD。

循环结束指令的功能是结束循环体，其指令格式为 NEXT。

执行循环指令时，FOR 和 NEXT 指令必须配合使用。循环指令可以嵌套使用，但最多不能超过 8 层，且循环体之间不可有交叉。使能有效时，循环指令各参数将自动复位。

如图 4-6 所示，该梯形图表示当 I0.0 的状态为 ON 时，①所示的外循环执行 5 次，由 VW100 累计循环次数；当 I0.1 的状态为 ON 时，外循环每执行一次，②所示的内循环执行 4 次，且由 VW110 累计循环次数。其语句表如表 4-1 所示。

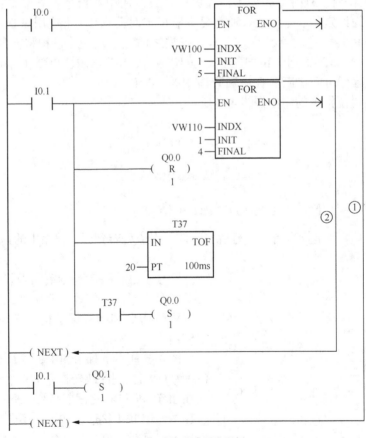

图4-6　循环指令用法举例

表 4-1   循环指令语句表

指令	操作数	指令	操作数	指令	操作数	指令	操作数
LD	I0.0	FOR	VW110,1,4	LD	T37	LD	I0.1
FOR	VW100,1,5	=R	Q0.0,1	=s	Q0.0,1	=s	Q0.1,1
LD	I0.1	TOF	T37,20	NEXT			NEXT	

4.1.6 子程序指令

在程序结构化设计过程中，子程序是不可或缺的。子程序指令又包括 3 个指令：建立子程序、子程序的调用和返回。

1. 建立子程序

建立子程序是通过软件编辑来实现的，不同的 CPU 可以调用不同的子程序，CPU226XM 最多可以有 128 个子程序，而对于其他 CPU 最多只有 64 个子程序。

2. 子程序的调用和返回

子程序调用指令的功能是将主程序的执行权转移到子程序中去。该类指令有两个指令：子程序调用指令（CALL）和子程序条件返回指令（CRET）。子程序调用指令格式为 CALL SBR_x，x 代表子程序的编号；子程序条件返回指令的功能是结束执行子程序，返回主程序中，其指令格式为 CRET。

当装载常开触点 I0.1 时，如图 4-7 所示，就会调用子程序 SBR_0，而 SBR_0 中的子程序如图 4-8 所示，当装载常开触点 I1.0 时，就会输出线圈 Q0.0。

图4-7 子程序调用说明——主程序   图4-8 子程序调用说明——子程序

子程序的调用和返回需要注意以下几点。

① 子程序条件返回指令并不需要人工添加，编程时，软件会自动加到每个子程序的结尾。

② 主程序可以嵌套子程序，但最多不超过 8 层，中断程序无法嵌套子程序。

③ 累加器的值可在主程序和子程序之间自由传递。

④ 子程序的调用既可以带参数，又可以不带参数。

3. 带参数的子程序调用

子程序中包含要传递的参数，则这个子程序的主要功能参数类似于一个程序块的作用。

（1）子程序参数

子程序最多可以传递 16 个参数，每个参数都必须包括变量名、变量类型和数据类型。

变量名最多由 8 个字符表示，且第一个字符不能为数字。

变量类型按照数据传递方向可分为传入子程序（IN）、传入和传出子程序（IN/OUT）、传出子程序（OUT）和暂时变量（TEMP）4 种类型。

① 传入子程序（IN）：参数传入子程序。如果参数是直接寻址（如 VB200），则指定位置的值被传递到子程序。如果参数是间接寻址（如*AC），则指针指定位置的值被传入子程序。

如果参数是常数（如 16#2006）或数据的地址值（如&VB200），则常数或地址的值被传入子程序。

② 传入和传出子程序（IN/OUT）：指定参数位置的值被传入子程序，从子程序得到的结果值被返回同样的地址，立即数和地址值不能作为参数。

③ 传出子程序（OUT）：从子程序来的结果被返回指定参数位置，常数和地址值不能作为参数。

④ 暂时变量（TEMP）：只能在子程序内部暂时存储数据，任何局部变量存储器都不能用来传递参数。

数据类型包括能流、布尔型、字节型、字型、双字型、整数型、双整数型和实数型。

① 能流：仅能对位输入操作。

② 布尔型：用于单独的位输入和输出。

③ 字节型、字型和双字型：分别指明一个 1 字节、2 字节和 4 字节的无符号输入或输出参数。

④ 整数型、双整数型：分别指明一个 2 字节或 4 字节的有符号输入或输出参数。

⑤ 实数型：指明一个 4 字节的单精度 IEEE 浮点参数。

（2）带参数子程序的调用规则

参数声明数据类型，输入或输出参数没有自动数据类型转换功能。参数在调用时必须按照一定的顺序排列，先输入参数，然后输入/输出参数，最后输出参数和暂时变量。

如图 4-9 所示，装载常开触点 I0.0 时，使带参数的子程序 SBR_1 激活，传入子程序的参数 in1 和 in2 分别由常开触点 I0.1 和 I0.2 激活，而传入子程序的参数 in3 和 in4 是直接寻址（VB0 和 VD10），VW20 中的值传入子程序中，而从子程序得到的结果值又被返回 VW20 中，子程序的结果返回 VD50 中。图 4-7 所示的子程序的局部变量表如图 4-10 所示。

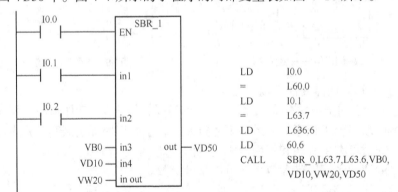

图4-9 带参数子程序调用梯形图和语句表

	符号	变量类型	数据类型
	EN	IN	BOOL
L0.0	in1	IN	BOOL
L0.1	in2	IN	BOOL
LB1	in3	IN	BYTE
LD2	in4	IN	DWORD
LW6	in_out	IN_OUT	WORD
LD8	out	OUT	DWORD
LW12	temp	TEMP	WORD

图4-10 局部变量表

4.2 传送指令

传送指令包括数据传送指令、数据块传送指令等。

4.2.1 数据传送指令

数据传送指令的功能是把输入端（IN）指定的数据传送到输出端（OUT），传送过程中数据的值保持不变。数据传送指令操作数据的类型可分为字节传送（MOVB）指令、字传送（MOVW）指令、双字传送（MOVD）指令及实数传送（MOVR）指令。

在图 4-11 所示的梯形图中，当输入继电器 I0.0 的常开触点闭合时，字节传送（MOVB）指令将输入继电器 I1.0～I1.7 中的数据传送到输入继电器 I2.0～I2.7 中；当输入继电器 I0.1 的常开触点闭合时，字传送（MOVW）指令将常数 +3 276 传送到内部标志位存储器 M2.0～M3.7（共 16 位）中；当输入继电器 I0.2 的常开触点闭合时，双字传送（MOVD）指令将变量存储器 V1.0～V4.7（共 32 位）中的数据传送到变量存储器 V5.0～V8.7（共 32 位）中；当输入继电器 I0.3 的常开触点闭合时，实数传送（MOVR）指令将特殊标志位存储器 SM1.0～SM4.7（共 32 位）中的数据传送到特殊标志位存储器 SM6.0～SM9.7（共 32 位）中。

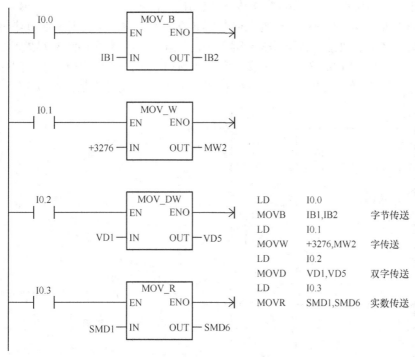

图4-11　数据传送指令用法举例

数据传送指令操作数范围如表 4-2 所示。

表 4-2 数据传送指令操作数范围

传送	I/O	操　作　数	数据类型
字节	IN	VB、IB、QB、MB、SB、SMB、LB、AC、常数、*VD、*AC、*LD	BYTE
	OUT	VB、IB、QB、MB、SB、SMB、LB、AC、*VD、*AC、*LD	BYTE
字	IN	VW、IW、QW、MW、SW、SMW、LW、T、C、AIW、常数、*VD、*AC、*LD	WORD、INT
	OUT	VW、IW、QW、MW、SW、SMW、LW、T、C、AIW、*VD、*AC、*LD	WORD、INT
双字	IN	VD、ID、OD、MD、SD、SMD、LD、HC、&VB、&IB、&QB、&MB、&SB、&T、&C、AIW、AC、常数、*VD、*AC、*LD	DWORD、DINT
	OUT	VD、ID、QD、MD、SD、SMD、LD、AC、*VD、*AC、*LD	
实数	IN	VD、ID、QD、MD、SD、SMD、LD、AC、实数、*VD、*AC、*LD	REAL
	OUT	VD、ID、QD、MD、SD、SMD、LD、AC、*VD、*AC、*LD	REAL

4.2.2　数据块传送指令

数据块传送指令的功能是把从输入端（IN）的指定地址的 N 个连续字节、字、双字的内容传送到输出端（OUT）指定的 N（1～255）个连续字节、字、双字的存储单元中去。传送过程中各存储单元的内容不变。数据块传送指令按操作数据的类型可分为字节块传送（BMB）指令、字块传送（BMW）指令和双字块传送（BMD）指令。

在图 4–12 所示的梯形图中，当输入继电器 I0.0 的常开触点闭合时，字节块传送（BMB）指令将 I1.0～I4.7 中的数据传送至 S1.0～S4.7 中；当输入继电器 I0.1 的常开触点闭合时，字块传送（BMW）指令将 S1.0～S4.7 中的数据传送至 M1.0～M4.7 中；当输入继电器 I0.2 的常开触点闭合时，双字块传送（BMD）指令将 ID1.0～ID10.7 中的数据传送至 VD1.0～VD10.7 中。

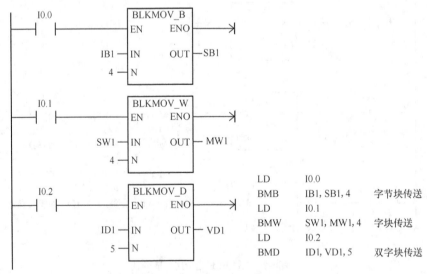

图4-12　数据块传送指令用法举例

数据块传送指令操作数范围如表 4-3 所示。

表4-3 数据块传送指令操作数范围

传送	I/O	操作数	数据类型
字节	IN、OUT	VB、IB、QB、MB、SB、SMB、LB、*VD、*AC、*LD	BYTE
	N	VB、IB、QB、MB、SB、SMB、LB、常数、*VD、*AC、*LD	BYTE
字	IN、OUT	VW、IW、QW、MW、SW、SMW、LW、T、C、AIW、*VD、*AC、*LD	WORD
	N	VB、IB、QB、MB、SB、SMB、LB、AC、常数、*VD、*AC、*LD	BYTE
	OUT	VW、IW、QW、MW、SW、SMW、LW、T、C、AIW、*VD、*AC、*LD	DWORD
双字	IN、OUT	VD、ID、QD、MD、SD、SMD、LD、*VD、*AC、*LD	DWORD
	N	VB、IB、QB、MB、SB、SMB、LB、AC、常数、*VD、*AC、*LD	BYTE

4.3 逻辑操作指令

逻辑操作指令操作数包括字节、字和双字，该指令的功能是对无符号数进行处理，指令包括逻辑"与"指令、逻辑"或"指令、逻辑"取反"指令和逻辑"异或"指令。

4.3.1 逻辑"与"指令

逻辑"与"（logic and）指令是指对两个输入端（IN1、IN2）的数据按位"与"，其结果存入指定的输出单元（OUT）中。

逻辑"与"指令按操作数的数据类型可分为字节"与"（WAND-B）指令、字"与"（WAND-W）指令、双字"与"（WAND-DW）指令。

如图4-13所示，当装载常开触点I0.0时，将存储在IB0和IB1中的字节值"相与"，其结果值存入IB2中；当装载常开触点I1.0时，将存储在MW0和MW1中的字值"相与"，其结果值存入MW1中；当装载常开触点I2.0时，将存储在MD1和MD6中的双字值"相与"，其结果值存入MD7中。

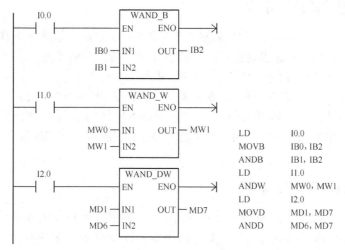

图4-13 逻辑"与"指令用法举例

4.3.2 逻辑"或"指令

逻辑"或"(logic or)指令就是对两个输入端（IN1、IN2）的数据按位"或"，其结果存入指定的输出单元（OUT）中。其指令格式为 ORB，字节逻辑"或"指令；ORW，字逻辑"或"指令；ORD，双字逻辑"或"指令。

如图 4-14 所示，当装载常开触点 I0.0 时，将存储在 IB0 和 IB2 中的字节值"相或"，其结果值存入 IB3 中；当装载常开触点 I1.0 时，将存储在 MW0 和 MW2 中的字值"相或"，其结果值存入 MW2 中；当装载常开触点 I2.0 时，将存储在 MD1 和 MD2 中的双字值"相或"，其结果值存入 MD5 中。

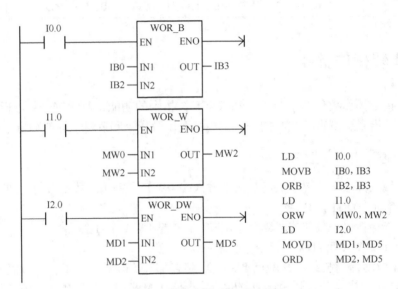

图4-14 逻辑"或"指令用法举例

4.3.3 逻辑"取反"指令

逻辑"取反"(logic invert)指令包括字节、字和双字取反，该指令的功能是将输入的一个数据按位取反后，其结果输出到指定的存储单元中。其指令格式为：INVB，字节"取反"指令；INVW，字"取反"指令；INVD，双字"取反"指令。

如图 4-15 所示，当装载常开触点 I0.0 时，将存储在 IB1 中的字节值"取反"，其结果值存储到 IB2 中；当装载常开触点 I1.0 时，将存储在 MW1 中的字值"取反"，其结果值存储到 MW1 中；当装载常开触点 I2.0 时，将存储在 MD2 中的双字值"取反"，其结果值存储到 MD5 中。

4.3.4 逻辑"异或"指令

逻辑"异或"(logic exclusive or)指令包括字节、字和双字指令的逻辑"异或"运算，它是对两个输入数按位进行异或的操作，并将结果输出到 OUT 端。其指令格式为 XROB，字节逻辑"异或"指令；XROW，字逻辑"异或"指令；XROD，双字逻辑"异或"指令。

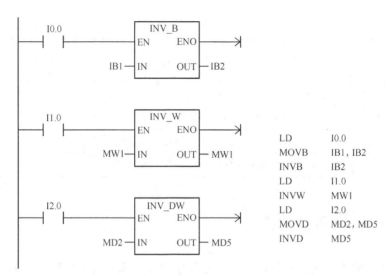

图4-15　逻辑"取反"指令用法举例

如图 4-16 所示，当装载常开触点 I0.0 时，将存储到 IB0 和 IB1 中的字节值"相异或"，其结果值存储到 IB2 中；当装载常开触点 I1.0 时，将存储到 MW1 和 MW2 中的字值"相异或"，其结果值存储到 MW2 中；当装载常开触点 I2.0 时，将存储到 MD1 和 MD2 中的双字值"相异或"，其结果值存储到 MD5 中。

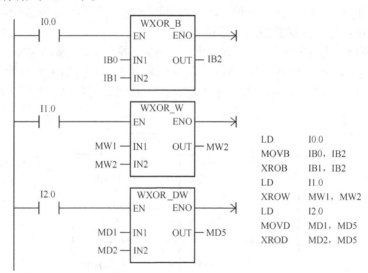

图4-16　逻辑"异或"指令用法举例

逻辑"与"、"或"和"异或"指令操作数范围如表 4-4 所示。

表 4-4　　　　　　　　　逻辑"与"、"或"和"异或"指令操作数范围

与、或、异或	I/O	操作数	数据类型
字节	IN1、IN2	VB、IB、QB、MB、SB、SMB、LB、AC、常数	BYTE
	OUT	VB、IB、QB、MB、SB、SMB、LB、AC	BYTE

续表

与、或、异或	I/O	操作数	数据类型
字	IN1、IN2	VW、IW、QW、MW、SW、SMW、LW、T、C、AIW、AC、常数	WORD
	OUT	VW、IW、QW、MW、SW、SMW、LW、T、C、AIW、AC	WORD
双字	IN1、IN2	VD、ID、QD、MD、SMD、AC、LD、HC、SD、常数	DWORD
	OUT	VD、ID、QD、MD、SMD、AC、LD、HC、SD	DWORD

4.4 移位和循环移位指令

移位和循环移位指令包括右移位指令、左移位指令、循环右移位指令、循环左移位指令 4 种指令。

4.4.1 右移位指令

右移位指令梯形图如图 4-17 所示。其中，SHR 是右移符号；□表示数据类型，其可用的数据类型为字节（B）、字（W）和双字（DW）；IN 是数据输入段；N 是数据移的位数。这条指令的意思是将输入数（IN）右移 *N* 位，再将结果输出到 OUT 中。移位指令对移出的位自动补零，最大可移位数等于数据类型指定的位数。

如图 4-18 所示，当装载常开触点 I0.0 时，将 IB1 中的字节值右移 1 位，其结果值存储到 IB1 中；当装载常开触点 I1.0 时，将 MW1 中的字值右移 2 位，其结果值存储到 MW2 中；当装载常开触点 I2.0 时，将 MD3 中的双字值右移 3 位，其结果值存储到 MD5 中。

图4-17　右移位指令梯形图

```
LD      I0.0
SRB     IB1, 1
LD      I1.0
MOVW    MW1, MW2
SRW     MW2, 2
LD      I2.0
MOVD    MD3, MD5
SRD     MD5, 3
```

图4-18　右移位指令用法举例

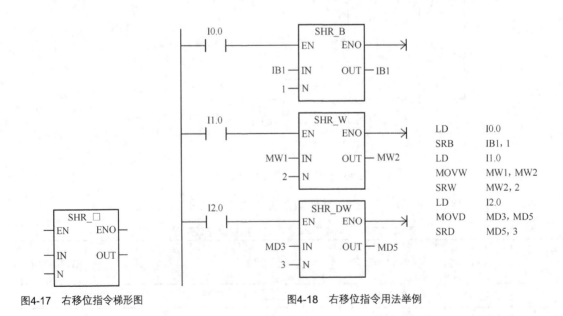

4.4.2　左移位指令

左移位指令梯形图如图 4-19 所示。其中，SHL 是左移符号，□表示数据类型，其可用数据类型为 B（字节）、W（字）和 DW（双字）。这条指令是将输入数（IN）左移 N 位，再将结果输出到 OUT 中。移位指令对移出位自动补零，最大可移位数等于数据类型指定的位数。

对输入数的左移位或右移位操作均为无符号操作。这些指令影响特殊存储器标志位 SM1.0 与 SM1.1。如果移位操作结果是 0，则 SM1.0 置位；如果所需移位数大于 0，则 SM1.1 是最后移出位的值。

如图 4-20 所示，当装载常开触点 I0.0 时，将 IB0 中的字节值左移 1 位，其结果值存储到 IB1 中；当装载常开触点 I1.0 时，将 MW1 中的字值左移 2 位，其结果值存储到 MW1 中；当装载常开触点 I2.0 时，将 MD3 中的双字值左移 3 位，其结果值存储到 MD5 中。

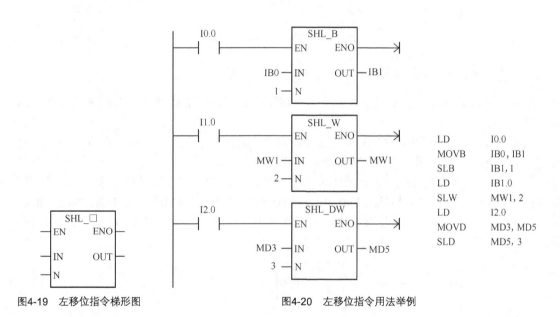

图4-19　左移位指令梯形图　　　　　　　　　　图4-20　左移位指令用法举例

4.4.3　循环右移位指令

循环右移位指令的功能是把输入端（IN）指定的数据循环右移 N 位，其结果存入指定的输出单元（OUT）中。

循环右移位指令按操作数的类型可分为字节循环右移位（ROR-B）指令、字循环右移位（ROR-W）指令、双字循环右移位（ROR-DW）指令。

如图 4-21 所示，当装载常开触点 I1.0 时，存储在 IB0 中的字节值循环右移 1 位，其结果值存储到 IB1 中；当装载常开触点 I2.0 时，存储在 MW0 中的字值循环右移 2 位，其结果值存储到 MW1 中；当装载常开触点 I3.0 时，存储在 MD1 中的双字值循环右移 3 位，其结果值存储到 MD3 中。

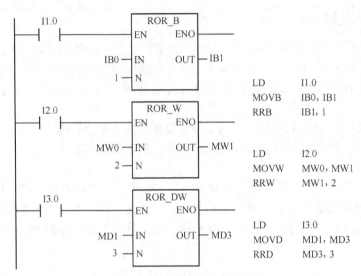

图4-21　循环右移位指令用法举例

4.4.4　循环左移位指令

循环左移位指令的功能是把输入端（IN）指定的数据循环左移 N 位，其结果存入指定的输出单元（OUT）中。

循环左移位指令按操作数的数据类型可分为字节循环左移位（ROL-B）指令、字循环左移位（ROL-W）指令、双字循环左移（ROL-DW）指令。

如图 4-22 所示，当装载常开触点 I1.0 时，存储在 IB0 中的字节值循环左移 1 位，其结果值存储到 IB1 中；当装载常开触点 I2.0 时，存储在 MW0 中的字值循环左移 2 位，其结果值存储到 MW1 中；当装载常开触点 I3.0 时，存储在 MD1 中的双字值循环左移 3 位，其结果值存储到 MD3 中。

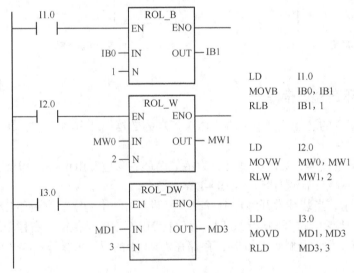

图4-22　循环左移位指令的用法

移位和循环指令的操作数范围如表 4-5 所示。

表 4-5 移位和循环指令操作数范围

移位循环	I/O	操作数	数据类型
字节	IN	IB、QB、VB、MB、SMB、LB、AC、*VD、*LD、*AC、常数	BYTE
	OUT	IB、QB、VB、MB、SMB、LB、AC、*VD、*LD、*AC	BYTE
字	IN	IW、QW、VW、MW、SMW、SW、LW、T、C、AC、AIW、*VD、*LD、*AC、常数	WORD
	OUT	IW、QW、VW、MW、SMW、SW、LW、T、C、AC、AIW、*VD、*LD、*AC、常数	WORD
双字	IN	ID、QD、VD、MD、SMD、SD、LD、AC、HC、*VD、*LD、*AC、常数	DWORD
	OUT	ID、QD、VD、MD、SMD、SD、LD、AC、HC、*VD、*LD、*AC	DWORD
N	—	IB、QB、VB、MB、SMB、LB、AC、*VD、*LD、*AC、常数	BYTE

4.5 数学运算指令

运算功能的加入使 PLC 的功能更加强大，目前各种信号的 PLC 都具有较强的运算功能。对于 S7-200 系列 PLC 来说，使用运算功能时需要注意存储单元的分配。在用梯形图编程时，IN1、IN2 和 OUT 可以使用不同的存储单元，但是在语句表编程方式下，OUT 必须和 IN1 或 IN2 中的一个使用同一个存储单元，为了使用方便，建议在使用数学运算指令时，最好采用梯形图编程方式。

4.5.1 加法指令

加法指令的功能是将两个输入端（IN1、IN2）指定的数据相加，其结果送到输出端指定的存储单元中。加法指令可分为整数加法（ADD-I）指令（16 位数）、双整数加法（ADD-DI）指令（32 位数）、实数加法（ADD-R）指令（32 位数）。

加法指令的格式为+I IN1,OUT，整数加法指令；+D IN1,OUT，双整数加法指令；+R IN1,OUT，实数加法指令。

在图 4-23 所示的梯形图中，当输入继电器 I1.0 的常开触点闭合时，IW0 中的数据和 IW1 中的数据相加，其结果存入 IW2 中；从语句表中可以看出，先将 IW0 中的数据存入 IW2 中，然后将 IW2 中的数据和 IW1 中的数据相加，再存入 IW2 中。

当输入继电器 I2.0 中的常开触点闭合时，MD1 中的数据和 MD2 中的数据相加，其结果存入 MD2 中；当输入继电器 I3.0 的常开触点闭合时，MD3 中的数据和 MD4 中的数据相加，存入到 MD5 中。从语句表中可以看出，先用传送命令将 MD3 中的数据传入 MD5 中，然后将 MD5 中的数据和 MD4 中的数据相加，其结果再存入 MD5 中。

减、乘、除指令的操作数范围和加法指令的操作数范围相同，如表 4-6 所示。

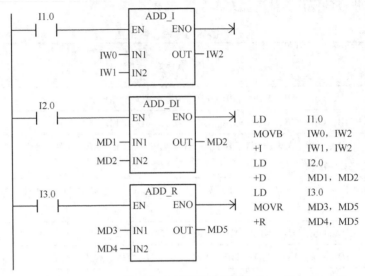

图4-23　加法指令用法举例

表 4-6　　　　　　　　　　　　　　加、减、乘、除指令操作数范围

I/O	数据类型	操 作 数
IN1、IN2	INT	IW、QW、VW、MW、SW、SMW、SW、T、C、LW、AC、AIW、常数、*VD、*AC、*LD
	DINT	ID、QD、VD、MD、SD、SMD、LD、AC、HC、*VD、*AC、*LD、常数
	REAL	ID、QD、VD、MD、SD、SMD、LD、AC、*VD、*AC、*LD、常数
OUT	INT	IW、QW、VW、MW、SW、SMW、SW、T、C、LW、AC、常数、*VD、*AC、*LD
	DINT、REAL	ID、QD、VD、MD、SD、SMD、LD、AC、*VD、*AC、*LD

4.5.2　减法指令

减法指令的功能是将两个输入端（IN1、IN2）指定的数据相减，其结果送到输出端指定的存储单元中。减法指令可分为整数减法（SUB-I）指令（16 位数）、双整数减法（SUB-DI）指令（32 位数）、实数减法（SUB-R）指令（32 位数）。

减法指令的格式为–I IN2,OUT，整数减法；–D IN2,OUT，双整数减法；–R IN2,OUT，实数减法。

在图 4-24 所示的梯形图中，当输入继电器 I1.0 的常开触点闭合时，先用传送指令把 IW0 中的数据传送到 IW2 中，然后将 IW2 中的数据和 IW1 中的数据相减，其结果存入 IW2 中；当输入继电器 I2.0 的常开触点闭合时，将 MD1 中的数据和 MD2 中的数据相减，得到的结果存入 MD2 中；当输入继电器 I3.0 的常开触点闭合时，先用传送指令将 MD3 中的数据传送到 MD5 中，然后将 MD5 中的数据和 MD4 中的数据相减，其结果存入到 MD5 中。

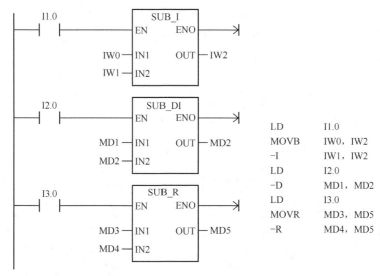

```
LD      I1.0
MOVB    IW0, IW2
-I      IW1, IW2
LD      I2.0
-D      MD1, MD2
LD      I3.0
MOVR    MD3, MD5
-R      MD4, MD5
```

图4-24　减法指令用法举例

4.5.3　乘法指令

乘法指令的功能是将两个输入端（IN1、IN2）指定的数据相乘，其结果传送到输出端指定的存储单元中。乘法指令可分为整数乘法（MUL-I）指令（16 位数）、双整数乘法（MUL-DI）指令（32 位数）、实数乘法（MUL-R）指令（32 位数）、整数完全乘法（MUL）指令（16 位相乘为 32 位的积）。

整数乘法（MUL-I）指令的功能是使 16 位数与 16 位数相乘产生一个 16 位数的结果，其指令格式为*I IN1,OUT。

双整数乘法（MUL-DI）指令、实数乘法（MUL-R）指令的功能分别是 32 位数与 32 位数相乘产生一个 32 位数的结果，其指令格式分别为*D IN1,OUT, 双整数乘法指令; *R IN1,OUT, 实数乘法指令。

以上 3 个指令影响的特殊寄存器位有 SM1.0（零）、SM1.1（溢出）、SM1.2（负）和 SM1.3（被零除）。

整数完全乘法（MUL）指令的功能是使 16 位数与 16 位数相乘产生一个 32 位数的结果，其指令格式为 MUL IN1,OUT。

在图 4-25 所示的梯形图中，当输入继电器 I1.0 的常开触点闭合时，先用传送指令把 IW0 中的数据传送到 IW2 中，然后将 IW2 中的数据和 IW1 中的数据相乘，其结果存入 IW2 中；当输入继电器 I2.0 的常开触点闭合时，把 MD1 中的数据和 MD2 中的数据相乘，其结果存入 MD2 中；当输入继电器 I3.0 的常开触点闭合时，先用传送指令把 MD3 中的数据传送到 MD5 中，然后把 MD5 中的数据和 MD4 中的数据相乘，其结果存入 MD5 中；当输入继电器 I4.0 的常开触点闭合时，MW0 中的 16 位数据与 MW2 中的 16 位数据相乘，产生一个 32 位的结果存入 MD1 中。

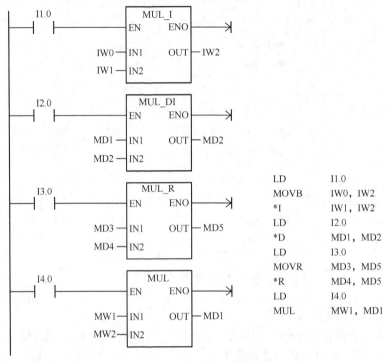

图4-25 乘法指令用法举例

4.5.4 除法指令

除法指令的功能是将两个输入端（IN1、IN2）指定的数据相除，其结果传送到输出端指定的存储单元中。除法指令可分为整数除法（DIV-I）指令、双整数除法（DIV-DI）指令（32位数）、实数除法（DIV-R）指令（32位数）、整数完全除法（DIV）指令（16位数相除为32位的结果）。

整数除法（DIV-I）指令的功能是使16位数与16位数相除产生一个16位数的结果，其指令格式为/I IN2,OUT。

双整数除法（DIV-DI）指令、实数除法（DIV-R）指令的功能分别是使32位数与32位数相除产生一个32位数的结果，其指令格式分别为/D IN2,OUT，双整数除法；/R IN2,OUT，实数除法。

整数完全除法（DIV）指令的功能是使16位数与16位数相除产生一个32位数的结果，其中商存入于低16位中，余数存入高1位中。

如图4-26所示，当输入继电器I1.0的常开触点闭合时，存储在IW0中的整数值和IW1中的整数值相除，其结果存储到IW2中；当输入继电器I2.0的常开触点闭合时，存储在MD1中的双整数值和MD2中的双整数值相除，其结果存储到MD2中；当输入继电器I3.0的常开触点闭合时，存储在MD3中的实数值和MD4中的实数值相除，其结果存储到MD5中；当输入继电器I4.0的常开触点闭合时，存储在MW1中的整数和MW2中的整数进行完全除法，商存储到MD1中，其余数存储到MD2中。

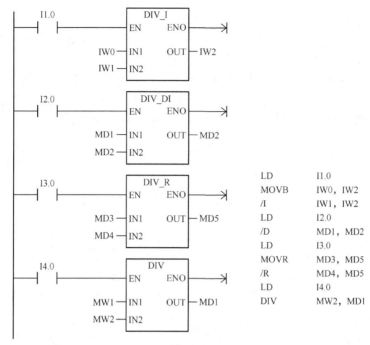

图4-26 除法指令用法举例

4.5.5 递增和递减指令

1. 递增指令

递增指令的功能是把输入端的数据加 1，并把结果存放到输出指定的存储单元中。递增指令按操作数的数据类型可分为字节、字和双字递增指令。

在图 4–27 所示的梯形图中，当输入继电器 I1.0 的常开触点闭合时，先用传送指令将 IB1 中的数据传送到 MB2 中，然后将 MB2 中的数据加 1（递增），结果存入 MB2 中；当输入继电器 I2.0 和 I3.0 的常开触点闭合时，递增指令的原理和 I1.0 闭合时的原理一样。

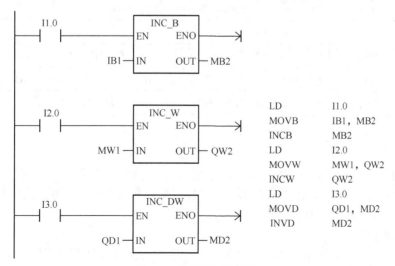

图4-27 递增指令用法举例

77

2. 递减指令

递减指令的功能是把输入端的数据减 1，并把结果存放到输出指定的存储单元中。递减指令按操作数的数据类型可分为字节、字和双字递减指令。

在图 4-28 所示的梯形图中，当输入继电器 I1.0 的常开触点闭合时，先用传送指令将 IB1 中的数据传送到 MB2 中，然后将 MB2 中的数据减 1（递减），结果存入 MB2 中。当输入继电器 I2.0 和 I3.0 的常开触点闭合时，递减指令的原理和 I1.0 闭合时的原理一样。

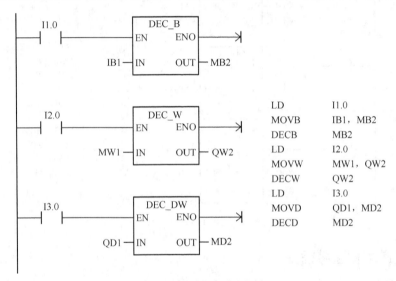

图4-28　递减指令用法举例

递增、递减指令的操作数范围如表 4-7 所示。

表 4-7　　　　　　　　　　递增、递减指令的操作数范围

数据类型	I/O	操作数
BYTE	IN	IB、QB、MB、SMB、SB、LB、AC、*VD、*LD、*AC、常数
	OUT	IB、QB、MB、SMB、SB、LB、AC、*VD、*LD、*AC
WORD	IN	IW、QW、VW、SMW、SW、LW、T、C、AC、AIW、*VD、*LD、*AC、常数
	OUT	IW、QW、VW、SMW、SW、LW、T、C、AC、*VD、*LD、*AC
DWORD	IN	ID、QD、VD、MD、SMD、LD、AC、HC、*VD、*LD、*AC、常数
	OUT	ID、QD、VD、MD、SMD、LD、AC、*VD、*LD、*AC

4.5.6　数学功能指令

数学功能指令包括平方根指令、自然对数指令、自然指数指令、正弦指令、余弦指令、正切指令。该指令输入、输出的操作数均为实数，其影响的特殊寄存器标志位都包括 SM1.0（零）、SM1.1（溢出和非法值）、SM1.2（负）。

1. 平方根指令

平方根（square root）指令的功能是将一个双字长的实数开平方，得到一个 32 位的结果传送到 OUT 所指定的存储单元中。

平方根指令的格式为 SQRT IN,OUT。

2. 自然对数指令

自然对数（natural logarithm）指令的功能是将一个双字长的实数取自然对数，得到一个 32 位的结果传送到 OUT 所指定的存储单元中。

自然对数指令的格式为 LN IN,OUT。

3. 自然指数指令

自然指数（natural exponential）指令的功能是将一个双字长的实数取以 e 为底的指数，得到一个 32 位的结果传送到存储单元中。

自然指数指令的格式为 EXP IN,OUT。

自然指数指令和自然对数指令相配合可以完成以任意常数为底和以任意常数为指数的计算。

如图 4-29 所示，当输入继电器 I1.0、I2.0、I3.0、I4.0、I5.0 和 I6.0 的常开触点依次闭合时，顺序执行梯形图中的指令。

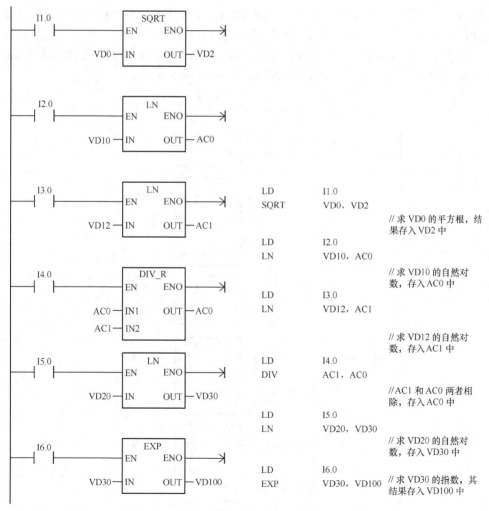

图4-29 平方根、自然对数和自然指数指令用法举例

如图 4-29 中语句表所示，若 VD0 = 25，VD10 = 30，VD12 = 30，VD20 = 5^3，指令执行完毕后，VD2 = 5，AC1 = $\log_e 30$，VD100 = 125。

平方根、自然对数和自然指数指令的操作数范围如表 4-8 所示。

表 4-8　　　　　　　　　平方根、自然对数和自然指数指令的操作数范围

数据类型	I/O	操作数
REAL	IN	ID、QD、VD、MD、SMD、SD、LD、AC、*VD、*LD、*AC、常数
REAL	OUT	ID、QD、VD、MD、SMD、SD、LD、AC、*VD、*LD、*AC

4. 正弦、余弦和正切指令

正弦、余弦和正切指令的功能是将一个双字长的实数弧度值分别取正弦、余弦和正切，得到一个 32 位的结果传送到存储单元中。

正弦指令的格式为 SIN IN, OUT，余弦指令的格式为 COS IN, OUT，正切指令的格式为 TAN IN, OUT。

如图 4-30 所示，求出 sin30°/cos60°+tan45° 的值。输入继电器 I0.1 控制的程序的功能是求出 sin30° 的值，输入继电器 I0.2 控制的程序的功能是求出 cos60° 的值，输入继电器 I0.3 控制的程序的功能是求出 sin30°/cos60° 的值，输入继电器 I0.4 控制的程序的功能是求出 tan45° 的值，输入继电器 I0.5 控制的功能是求出 sin30°/cos60°+ tan45° 的值。

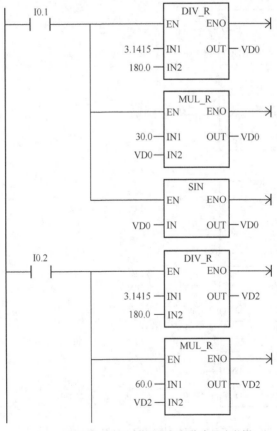

图4-30　正弦、余弦和正切指令用法举例

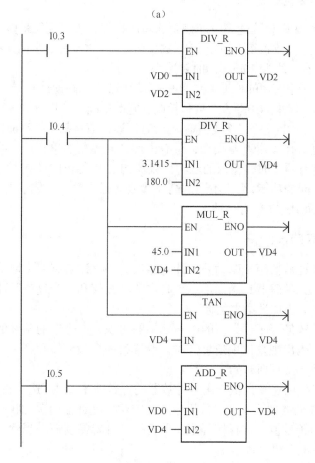

```
LD        I0.1
MOVR      3.1415，VD0
/R        180.0，VD0
*R        30.0，VD0        // 求 30.0 的弧度值，其结果存入 VD0 中
SIN       VD0，VD0         // 求 VD0 中数据的正弦值，其结果存入 VD0 中

LD        I2.0
MOVR      3.1415，VD2
/R        180.0，VD2
*R        60.0，VD2        // 求 60.0 的弧度值，其结果存入 VD2 中
COS       VD2，VD2         // 求 VD2 中数据的余弦值，其结果存入 VD2 中
```

(a)

```
LD        I0.3
/R        VD2，VD0         // 把 VD2 中的数据和 VD0 中的数据相除，结果存入 VD0 中
LD        I0.4
```

图4-30 正弦、余弦和正切指令举例（续）

```
MOVR        3.1415，VD4
/R          180.0，VD4
*R          45.0，VD4          // 求 45.0 的弧度值，其结果存入 VD4 中
TAN         VD4，VD4           // 求 VD4 中数据的正切值，其结果存入 VD4 中
LD          I0.5
+R          VD0，VD4           // 把 VD0 中的数据和 VD4 中的数据相加，结果存入 VD4 中
```

（b）

图4-30   正弦、余弦和正切指令举例（续）

4.6   高速运算指令

为了实现在控制系统中的精确定位和测量，就需要用到高速计数器 HSC，它与编码器配合使用可用来计数比 PLC 扫描频率高很多的脉冲输入。

4.6.1   高速计数器简介

高速计数器累计 CPU 扫描速率不能控制的高速事件，可以配置最多 12 种不同的操作模式。高速计数器的最高计数频率取决于 CPU 的型号，CPU224 有 6 个高速计数器，6 个单相计数器，4 个两相计数器，均为 20kHz 的时钟速率。

高速计数器在程序中使用的地址编码为 HSC*n*，HSC 表示高速计数器，*n* 为其编号。高速计数器的计数和动作都可以采用中断方式进行控制，它的中断方式可分为 3 种：当前值等于预设值中断、输入方向改变中断和外部复位中断。所有高速计数器都支持当前值等于预设值中断。

高速计数器的使用有 4 种基本类型：带有内部方向控制的单相计数器、带有外部方向控制的单相计数器、带有两个时钟输入的双相计数器和 A/B 相正向计数器。每种计数器都有多种工作模式以完成不同的功能，而且不同的高速计数器工作模式的数量也不同，HSC1 和 HSC2 有 12 种工作模式，而 HSC5 只有一种。

4.6.2   使用高速计数器

一般来说，高速计数器用于驱动鼓形计时器设备，该设备有一个增量轴式编码器的轴以恒定的速度转动。轴式编码器每圈提供一个确定的计数值和一个复位脉冲。来自轴式编码器的时钟和复位脉冲作为高速计数器的输入。

随着每次当前计数值等于预设值的中断事件的出现，一个新的预设值被装入，并重新设置下一个输出状态。当出现复位中断事件时，设置第一个预设值和第一个输出状态。当出现复位状态时，这个循环又重新开始。

由于中断事件产生的速率远低于高速计数器的计数速率，用高速计数器可实现精确控制，而与 PLC 整个扫描周期的关系不大。采用中断的方法，允许在简单的状态控制中用独立的中断程序装入一个新的预设值，这样使程序简单直接，并容易读懂。当然，也可以在一个中断程序中处理所有的中断事件。

4.6.3   理解高速计数器的时序

图 4-31 是有复位无启动的操作举例，图 4-32 是有复位有启动的操作举例。在复位和启动输入时序图中，复位和启动都设置为高电平有效。

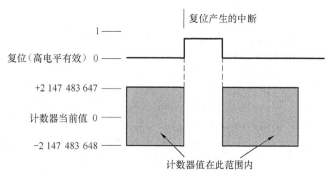

图4-31　有复位无启动的操作举例

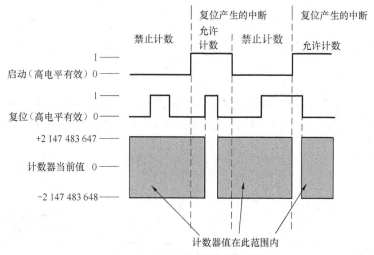

图4-32　有复位有启动的操作举例

图 4-33 是高速计数器工作模式 0、1 或 2 的操作举例，图 4-34 是高速计数器工作模式 3、4 或 5 的操作举例。在图 4-33 中，高速计数器当前值装入 0，预设值装入 3，计数方向置为增计数，计数器允许位置为允许，PV = CV 产生的中断在中断程序中改变方向。

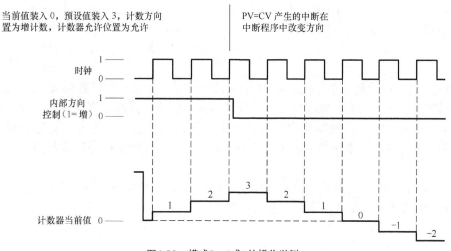

图4-33　模式0、1或2的操作举例

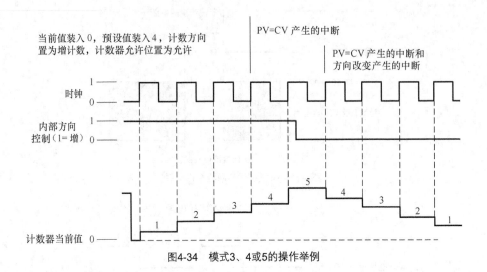

图4-34　模式3、4或5的操作举例

如图 4-34 和图 4-35 所示，高速计数器当前值装入 0，预设值装入 4，计数方向置为增计数，计数器允许位置为允许，PV = CV 产生的中断和方向改变产生的中断。

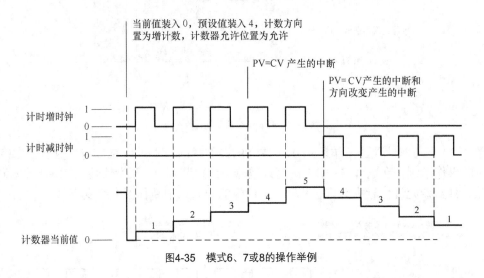

图4-35　模式6、7或8的操作举例

图 4-35 是高速计数器工作模式 6、7 或 8 的操作举例。当采用计数模式 6、7 或 8 时，若增时钟和减时钟的上升沿出现彼此相差不到 0.3ms，高速计数器会认为这些事件是同时发生的。出现这种情况时，计数器当前值不会发生变化，也不会有计数方向变化的指示。当增时钟和减时钟的上升沿之间的间隔大于 0.3ms 时，高速计数器能够分别捕捉到每一个独立的事件。

图 4-36 和图 4-37 是高速计数器工作模式 9、10 或 11 的操作举例，图中说明了两相计数器在正交 1 倍模式和正交 4 倍模式时的工作情况。

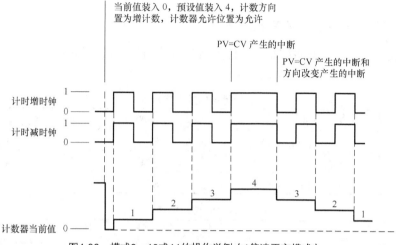

图4-36 模式9、10或11的操作举例（1倍速正交模式）

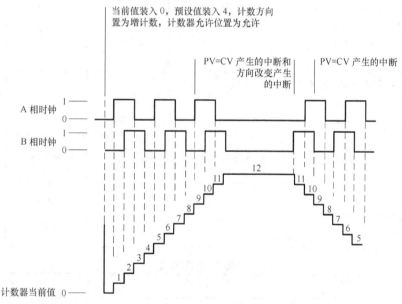

图4-37 模式9、10或11的操作举例（4倍速正交模式）

4.6.4 访问高速计数器（HC）

存取高速计数器的计数值时，必须指明高速计数器的地址，并采用 HC 类型和计数器号（如 HSC0）。如图 4-38 所示，高速计数器的当前地址是只读的，并且只能采用双字（32 位数）来寻址。

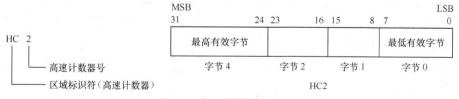

图4-38 高速计数器的寻址方式

格式：HC[高速计数器号]，如 HC2。

4.6.5　高速计数器输入线的连接

高速计数器的时钟、方向控制、复位和启动所使用的输入，如表 4-9 所示。这些输入的功能描述如表 4-10～表 4-15 所示。

表 4-9　　　　　　　　　　　　　高速计数器的指定输入

高速计数器	使用的输入	高速计数器	使用的输入
HSC0	I0.0，I0.1，I0.2	HSC3	I0.1
HSC1	I0.6，I0.7，I1.0，I1.1	HSC4	I0.3，I0.4，I0.5
HSC2	I1.2，I1.3，I1.4，I1.5	HSC5	I0.4

表 4-10　　　　　　　　　　　　　HSC0 操作模式

HSC0					
模式	描述		I0.0	I0.1	I0.2
0	带内部方向控制的单相增/减计数器：		时钟		
1	SM37.3 = 0，减计数； SM37.3 = 1，增计数				复位
3	带外部方向控制的单相增/减计数器：		时钟	方向	
4	I0.1 = 0，减计数； I0.1 = 1，增计数				复位
6	带增计减数器时钟输入的双相计数器		时钟（增）	时钟（减）	
7					复位
9	A/B 相正交计数器：		时钟 （A 相）	时钟 （B 相）	
10	A 相超前 B 相 90°，顺时针转动； B 相超前 A 相 90°，逆时针转动				复位

表 4-11　　　　　　　　　　　　　HSC1 操作模式

HSC1					
模式	描述	I0.6	I0.7	I1.0	I1.1
0	带内部方向控制的单相增/减计数器：				
1	SM47.3 = 0，减计数；	时钟		复位	
2	SM47.3 = 1，增计数				启动
3	带外部方向控制的单相增/减计数器：				
4	I0.7 = 0，减计数；	时钟	方向	复位	
5	I0.7 = 1，增计数				启动
6					
7	带增减计数器时钟输入的双相计数器	时钟（增）	时钟（减）	复位	
8					启动

续表

HSC1					
模式	描述	I0.6	I0.7	I1.0	I1.1
9	A/B 相正交计数器：	时钟（A 相）	时钟（B 相）		
10	A 相超前 B 相 90°，顺时针转动；			复位	
11	B 相超前 A 相 90°，逆时针转动				启动

表 4-12　　　　　　　　　　　HSC2 操作模式

HSC2					
模式	描述	I0.6	I0.7	I1.0	I1.1
0	带内部方向控制的单相增/减计数器：	时钟			
1	SM57.3 = 0，减计数；			复位	
2	SM57.3 = 1，增计数				启动
3	带外部方向控制的单相增/减计数器：	时钟	方向		
4	I1.3 = 0，减计数；			复位	
5	I1.3 = 1，增计数				启动
6	带增减计数器时钟输入的双相计数器	时钟（增）	时钟（减）		
7				复位	
8					启动
9	A/B 相正交计数器：	时钟（A 相）	时钟（B 相）		
10	A 相超前 B 相 90°，顺时针转动；			复位	
11	B 相超前 A 相 90°，逆时针转动				启动

表 4-13　　　　　　　　　　　HSC3 操作模式

HSC3		
模式	描述	I0.1
0	带内部方向控制的单相增/减计数器：SM37.3 = 0，减计数；SM37.3 = 1，增计数	时钟

表 4-14　　　　　　　　　　　HSC4 操作模式

HSC4				
模式	描述	I0.3	I0.4	I0.5
0	带内部方向控制的单相增/减计数器：	时钟		
1	SM147.3 = 0，减计数；SM147.3 = 1，增计数		复位	

续表

HSC4					
模式	描述	I0.3	I0.4	I0.5	
3	带外部方向控制的单相增/减计数器：	时钟	方向		
4	I1.3 = 0，减计数； I1.3 = 1，增计数			复位	
6	带增减计数器时钟输入的双相计数器	时钟（增）	时钟（减）		
7				复位	
9	A/B 相正交计数器： A 相超前 B 相 90°，顺时针转动； B 相超前 A 相 90°，逆时针转动	时钟 （A 相）	时钟 （B 相）		
10				复位	

表 4-15 　　　　　　　　　　　　　　 HSC5 操作模式

HSC5					
模式	描述	I0.4			
0	带内部方向控制的单相增/减计数器： SM157.3 = 0，减计数； SM157.3 = 1，增计数	时钟			

4.6.6　对高速计数器的理解

所有计数器在相同的工作模式下有相同的功能，表 4-10 所示的高速计数器 HSC0 共有 4 种基本的计数模式。可以使用下列类型：无复位或启动输入，有复位无启动输入，或同时有复位和启动输入。

当激活复位输入时，清除当前计数值保持到复位无效。当激活启动输入时，允许计数器计数。当启动输入无效时，计数器的当前值保持不变，时钟事件被忽略。在启动输入保持无效时，复位有效，复位被忽略，当前值不变。在复位保持有效时，启动变为有效，计数器的当前值被清除。

使用高速计数器前，必须选定一种工作模式，可以用 HDEF 指令（定义高速计数器）来实现。HDEF 指令给出了高速计数器（HSCx）和计数模式之间的联系。对每个高速计数器只能使用一条 HDEF 指令。可利用初次扫描存储器位 SM0.1（此为仅在第一个扫描周期时接通，然后断开）调用一个包含 HDEF 指令的子程序来定义高速计数器。

1. 控制字节

只有定义了高速计数器和计数模式，才能对计数器的动态参数进行编程。每个高速计数器都有一个控制字节，包括以下几项：允许或禁止计数，计数方向控制（只能是在模式 0、1、2）或所有其他模式的初始化计数方向，要装入的计数器当前值和要装入的预设值。执行 HSC 指令时，要检验控制字节和有关的当前值和预设值，HSC0 ~ HSC5 控制位的说明如表 4-16 所示。

表 4-16　　　　　　　　　　　　　　　　HSC0～HSC5 控制位的说明

HSC0	HSC1	HSC2	HSC3	HSC4	HSC5	描述
SM37.0	SM17.0		SM147.0			复位有效电平控制位： 0 = 复位高电平有效； 1 = 复位低电平有效
	SM47.1	SM57.1				启动有效电平控制位： 0 = 启动高电平有效； 1 = 启动低电平有效
SM37.2	SM47.2	SM572		SM147.2		正交计数器计数速率选择： 0 = 4 × 计数率；1 = 1 × 计数率
SM37.3	SM47.3	SM57.3	SM137.3	SM147.3	SM157.3	计数方向控制位： 0 = 减计数；1 = 增计数
SM37.4	SM47.4	SM57.4	SM137.4	SM147.4	SM157.4	向 HSC 中写入计数方向： 0 = 不更新；1 = 更新计数方向
SM37.5	SM47.5	AM57.5	SM137.5	SM147.5	SM157.5	向 HSC 中写入预设值： 0 = 不更新；1 = 更新预设值
SM37.6	SM47.6	SM57.6	SM137.6	SM147.6	SM157.6	向 HSC 中写入新的当前值： 0 = 不更新；1 = 更新当前值
SM37.7	SM47.7	SM57.7	SM137.7	SM147.7	SM157.7	HSC 允许： 0 = 禁止 HSC；1 = 允许 HSC

2. 设定当前值和预设值

每个高速计数器都有一个 32 位的当前值和一个 32 位的预设值。当前值和预设值都是符号整数，为了向高速计数器装入新的当前值和预设值，必须先设置控制字节，并把当前值和预设值存入特殊寄存器字节中，然后必须执行 HSC 指令，从而将新的值送给高速计数器。表 4-17 对保存新的当前值和预设值的特殊寄存器字节作了定义。

表 4-17　　　　　　　　　　　　　　HSC0～HSC5 的当前值和预设值

要装入的值	HSC0	HSC1	HSC2	HSC3	HSC4	HSC5
新当前值	SMD38	SMD48	SMD58	SMD138	SMD148	SMD158
新预设值	SMD42	SMD52	SMD62	SMD142	SMD152	SMD162

除了控制字节等几个字节外，每个高速计数器的当前值可以利用数据类型 HC（高速计数器当前值）后跟计数器号（0、1、3、4、5）的格式读出。因此，可用读操作直接访问当前值，但写操作只能用上述的 HSC 指令来实现。

3. 状态字节

每个高速计数器都有一个状态字节，其中某些表征了当前技术方向。表 4-18 对每个高速计数器的状态位作了定义。

表 4-18　　　　　　　　　　　　　　HSC0～HSC5 的状态位

HSC0	HSC1	HSC2	HSC3	HSC4	HSC5	描述
SM36.0	SM46.0	SM56.0	SM136.0	SM146.0	SM156.0	不用
SM36.1	SM46.1	SM56.1	SM136.1	SM146.1	SM156.1	不用
SM36.2	SM46.2	SM56.2	SM136.2	SM146.2	SM156.2	不用
SM36.3	SM46.3	SM56.3	SM136.3	SM146.3	SM156.3	不用
SM36.4	SM46.4	SM56.4	SM136.4	SM146.4	SM156.4	不用
SM36.5	SM46.5	SM56.5	SM136.5	SM146.5	SM156.5	当前计数方向状态位： 0 = 减计数；1 = 增计数
SM36.6	SM46.6	SM56.6	SM136.6	SM146.6	SM156.6	当前值等于预设值状态位： 0 = 不等；1 = 相等
SM36.7	SM46.7	SM56.7	SM136.7	SM146.7	SM156.7	当前值大于预设值状态位： 0 = 小于或等于；1 = 大于

4．HSC 中断

所有高速计数器支持中断条件，当前值等于预设值时产生中断。使用外部复位输入的计数器模式支持外部复位有效时产生的中断。除模式 0、1 和 2 外，所有的计数器模式支持计数方向改变的中断，每个中断条件可分为被允许或禁止。

5．写入新的当前值（任何模式下）

在改变高速计数器的当前值（任何模式下）时，迫使计数器处于非工作状态，此时计数器不再计数，也不产生中断。向 HSC1 写入新的当前值的步骤如图 4-39 所示。

6．写入新的预设值（任何模式下）

向 HSC1 写入新的预设值的步骤如图 4-40 所示。

7．禁止 HSC（任何模式下）

禁止 HSC1 的步骤如图 4-41 所示。

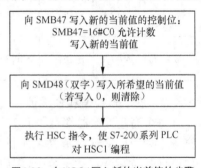

图4-39　向HSC1写入新的当前值的步骤

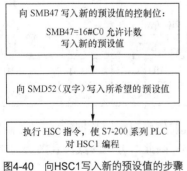

图4-40　向HSC1写入新的预设值的步骤

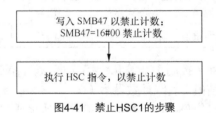

图4-41　禁止HSC1的步骤

4.7　中断指令

在很多控制系统中，由于外接设备出现故障或有其他非预测性的情况发生，需要暂停正在运行的程序及时响应外部事件，以便产生正确的控制指令，这就需要产生一个中断来暂停正在运行的程序。中断技术属于 PLC 的高级应用技术，主要应用在信号采集、实时处理和通信等方面。

4.7.1 中断的种类和优先级

在 S7-200 中，共有通信口中断、I/O 中断和时基中断 3 种中断类型，包括接收、发送字符中断，I/O 上升沿、下降沿中断，高速计数器中断，脉冲串输出中断和定时中断等共 30 多个中断事件，如表 4-19 所示。系统对这些中断进行处理的优先级从高到低的顺序为通信中断、I/O 中断和时基中断，每种中断事件都有规定的优先级。

表 4-19 中断事件

事件号	中断描述	CPU221	CPU222	CPU224
0	I0.0 上升沿	Y	Y	Y
1	I0.0 下降沿	Y	Y	Y
2	I0.1 上升沿	Y	Y	Y
3	I0.1 下降沿	Y	Y	Y
4	I0.2 上升沿	Y	Y	Y
5	I0.2 下降沿	Y	Y	Y
6	I0.3 上升沿	Y	Y	Y
7	I0.3 下降沿	Y	Y	Y
8	端口：接收字符	Y	Y	Y
9	端口：发送字符	Y	Y	Y
10	定时中断 0，SMB34	Y	Y	Y
11	定时中断 1，SMB35	Y	Y	Y
12	HSC0 CV = PV（当前值 = 预设值）	Y	Y	Y
13	HSC1 CV = PV（当前值 = 预设值）			Y
14	HSC1 输入方向改变			Y
15	HSC1 外部复位			Y
16	HSC2 HSC1 CV = PV（当前值 = 预设值）			Y
17	HSC2 输入方向改变			Y
18	HSC2 外部复位			Y
19	PLS0 脉冲数完成	Y	Y	Y
20	PLS1 脉冲数完成	Y	Y	Y
21	定时器 T32 CT = PT 中断	Y	Y	Y
22	定时器 T96 CT = PT 中断	Y	Y	Y
23	端口 0：接收信息完成	Y	Y	Y

续表

事件号	中断描述	CPU221	CPU222	CPU224
27	HSC0 输入方向改变	Y	Y	Y
28	HSC0 外部复位	Y	Y	Y
29	HSC4 CV = PV（当前值 = 预设值）	Y	Y	Y
30	HSC4 输入方向改变	Y	Y	Y
31	HSC4 外部复位	Y	Y	Y
32	HSC3 CV = PV（当前值 = 预设值）	Y	Y	Y
33	HSC5 CV = PV（当前值 = 预设值）	Y	Y	Y

4.7.2　中断指令简介

1. 中断连接指令

中断连接（attach interrupt）指令的功能是将一个中断事件和一个中断程序联系起来，并允许这个中断产生。

其指令格式为 ATCH INT, EVNT。其中，INT 为中断程序号，EVNT 为中断事件号，在不同的 CPU 中，EVNT 的取值范围不同，可查阅相关的技术手册。

2. 中断分离指令

中断分离（detach interrupt）指令的功能是将一个中断事件和所有程序的联系全部切断，该中断被禁止。

其指令格式为 DTCH　EVNT。

中断指令用法举例如图 4-42 所示，这个程序是一个采样模拟输入信号，其主要作用是每隔 10ms 采样输入口的状态，并将数据送到 VW20 中存储。

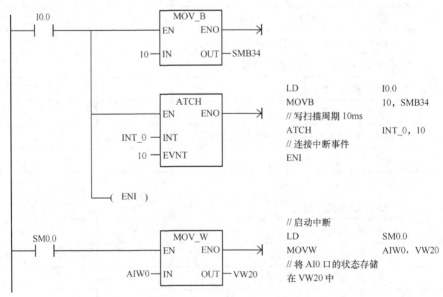

图4-42　中断指令用法举例

4.8　PID 指令

4.8.1　PID 回路

PID 回路指令用于回路表中的输入和组态信息，进行 PID 运算。

使 ENO = 0 的错误的条件：SM1.1（溢出），SM4.3（运行时间），00006（间接寻址）。

该指令影响特殊存储器标志位：SM1.1（溢出）。

如表 4-20 所示，PID 回路指令（包括比例、积分和微分回路）是用来进行 PID 运算的。但是可以进行这种 PID 运算的前提条件是逻辑堆栈栈顶（TOS）的值必须为 1。

表 4-20　　　　　　　　　　　　　　PID 回路操作数范围

I/O	操作数	数据类型
TBL	VB	BYTE
LOOP	常数（0~7）	BYTE

该指令有两个操作数：TABLE 和 LOOP。其中，TABLE 是回路表的起始地址。LOOP 是回路号，可以是 0~7 的整数。在程序中最多可以用 8 条 PID 指令。如果两个或两个以上的 PID 指令用了同一个回路号，那么即使这些指令的回路表不同，PID 运算之间也会互相干涉，产生不可预测的结果。

回路表包含 9 个参数，用来控制和监视 PID 运算。这些参数分别是过程变量当前值（PV_n）、过程变量前值（PV_{n-1}）、给定值（SP_n）、输出值（M_n）、增益（K_c）、采样时间（T_S）、积分时间（T_I）、微分时间（T_D）和积分项前值（M_X）。

为了让 PID 运算以预想的采样频率工作，PID 指令必须用在定时发生的中断程序中，或用在主程序中被定时器所控制，以一定频率执行。采样时间必须通过回路表输入 PID 运算中。

4.8.2　PID 算法

PID 控制器调节输出，保证偏差（e）为零，使系统达到稳定状态，偏差（e）是给定值（SP）和过程变量（PV）的差。PID 控制的原理可用式（4-1）解释。

$$M(t) = K_c \times e + K_c \int_0^t e \, dt + M_{initial} + K_c \times \frac{de}{dt} \tag{4-1}$$

式中：$M(t)$——PID 回路的输出，是时间的函数；

　　　K_c——PID 回路的增益；

　　　e——PID 回路的偏差（给定值与过程变量之差）；

　　　$M_{initial}$——PID 回路输出的初始值。

为了能让数字计算机处理这个控制算式，连续算式必须离散化为周期采样偏差算式，才能用来计算输出值。数字计算机处理的算式如下：

$$M_n = K_c \times e_n + K_I \sum^n + M_{initial} + K_D \times (e_n - e_{n-1}) \tag{4-2}$$

输出 = 比例项 +　　积分项 +　　　　微分项

式中：M_n——在第 n 个采样时刻，PID 回路输出的计算值；

K_c——PID 回路增益；

e_n——在第 n 个采样时刻的偏差值；

e_{n-1}——在第 $n-1$ 个采样时刻的偏差值（偏差前项）；

K_I——积分项的比例常数；

$M_{initial}$——PID 回路输出的初值；

K_D——微分项的比例常数。

从式（4-2）可以看出，积分项是从第 1 个采样周期到当前采样周期所有误差项的函数，微分项是当前采样和前一次采样的函数，比例项仅是当前采样的函数。

由于计算机从第一次采样开始，每有一个偏差采样值必须计算一次输出值，只需要保存偏差前值和积分项前值。利用计算机处理的重复性，可以化简式（4-2）如下所示：

$$M_n = K_c \times e_n + K_I \times e_n + M_X + K_D \times (e_n - e_{n-1})$$
$$\text{输出} = \text{比例项} + \quad \text{积分项} + \quad \text{微分项}$$
（4-3）

式中：M_n——在第 n 个采样时刻，PID 回路输出的计算值；

K_c——PID 回路增益；

e_n——在第 n 个采样时刻的偏差值；

e_{n-1}——在第 $n-1$ 个采样时刻的偏差值（偏差前项）；

K_I——积分项的比例常数；

M_X——积分项前值；

K_D——微分项的比例常数。

CPU 实际使用以上简化算式的改进形式计算 PID 输出。这个改进型公式如下所示：

$$M_n = MP_n + MI_n + MD_n$$
$$\text{输出} = \text{比例项} + \text{积分项} + \text{微分项}$$
（4-4）

式中：M_n——第 n 个采样时刻的计算值；

MP_n——第 n 个采样时刻的比例项值；

MI_n——第 n 个采样时刻的积分项值；

MD_n——第 n 个采样时刻的微分项值。

1. 比例项

比例项 MP 是增益（K_c）和偏差（e）的乘积。其中，K_c 决定输出对偏差的灵敏度，偏差（e）是给定值（SP）与过程变量（PV）之差。CPU 执行的求比例项公式如下所示：

$$MP_n = K_c \times (SP_n - PV_n)$$
（4-5）

式中：MP_n——第 n 个采样时刻比例项值；

K_c——增益；

SP_n——第 n 个采样时刻的给定值；

PV_n——第 n 个采样时刻的过程变量值。

2. 积分项

积分项值 MI 与偏差和成正比。CPU 执行的求积分项公式如下所示：

$$MI_n = K_c \times T_S / T_I \times (SP_n - PV_n) + M_X$$
（4-6）

式中：MI_n——第 n 个采样时刻的积分项值；

K_c——增益；

T_S——采样时间间隔；

T_I——积分间隔；

SP_n——第 n 个采样时刻的给定值；

PV_n——第 n 个采样时刻的过程变量值；

M_X——第 n-1 个采样时刻的积分项（积分项前值）。

积分和 M_X 是所有积分项前值之和。在每次计算 MI_n 之后，都要用 MI_n 去更新 M_X。其中，MI_n 可以被调整或限定。M_X 的初值通常在第一次输出以前设置。积分项还包括其他几个常数：增益、采样时间间隔和积分时间。其中，采样时间间隔是重新计算输出的时间间隔，而积分时间控制积分项在整个输出结果中影响的大小。

3. 微分项

微分项值 MD 与偏差的变化成正比。其计算公式如下所示：

$$MD_n = K_c \times T_D / T_S \times [(SP_n - PV_n) - (SP_{n-1} - PV_{n-1})] \qquad （4-7）$$

为了避免给定值变化的微分作用引起跳变，假定给定值不变（$SP_n = SP_{n-1}$）。这样，可以用过程变量的变化趋势来替代偏差的变化，计算公式可改进为式（4-8）或式（4-9）如下所示：

$$MD_n = K_c \times T_D / T_S \times (SP_n - PV_n - SP_{n-1} + PV_{n-1}) \qquad （4-8）$$

或

$$MD_n = K_c \times T_D / T_S \times (PV_{n-1} - PV_n) \qquad （4-9）$$

式中：MD_n——第 n 个采样时刻的微分项值；

K_c——增益；

T_S——采样时间间隔；

T_D——微分间隔；

SP_n——第 n 个采样时刻的给定值；

SP_{n-1}——第 n-1 个采样时刻的给定值；

PV_n——第 n 个采样时刻的过程变量值；

PV_{n-1}——第 n-1 个采样时刻的过程变量值。

为了下一次计算微分项值，必须保存过程变量，而不是偏差。在第一采样时刻，初始化 $PV_{n-1} = PV_n$。

4.8.3　PID 指令简介

PID 指令的功能是利用回路表中的输入信息和组态软件，进行 PID 调节。指令格式为 PID TBL,LOOP。

如表 4-21 所示，TBL 为回路表地址是由 VB 所指定的字节型数据；LOOP 为回路号，范围是 0～7。执行 PID 调节前必须要先对回路表进行设置。

表 4-21　　　　　　　　　　　　　　PID 算法回路表

参数	地址偏移量	数据格式	I/O 类型	描述
过程变量当前值 PV_n	0	双字，实数	I	过程变量，0.0～1.0
给定值 SP_n	4	双字，实数	I	给定值，0.0～1.0
输出值 M_n	8	双字，实数	I/O	输出值，0.0～1.0

续表

参数	地址偏移量	数据格式	I/O 类型	描述
增益 K_c	12	双字，实数	I	比例常数，正、负
采样时间 T_s	16	双字，实数	I	单位为 s，正数
积分时间 T_i	20	双字，实数	I	单位为 min，正数
微分时间 T_D	24	双字，实数	I	单位为 min，正数
积分项当前值 M_X	28	双字，实数	I/O	积分项当前值，0.0～1.0
过程变量当前值 PV_{n-1}	32	双字，实数	I/O	最近一次 PID 变量值

4.8.4　PID 指令的使用

使用 PID 指令的关键是对输入信号的采集和转换过程，以及对输出信号的转换过程，对于大部分控制系统，并不需要比例、积分和微分 3 个回路同时起作用，所以可以根据实际情况关闭不需要的回路。例如，将积分时间 T_i 设置为无穷大，积分作用就可以被忽略；将微分时间 T_D 设置为 0，微分作用就可以关闭；若把比例增益 K_c 设置为 0，就可以关闭比例回路。

1. 输入数据的转换

由于采集的数据都为工程中的实际数据，单位不同，幅值和范围也不同，必须将其转换成标准形式，才能被 PLC 中的 PID 指令接收执行。

首先，将实际值由 16 位整数转化为实数；其次将实数形式转化成 0.0～1.0 的无量纲值，可求得

$$R_{Norm} = (R_{Raw} / Span) + Offset \qquad (4\text{-}10)$$

式中：R_{Norm} 为转化后的值；

R_{Raw} 为 16 位整数的实际值转化后的实数。

标准化实数分为两种，双极性（围绕 0.5 上、下变化）和单极性（在 0.0～1.0 变化）。对于双极性，$Offset$ 取 0.5，$Span$ 表示的是值域的大小，取 64 000；对于单极性，$Offset$ 取 0，$Span$ 取 32 000。

2. 输出数据的转换

程序执行完毕后，输出的值是标准化的数据，外部设备无法识别，所以要先将标准化数据转化成工程中的实际值才能控制设备的运行。与输入数据转换过程正好相反，首先将标准数据转化成实数形式，然后将实数转换成 16 位的整数形式，输出到输出通道驱动外部负载。转化公式可以利用式（4-11）的逆变换。

$$R_{Out} = (Y_n - Offset) \times Span \qquad (4\text{-}11)$$

式中：R_{Out}——输出到负载的值；

Y_n——PID 程序中的标准化数值。

4.8.5　PID 的实际应用

现有一个水箱需要维持一定的水位，该水箱中的水以变化的速度流出，这就需要有一个水泵以不同的速度给水箱供水，以维持水位不变，这样才能使水箱不断水。

本系统的给定值是水箱满水位的 75% 时的水位，过程变量由漂浮在水面的水位测量仪给

出。输出值是进水泵的速度，可以允许最大值从 0% 变到 100%。

　　给定值可以预先设定后直接输入回路表中，过程变量值是来自水位表的单极性模拟量，回路输出值也是一个单极性模拟量，用来控制进水泵的速度，这两个模拟量的范围是 0.0～1.0，分辨率为 1/32 000（标准化）。

　　在本系统中，只用到比例和积分控制，其回路增益和时间常数可以通过工程计算初步确定，但还需要进一步调整以达到最优控制效果。初步确定的增益和时间常数如下：

$$K_c = 0.25；\quad T_S = 0.25\,\text{s}；\quad T_I = 30\,\text{min}$$

　　系统启动时，关闭出水口，用手动控制进水泵速度，使水位达到满水位的 75%，然后打开出水口，同时水泵控制从手动方式切换到自动方式。这种切换由一个输入的数字量控制，描述为 I0.0 位控制手动到自动的切换，0 代表手动；1 代表自动。

　　当工作在手动控制方式下，可以把水泵速度（0.0～1.0 之间的实数）写到 VD108（VD108 是回路表中保存输出的寄存器）。

　　本控制实例的程序如图 4-43 所示。

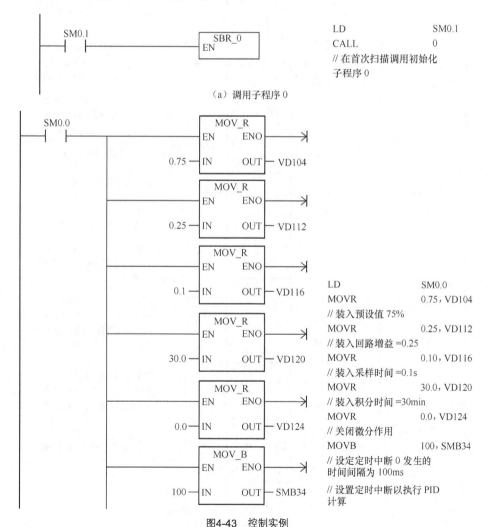

图4-43　控制实例

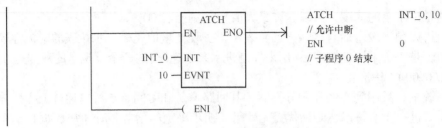

（b）子程序 0 梯形图及语句表

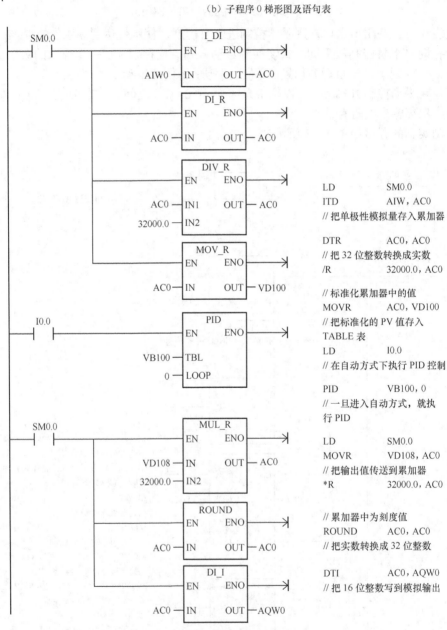

（c）主程序梯形图及语句表

图4-43 控制实例（续）

4.9 数据转换指令

转换指令是对操作数的类型进行转换，包括数据的类型转换、BCD 码或 ASCII 码等类型转换及数据和 BCD 码或 ASCII 码之间的转换。

4.9.1 数据类型转换指令

在 PLC 中主要的数据类型有字节、整数、双整数和实数，即 BCD 码。

1. 字节与整数

字节与整数转换指令包括两种，字节到整数转换指令（byte to interger）和整数到字节转换指令（interger to byte）。字节到整数转换指令的功能是将字节型输入数据转换成整数型并送到 OUT 所指定的存储单元中，指令格式为 BTI IN,OUT；整数到字节转换指令的功能是将整数型输入数据转换成字节型，将结果传送到 OUT 所指定的存储单元中，指令格式为 ITB IN,OUT。若输出数据超过字节的范围则产生溢出，使特殊标志寄存器 SM1.1 置 1。

2. 整数与双整数

整数与双整数转换指令包括两种，整数到双整数转换（integer to double integer）指令和双整数到整数转换（double integer to integer）指令。整数到双整数转换指令的功能是将输入的整数型数据转换成双整数型的数据，并将符号进行扩展，然后把结果传送到 OUT 所指定的存储单元中，指令格式为 ITD IN,OUT；双整数到整数转换指令的功能是将输入的双整数型数据转换成整数型的数据，然后把结果传送到 OUT 所指定的存储单元中，指令格式为 DTI IN,OUT。若输出数据超出整数的范围则产生溢出，使特殊标志位寄存器 SM1.1 置为 1。

3. 双整数与实数

双整数与实数转换指令包括两种，双整数到实数转换（double integer to real）指令和实数到双整数转换（real to double integer）指令。双整数到实数转换指令的功能是将输入的双整数型数据转换成实数，并将结果传送到 OUT 所指定的存储单元中，指令格式为 DTR IN,OUT；实数到双整数转换指令的功能是把输入的实数型数据转换成双整数类型，将结果传送到 OUT 所指定的存储单元中，指令格式为 ROUND IN,OUT 和 TRUNC IN,OUT。两者的区别是 ROUND 指令对小数部分进行四舍五入，而 TRUNC 指令直接舍去小数部分。

4. 整数与 BCD 码

整数与 BCD 码转换指令包括两种，整数到 BCD 码转换（integer to BCD）指令和 BCD 码到整数转换指令（BCD to integer），该类指令的输入和输出类型均为字，输入数据范围是 0～9 999。整数到 BCD 码转换指令的功能是将输入的整数型数据转换成 BCD 码，并输出到 OUT 所指定的存储单元中，指令格式为 IBCD OUT；BCD 码到整数转换指令的功能是将输入的 BCD 码转换成整数型，将结果输出到 OUT 所指定的存储单元，指令格式为 BCDI OUT。

整数类型转换指令用法举例如图 4-44 所示，其中，VD0 存放的是转换系数，作用是将外部设备输入的数据转换成 PLC 可识别和处理的数据类型。

如图 4-44 所示，当输入继电器 I0.0 的常开触点闭合时，把 AIW0 中的整数值转换成双整数并存入 AC0 中；把 AC0 中的整数转换成 BCD 码并存入 VW0 中；把 AC0 中的双整数值转换成实数值并存入 AC0 中；把 AC0 中的双整数值与 VD0 中的双整数值相除，将结果转换成实数后存入 AC0 中；把 AC0 中的实数传送到 VD10 中。

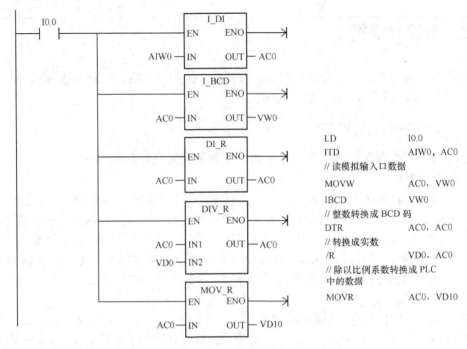

图4-44　整数类型转换指令用法举例

4.9.2　编码和译码指令

1. 编码指令

编码（Encode）指令的输入为字型数据，输出为字节型数据，该指令的功能是将字型输入数据的最低有效位（值为 1 的位）的位号输出到 OUT 所指定的字节存储单元的低 4 位，即用半个字节，对字型数据 16 位中的"1"位有效位进行编码。

编码指令的指令格式为 ENCO　IN,OUT。

2. 译码指令

译码（Decode）指令的输入为字节型数据，输出为字型数据，该指令的功能是将字节型输入数据的低 4 位所表示的位号对 OUT 所指定的字节存储单元对应的位置"1"，其他位置"0"，即对这半个字节进行译码，选择字型数据 16 位中的"1"位。

译码指令的指令格式为 DECO　IN,OUT。

编码和译码指令用法举例如图 4-45 所示，如果 VW120 的内容是 0001010000100100，当 I0.0 有效时执行指令之后的结果为 VB10 = 00000011，VW122 = 0000000000000100。

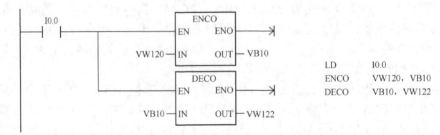

图4-45　编码和译码指令用法举例

4.9.3　段码指令

段码指令的输入和输出数据都是字节型，该指令的功能是将字节型数据的低 4 位转换成相应的七段码，并输出到 OUT 所指定的存储单元中。

段码指令的格式为 SEG　IN,OUT。

如图 4-46 所示，将整数 32 转换成字节值并存入 VB20 中，此时 VB20 中的值为 00100000，再将 VB20 中的低 4 位转换成七段码并存入 QB0 中。

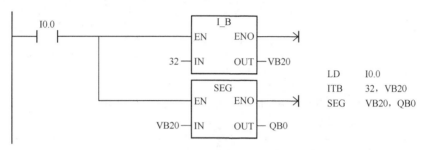

图4-46　段码指令用法举例

4.9.4　ASCII 码转换指令

ASCII 码转换指令包括 ASCII 码与十六进制数、整数、双整数和实数之间进行转换的指令，可进行转换的 ASCII 码为 30～39 和 41～46，对应的十六进制数为 0～9 和 A～F。

1. ASCII 码转换为十六进制数指令

ASCII 码转换为十六进制数（ASCII to HEX）指令的输入和输出均为字节型数据，该指令的功能是将从 IN 开始的长度为 LEN 的 ASCII 码转换为十六进制数，将结果输出到从 OUT 所指定的单元开始的存储单元中。

ASCII 码转换为十六进制数指令的格式为 ATH　IN,OUT,LEN。LEN 的长度范围为 0～255。

2. 十六进制转换成 ASCII 码指令

十六进制转换成 ASCII 码（HEX to ASCII）指令的输入和输出均为字节型数据，该指令的功能是将从 IN 开始的长度为 LEN 的十六进制数转换成 ASCII 码，结果输出到从 OUT 所指定的单元开始的存储单元中。

十六进制转换成 ASCII 码指令为 HTA　IN, OUT,LEN。LEN 的长度范围为 0～255。

ASCII 码与十六进制数转换指令用法举例如图 4-47 所示，如果 VB50 和 VB51 中的内容是 37、44，VB55 和 VB56 中的内容是 16#4F#9B，当 I0.0 有效时，执行 ASCII 码到十六进制数的转换，VB100 中的内容为 16#7D；当 I0.1 有效时，执行十六进制到 ASCII 码的转换，VB60、VB61、VB62 和 VB63 中的内容分别为 34、46、39、42。

3. 整数转换成 ASCII 码指令

整数转换成 ASCII 码（Integer to ASCII）指令的输入 IN 为整数型，FMT 和 OUT 均为字节型，该指令的功能是将一个整数转换成 ASCII 码字符串，结果输出到 OUT 所指定的 8 字节存储单元中。

整数转换成 ASCII 码指令的格式为 ITA　IN,OUT,FMT。FMT 的作用是指定小数点右侧的转换精度和小数点采用逗号表示还是用点号表示，其格式如图 4-48 所示，FMT 的前 4 位必须为 0。

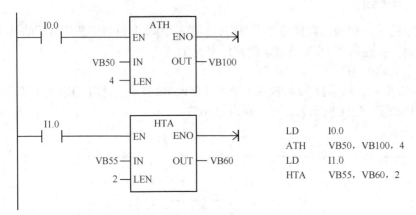

图4-47 ASCII码与十六进制数转换指令用法举例

c=1 用逗号，c=0 用点号，nnn= 小数点右边的位数

图4-48 FMT格式（一）

4. 双整数转换成 ASCII 码指令

双整数转换成 ASCII 码（Double Integer to ASCII）指令的输入 IN 为双整数，FMT 和 OUT 均为字节型，该指令的功能是将一个双整数转换成 ASCII 码字符串，结果输出到 OUT 所指定的 12 字节存储单元中。

双整数转换成 ASCII 码指令的格式为 DTA   IN,OUT,FMT。FMT 的作用是指定小数点右侧的转换精度和小数点采用逗号表示还是用点号表示，它的格式与整数转换成 ASCII 码指令一致。

如图 4–49 所示，当 I0.0 有效时，若 VW0 = 3456，V2 = 789，执行指令后，VB = 3,456，VB20 = 0,789。

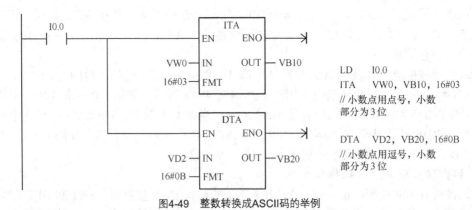

图4-49 整数转换成ASCII码的举例

5. 实数转换成 ASCII 码指令

实数转换成 ASCII 码（Real to ASCII）指令的输入 IN 为实数，FMT 和 OUT 均为字节型，该指令的功能是将一个实数转换成 ASCII 码字符串，结果输出到 OUT 所指定存储单元开始的

3～15 字节中。

其指令格式为 RTA IN,OUT,FMT。如图 4-50 所示，FMT 的作用是指定 OUT 的大小（3～15）和小数点右侧的转换精度及小数点采用逗号表示还是采用点号表示。

MSB LSB

s	s	s	s	c	n	n	n

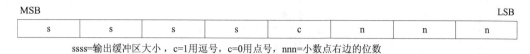

ssss=输出缓冲区大小，c=1用逗号，c=0用点号，nnn=小数点右边的位数

图4-50 FMT格式（二）

如图 4-51 所示，I0.0 有效时，先写控制字到 FMT，缓冲区大小为 8 字节，小数部分有 3 位，用点号作为小数点。例如，VD100 中的内容为 247 567.8，经过转换 VB200～VB207 中的内容为空。之所以为空是因为缓冲区太小，所以写 FMT 时应该送字符 16#83，实现字符转换。

```
LD     I0.0
RTA    VD100，VB200，16#83
```

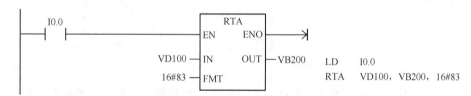

图4-51 实数转换成ASCII码用法举例

4.9.5 字符串转换指令

1. 数值转换成字符串

数值转换成字符串指令包括 3 种，即整数转换成字符串指令、双整数转换成字符串指令和实数转换成字符串指令。

整数转换成字符串指令的功能与 ITA 指令基本一致，区别是它的结果存放地址是从 OUT 开始的 9 个连续字节，在首地址中存放的是字符串的长度，其指令格式为 ITS IN,FMT,OUT；双整数转换成字符串指令的功能与 DTA 指令基本一致的，区别是它的结果存放地址是从 OUT 开始的 13 个连续字节，在首地址中存放的是字符串的长度，其指令格式为 DTS IN,FMT,OUT；实数转换成字符串指令的功能是与 RTA 指令基本上一致的，区别是它的结果存放地址是从 OUT 开始的 ssss+1 个连续字节中，在首地址中存放的是字符串的长度，其指令格式为 RTS IN,FMT,OUT。

2. 字符串转换成数值

字符串转换成数值指令包括 3 种，即字符串转换成整数指令、字符串转换成双整数指令和字符串转换成实数指令。

字符串转换成整数指令的功能是将输入的一个字符串，从 INDX 开始，转换成整数，结果输出到 OUT 所指定的存储单元中，其指令格式为 STI IN,INDX,OUT；字符串转换成双整数指令的功能是将输入的一个字符串，从 INDX 开始，转换成双整数，结果输出到 OUT 所指定的存储单元中，其指令格式为 STD IN,INDX,OUT；字符串转换成实数指令的功能是将输入的一个字符串，从 INDX 开始，转换成实数，结果输出到 OUT 所指定的存储单元中，其指令格式为 STR IN,INDX,OUT。

如图 4-52 所示，若 VB0 中的内容是 ABCDEF2006.07EG，当 I0.0 有效时，执行指令后结果为 VW10 = 2 006，VD20 = 2 006，VD30 = 2 006.07。

```
LD      I0.0
STI     VB0, 7, VW10
STD     VB0, 7, VD20
STR     VB0, 7, VD30
```

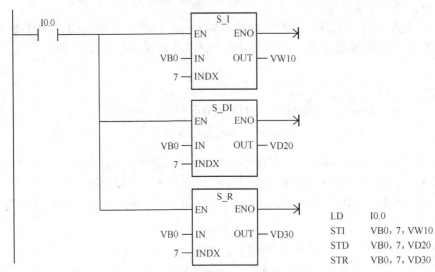

图4-52 字符串转换成数值用法举例

提示：INDX 的值通常设为 1，表示从第一个字符开始转换，也可设置成其他值；STR 指令不能转换以科学计算法或以指数形式表示的实数字符串，也不能转换非法字符，但不会产生溢出错误；当数值过大或过小或字符串中含有不可转换的合法字符时，特殊标志寄存器标志位 SM1.1 被置为“1”。

4.10 其他功能指令

4.10.1 时钟指令

读实时时钟指令梯形图如图 4-53（a）所示，它的功能是读当前时间和日期并把它转入一个 8 字节的缓冲区（起始地址是 T）。写实时时钟指令梯形图如图 4-53（b）所示，它的功能是写当前时间和日期并把 8 字节的缓冲区（起始地址是 T）装入时钟。

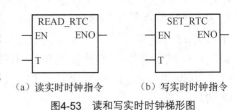

（a）读实时时钟指令　（b）写实时时钟指令

图4-53 读和写实时时钟梯形图

时钟缓冲期的格式如图 4-54 所示。

T	T+1	T+2	T+3	T+4	T+5	T+6	T+7
年	月	日	小时	分	秒	0	星期几

图4-54 时钟缓冲期的格式

时钟指令操作数 T 为：VB、IB、QB、MB、SMB、SB、LB。

4.10.2 脉冲输出指令

1. 指令介绍

脉冲输出指令的梯形图如图 4-55 所示。其操作数为 Q、常数（0 或者 1）。指定在 Q0.0 或 Q0.1 输出脉冲。

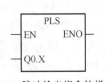

图4-55 脉冲输出指令的梯形图

对于 S7-200 系列的 CPU，如果 CPU 模块上的输出类型为 DC 型（晶体管输出），那么在其 Q0.0 和 Q0.1 上可以产生高速脉冲串和脉冲宽度可调的波形，频率可以达到 20kHz。当在这两个点使用脉冲输出功能时，它们受脉冲串输出/脉冲宽度调制（pulse train output/pulse width modulation，PTO/PWM）发生器控制，而不受输出映像寄存器控制。

PTO 的功能是提供方波（50%占空比）输出，用户控制周期和脉冲数。PWM 的功能是提供连续、可变占空比脉冲输出，用户控制周期和脉冲宽度。

每个 PTO/PWM 发生器有一个控制字节（8 位）、一个 16 位无符号的周期寄存器、一个 16 位无符号的脉冲宽度值寄存器和一个 32 位无符号脉冲计数值寄存器。这些值全部存储在特殊寄存器中，一旦这些特殊寄存器的位被置成所需操作，可以通过执行脉冲输出指令（PLS）来调节这些操作。PTD/PWM 控制寄存器如表 4-22 所示。PLS 指令是 S7-200 系列 PLC 读取相应特殊寄存器中的位，并对相应的 PTO/PWM 发生器进行操作。

表 4-22　　　　　　　　　　　　　　PTO/PWM 控制寄存器

Q0.0	Q0.1	控制字节
SM37.0	SM77.0	PTO/PWM 更新周期：0 = 不更新；1 = 不更新
SM67.1	SM77.1	PWM 更新脉冲宽度值：0 = 不更新；1 = 不更新
SM67.2	SM77.2	PTO 更新脉冲数：0 = 不更新；1 = 不更新
SM67.3	SM77.3	PTO/PWM 时间基准选择：0 = 1μs/时基；1 = 1ms/时基
SM67.4	SM77.4	PWM 更新方法：0 = 异步更新；1 = 同步更新
SM67.5	SM77.5	PTO 操作：0 = 单段操作；1 = 多段操作
SM67.6	SM77.6	PTO/PWM 模式选择：0 = 选择 PTO；1 = 选择 PWM
SM67.7	SM77.7	PTO/PWM 允许：0 = 禁止 PTO/PWM；1 = 允许 PTO/PWM
SMW68	SMW78	PTO/PWM 周期值（范围：2～65 535）
SWW70	SMW80	PWM 脉冲宽度值（范围：0～65 535）
SMD72	SMD82	PTO 脉冲设定值（范围：1～4 294 967 295）
SMW168	SMW178	多段 PTO 包络表的起始位置

2. PWM 操作

PWM 功能提供占空比可调的脉冲输出。其周期和脉宽的单位可以是 μs 或 ms，周期值保存在 SMW68（或 SMW78）中，周期的变化范围是 50～65 535μs 或 2～65 535ms。当脉宽值等于周期值时，占空比为 100%，即输出连续接通；当脉宽值为 0，占空比为 0%，即输出断开。

PWM 操作用法如图 4-56 和图 4-57 所示，将 Q0.0 设置为 PWM 输出，其周期值为 1 000ms，脉宽值为 300ms。

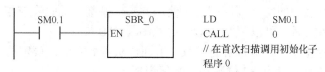

图4-56　初次扫描，初始化子程序

① 在主程序的初次扫描时（SM0.1 = 1），调用初始化子程序，如图 4-56 所示。

② 在子程序 SBR0 中，进行 PWM 操作的初始化，如图 4-57 所示。

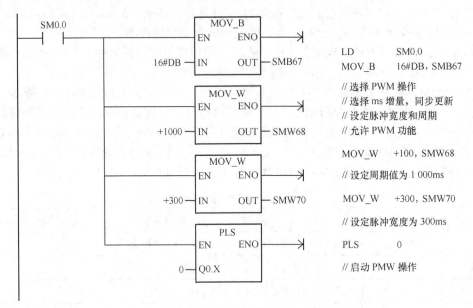

```
LD        SM0.0
MOV_B     16#DB，SMB67
// 选择 PWM 操作
// 选择 ms 增量，同步更新
// 设定脉冲宽度和周期
// 允许 PWM 功能

MOV_W     +100，SMW68
// 设定周期值为 1 000ms

MOV_W     +300，SMW70
// 设定脉冲宽度为 300ms

PLS        0
// 启动 PMW 操作
```

图4-57　子程序SBR0

3. PTO 操作

PTO 提供指定脉冲个数的方波（50%占空比）脉冲串。其周期可以微秒或毫秒为单位，周期值保存在 SMW68（或 SMW78）中，周期的变化范围是 50～65 535μs 或 2～65 535ms。如果设定的周期值是奇数，会引起占空比的失真。

当脉冲串输出完成后，特殊寄存器中的 SM66.7（或 SM76.7）将变为 1。另外，脉冲串输出完成后，会产生中断事件 19 或 20。

（1）单段 PTO 操作

对于单段 PTO 操作，每执行一次 PLS 指令，输出一串脉冲。如果要再输出一串脉冲，需重新设定相关的特殊寄存器，并再执行 PLS 指令。

如图 4-58 所示，I0.4 变为 ON 一次，在 Q0.0 输出一串脉冲，频率为 100Hz，脉冲个数为 20 000。

单段 PTO 操作语句表如图 4-59 所示。

（2）多段 PTO 操作

在多段 PTO 操作时，执行一次 PLS 指令，可以输出多段脉冲，CPU 自动从 V 存储区的包络表中读出每个脉冲串的特性。使用多段操作模式，必须设定特殊寄存器 SM67.5（或 SM77.5）为 1，并装入包络表在 V 存储区的起始地址（SMW168 或 SMW178）。时间基准可以是微秒或毫秒，但是，在包络表中的所有周期值必须使用同一个基准，而且在包络执行过程中不能改变。设定好相应的参数后，可以用 PLS 指令启动多段 PTO 操作。

包络表的起始地址存放的是包络的段数，下面依次每 8 字节，设定每一段的属性，由 16 位周期值、16 位周期增量值和 32 位脉冲计数值组成。

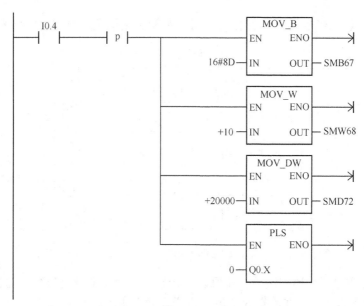

图4-58 单段PTO操作梯形图

```
LD          I0.4                        //选择PTO操作
EU                                      //选择ms增量
                                        //设定脉冲宽度和周期
MOV_B       16#8D，SMB67                 //允许PTO功能
MOV_W       +10,SMW68                   //设定周期值为10ms(100Hz)
MOV_DW      +20000，SMD72                //设定脉冲数为20 000
PLS         0                           //启动PTO操作
```

图4-59 单段PTO操作语句表

多段 PTO 操作有非常广泛的应用，尤其在步进电动机控制中。例如，先对电动机加速（从 2kHz 到 10kHz）输出 200 个脉冲，在 10kHz 恒速运行 3 400 个脉冲，然后从 10kHz 减速到 2kHz，输出 400 个脉冲后停止，如图 4-60 所示。

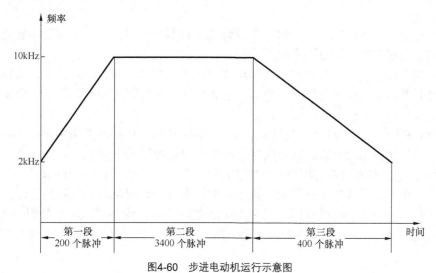

图4-60 步进电动机运行示意图

如图 4-61 所示，在多段 PTO 操作时，可以在初始化子程序中进行包络表的定义。

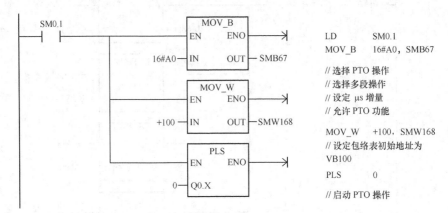

图4-61　梯形图及程序

多段 PTO 操作除了上述方法外，还可以在初始化子程序中设定包络表的初始地址，然后在数据块中定义具体参数。在数据块中定义包络表如下所示。

```
//定义包络表
VB100     3        //总段数
VW101     500      //段1——初始周期
VW103     -2       //段1——周期增量
VD105     200      //段1——脉冲数
VW109     100      //段2——初始周期
VW111     0        //段2——周期增量
VD113     3400     //段2——脉冲数
VW117     100      //段3——初始周期
VW119     1        //段3——周期增量
VD121     400      //段3——脉冲数
```

4.11　本章小结

本章重点介绍了 S7-200 系列 PLC 的功能指令及其使用方法，并举例使读者能更好地理解指令作用、用法和在实际应用中如何编程。

数据处理类指令包括字符的传送、移位指令及数据类型之间的转换指令，实际应用中使用最多的就是数据间的传递和转换。数据处理指令还包括数据之间的运算、数学运算和逻辑运算指令。

① 中断指令在复杂和特殊的控制系统中是必需的，在一些控制系统中要求实时响应外部的影响，主要应用在实时处理、高速处理、通信和网络控制系统中。

② PID 指令在有模拟量的控制系统中应用比较广泛，使用 PID 指令可以使一些控制任务的编程变得简单和易于实现。对于 PID 指令需主要掌握 PID 回路表中参数的设置。

③ 高速指令包括高速计数器指令和高速脉冲输出指令，使 PLC 也可以处理一些频率高于自身扫描周期的信号。对于高速指令，主要掌握其控制字、特殊寄存器等参数的设置。

提高篇

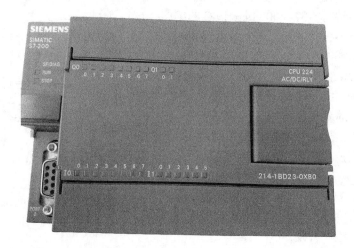

第5章 S7-200系列PLC的编程系统

PLC的程序输入可以通过专用编程器（包括简易编程器、智能编程器）或计算机来完成。其中，简易编程器体积小，携带方便，在现场调试时具有明显的优越性，但是在程序输入、调试、故障分析时比较烦琐；而智能编程器的功能强，可视化程度高，使用也很方便，但是价格高，通用性差。因此，近年来PLC的程序开发主流工具转换为计算机编程软件。这是因为利用计算机进行PLC的编程、通信更具优势，计算机除了可进行PLC的编程外，还具有兼容性好，利用率高等特点。各PLC生产厂家，均开发了各自的PLC编程软件和专用通信模块。在PLC工程应用开发过程中，需要利用计算机软件的编程系统与PLC相配合，这个编程系统主要用于梯形图的设计及其代码的编译、写入等。

本章主要介绍S7-200系列PLC编程系统STEP 7-Micro/WIN软件的安装、功能及程序的调试与监控。

5.1 S7-200系列PLC编程系统简介

S7-200系列PLC是西门子公司的S7 PLC系列中的微型机，在使用S7-200系列PLC时，需要对其进行程序编写。S7-200 Micro PLC的编程系统包括一个 S7-200 CPU、一个编程器和一个连接电缆，如图5-1所示。

STEP 7-Micro/WIN是用于开发西门子S7-200系列PLC的专业软件，是西门子公司专门为S7-200系列PLC设计的基于Windows的应用软件。其功能强大，主要供用户开发控制程序时使用，同时也可以实时监控用户程序的执行状态。

STEP 7-Micro/WIN 是西门子 S7-200 系列PLC用户必不可少的开发工具。其编程环境具有操作方便、使用简单、易于掌握的特点，用户能很快地学会并进行程序开发。

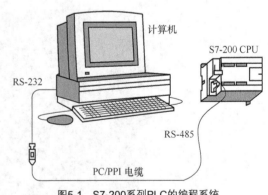

图5-1 S7-200系列PLC的编程系统

5.2 STEP 7-Micro/WIN 编程软件的安装

5.2.1 编程软件的系统要求

① 操作系统：Windows 95、Windows 98、Windows Me、Windows XP、Windows 2000 或

Windows NT 4.0 以上的版本。

注意：要在 Windows 2000 或 Windows XP 操作系统下安装 STEP 7-Micro/WIN，必须有管理员权限。在上述操作系统下使用 STEP 7-Micro/WIN，至少需要 Power User 权限。

② 系统配置：IBM 586 以上兼容机，256MB 以上内存，200MB 以上的硬盘剩余空间，VGA 以上显示器。

③ 通信电缆：一根连到串行通信口的 PC/PPI 电缆。

5.2.2　编程软件 STEP 7-Micro/WIN 的安装方法

S7-200 系列 PLC 的编程软件可以分为以下几步进行安装。

① 把"STEP 7-Micro/WIN"光盘放入计算机光驱内，运行安装程序，进入软件的安装界面。运行软件安装后，会弹出"选择设置语言"对话框，如图 5-2 所示，选择"英语"选项，单击"确定"按钮，出现安装向导初始界面，如图 5-3 所示。在随后出现的安装向导界面欢迎中，单击"Next"按钮，如图 5-4 所示。之后，在出现的安装向导协议界面中，单击"Yes"按钮进行下一步操作，如图 5-5 所示。

图5-2　"选择设置语言"对话框　　　　　　　图5-3　安装向导界面（一）

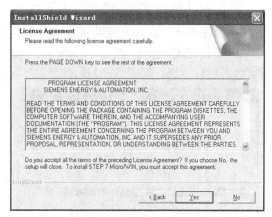

图5-4　安装向导界面（二）　　　　　　　图5-5　安装向导界面（三）

② 选择安装的目录文件夹，如图 5-6 所示。如果要修改安装路径，则单击"Browse…"按钮，对安装目录进行修改之后，单击"Next"按钮进行下一步操作。

③ 安装进行中，请等待，如图 5-7 所示。

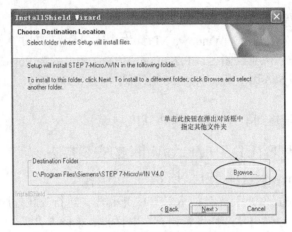

图5-6 选择安装目录文件夹界面

④ 当弹出"通信功能的选择"对话框时，如图 5-8 所示。要使用 PLC 的通信功能，一般会选择"PC/PPI cable（PPI）"选项，选择完毕，单击"OK"按钮进行下一步操作。

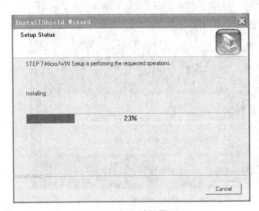

图5-7 安装过程界面

图5-8 通信功能的选择对话框界面

⑤ 继续安装，直到安装结束，如图 5-9 所示。

⑥ 安装完成，选中"Yes, I want to restart my computer now"单选按钮，单击"Finish"按钮重新启动计算机，如图 5-10 所示。

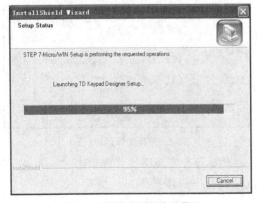

图5-9 继续安装过程中的界面

图5-10 安装完成的界面

⑦ 重新启动计算机后，双击桌面上的![图标]图标，打开 STEP 7-Micro/WIN 软件的操作界面，如图 5-11 所示。

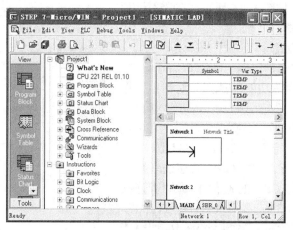

图5-11　STEP 7-Micro/WIN软件的操作界面

5.2.3　设置编程软件的中文界面

在 STEP 7-Micro/WIN 软件安装成功后，打开其操作界面，选择"Tools"→"Options"命令，即打开了"选项"菜单，如图 5-12 所示。单击"Options"树形菜单中的"General"选项，在"Language"选项组中选择"Chinese"选项，即完成中文界面的设置。设置完成后，单击"OK"按钮，重新运行软件，再次打开 STEP 7-Micro/WIN 软件，其操作界面转换成为中文界面，如图 5-13 所示。

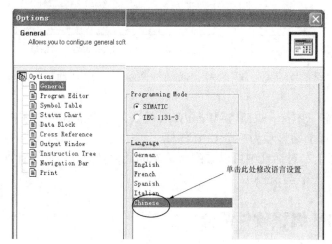

图5-12　修改语言设置对话框

图5-13　STEP 7-Micro/WIN软件的中文操作界面

5.2.4　编程软件的参数设置

安装成功后，需要对 STEP 7-Micro/WIN 软件进行一些参数的设置，包括通信设置和 PG/PC 接口设置等。

1. 通信设置

打开 STEP 7-Micro/WIN 软件，选择"查看"→"组件"→"通信"命令，如图 5-14 所示，弹出"通信"对话框，如图 5-15 所示。在该对话框中即可对通信进行设置。

2. PG/PC 接口设置

选择"查看"→"组件"→"设置 PG/PC 接口"命令，系统会弹出"通信功能的选择"对话框，单击"Properties"按钮，系统会弹出"PG/PC 接口属性"对话框，如图 5-16 所示，检查接口属性和参数设置是否正确，设置波特率为默认的 9.6kbit/s。

3. 建立计算机与 S7-200 CPU 的在线联系

① 确认计算机与 CPU 的通信电缆是否连接好，并让 CPU 工作方式的选择开关处于"TERM"位置。

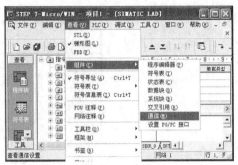

图5-14 选择"通信"命令

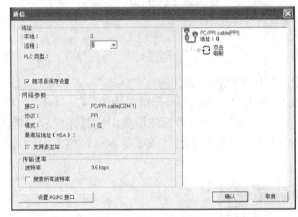

图5-15 "通信"对话框

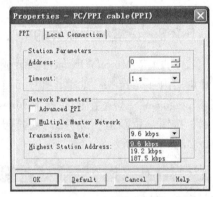

图5-16 "PG/PC接口属性"对话框

② 选择"查看"→"组件"→"通信"命令，或单击"通信"图标，弹出"通信"对话框，此时显示没有 CPU。

③ 双击"通信"对话框中的"刷新"图标，STEP 7-Micro/WIN 检查所连接的 S7-200 CPU 或站。在"通信"对话框中所连接的每个站显示为一个 CPU 图标。

④ 双击要进行通信的站，在"通信"对话框中可以看到所选站的通信参数，完成了计算机与 S7-200 CPU 的在线连接（下载、上载与监控）。

5.3 STEP 7-Micro/WIN 编程软件简介

5.3.1 STEP 7-Micro/WIN 的基本功能

STEP 7-Micro/WIN 编程软件的基本功能是协助用户完成应用软件的开发，其基本功能如下。

① 在脱机（离线）方式下创建用户程序，修改和编辑原有的用户程序。在脱机方式下，计算机与 PLC 断开连接，此时能完成大部分功能，如编程、编译、调试和系统组态等，但所

有的程序和参数都只能存放在计算机的磁盘上，不能完成对 PLC 的实时控制。

② 在联机（在线）方式下可以对与计算机建立通信关系的 PLC 直接进行各种操作，如上载、下载用户程序和组态数据等。

③ 在编辑程序的过程中进行语法检查，可以避免一些语法、数据类型方面的错误。在语法检查后，在梯形图中存在错误的地方会出现红色的波浪线，语句表的错误行前会有红色"*"标记，且在错误处加上红色波浪线。

④ 对用户程序进行文档管理、加密处理等。

⑤ 设置 PLC 的工作方式、参数和运行监控等。

注意：脱机（离线）和联机（在线）两种方式的区别是脱机（离线）方式下个人计算机不直接与 PLC 联系，所有的程序和参数都暂时存放在计算机的硬盘上，等联机（在线）后再上载到 PLC 中；联机（在线）方式下可以直接针对与个人计算机相连的 PLC 进行操作，如上载用户程序、下载用户程序及组态数据等。

5.3.2 STEP 7-Micro/WIN 的窗口组件

在 STEP 7-Micro/WIN 操作界面中，包括以下组件：菜单条、工具条、浏览条、项目/指令树、程序编辑器窗口、输出窗口、状态条、"符号表"窗口、"状态表"窗口、"数据块"窗口等，如图 5-17 所示。下面介绍各组件的功能和作用。

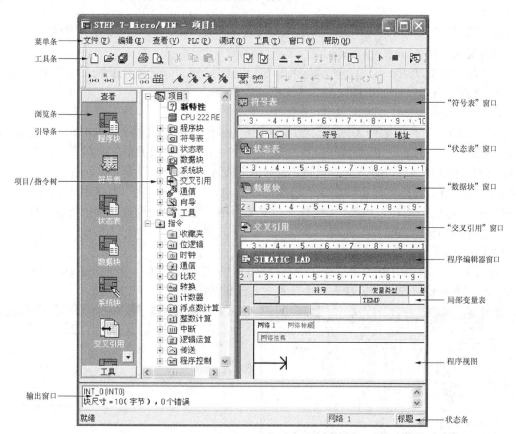

图5-17　STEP 7-Micro/WIN软件操作主界面

① 菜单条：允许用户使用鼠标或键盘执行 STEP 7-Micro/WIN 的各种操作。

② 工具条：提供 STEP 7-Micro/WIN 的常用功能的操作按钮。

③ 浏览条：在编程过程中，浏览条提供窗口快速切换的功能，可用"查看"→"组件"命令来选择是否打开浏览条。浏览条中有 7 种组件，包括程序编辑器、符号表、状态表、数据块、系统块、交叉引用、通信。

④ 项目/指令树：提供所有项目对象和当前程序编辑器可用的所有指令的一个树形菜单。可以单击项目/指令树中的"+""-"按钮，实现展开或隐藏树中的内容。

⑤ 局部变量表：局部变量表使用 CPU 的临时存储区，地址分配由系统处理。变量的使用仅限于定义了此变量的程序。

⑥ 程序编辑器窗口：包括项目使用编辑器的局部变量表和程序视图（LAD、FBD 或者 STL）。

⑦ 输出窗口：在执行各项操作后，显示系统的输出信息。

⑧ 状态条：显示执行 STEP 7-Micro/WIN 时的状态信息。

⑨ "符号表"窗口：允许对符号表进行编辑并对全局的符号赋值。"符号表"窗口可以通过浏览条或指令树中的"符号表"按钮打开，也可选择"查看"→"组件"→"符号表"命令打开。

⑩ "状态表"窗口：对程序的输入、输出或变量的状态进行监视。"状态表"窗口可以通过浏览条或指令树中的"状态表"按钮打开，也可单击"查看"菜单命令中的"状态图"命令打开。

⑪ "数据块"窗口：显示并编辑数据块内容。其打开方式同"符号表"窗口。

（1）交叉引用（cross reference）

在程序编译成功后，可用两种方法打开"交叉引用"窗口，交叉引用列表如图 5-18 所示。

① 选择"查看"→"组件"→"交叉引用"命令。

② 单击浏览条中的"交叉引用" 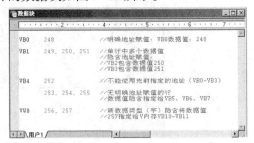 按钮。

"交叉引用"窗口中的列表显示在程序中使用的操作数所在的程序组织单元（programming organisation unit，POU）、网络和行位置，以及每次使用的操作数的语句表指令。通过"交叉引用"窗口中的列表可以查看内存区域已经使用的部分是作为位还是字节。在运行方式下编辑程序，可以查看程序当前正在使用的跳变信号的地址。"交叉引用"窗口中的列表不能下载到 PLC 中，在程序编译成功后，才能打开"交叉引用"窗口中的列表。双击列表中的某操作数，可以显示出包含该操作数的程序。

（2）数据块

"数据块"窗口可以设置和修改变量存储器的初始值和常数值，并加入必要的注释说明。打开"数据块"窗口的方法有以下 3 种，打开的数据块如图 5-19 所示。

图5-18　交叉引用列表　　　　　　　　　　图5-19　打开的数据块

① 单击浏览条上的"数据块" ![按钮] 按钮。

② 选择"查看"→"组件"→"数据块"命令。

③ 单击项目树中的"数据块"图标 ![图标] 。

（3）状态表（status chart）

将程序下载至 PLC 之后，可以建立一个或多个状态表，在联机调试时，打开"状态表"窗口，监视各变量的值和状态。状态表并不能下载到 PLC，只是监视用户程序运行的一种工具。

打开"状态表"窗口的方法有 3 种。

① 单击浏览条上的"状态表"按钮 ![按钮] 。

② 选择"查看"→"组件"→"状态表"命令。

③ 打开项目树中的"状态表"文件夹，选择用户定义的图表，双击即可。

若在项目中有一个以上状态表，使用位于"状态表"窗口底部的 ![CHT1 CHT2 CHT3] 选项卡在状态表之间切换。

可在状态表的地址列输入需监视的程序变量地址，在 PLC 运行时，打开"状态表"窗口，在程序扫描执行时，会自动更新状态表的数值。

（4）符号表（symbol table）

符号表是程序员用符号编址的一种工具。在编程时不采用元件的直接地址作为操作数，而用有实际含义的自定义符号名作为编程元件的操作数，这样可使程序更容易理解。符号表建立了自定义符号名与直接地址编号之间的关系。程序被编译后下载到 PLC 时，所有的符号地址被转换成绝对地址。符号表中的信息不下载到 PLC 中。

打开"符号表"窗口的方法有以下 3 种，打开的符号表如图 5-20 所示。

图5-20　打开的符号表

① 单击浏览条中的"符号表"按钮 ![按钮] 。

② 选择"查看"→"组件"→"符号表"命令。

③ 打开项目树中的"符号表"文件夹，然后双击"表格"图标 ![图标] 。

（5）程序编辑器

要打开程序编辑器窗口，首先应选择"文件"→"新建"命令，"文件"→"打开"命令或"文件"→"导入"命令，打开一个项目。

打开程序编辑器窗口的方法有以下两种，在该窗口中可建立、修改程序，如图 5-21 所示。

① 单击浏览条中的"程序块"按钮，打开主程序（OB1）。也可以选择子程序或中断程序选项卡，打开另一个 POU。

② 打开项目树中的"程序块"文件夹，双击主程序（OB1）图标、子程序图标或中断程序图标。

用下面方法可以改变程序编辑器类型及相关参数。

① 更改编辑器类型：选择"查看"→"STL""梯形图""FBD"命令。

② 更改编辑器（LAD、FBD 或 STL）和编程模式（SIMATIC 或 IEC 1131-3）：选择"工具"→"选项"→"一般"命令。

③ 设置编辑器选项：选择"工具"→"选项"→"程序编辑器"命令。

④ 设置程序编辑器中的选项：使用"选项" 快捷按钮。

（6）局部变量表

程序中的每个 POU 都有自己的局部变量表，局部存储器（L）有 64 字节。局部变量表用来定义局部变量，局部变量只在建立该局部变量的 POU 中有效。在带参数的子程序调用中，参数的传递就是通过局部变量表传递的。

在程序编辑器窗口将水平分裂条下拉后显示局部变量表，将水平分裂条拉至程序编辑器窗口的顶部，局部变量表不再显示，但仍旧存在，如图 5-22 所示。

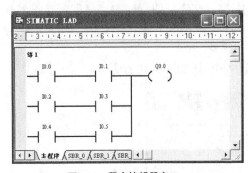

图5-21　程序编辑器窗口

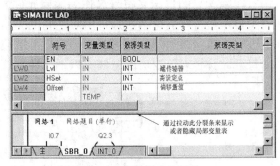

图5-22　局部变量表示意图

5.3.3　STEP 7-Micro/WIN 主菜单功能介绍

主菜单包括文件（file）、编辑（edit）、查看（view）、PLC、调试（debug）、工具（tools）、窗口（windows）、帮助（help）8 个菜单项。各菜单项的功能如下。

1. 文件

"文件"菜单如图 5-23 所示，包括新建（new）、打开（open）、关闭（close）、保存（save）、另存为（save as）、导入（import）、导出（export）、上载（upload）、下载（download）、页面设置（page setup）、打印（print）、打印预览、退出等命令。

导入：若从 STEP 7-Micro/WIN 编辑器之外导入程序，可使用"导入"命令导入 ASCII 文本文件。

导出：使用"导出"命令创建程序的 ASCII 文本文件，并导出至 STEP 7-Micro/WIN 编辑器的外部。

上载：在运行 STEP 7-Micro/WIN 软件的个人计算机和 PLC 之间建立通信后，从 PLC 将程序上载至运行 STEP 7-Micro/WIN 软件的个人计算机。

下载：在运行 STEP 7-Micro/WIN 软件的个人计算机和 PLC 之间建立通信后，将程序下载至 PLC。下载之前，PLC 应处于"停止"工作方式。

2. 编辑

"编辑"菜单如图 5-24 所示，包括撤销（undo）、剪切（cut）、复制（copy）、粘贴（paste）、全选（select all）、插入（insert）、删除（delete）、查找（find）、替换（replace）、转到（go to）等命令。

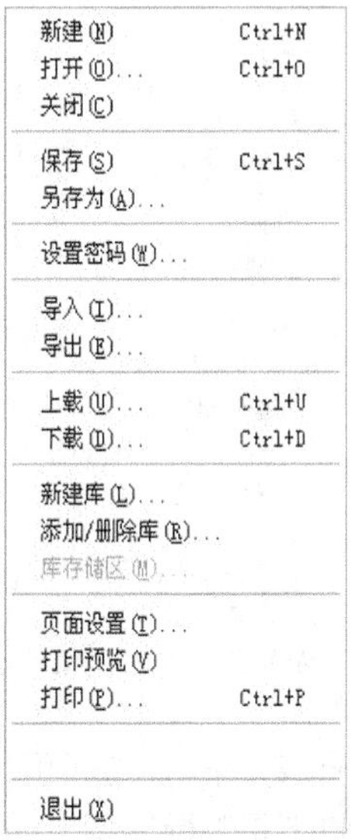

新建(N)	Ctrl+N
打开(O)...	Ctrl+O
关闭(C)	
保存(S)	Ctrl+S
另存为(A)...	
设置密码(W)...	
导入(I)...	
导出(E)...	
上载(U)...	Ctrl+V
下载(D)...	Ctrl+D
新建库(L)...	
添加/删除库(R)...	
库存储区(M)...	
页面设置(T)...	
打印预览(V)	
打印(P)...	Ctrl+P
退出(X)	

图5-23　"文件"菜单

撤消(U)	Ctrl+Z
剪切(T)	Ctrl+X
复制(C)	Ctrl+C
粘贴(P)	Ctrl+V
全选(L)	Ctrl+A
插入(I)	▶
删除(D)	▶
查找(F)...	Ctrl+F
替换(R)...	Ctrl+H
转到(G)...	Ctrl+G

图5-24　"编辑"菜单

剪切/复制/粘贴：可以在 STEP 7-Micro/WIN 项目中选择文本、数据栏、指令、单个网络和多个相邻的网络，POU 中的所有网络，状态图行和列、整个状态图、符号表行和列、整个符号表、数据块进行操作。但是，不能同时选择多个不相邻的网络执行，不能从一个局部变量表成块剪切数据粘贴至另一局部变量表中，因为每个表的只读内存赋值必须唯一。

插入：在梯形图编辑器中，可以通过"插入"命令在光标上方插入行（在程序或局部变量表中）；在光标下方插入行（在局部变量表中）；在光标左侧插入列（在程序中）；插入竖线（在程序中）；在光标上方插入网络，并为所有网络重新编号；在程序中插入新的中断程序；在程序中插入新的子程序。

查找/替换/转到：可以在程序编辑器窗口、局部变量表、符号表、状态图、交叉引用和数据块中使用"查找"、"替换"和"转到"命令。

"查找"功能：查找指定的字符串，如操作数、网络标题和指令助记符。"查找"功能不能搜索网络注释，只能搜索网络标题；不能搜索梯形图和功能块图中的网络符号信息表。

"替换"功能：替换指定的字符串（"替换"功能对语句表指令不起作用）。

"转至"功能：通过指定网络数目的方式将光标快速移至另一个位置。

3. 查看

"查看"菜单如图 5-25 所示，通过"查看"菜单可以选择不同的程序编辑器，进行数据块、符号表、状态表、系统块、交叉引用、通信参数的设置；设置 POU 注释、网络注释是否显示；设置浏览条、项目/指令树及输出窗口是否显示；对程序块的属性进行设置。

4. PLC

"PLC"菜单如图 5-26 所示，用于与 PLC 联机时的操作。例如，用软件改变 PLC 的运行方式（运行、停止），对用户程序进行编译、清除 PLC 程序、电源启动重置、查看 PLC 的信息、时钟、存储卡的操作、程序比较、PLC 类型选择等操作。其中，对用户程序进行编译可以离线进行。

图5-25 "查看"菜单

图5-26 "PLC"菜单

联机方式（在线方式）：有编程软件的计算机与 PLC 连接，两者之间可以直接通信。

离线方式：有编程软件的计算机与 PLC 断开连接，此时可进行编程、编译。

PLC 有两种工作方式：STOP（停止）和 RUN（运行）工作方式。在 STOP 工作方式中可以建立/编辑程序，在 RUN 工作方式中建立、编辑、监控程序操作和数据，进行动态调试。

若使用 STEP 7-Micro/WIN 软件控制 RUN/STOP 工作方式，在 STEP 7-Micro/WIN 和 PLC 之间必须建立通信。另外，PLC 硬件模式开关必须设为 TERM（终端）或 RUN（运行）。

编译（Compile）：用来检查用户程序语法错误。

全部编译（Compile All）：编译全部项目元件（程序块、数据块和系统块）。

信息（Information）：可以查看 PLC 信息，如 PLC 型号、版本号码、工作方式、扫描速率、I/O 模块配置及 CPU 和 I/O 模块错误等。

电源启动重置（Power-Up Reset）：从 PLC 清除严重错误并返回 RUN 工作方式。如果操作 PLC 存在严重错误，SF（系统错误）指示灯亮，程序停止执行。

5. 调试

"调试"菜单如图 5-27 所示，用于联机时的动态调试，有首次扫描（First Scan）、多次扫描（Multiple Scans）、程序状态监控、用程序状态模拟运行条件（读取、强制、取消强制和全部取消强制）等功能。

首次扫描：PLC 从 STOP 工作方式进入 RUN 工作方式，执行一次扫描后，回到 STOP 工作方式，可以观察到首次扫描后的状态。PLC 必须位于 STOP 工作方式，通过"调试"→"首次扫描"命令执行操作。

多次扫描：调试时可以指定 PLC 对程序执行有限次数扫描（1~65535）。通过选择 PLC 运行的扫描次数，可以在程序过程变量改变时对其进行监控。PLC 必须位于 STOP 工作方式时，通过"调试"→"多次扫描"命令设置扫描次数。

6. 工具

"工具"菜单如图 5-28 所示，提供复杂指令向导（PID、HSC、NETR/NETW 指令），使复杂指令编程时的工作简化；文本显示器 TD200 设置向导；自定义子菜单可以更改 STEP 7-Micro/WIN 工具条的外观或内容，以及在"工具"菜单中增加常用工具；选项子菜单可以设置 3 种编辑器的风格，如字体、指令盒的大小等样式。

图5-27　"调试"菜单

图5-28　"工具"菜单

7. 窗口

"窗口"菜单如图 5-29 所示，用于设置窗口的排放形式，如层叠、水平、垂直。

8. 帮助

"帮助"菜单如图 5-30 所示，提供S7-200 指令系统及编程软件的所有信息，提供在线帮助、网上查询、访问等功能。

图5-29　"窗口"菜单

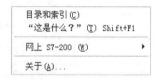

图5-30　"帮助"菜单

5.3.4　STEP 7-Micro/WIN 的工具条

STEP 7-Micro/WIN 常用的功能可以通过工具条上的按钮来执行，以简化操作。常用的工具条有标准工具条、调试工具条、常用工具条、梯形图指令工具条等。

1. 标准工具条

标准工具条如图 5-31 所示，其部分按钮功能如表 5-1 所示。

图5-31　标准工具条

表 5-1　　　　　　　　　　　　标准工具条部分按钮功能

工具条按钮	功能说明
↶	撤销上一步工作
☑	局部编译按钮
☑	全编译按钮
▲	从 PLC 上载项目文件至 STEP 7–Micro/WIN 编程系统中
⯯	从 STEP 7–Micro/WIN 编程系统下载项目文件至 PLC
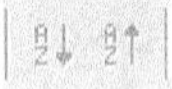 ⬇↑	正排序和逆排序
▥	选项菜单

2. 调试工具条

调试工具条如图 5–32 所示，其部分按钮功能如表 5–2 所示。

图5-32　调试工具条

表 5-2　　　　　　　　　　　　调试工具条部分按钮功能

工具条按钮	功能说明
▶	使 CPU 处于"RUN"模式
■	使 CPU 处于"STOP"模式
▦	状态表连续监控按钮
▦	暂停状态图监控
66	状态表单次监控
⬚	全部写入数据
🔒 🔓 🔓	3 个按钮的功能分别为强制、解除强制和解除全部强制
▦	切换状态图/表监控

3. 常用工具条

常用工具条如图 5–33 所示，其部分按钮功能如表 5–3 所示。

图5-33　常用工具条

表 5-3 常用工具条的部分按钮功能

工具条按钮	功能说明	工具条按钮	功能说明
	添加段按钮		书签按钮：下一个书签
	删除段按钮		书签按钮：上一个书签
	切换程序注释按钮		书签按钮：清除全部书签
	切换段注释按钮		应用项目中的所带符号
	切换符号信息表按钮	sym	建立未定义符号表
	书签按钮：切换书签		

4. 梯形图指令工具条

梯形图指令工具条如图 5-34 所示，其部分按钮的功能如表 5-4 所示。

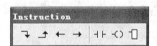

图5-34 梯形图指令工具条

表 5-4 梯形图指令工具条部分按钮功能

工具条按钮	功能说明	工具条按钮	功能说明
↴	连线按钮：向下连线	⊣⊢	触点按钮
↑	连线按钮：向上连线	‹›	线圈按钮
←	连线按钮：向左连线	⊓	指令盒按钮
→	连线按钮：向右连线		

5.3.5 STEP 7-Micro/WIN 软件中帮助功能的使用

STEP 7-Micro/WIN 软件具有较强的帮助功能，可以有多种方式打开 STEP 7-Micro/WIN 的帮助功能。

1. 使用"帮助"菜单

在"帮助"菜单中选择"目录和索引"命令，显示 STEP 7-Micro/WIN 软件的帮助主题窗口，如图 5-35 所示。在"目录"选项卡中，显示了 STEP 7-Micro/WIN 软件的帮助文件目录，从目录中得到比较系统和完整的帮助内容；在"索引"选项卡下，输入所要查询的内容，得到相应的帮助内容。

2. 使用在线帮助

在编程过程中，如果对某个指令或功能的使用存有疑问，可以使用在线帮助功能。例如，在使用转换指令"B_I"时，如果想要得到相应的帮助，有以下两种方式。

① 在指令树中"B_I"指令树上右击，弹出右键快捷菜单，如图 5-36 所示，单击"帮助"按钮，会出现相应的帮助内容。

图5-35　STEP 7-Micro/WIN软件的帮助主题窗口

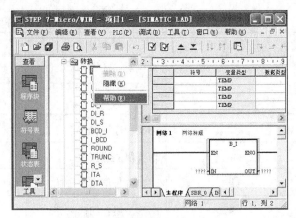

图5-36　在线帮助举例（一）

② 在程序编辑器窗口中，单击"B_I"指令，按"F1"键，也出现帮助内容，如图 5-37 所示。

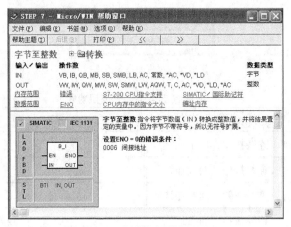

图5-37　在线帮助举例（二）

5.4　编程前准备

5.4.1　指令集和编辑器的选择

编写程序之前用户必须选择指令集和编辑器，其方式的设置如下所示。

在 S7-200 系列 PLC 支持的指令集中有 SIMATIC 和 IEC 1131-3 两种。SIMATIC 是专为 S7-200 系列 PLC 设计的采用 SIMATIC 指令编写的程序执行时间短、专用性强，可用梯形图、STL、FBD 3 种编辑器。IEC 1131-3 指令集是按国际电工委员会 PLC 编程标准提供的指令系统，作为不同 PLC 厂商的指令标准，集中指令较少。SIMATIC 所包含的部分指令，在 IEC 1131-3 中不是标准指令。IEC 1131-3 标准指令集适用于不同厂家 PLC，可用梯形图和 FBD 两种编辑器。

选择编辑器的方法如下：选择"查看"→"梯形图"或"STL"命令，如图 5-38 所示；或选择"工具"→"选项"命令，弹出"选项"对话框，选择"常规"选项卡，选中所需编辑器即可，如图 5-39 所示。

图5-38　编辑器的选择方法

图5-39　利用"默认编辑器"选择编辑器的方法

5.4.2　根据 PLC 类型进行参数检查

在 PLC 和运行 STEP 7-Micro/WIN 的个人计算机连线后，在建立通信或编辑通信设置以前，应根据 PLC 的类型进行范围检查。必须保证 STEP 7-Micro/WIN 中 PLC 类型选择与实际 PLC 类型相符，可用以下两种方法进行检查。

① 菜单命令：选择"PLC"→"类型"命令，弹出"PLC 类型"对话框，单击"读取 PLC"按钮，如图 5-40 所示。

② 项目树："项目"名称→"类型"→"读取 PLC"，如图 5-41 所示。

图5-40　菜单命令获取PLC类型

图5-41　项目树获取PLC类型

选择 PLC 类型的对话框如图 5-42 所示。

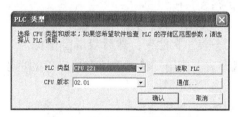

图5-42　选择PLC类型的对话框

5.5　程序的调试与监控

在运行 STEP 7-Micro/WIN 软件与 PLC 建立通信并向 PLC 下载程序后，就能在 PLC 设备上运行程序，并收集状态通过 STEP 7-Micro/WIN 软件进行监控和调试程序了。

5.5.1　选择工作方式

在不同的工作方式下，PLC 进行调试的操作方法不同。单击工具条中的"运行"按钮▶或"停止"按钮■进入相应的工作方式。

1. 选择 STOP 工作方式

在 STOP 工作方式中，可以创建和编辑程序，PLC 处于半空闲状态：停止用户程序执行，执行输入更新，用户中断条件被禁用。系统将状态数据传递给 STEP 7-Micro/WIN32，并执行所有的

"强制"或"取消强制"命令。当 PLC 处于 STOP 工作方式时可以进行下列操作。

① 使用图状态或程序状态查看操作数的当前值（因为程序未执行，这一步骤等同于执行"单次读取"）。

② 可以使用图状态或程序状态强制数值，使用图状态写入数值。

③ 写入或强制输出。

④ 执行有限次扫描，并通过状态图或程序状态观察结果。

2. 选择 RUN 工作方式

当 PLC 位于 RUN 工作方式时，不能使用"首次扫描""多次扫描"功能，可以在状态图表中写入强制数值，或使用梯形图或 FBD 程序编辑器强制数值，方法与在 STOP 工作方式中强制数值相同。另外，此工作方式下还可以执行下列操作。

① 使用图状态收集 PLC 数据值的连续更新。如果希望使用单次更新，图状态必须关闭，才能使用"单次读取"命令。

② 使用程序状态收集 PLC 数据值的连续更新。

③ 使用 RUN 工作方式中的"程序编辑"工具编辑程序，并将改动下载至 PLC。

5.5.2　状态表显示

可以建立一个或多个状态表，用来监管和调试程序操作。打开"状态表"窗口可以观察或编辑表的内容，启动状态表可以收集状态信息。

1. 打开状态表

打开"状态表"窗口的方法有以下 3 种。

① 单击浏览条上的"状态表"按钮 。

② 选择"查看"→"组件"→"状态表"命令。

③ 打开项目树中的"状态表"文件夹，然后双击 图标。

如果在项目中有多个状态表，使用"状态表"窗口底部的选项卡，可在状态表之间切换。

2. 创建和编辑状态表

（1）建立状态表

如果打开一个空状态表，可以输入地址或定义符号名，进行程序监管或修改数值。定义状态表的步骤介绍如下。

① 在"地址"列输入存储器的地址（或符号名）。

② 在"格式"列选择数值的显示方式。如果操作数是 I、Q 或 M 等，格式设置为"位"。如果操作数是字节、字或双字，选中"格式"列中的单元格，并双击或按"Space"键、"Enter"键，浏览有效格式并选择适当的格式，如图 5-43 所示。

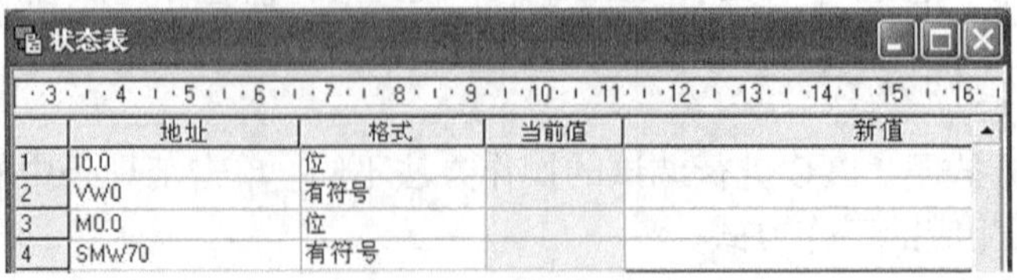

	地址	格式	当前值	新值
1	I0.0	位		
2	VW0	有符号		
3	M0.0	位		
4	SMW70	有符号		

图5-43　状态表示例

在定时器或计数器地址格式的设置可以为"位"或"字"。如果将定时器或计数器地址格式设置为"位"，则会显示输出状态（输出打开或关闭）。如果将定时器或计数器地址格式设置为"字"，则使用"当前值"。

还可以按下面方法更快地建立状态表：

选中程序代码的一部分，右击，从弹出的快捷菜单，选择"创建状态表" 命令，如图 5-44 所示。

每次建立状态表时，只能增加头 150 个地址。一个项目最多可存储 32 个状态表。

（2）编辑状态表

在状态表修改过程中，可采用下列方法。

① 插入新行：使用"编辑"菜单或右击状态表中的一个单元格，从弹出的快捷菜单中选择"插入"→"行"命令。新行将插入状态表中光标当前位置的上方。

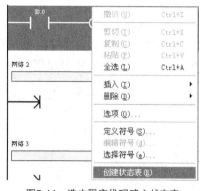

图5-44　选中程序代码建立状态表

② 删除一个单元格或行：选中单元格或行，右击，从弹出的快捷菜单中选择"删除"→"选项"命令。如果删除一行，后面的行则向上移动。

③ 选择一整行（用于剪切或复制）：单击行号。

④ 选择整个状态表：在行号上方的左上角单击。

（3）写入与强制数值

全部写入：对状态表内的新数值改动完成后，可利用全部写入功能将所有改动传送至 PLC。

强制：在状态表的"地址"列中选中一个操作数，在"新值"列写入模拟实际条件的数值，然后单击工具条上的"强制"按钮。一旦使用"强制"功能，每次扫描都会将强制数值应用于该地址，直至对该地址"取消强制"。

5.5.3　执行有限次扫描

可以指定 PLC 对程序执行有限次数扫描（从 1 次扫描到 65 535 次扫描），通过指定 PLC 运行的扫描次数，可以监控程序过程变量的改变。第一次扫描时，SM0.1 数值为 1（打开）。

1. 执行单次扫描

执行单次扫描后，与第一次相关的状态信息不会消失。操作步骤如下。

① PLC 必须处于 STOP 工作方式。如果不在 STOP 工作方式，将 PLC 转换成 STOP 工作方式。

② 选择"调试"→"首次扫描"命令。

2. 执行多次扫描

执行多次扫描的步骤如下。

① PLC 需处于 STOP 工作方式。如果不在 STOP 工作方式，将 PLC 转换成 STOP 工作方式。

② 选择"调试"→"多次扫描"命令，系统弹出"执行扫描"对话框，如图 5-45 所示。

③ 输入所需的扫描次数数值，单击"确定"按钮。

图5-45　"执行扫描"对话框

5.5.4　运行监控

采用梯形图、语句表和功能块图编写的程序在运行时，利用 STEP 7-Micro/WIN 软件可以进行监控，观察程序的执行状态。监控的运行可分为 3 种方式：状态图监控、梯形图监控和语句表监控。

1. 状态图监控

启动状态图表，这样在程序运行时，就可以监视、读、写或强制改变其中的变量，如图 5-46 所示。根据需要可以建立多个状态图表。

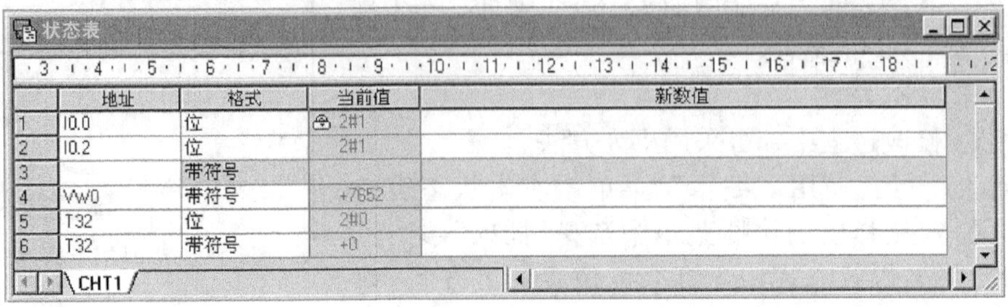

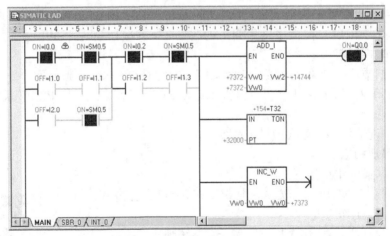

图5-46　状态图监控

当使用状态图表时，可将光标移动到需要操作的单元格上，右击单元格，在弹出的快捷菜单中选择所需要的操作命令。也可利用编程软件中状态图表的工具条，单击这些按钮，实现顺序排序、逆序排序、读、写和一些与强制有关的指令。

2. 梯形图监控

利用梯形图编辑器可以监视程序在线的状态，如图 5-47 所示。监视时，梯形图中显示的所有操作数的状态都是 PLC 在扫描周期结束时的结果。但是，利用 STEP 7-Micro/WIN 编程软件进行监控时，不是在每个 PLC 扫描周期都采集 I/O 的状态，因此显示在屏幕上的数据并不是实时状态值，该软件是隔几个扫描周期采集一次状态值，然后刷新屏幕上的监视状态。在大多数情况下，这并不影响用梯形图监视程序运行的效果。

图5-47　梯形图监控

3. 语句表监控

用户也可采用语句表监控 PLC 运行状态，如图 5-48 所示。语句表监控程序状态可以连续更新屏幕上的数值，操作数显示在屏幕上的顺序与操作数在程序中出现的顺序是一致的。当程序执行到这些指令时，数据被采集然后显示在屏幕上。语句表监控可以实现实时状态的监控。

		操作数 1	操作数 2	操作数 3	0123	中
LD	I0.0	✋ ON			1000	1
A	SM0.5	ON			1000	1
LD	I1.0	OFF			0100	0
A	I1.1	OFF			0100	0
OLD					1000	1
LD	I2.0	OFF			0100	0
A	SM0.5	ON			0100	1
OLD					1000	1
LD	I0.2	ON			1100	1
A	SM0.5	ON			1100	1
LD	I1.2	OFF			0110	0
A	I1.3	OFF			0110	0
OLD					1100	1
ALD					1000	1
LPS					1100	1
MOVW	VW0, VW2	+15919	+15919		1100	1
AENO					1100	1
+I	VW0, VW2	+15919	+31838		1100	1
AENO					1100	1
=	Q0.0	ON			1100	1
LRD					1100	1
TON	T32, +32000	+288	+32000		1100	1
LRD					1100	1
INCW	VW0	+15920			1100	1

图5-48 语句表监控

5.6 本章小结

本章重点介绍了 S7-200 系列 PLC 的编程系统——STEP 7-Micro/WIN 编程软件的功能及使用过程，读者通过学习可熟练掌握该软件的使用方法，使设计过程更加方便高效。

① 简单介绍了 STEP 7-Micro/WIN 软件的安装过程，通过设置 STEP 7-Micro/WIN 的参数，可实现与 PLC 的连接，完成程序的下载、调试和监控。

② 此软件的功能丰富，通过本章的介绍，读者可以根据编程和调试等要求，方便快捷地实现用户程序的参数设置。

③ 该软件还能对程序的运行情况进行监控，而且可以通过强制操作，实现用户对程序的调试功能。

本章应重点掌握软件的使用方法及功能，这样用户在程序编辑和调试阶段，就能熟练使用各种菜单和状态窗口，方便用户开发控制程序。

第6章　S7-200 系列 PLC 的网络与通信

随着网络技术、通信技术、半导体技术的飞速发展，以及各个企业与工厂对生产工艺的自动化要求的提高，自动控制从传统的集中式向多元化分布式方向发展，这些都使工业网络得到了很好的发展，各大 PLC 生产公司都在 PLC 的设计中增强了 PLC 网络通信功能。本章将会介绍西门子 S7-200 系列 PLC 在网络与通信方面的强大功能及其固有的特点。

6.1　通信的基本知识

在计算机控制与网络技术不断推广和普及的今天，对参与控制系统的设备提出了可相互连接，构成网络及远程通信的要求，各 PLC 生产厂商为此加强了 PLC 的网络通信功能。

6.1.1　基本概念和术语

1. 并行通信与串行通信

并行通信方式如图 6-1 所示。并行数据通信是以字节或字为单位的数据传输方式，除了 8根或 16 根数据线、一根公共线，还需要通信双方联络用的控制线。并行通信的传送速度快，但是传输线的根数多，抗干扰能力较差，一般用于近距离数据传送，如 PLC 的模块之间的数据传送。

串行通信方式如图 6-2 所示。串行数据通信是以二进制的位（bit）为单位的数据传输方式，每次只传送一位，最少需要两根线（双绞线）就可以连接多台设备，组成控制网络。串行通信需要的信号线少，适用于距离较远的场合。计算机和 PLC 都有通用的串行通信接口，如RS-232C 或 RS-485 接口，工业控制中计算机之间的通信一般采用串行通信方式。

2. 信号的调制和解调

串行通信通常传输的是数字量，这种信号包括从低频到高频极其丰富的谐波信号，要求传输线的频率很高。而远距离传输时，为降低成本，传输线频带不够宽，使信号严重失真、衰减，常采用的方法是调制解调技术。调制就是发送端将数字信号转换成适合传输线传送的模拟信号，完成此任务的设备称为调制器。接收端将收到的模拟信号还原为数字信号的过程称为解调，完成此任务的设备称为解调器。实际上一个设备工作起来既需要调制，又需要解调，将调制、解调功能

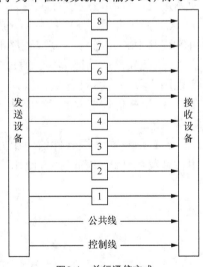

图6-1　并行通信方式

由一个设备完成，称此设备为调制解调器。当进行远程数据传输时，可以将 PLC 的 PC/PPI 电缆与调制解调器进行连接以增加数据传输的距离。

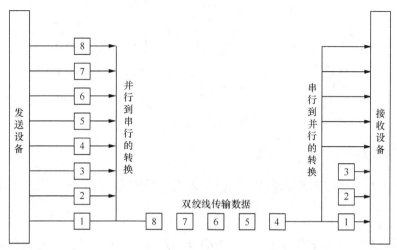

图6-2 串行通信方式

3. 传输速率

传输速率是指单位时间内传输的信息量，是衡量系统传输性能的主要指标，常用波特率表示。波特率是指每秒传输二进制数据的位数，单位是 bit/s。常用的波特率有 19 200bit/s、9 600bit/s、4 800bit/s、2 400bit/s、1 200bit/s 等。

4. 信息交互方式

有以下几种方式：单工通信、半双工和全半双工通信方式。

单工通信方式如图 6-3 所示。单工通信只能沿单一方向传输数据。在图 6-3 中，A 端发送数据，B 端只能接收数据。

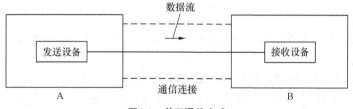

图6-3 单工通信方式

半双工通信方式如图 6-4 所示。半双工通信指数据可以在两个方向上传送，但是同一时刻只限于一个方向传送。在图 6-4 中，或者 A 端发送 B 端接收，或者 B 端发送 A 端接收。

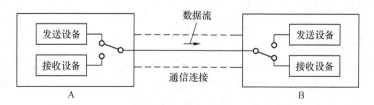

图6-4 半双工通信方式

全双工通信方式如图 6-5 所示。全双工通信能在两个方向上同时发送和接收数据。在图 6-5 中，A 端和 B 端都是一边发送数据，一边接收数据。

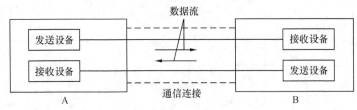

图6-5 全双工通信方式

6.1.2 差错控制

差错控制是网络通信的重要指标，主要用纠错编码和纠错控制来实现。下面就将介绍这两种概念。

1. 纠错编码

纠错编码是差错控制技术的核心。纠错编码的方法是在有效信息的基础上附加一定的冗余信息位，利用二进制位组合来监督数据码的传输情况。一般冗余位越多，监督作用和检错、纠错的能力就越强，但通信效率就越低，而且冗余位本身出错的可能也变大。

纠错编码的方法很多，如奇偶检验码、方阵检验码、循环检验码、恒比检验码等。下面介绍两种常见的纠错编码方法。

（1）奇偶检验码

奇偶检验码是应用较多、较简单的一种纠错编码。奇偶检验码是在信息码组之后加一位监督码，即奇偶检验位。奇偶检验码有奇检验码、偶检验码两种。奇检验码指的是信息位和检验位中 1 的个数为奇数，偶检验码指的是信息位和检验位中 1 的个数为偶数。例如，一信息码为 35H，其中 1 的个数为偶数，那么如果是奇检验，检验位应为 1。如果是偶检验，那么检验位应为 0。

（2）循环检验码

循环检验码不像奇偶检验码一个字符校验一次，而是一个数据块校验一次。在同步通信中多使用这种方法。

循环检验码的基本思想是利用线性编码理论，在发送端根据要发送二进制码序列，以一定的规则产生一个监督码，附加在信息之后，构成新的二进制码序列发送出去。在接收端，根据信息码和监督码之间遵循的规则进行检验，确定传送中是否有错。

任何 n 位的二进制数都可以用一个如式（6-1）所示的 $n-1$ 次多项式来表示。

$$B(\chi) = B_{n-1}\chi^{n-1} + B_{n-2}\chi^{n-2} + \cdots + B_1\chi^1 + B_0\chi^0 \tag{6-1}$$

例如，二进制数 11000001，可写为

$$B(\chi) = \chi^7 + \chi^6 + 1 \tag{6-2}$$

此多项式称为码多项式。

二进制码多项式的加减运算为模 2 加减运算，即两个码多项式相加时对应项系数进行模 2 加减。所谓模 2 加减就是各位做不带进位、借位的按位加减，这种加减运算实际上就是逻辑上的异或运算，即加法和减法等价，如式（6-3）所示。

$$B_1(\chi) + B_2(\chi) = B_1(\chi) - B_2(\chi) = B_2(\chi) - B_1(\chi) \tag{6-3}$$

二进制码多项式的乘除法运算与普通代数多项式的乘除法运算是一样的，符合同样的规律，如式（6-4）所示。

$$B_1(x)/B_2(x) = Q(x)+[R(x)/B_2(x)] \qquad (6-4)$$

其中，$Q(x)$ 为商；$B_2(x)$ 为多项式自定；$R(x)$ 为余数多项式。若能除尽，则 $R(x)=0$。n 位循环码的格式如图 6-6 所示。可以看出，一个 n 位的循环码是由 K 位信息码，加上 r 位校验码组成的。信息码位是要传输的二进制数，$R(x)$ 为校验码位。

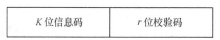

图6-6 N位循环码的格式

2. 纠错控制方法

（1）自动重发请求

在自动重发请求中，发送端对发送序列进行纠错编码，可以检测出错误的校验序列。接收端根据校验序列的编码规则判断是否出错，并将结果传给发送端。若有错，接收端拒收，同时通知发送端重发。

（2）向前纠错方式

向前纠错方式就是发送端对发送序列进行纠错编码，接收端收到此码后，进行译码。译码不仅可以检测出是否有错误，而且根据译码自动纠错。

（3）混合纠错方式

混合纠错方式是上述两种方法的结合。接收端有一定的判断是否出错和纠错的能力，如果错误超出了接收端纠错的能力，再命令发送端重发。

6.1.3 传输介质

目前，普遍采用的通信介质有双绞线、同轴电缆和光纤电缆，其他介质如无线电、红外微波等在 PLC 网络中应用很少。

双绞线如图 6-7 所示，其把两根导线扭绞在一起，可以减少外部电磁干扰，如果用金属网加以屏蔽，抗干扰能力更强。双绞线成本低、安装简单，多用于 RS-485 口。

图6-7 双绞线

同轴电缆如图 6-8 所示，共有 4 层，最内层为中心导体，其外层为绝缘层，包着中心导体，再向外一层是屏蔽层，最外一层为表面的保护皮。同轴电缆可用于基带传输，也可用于宽带传输。与双绞线相比，同轴电缆传输的速率高、距离远，但成本相对要高。

光纤电缆如图 6-9 所示，分为全塑光纤电缆、塑料护套光纤电缆、硬塑料护套光纤电缆。传输距离以硬塑料护套光纤电缆最远，全塑光纤电缆最近。光纤电缆与同轴电缆相比，价格较高、维修复杂，但抗干扰能力很强，传输距离远。

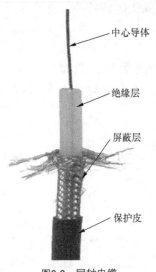

图6-8　同轴电缆

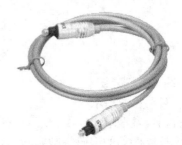

图6-9　光纤电缆

通信传输介质的性能比较如表 6-1 所示。

表 6-1　　　　　　　　　　　　　通信传输介质的性能比较

性能	传送介质		
	双绞线	同轴电缆	光纤电缆
传输速率	9.6kbit/s～2Mbit/s	1～450Mbit/s	10～500Mbit/s
连接方法	点到点、多点 1.5km 不用中继器	点到点、多点 10km 不用中继器（宽带） 1～3km 不用中继器（基带）	点到点 50km 不用中继器
传送信号	数字、调制信号、纯模拟信号（基带）	调制信号、数字（基带）、 数字、声音、图像（宽带）	调制信号（基带） 数字、声音、图像（宽带）
支持网络	星形、环形、小型交换机	总线型、环形	总线型、环形
抗干扰	好（需要屏蔽）	很好	极好
抗恶劣环境	好	好，但必须将电缆与腐蚀隔开	极好，耐高温与其他恶劣环境

6.1.4　串行通信接口标准

串行通信接口包括 RS-232C、RS-422A、RS-485 3 种类型。

1．RS-232C

RS-232C 是美国电子工业协会 EIA 在 1969 年公布的通信协议，至今仍在计算机和控制设备通信中广泛使用。当通信距离较近时，通信双方可以直接连接，在通信中不需要控制联络信号，只需要 3 根线（发送线、接收线和信号地线），如图 6-10 所示，便可以实现全双工异步串行通信。RS-232C 使用单端驱动、单端接收电路，如图 6-11 所示。

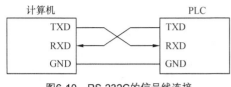

图6-10　RS-232C的信号线连接

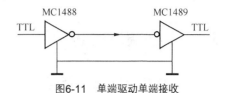

图6-11　单端驱动单端接收

2. RS-422A

RS-422A 采用平衡驱动、差分接收电路，如图 6-12 所示，从根本上取消了信号地线。平衡驱动器相当于两个单端驱动器，其输入信号相同，两个输出信号互为反相信号。外部输入的干扰信号是以共模方式出现的，两根传输线上的共模干扰信号相同，因接收器是差分输入，共模信号可以互相抵消。只要接收器有足够的抗共模干扰能力，就能从干扰信号中识别出驱动器输出的有用信号，从而克服外部干扰的影响。

在 RS-422A 模式中，数据通过 4 根导线传送，如图 6-13 所示。RS-422A 是全双工，两对平衡差分信号线分别用于发送和接收。

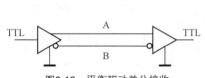

图6-12　平衡驱动差分接收

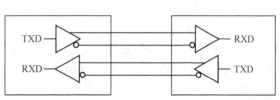

图6-13　RS-422A通信接线图

3. RS-485

RS-485 是 RS-422A 的变形，RS-485 为半双工通信方式，只有一对平衡差分信号线，不能同时发送和接收数据。使用 RS-485 通信接口和双绞线可以组成串行通信网络，如图 6-14 所示。以上 3 种接口的性能参数对比如表 6-2 所示。

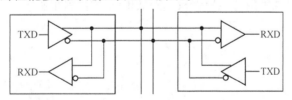

图6-14　RS-485网络

表 6-2　　　　　　　　　RS-232C、RS-422A、RS-485 的性能参数对比

项目	RS-232C	RS-422A	RS-485
接口电路	单端	差动	差动
传输距离（m）	15	1 200	1 200
最高传输速率（Mbit/s）	0.02	10	10
接收器输入阻抗（kΩ）	3～7	≥4	>12
驱动器输出阻抗（Ω）	300	100	54
输入电压范围（V）	−25～+25	−7～+7	−7～+12
输入电压阈值（V）	±3	±0.2	±0.2

6.2 工业局域网基础

6.2.1 局域网的拓扑结构

网络中通过传输线互连的点称为站点或结点，结点间的物理连接结构称为拓扑。常用的网络拓扑结构有 3 种，星形、环形和总线型拓扑结构。

1. 星形拓扑结构

星形拓扑结构如图 6-15 所示。这种结构有中心结点，网络上其他结点都与中心结点相连接。通信由中心结点管理，任何两个结点之间通信都要通过中心结点中继转发。这种结构的控制方法简单，但可靠性较低，一旦中心环节出现故障，整个系统就会瘫痪。

图6-15　星形拓扑结构

2. 环形拓扑结构

环形拓扑结构如图 6-16 所示。在环路上数据按事先规定好的一个方向从源结点传送到目的结点，路径选择控制方式简单。但由于从源结点到目的结点要经过环路上各个中间结点，某个结点会阻碍信息通路，可靠性差。

3. 总线型拓扑结构

总线型拓扑结构如图 6-17 所示。所有结点连接到一条公共通信总线上。任何结点都可以在总线上传送数据，并且能被总线上任一结点所接收。这种结构简单灵活，容易加扩结点，甚至可用中继器连接多个总线。结点间通过总线直接通信，速度快、延迟小。某个结点故障不会影响其他结点的工作，可靠性高。但由于所有结点共用一条总线，总线上传送的信息容易发生冲突和碰撞，出现争用总线控制权、降低传输速率等问题。

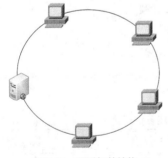

图6-16　环形拓扑结构

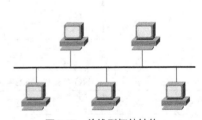

图6-17　总线型拓扑结构

6.2.2 网络协议

通信双方就如何交换信息所建立的一些规定和过程称为通信协议。在 PLC 网络中配置的通信协议分为两大类，一类是通用协议，另一类是公司专用协议。

1. 通用协议

在网络金字塔的各个层次中，高层次子网中一般采用通用协议，如 PLC 网之间的互连及 PLC 网与其他局域网的互连，这表明工业网络向标准化和通用化发展的趋势。高层子网传送的是管理信息，与普通商业网络性质接近，同时要解决不同类型的网络互连。国际标准化组织（Iternational Standard Organization，ISO）于 1978 年提出了开放式系统互连（Open Systems Interconnection，OSI）的模型，其所用的通信协议一般分为 7 层，如图 6-18 所示。

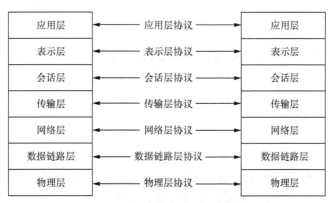

图6-18　国际OSI企业自动化系统模型

在该模型中，最底层为物理层，实际通信就是通过物理层在物理互连媒体上进行的，上面的任何层都以物理层为基础，对等层之间可以实现开放系统互连。常用的通信协议有两种，一种是 MAP 协议，另一种是 Ethernet 协议。

2. 公司专用协议

底层子网和中间层子网一般采用公司专用协议，尤其是最底层子网，由于传送的是过程数据及控制命令，这种信息较短，但实时性要求高。公司专用协议的层次一般采用物理层、数据链路层及应用层，而省略了通用协议所必需的其他层，信息传递速率快。

6.2.3　现场总线

在传统的自动化工厂中，生产现场的许多设备和装置，如传感器、调节器、变送器、执行器等，都是通过信号电缆与计算机、PLC 相连的。当这些装置和设备相距较远，分布较广时，就会使电缆线的用量和铺设费用随之大大增加，造成了整个项目的投资成本增高，系统连线复杂，可靠性下降，维护工作量增大，系统进一步扩展困难等问题。现场总线（field bus）将分散于现场的各种设备连接起来，并有效实施了对设备的监控。它是一种可靠、快速、能经受工业现场环境、低廉的通信总线。现场总线始于 20 世纪 80 年代，90 年代技术日趋成熟，受到世界各自动化设备制造商和用户的广泛关注，是世界上成功的总线之一。PLC 的生产厂商也将现场总线技术应用于各自的产品之中构成工业局域网的最底层，使 PLC 网络实现了真正意义上的发展。

现场总线技术实际上是实现现场级设备数字化通信的一种工业现场层的网络通信技术。按照 IEC 61158 的定义，现场总线是安装在过程区域的现场设备、仪表与控制室内的自动控制装置系统之间的一种串行、数字式、多点通信的数据总线。也就是说，基于现场总线的系统是以单个分散的、数字化、智能化的测量和控制设备作为网络的结点，用总线相连，实现信息的相互交换，使不同网络、不同现场设备之间可以信息共享。现场设备的各种运行参数、状态信息及故障信息等通过总线传输到远离现场的控制中心，而控制中心又可以将各种控制、维护、组态命令送往相关的设备，从而建立起具有自动控制功能的网络。通常将这种位于网络底层的自动化及信息集成的数字化网络称之为现场总线系统。

西门子通信网络的中间层即为现场总线，用于车间级和现场级的国际标准，传输速率最大为 12Mbit/s，响应时间的典型值为 1ms，使用屏蔽双绞线电缆（最长 9.6km）或光纤电缆（最长 90km），最多可接 127 个从站。

6.3 S7-200 系列 PLC 的网络通信部件

在本节中将介绍 S7-200 系列 PLC 通信的有关部件，包括通信端口、PC/PPI 电缆、通信卡及 S7-200 通信扩展模块等。

6.3.1 通信端口

S7-200 系列 PLC 内部集成的 PPI 接口的物理特性为 RS-485 串行接口，为 9 针 D 型，该端口也符合欧洲标准 EN 50170 中的 PROFIBUS 标准。RS-485 串行接口外形如图 6-19 所示。

在进行调试时将 S7-200 系列 PLC 接入网络，该端口一般作为端口 1 出现，此时，端口各个引脚的名称及其表示的意义如表 6-3 所示。端口 0 为所连接的调试设备的端口。

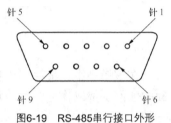

图6-19 RS-485串行接口外形

表 6-3　　　　　　　　　　S7-200 通信端口各引脚的名称及其表示的意义

引脚号	名称	端口 0/端口 1
1	屏蔽	机壳地
2	24V 返回	逻辑地
3	RS-485 信号 B	RS-485 信号 B
4	发送申请	RTS（TTL）
5	5V 返回	逻辑地
6	+5V	+5V，100Ω 串联电阻
7	+24V	+24V
8	RS-485 信号 A	RS-485 信号 A
9	不用	10 位协议选择（输入）
连接器外壳	屏蔽	机壳接地

6.3.2 PC/PPI 电缆

用计算机编程时，一般用 PC/PPI（个人计算机/点对点接口）电缆连接计算机与 PLC，这是一种低成本的通信方式。PC/PPI 电缆外形如图 6-20 所示。

1. PC/PPI 电缆的连接

将 PC/PPI 电缆有"PC"标记的 RS-232 端连接到计算机的 RS-232 通信端口上，标有"PPI"标记的 RS-485 端连接到 CPU 模块的通信端口上，拧紧两边螺钉即可。

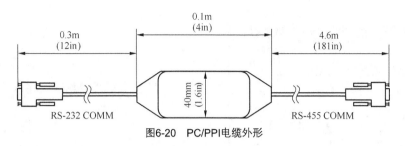

图6-20 PC/PPI电缆外形

PC/PPI电缆上，开关设置与波特率的关系如表6-4所示，应与编程软件中设置的波特率一致。初学者可选通信速率的默认值9 600bit/s。

表6-4 开关设置与波特率的关系

开关1、2、3	波特率（bit/s）	转换时间（s）
000	38 400	0.5
001	19 200	1
010	9 600	2
011	4 800	4
100	2 400	7
101	1 200	14
110	600	28

2. PC/PPI电缆通信设置

在STEP 7-Micro/WIN软件操作界面的指令树中单击"通信"图标，或选择"查看"→"组件"→"通信"命令，弹出"通信"对话框，如图6-21所示，单击"设置PG/PC接口"按钮，弹出"PC/PG接口"对话框，如图6-22所示。单击"属性"按钮，弹出PC/PPI电缆属性对话框，如图6-23所示。初学者可以使用默认的通信参数，即在PC/PPI电缆属性对话框中单击"默认"按钮。

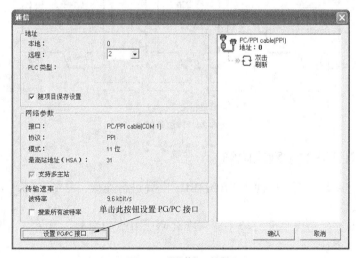

图6-21 "通信"对话框

图6-22 "PC/PG接口"对话框

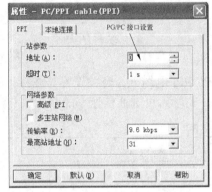

图6-23 PC/PPI电缆属性对话框

6.3.3 网络连接器

利用西门子公司提供的两种网络连接器可以把多个设备连到网络中，两种连接器都有两组螺钉端子，可以连接网络的输入和输出，通过网络连接器上的选择开关可以对网络进行偏置和终端匹配。两个连接器中的一个连接器仅提供连接到 CPU 的接口，而另一个连接器增加了一个编程接口（如图 6-24 所示）。带有编程接口的连接器可以把 SIMATIC 编程器或操作面板增加到网络中，而不用改动现有的网络连接。编程口连接器把 CPU 的信号传到编程口（包括电源引线），这个连接器对于连接从 CPU 至电源的设备（如 TD200 或 OP3）很有用。

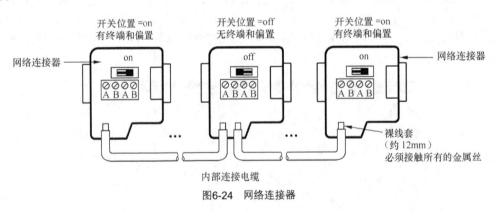

图6-24 网络连接器

6.3.4 PROFIBUS 网络电缆

当通信设备相距较远时，可使用 PROFIBUS 电缆进行连接，表 6-5 列出了 PROFIBU 网络电缆的性能指标。

PROFIBUS 网络的最大长度有赖于波特率和所用电缆的类型，表 6-6 中列出的规范电缆是网络段的最大长度。

表 6-5　　　　　　　　　　　　　　　PROFIBUS 电缆性能指标

通用特性	规范
类型	屏蔽双绞线
导体截面积	24AWG（0.22mm²）或更粗
电缆容量	<60pF/m
阻抗	100～200Ω

表 6-6　　　　　　　　　　　　　　　PROFIBUS 网络的最大长度

传输速率（bit/s）	网络段的最大电缆长度（m）
9.6～93.75k	1 200
187.5k	1 000
500k	400
1～1.5M	200
3～12M	100

6.3.5　网络中继器

西门子公司提供连接到 PROFIBUS 网络环的网络中继器，如图 6-25 所示。利用中继器可以延长网络通信距离，允许在网络中加入设备，并且提供了一个隔离不同网络环的方法。在波特率是 9 600kbit/s 时，PROFIBUS 允许在一个网络环上最多有 32 个设备，这时通信的最长距离是 1 200m。每个中继器允许加入另外 32 个设备，而且可以把网络再延长 1 200m。在网络中最多可以使用 9 个中继器。每个中继器为网络环提供偏置和终端匹配。

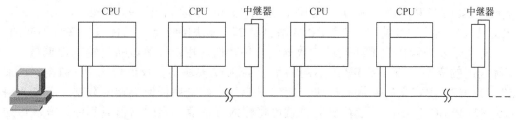

图6-25　带有网络中继器

6.3.6　EM 277 PROFIBUS-DP 模块

EM 277 PROFIBUS-DP 模块是专门用于 PROFIBUS-DP 协议通信的智能扩展模块，其外形如图 6-26 所示。EM 277 机壳上有一个 RS-485 接口，通过接口可将 S7-200 系列 CPU 连接至网络，支持 PROFIBUS-DP 和 MPI 从站协议。其地址选择开关可进行地址设置，地址范围为 0～99。

PROFIBUS-DP 是由欧洲标准 EN 50170 和国际标准 IEC 611158 定义的一种远程 I/O 通信协议。遵守这种标准的设备即使是由不同公司制造的也可以兼容。DP 表示分布式外部设备，即远程 I/O。PROFIBUS 表示过程现场总线。EM 277 模块作为 PROFIBUS-DP 协议下的从站，实现通信功能。

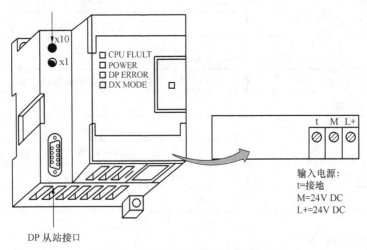

图6-26　EM 227 PROFIBUS-DP模块外形

　　除以上介绍的通信模块外，还有其他通信模块，如用于本地扩展的 CP243-2 通信处理器，利用该模块可增加 S7-200 系列 CPU 的 I/O 点数。

　　通过 EM 277 PROFIBUS-DP 扩展从站模块，可将 S7-200 CPU 连接到 PROFIBUS-DP 网络。EM 277 经过串行 I/O 总线连接到 S7-200 CPU。PROFIBUS 网络经过其 DP 通信端口，连接到 EM 277 PROFIBUS-DP 模块，这个端口可运行于 9 600bit/s ~ 12Mbit/s 任何 PROFIBUS 支持的波特率。作为 DP 从站，EM 277 模块接收从主站传来的多种不同的 I/O 配置，向主站发送和接收不同数量的数据，这种特性使用户能修改所传输的数据量，以满足实际应用的需要。与许多 DP 站不同的是，EM 277 模块不仅仅能传输 I/O 数据，还能读写 S7-200 CPU 中定义的变量数据块，使用户能与主站交换任何类型的数据。首先，将数据移到 S7-200 CPU 中的变量存储器，就可将输入计数值、定时器值或其他计算值传送到主站。类似的，从主站来的数据存储在 S7-200 CPU 中的变量存储器内，并可移到其他数据区。EM 277 PROFIBUS-DP 模块的 DP 端口可连接到网络上的一个 DP 主站上，但 EM 277 PROFIBUS-DP 模块仍能作为一个 MPI 从站与同一网络上的编程器或 CPU（如 SIMATIC 编程器或 S7-300/S7-400 CPU）等其他主站进行通信。如图 6-27 所示，表示有一个 CPU224 和一个 EM 277 PROFIBUS-DP 模拟的 PROFIBUS 网络。在这种情况下，CPU315-2 是 DP 主站，并且已通过一个带有 STEP 7 编程软件的 SIMATIC 编程器进行组态。CPU224 是 CPU315-2 所拥有的一个 DP 从站，ET 200I/O 模块也是 CPU315-2 的从站，S7-400 CPU 连接到 PROFIBUS 网络，并且借助于 S7-400 CPU 用户程序中的 XGET 指令，可从 CPU224 读取数据。

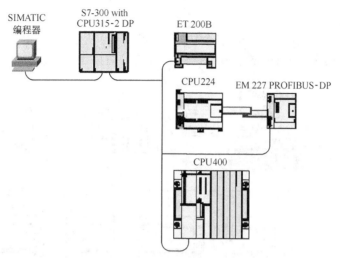

图6-27　PROFIBUS 网络上的EM 277 PROFIBUS-DP 模块和CPU224

6.4　S7-200 系列 PLC 网络通信

在本节中介绍与 S7-200 联网通信有关的网络协议，包括 PPI、MPI、PROFIBUS、ModBus 等协议。

6.4.1　概述

S7-200 的通信功能强，有多种通信方式可供用户选择。在运行 Windows 或 Windows NT 操作系统的个人计算机上安装了编程软件后，个人计算机就可以作为通信中的主站使用了。

1. 单主站方式

单主站与一个或多个从站相连，如图 6-28 所示，SETP-Micro/WIN 每次只能同一个 S7-200 CPU 通信，但可以访问网络上的所有 CPU。

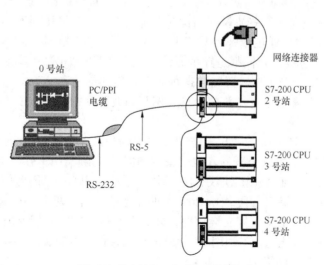

图6-28　单主站与一个或多个从站相连

2. 多主站方式

通信网络中有多个主站，一个或多个从站，如图 6-29 所示。带 CP 通信卡的计算机和文本显示器 TD200、操作面板 OP15 是主站，S7-200 CPU 可以是从站或主站。

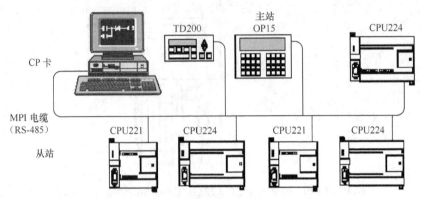

图6-29　通信网络中有多个主站

3. S7-200 通信的硬件选择

可供用户选择的 SETP 7-Micro/WIN 支持的通信硬件和波特率如表 6-7 所示。

表 6-7　　　　　　　　　SETP 7-Micro/WIN 支持的硬件配置

支持的硬件	类型	支持的波特率（kbit/s）	支持的协议
PC/PPI 电缆	到 PC 通信口的电缆连接器	9.6，19.2	PPI 协议
CP5511	II 型，PCMCIA 卡	9.6，19.2，187.5	支持用于笔记本式计算机的 PPI、MPI 和 PROFIBUS 协议
CP5611	PCI 卡（版本 3 或更高）		支持用于个人计算机的 PPI、MPI 和 PROFIBUS 协议
MPI	集成在编程器中的 PC ISA 卡		

S7-200 CPU 可支持多种通信协议，如点到点（point-to-point）的协议（PPI）、多点协议（MPI）及 PROFIBUS 协议。这些协议的结构模型都是基于开放系统互连参考模型的 7 层通信结构。PPI 协议和 MPI 协议通过令牌环网实现，令牌环网遵守欧洲标准 EN 50170 中的过程现场总线（PROFIBUS）标准。它们都是异步通信、基于字符的协议，传输的数据带有起始位、8 位数据、奇校验和一个停止位。每组数据都包含特殊的起始和结束标志、源站和目的站地址、数据长度、数据完整性检查几部分。只要相互的波特率相同，3 个协议可在同一网络上运行而不互相影响。

除上述 3 个协议外，自由通信口方式是 S7-200 系列 PLC 一个很有特色的功能。它使 S7-200 系列 PLC 可以与任何通信协议公开的其他设备控制器进行通信，即 S7-200 系列 PLC 可以由用户自己定义通信协议，如 ASCII 协议，波特率最高为 38.4kbit/s，因此使可通信的范围大大增加，控制系统配置更加灵活方便。S7-200 系列微型 PLC 用于两个 CPU 间简单的数据交换，用户可通过编程来编制通信协议来交换数据，如具有 RS-232 接口的设备可用 PC/PPI 电缆连接起来，进行自由通信方式通信。利用 S7-200 的自由通信口及有关的网络通信指令，可以将 S7-200 CPU 加入 ModBus 网络和以太网络中。

6.4.2　西门子 S7 系列 PLC 的网络层级结构

西门子 S7 系列 PLC 的网络结构如图 6-30 所示，由过程测量与控制级、过程监控级、工厂与过程管理级、公司管理级 4 级组成，而这 4 级子网是由 AS-i 级总线、PROFIBUS 级总线、工业以太网级 3 级总线复合而成的。

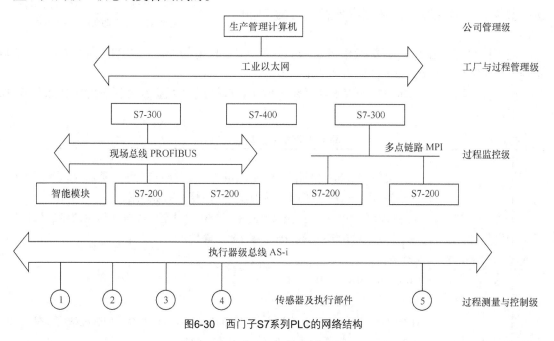

图6-30　西门子S7系列PLC的网络结构

AS-i 级为最低的一级，负责与现场传感器和执行器的通信，也可以实现远程 I/O 总线的通信。

PROFIBUS 级为中间一级，是一种新型总线，采用令牌控制方式与主从轮询相结合的存取控制方式，可实现现场、控制和监控 3 种通信功能，也可以采用主从轮询存取方式的主从式多点链路。

工业以太网为最高一级，使用了通信协议，负责传送生产管理信息。

注意：在对网络中的设备进行配置时，必须对设备的类型及其在网络中的地址和通信的波特率进行设置。

6.5　S7-200 系列 PLC 的通信指令

S7-200 系列 PLC 的通信指令包括应用于 PPI 协议的网络读/写指令、用于自由通信模式的发送和接收指令，以及用于控制变频器的 USS 通信指令。

6.5.1　网络读/写指令

网络读（network read）和网络写（network write）指令格式如图 6-31 所示。当 S7-200 系列 PLC 被定义为 PPI 主站模式时，就可以应用网络读/写指令对另外的 S7-200 系列 PLC 进行读写操作。

如图 6-31 所示，TBL 为缓冲区首地址，操作数为字节。PORT 为操作端口，CPU226 可能为 0 或 1，其他为 0。

应用网络读（NETR）通信操作指令，可以通过指令指定的通信端口（PORT）从另外的 S7-200 系列 PLC 上接收数据，并将接收到的数据存储在指定的缓冲区表（TBL）中。

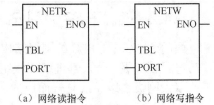

(a) 网络读指令　　(b) 网络写指令

图6-31　网络读/网络写指令格式

应用网络写（NETW）通信操作指令，可以通过指令指定的端口（PORT）向另外的 S7-200 系列 PLC 写指令到指定的缓冲区表（TBL）中。

网络读/写指令的具体内容如表 6-8 所示。网络读/写指令中数据缓冲区表的定义如图 6-32 所示。

表 6-8　　　　　　　　　　　　　　网络读/写指令的具体内容

NETR — EN — TBL — PORT NTER TBL,PORT NETW — EN — TBL — PORT NETW TBL,PORT	网络读指令 NETR：按照缓冲区表（TBL），如图 6-32 所示，设定的参数初始化网络通信操作——通过 PORT 指定的端口从远程装置读取数据 网络写指令 NETW：按照缓冲区表（TBL）设定的参数初始化网络通信操作——通过 PORT 指定的端口向远程装置发送数据 操作数： TBL：VB, MB, *VD, *AC PORT：常数（0 或 1） NETR 指令可从远程站最多读入 6 字节的信息，NETW 指令可向远程站最多写入 32 字节的信息。同时最多激活 8 条 NETR 和 NETW 指令 CPU212 没有网络读/写指令

图6-32　网络读/写指令中数据缓冲区表的定义

远程站地址：要访问的 PLC 站号

远程站中数据区指针：指向要访问数据的指针

数据长度：远程站中要访问数据的长度（1～16）

对 NETR 指令来说，数据区是在指令执行后用来存放从远程站读入的数据值的

对 NETW 指令来说，数据区是在指令执行后用来存放准备发送到远程站的数据值的

6.5.2　发送和接收指令

1.　发送 XMT（transmit）和接收 RCV（receive）指令

XMT/RCV 指令格式如图 6-33 所示，用于自由端口通信模式，由通信端口发送或接收数据。

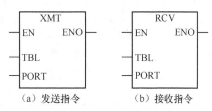

图6-33　XMT/RCV指令格式

发送指令（XMT）激活时，将数据缓冲区（TBL）中的数据通过指令指定的通信端口（PORT）发送出去，发送完成时将产生一个中断事件，数据缓冲区的第一个数据指明了要发送的字节数。

接收指令（RCV）激活时，通过指令指定的通信端口（PORT）接收信息，并存储于接收数据缓冲区（TBL）中，发送完成时将产生一个中断事件，数据缓冲区的第一个数据指明了接收的字节数。

两者的详细比较如表 6-9 所示。

表 6-9　　　　　　　　　　　发送指令和接收指令的详细比较

XMT EN TBL PORT XMT TBL,PORT	发送指令 XMT 将保存在数据缓冲区的数据通过 PORT 指定的串口发送出去。TBL 中的第一个字节设定发送字符的个数（最多 255 字节） 操作数： TBL：VB, IB, MB, SMB, *VD, *AC, SB PORT：0 或 1 XMT 指令用于在自由端口模式下通过串行信息发送数据
RCV EN TBL PORT RCV TBL,PORT	接收指令 RCV 通过制定的 PORT 接收信息，并存储于数据缓冲区，缓冲区的第一个字节指定接收的字节数 操作数 TBL：VB, IB, QB, MB, SNB, *VD PORT：0 或 1 RCV 用于在自由端口模式下通过串行通信口接收数据

2.　自由端口通信模式

S7-200 系列 PLC 的串行通信口可以由用户程序来控制，这种由用户程序控制的通信方式称为自由端口通信模式。利用自由端口通信模式可以实现用户定义的通信协议，同多种智能设备进行通信。当选择自由端口通信模式时，用户程序可通过发送/接收中断、发送/接收指令来控制串行通信口的操作。通信所使用的波特率、奇偶校验及数据位数等由特殊存储器位 SMB30（对应端口 0）和 SMB130（对应端口 1）来设定。SMB30 和 SMB130 的格式如表 6-10所示。

表 6-10　　　　　　　　　　　　　　SMB30 和 SMB130 的格式

端口 0	端口 1	说明	

SMB30 格式	SMB130 格式	
		`7                      0`
		`P  P  D  B  B  B  M  M`
			自由口控制字节

SM30.6 SM30.7	SM130.6 SM130.7	PP 校验选择　00 = 无校验 　　　　　　　01 = 偶校验 　　　　　　　10 = 无校验 　　　　　　　11 = 奇校验	
SM30.5	SM130.5	D 每个字符占用位数　0 = 每字符 8 位 　　　　　　　　　　　1 = 每字符 7 位	
SM30.2～SM30.4	SM130.2～SM130.4	BBB 波特率　000 = 38 400bit/s 　　　　　　　001 = 19 200bit/s 　　　　　　　010 = 9 600bit/s 　　　　　　　011 = 4 800bit/s 　　　　　　　100 = 2 400bit/s 　　　　　　　101 = 1 200bit/s 　　　　　　　110 = 600bit/s 　　　　　　　111 = 300bit/s	
SM30.0 SM30.1	SM130.0 SM130.1	MM 通信协议选择 　00 = PPI 协议（PPI/从站模式） 　01 = 自由口协议 　10 = PPI/主站模式 　11 = 保留（默认 PPI/从站模式）	

3. 发送指令（XMT）用法举例

当输入信号 I0.0 接通并发送空闲状态时，将数据缓冲区 VB200 中的数据信息发送到打印机或显示器。其程序和注释如图 6-34 所示。

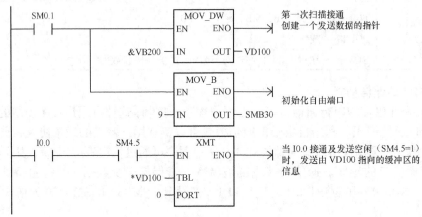

图6-34　发送指令用法举例

4. 接收指令（RCV）用法举例

用本地 CPU224 的输入信号 I0.0 上升沿控制接收来自远程 CPU224 的 20 个字符，接收完成后，又将信息发送回远程 PLC。当发送任务完成后用本地 CPU224 的输出信号 Q0.1 进行提示。其程序和注释如图 6-35 所示。

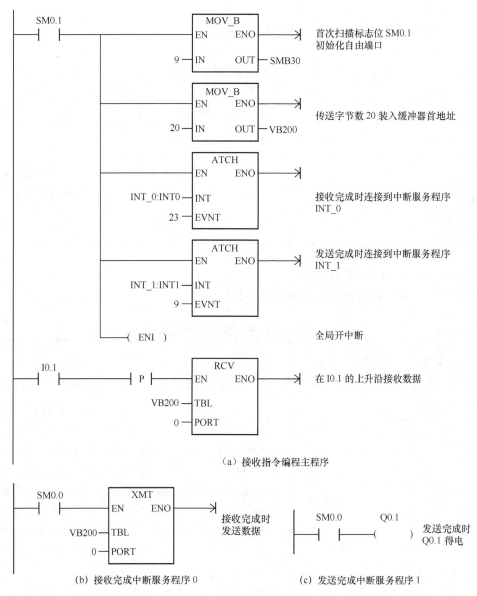

（a）接收指令编程主程序

（b）接收完成中断服务程序 0　　　　　（c）发送完成中断服务程序 1

图6-35　接收指令用法举例

6.5.3　USS 通信指令

USS 通信指令用于 PLC 与变频器等驱动设备的通信及控制。将 USS 通信指令置于用户程序中，经编译后自动地将一个或多个子程序和 3 个中断程序添加到用户程序中。另外，用户需要将一个 V 存储器地址分配给 USS 全局变量表的第一个存储单元，从这个地址开始，以后连续 400 字节的 V 存储器被 USS 指令使用，不能用于其他地方。当使用 USS 通信指令进行通信时，只能使用通信口 0，而且 0 口不能再有其他用途，包括与编程设备的通信或自由通信。使用 USS 通信指令对变频器进行控制时，变频器的参数应作适当的设定。

USS 通信指令包括以下指令。

1. USS_INT 初始化指令

USS_INT 初始化指令格式及功能如表 6-11 所示。

表 6-11　　　　　　　　　　USS_INT 初始化指令格式及功能

梯形图	语句表		功能
	操作码	操作数	
USS_INT EN　Done Mode　Error Baud Active	CALL USS_INIT	Mode，Baud，Active，Error	用于允许和初始化或禁止 MicroMaster 变频器通信

2. USS_CTRL 驱动变频器指令

USS_CTRL 驱动变频器指令格式及功能如表 6-12 所示。

表 6-12　　　　　　　　　　USS_CTRL 驱动变频器指令格式及功能

梯形图	语句表		功　能
	操作码	操作数	
USS_CTRL EN　Resp_R RUN　Error OFF2　Status OFF3　Speed F_ACK　Run_EN DIR　D_Dir Drive　Inhibit Type　Fault Speed_SP	CALL USS_CTRL	RUN，OFF2，OFF3，F_ACK，DIR，Drive，Speed_SP，Resp_R，Error，Status，Speed，Run_EN，D_Dir，Inhibit，Fault	USS_CTRL 指令用于控制被激活的 MicroMaster 变频器 　　USS_CTRL 指令把选择的命令放在一个通信缓冲区内，经通信缓冲区发送到由 Drive 参数指定的变频器，如果该变频器已由 USS_INIT 指令的 Active 参数选中，则变频器将按选中的命令运行

3. USS_RPM_x（USS_WPM_x）读取（写入）变频器参数指令

USS_RPM_x（USS_WPM_x）读取（写入）变频器参数指令格式及功能如表 6-13 所示。

表 6-13　USS_RPM_x（USS_WPM_x）读取（写入）变频器参数指令格式及功能

梯形图	语句表		功能
	操作码	操作数	
USS_RPM_x EN XMT_REQ Drive Param　Done Index　Error DB_Ptr　Value	CALL USS_RPM_W CALL USS_RPM_D CALL USS_RPM_R	XMT_REQ，Drive， Param，Index， DB_Ptr，Done， Error，Value	USS_RPM_x 指令读取变频器的参数，当变频器确认接收到命令时或发送一个出错状况时，完成 USS_RPM_x 指令处理，在该处理等待响应时，逻辑扫描仍继续进行
USS_WPM_x EN XMT_REQ EEPROM Drive Param Index Value　Done DB_Ptr　Error	CALL USS_WPM_W CALL USS_WPM_D CALL USS_WPM_R	XMT_REQ， EEPROM，Drive， Param，Index， Value，DB_Ptr， Done，Error	USS_WPM_x 指令将变频器参数写入指定的位置，当变频器确认接收到命令时或发送一个出错状况时，完成 USS_WPM_x 指令处理，在该处理等待响应时，逻辑扫描仍继续进行

6.6　本章小结

　　本章讲述了西门子 S7-200 系列 PLC 网络通信方面的基本知识，读者在学习完本章后应该掌握以下内容。

　　① 网络通信技术基础知识。

　　② 西门子 S7 系列 PLC 的网络层次结构。

　　③ S7-200 系列 PLC 的网络部件（通信口、网络总线连接器、网络电缆）。

　　④ S7-200 系列 PLC 的通信指令（网络读/写指令、接收和发送指令、USS 通信指令）。

第7章　PLC控制系统的设计方法

软件是控制系统的灵魂。采用相关的硬件结构却能实现完全不同的控制功能，这就取决于控制系统的软件设计。相似的控制系统硬件设备，所搭建控制系统也存在着很大的差异。一套优秀的控制系统软件不仅能够实现预定的控制功能，同时还具有简洁、高效、可靠、移植性强等优点。因此，控制系统的软件设计也是项目成功与否的关键之一。在掌握了PLC的指令系统和编程方法后，就可以结合实际问题进行PLC控制系统的设计，将PLC应用于实际的工业控制系统中。

S7-200系列PLC的应用系统设计不仅要求设计者熟悉应用系统的工作原理、技术性能和工艺结构，还要掌握S7-200系列PLC的硬件和软件设计。为了保证产品质量，提高系统的设计效率，设计人员应该在正确的设计思想指导下，按照合理的步骤进行系统开发。本章从工程实际出发，介绍如何应用前面所学的知识，设计出经济实用的PLC控制系统。

7.1　PLC控制系统的设计流程

一个完整的PLC应用系统包含两方面的内容：PLC控制系统和人机界面。PLC控制系统对控制现场进行参数采集并完成控制功能，人机界面是人与控制系统进行信息及数据交流的一个窗口。设计人员不仅要熟悉PLC的硬件，还要熟悉PLC软件，以及人机界面软件的编制方法和遵循的原则。此处主要介绍PLC应用系统的总体设计方法，针对一个具体PLC控制系统的详细设计步骤，以及设计过程中应该遵循的原则。

7.1.1　PLC控制系统的基本原则

任何一个控制系统都是为了实现生产设备或生产过程的控制要求和工艺需要，以提高产品质量和生产效率。因此，在设计PLC应用系统时，应遵循以下的基本原则。

1. 充分发挥PLC的功能，最大限度地满足被控对象的控制要求

充分发挥PLC的功能，最大限度地满足被控对象的控制需求，是设计PLC控制系统的首要前提，也是设计中最重要的一条原则。这就要求设计人员在设计前就要深入现场进行调差研究，收集控制现场的资料，收集相关先进的国内、国外资料。同时要注意和现场的工程管理人员、工程技术人员、现场操作人员紧密配合，拟定控制方案，共同解决设计中的重点问题和疑难问题。

2. 在满足控制要求的前提下，力求使控制系统简单、经济、使用及维修方便

一个新的控制工程固然能提高产品的质量和数量，带来巨大的经济效益和社会效益，但新工程的投入、技术的培训、设备的维护也将导致运行资金的增加。因此，在满足控制要求的前提下，一方面要注意不断地扩大工程的效益，另一方面也要注意不断地降低工程的成本。这就要求设计者不仅应该使控制系统简单、经济，而且要使控制系统的使用和维护方便、成本低，不宜盲目追求自动化和高指标。

3.　保证控制系统安全、可靠

保证 PLC 控制系统能够长期安全、稳定、可靠运行，是设计控制系统的重要原则之一。这就要求设计者在系统设计、元器件选择、软件编程上要全面考虑，以确保控制系统安全可靠。例如，应该保证 PLC 程序不仅在正常条件下运行，而且在非正常情况下（如突然失电再上电、按钮按错等），也能正常工作。控制系统的稳定、可靠是提高生产效率和产品质量的必要保证，是衡量控制系统好坏的因素之一。只有稳定、可靠的控制系统才能为客户提供真正的方便。要保证系统的稳定、可靠，不仅前期的系统需求分析要做得很充分，而且设计过程中也应该综合考虑现场的实际应用情况，从硬件角度添加相应的保护措施，软件方面采取一些消噪措施。

4.　适应发展的需要

由于技术的不断发展，控制系统的要求也将会不断提高，设计时要适当考虑生产的发展和工艺的改进。在选择 PLC 的型号、I/O 点数和存储器容量等内容时，应适当地留有余量，以满足生产发展和工艺改进的需要。

5.　控制系统应具有良好的人机界面

良好的人机界面可以方便用户与控制系统的沟通，降低整个控制系统操作的复杂度。软件设计时应该充分考虑用户的使用习惯，根据用户的特点设计方便用户使用的界面。

7.1.2　PLC 控制系统的设计内容

PLC 控制系统的硬件设备主要由 PLC 及 I/O 设备构成，下面将重点讲述 PLC 控制系统中硬件系统设计的基本步骤和硬件系统设计中完成的主要任务。

1.　需求分析

根据设计任务书，进行工艺分析，并初步确定控制方案。

2.　选择输入/输出设备

输入设备（如按钮、操作开关、限位开关和传感器等）输入参数给 PLC 控制系统，PLC 控制系统接收这些参数，执行相应的控制；输出设备（如继电器、接触器、信号灯等执行机构）是控制系统的执行机构，执行 PLC 输出的控制信号。控制系统中，I/O 设备是 PLC 与控制对象连接的唯一桥梁。需求分析中，应该详细分析控制中涉及的输入设备、输出设备，分析设备的输入点数、输入类型，输出点数、输出类型。

3.　选择合适的 PLC

PLC 是控制系统的核心部件，选择合适的 PLC 对于保证整个控制系统的性能指标和质量有着决定性影响。选择 PLC 应从 PLC 的机型、容量、I/O 模块和电源等角度综合考虑，根据工程实际需求做出合理的决定。

① I/O 点的分配。根据 I/O 设备的类型、I/O 的点数，绘制 I/O 端子的连接图，保证合理分配 I/O 点。

② PLC 容量的选择。容量选择应该考虑 I/O 点数和程序的存储容量，I/O 点数已在 I/O 分配中确定，程序的存储容量不仅和控制的功能密切相关，而且和设计者的代码编写水平、编写方式密切相关。应该根据系统功能、设计者本人对代码编写的熟练程度选择程序存储容量并且留有裕量。此处给出一个参考的估算公式：存储容量（字节）＝开关量 I/O 点数×10+模

拟量 I/O 通道数×100，在此基础上可再加 20%～30%的裕量。

4. 控制程序的设计

控制程序是整个控制系统发挥作用、正常工作的核心环节，是保证系统工作正常、安全、可靠的关键部分之一。控制程序的设计过程中，首先应该根据系统控制需求画出流程图，按照流程图设计各模块。设计者可以分块调试各模块，各子模块调试完成后，整个程序联合调试，直到满足要求为止。

5. 控制台、电气柜的设计

根据设计的 PLC 控制系统硬件结构图，选择相应的电气柜。

6. 控制系统技术文件的编制

系统技术文件包括说明书、电气原理图、电气布置图、元器件明细表、PLC 梯形图等。说明书介绍了整个控制系统的功能与性能指标；电气原理图说明了控制系统的硬件设计、PLC 的 I/O 口与 I/O 设备之间的连接；电气布置图及电气安装图说明了控制系统中应用的各种电气设备之间的联系及安装；PLC 梯形图一般不提交给使用者，这是因为提交给使用者可能会因为使用者修改程序而影响控制系统功能的稳定性，所以，PLC 梯形图一般只在产品开发设计者内部传递。

7.1.3　PLC 控制系统的设计步骤

如图 7-1 所示，PLC 控制系统设计的基本步骤如下。

1. 了解工艺过程，分析控制要求

首先要详细了解被控对象的工作原理、工艺流程、机械结构和操作方法，了解工艺过程和机械运动与电气执行元件之间的关系和对控制系统的要求，了解设备的运动要求、运动方式和步骤，在此基础上确定被控对象对 PLC 控制系统的控制要求，画出被控对象的工艺流程图。对于较复杂的控制系统，根据生产工艺要求画出工作循环图表，必要时画出详细的状态流程图表，它能清楚地表明动作的顺序和条件。

2. 确定输入、输出设备

根据系统控制要求，选用合适的用户输入、输出设备。常用的输入设备有按钮、行程开关、选择开关、传感器等，输出设备有接触器、电磁阀、指示灯等。

3. 设计硬件

（1）选择 PLC

选择 PLC 主要包括对 PLC 机械、容量、I/O 模块、电源的选择。

（2）分配 PLC 的 I/O 地址，绘制 PLC 外部 I/O 接线图

根据已经确定的 I/O 设备和选定的 PLC，列出 I/O 设备与 PLC 的 I/O 点地址对照表，以便绘制 PLC 外部 I/O 接线图和编制程序。画出系统其他部分的电气线路图，包括主电路和未进入 PLC 的控制电路等。

由 PLC 的 I/O 连接图和 PLC 外部电气线路图组成系统的电气原理图。到此为止系统的硬件电气线路已经基本确定。硬件系统的详细设计过程请参见 7.2 节的介绍。

4. PLC 控制程序设计

根据系统的控制要求，采用合适的设计方法来设计 PLC 程序。程序要以满足系统控制要求为主线，逐一编写实现各控制功能或各子程序的任务，逐步完善系统指定的功能。另外，还需要包括如下 PLC 程序。

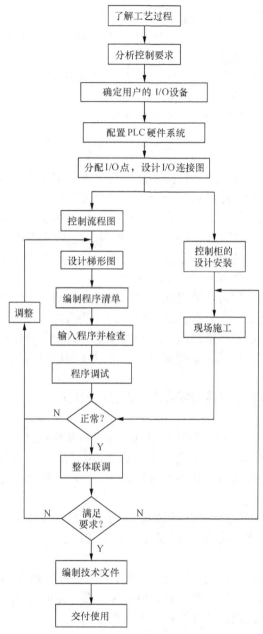

图7-1　PLC控制系统设计流程图

① 初始化程序。在 PLC 上电后，一般要做一些初始化的操作，为启动做必要的准备，避免系统发生误动作。初始化程序的主要内容有对某些数据区、计算器等进行清零，对某些数据区所需数据进行恢复，对某些继电器进行置位或复位，对某些初始状态进行显示等。

② 检测、故障诊断和显示等程序。这些程序相对独立，一般在程序设计基本完成时再添加。

③ 保护和联锁程序。保护和联锁是程序中不可缺少的部分，必须认真加以考虑。它可以避免由于非法操作而引起的控制逻辑混乱。

PLC 程序的详细设计过程请参见 7.3 节的介绍。

5. 控制台（柜）的设计和现场施工

为了缩短 PLC 控制系统的设计周期，可以与 PLC 程序设计同时进行控制台（柜）的设计和现场施工，其主要内容包括如下几点。

① 设计控制柜和操作台等部分的电气布置图及安装接线图。

② 设计系统各部分之间的电气互连图。

③ 根据施工图纸进行现场接线，并进行详细检查。

6. 调试

（1）模拟调试

设计好用户程序后，一般先进行模拟调试。程序模拟调试的基本思想是，以方便的形式模拟产生现场实际状态，为程序的运行创造必要的环境条件。首先要逐条检查，改正程序设计中的逻辑、语法、数据错误或输入过程中的按键及传输错误，然后在实验室里进行模拟调试。模拟调试时，输入信号用按钮来模拟，各输出量的通/断状态用 PLC 上有关的发光二极管来显示，观察在各种可能的情况下各个输入量、输出量之间的变化关系是否符合设计要求，发现问题及时修改，直到完全满足控制要求为止。

在调试时应充分考虑各种可能的情况，对系统各种不同的工作方式、顺序功能图中的每一条支路、各种可能的进展路线，都应逐一检查，不能遗漏。发现问题后及时修改程序，直至各种可能情况下的输入信号与输出信号之间的关系均完全符合要求。如果程序中某些定时器或计数器的设定值过大，为了缩短调试时间，可以在调试时将它们减小，模拟调试完成后再写入它们的实际设定值。

可以使用程序状态监视功能或监视表来监视程序的运行。

（2）联机调试

程序模拟调试通过后，将 PLC 安装在控制现场进行联机调试。开始时，先带上输出设备（接触器线圈、信号指示灯等），不带负载（电动机和电磁阀等）进行调试。各部分都调试正常后，再带上实际负载进行调试。如果不符合要求，则对硬件和程序进行调整，直到完全满足设计要求为止。

全部调试完成后，还要经过一段时间的试运行，以检验系统的可靠性。如果工作正常，程序不需要修改，应将程序固化到 EPROM 中，以防程序丢失。

7. 编制技术文件

根据调试的最终结果整理出完整的技术文件，编写控制系统说明书、PLC 的外部接线图、电气原理图、电气布置图、元器件明细表、PLC 梯形图、定时器/计数器的设定值等文件，可方便现场施工的安装，方便控制系统的日后维护和升级。

8. 交付

系统试运行一段时间后，便可以将全套技术文件和相关试验、检验证明交付给用户。

以上是 PLC 自动控制系统设计的一般步骤，可根据情况实际和控制对象具体情况适当调整。

7.2 PLC 硬件系统设计选型方法

在 PLC 控制系统设计时，首先应确定控制方案，再进行 PLC 的工程设计选型。其中，工艺流程的特点和应用要求是设计选型的主要依据。选型的基本原则：兼容性，与整个控制系统相兼容；扩展性，为系统的验证预留一定的扩展空间，以便后续的升级改造。所选用的 PLC 应是成熟可靠的系统，最好具有在相关领域应用的成果案例。PLC 的系统硬件、软件配置及功能应与装置的规模和控制要求相适应。

工程设计选型和估算时，应详细分析工艺过程的特点，明确控制任务和范围，确定所需的操作和动作，再根据控制精度要求等技术指标，估算 I/O 点数、估算存储器容量、确定 PLC 的功能、选择合适的机型及外部设备特性等。同时，还要考虑经济性，尽量选择满足功能需求的性价比高的 PLC 产品。

考虑经济性时，应同时考虑系统的可扩展性、可操作性、投入产出比等因素。通过综合评估，兼顾各方面因素，最终选出较满意的产品。I/O 点数对整套 PLC 控制系统成本有直接影响。每增加一个 I/O 模块就需要增加一定的费用。当点数增加到一定数值后，相应的存储器容量、机架、母板等也要相应增加。因此，点数的增加对 CPU 选用、存储器容量、控制功能范围等选择都有影响。在估算和选用时应充分考虑，使整个控制系统有较合理的性价比。

7.2.1　PLC 硬件系统设计基本流程

在对项目任务书进行详细分析后，便可以开始初步的 PLC 硬件系统设计。如图 7-2 所示，PLC 硬件系统设计基本流程如下：①估算 I/O 点数，确定自动控制系统规模；②根据 I/O 点数估算存储器容量；③根据项目控制对象的特点，技术指标等参数要求，确定 PLC 硬件需要具备的主要功能需求；④根据 I/O 点数、存储器容量、硬件功能需求来选择合适的主机和 CPU；⑤综合考虑系统性能指标和经济性等多方面因素，选配外部设备及专用模块。

图7-2　PLC硬件系统设计基本流程图

7.2.2　估算 I/O 点数

在自动控制系统设计之初，就应该对控制点数有一个准确的统计，这往往是选择 PLC 的首要条件，在满足控制要求的前提下力争所选的 I/O 点数最少。但是，PLC 面向的对象就是工业领域的自动化控制，在项目进展过程中，经常遇到增加控制功能、需求修改等任务书的变更。这些势必增加 I/O 点数，因此考虑以下几种因素，PLC 的 I/O 点数还应预留一定的 10%～15% 备用量（并在系统设计时，考虑后续可能扩展 I/O 模块的需求）。

① 可以弥补设计过程中遗漏的 I/O 点。

② 能够保证在运行过程中个别点有故障时，可以替换至其他 I/O 通道。

③ 后续系统升级改造，可能扩展的 I/O 点。

7.2.3 估算存储器容量

存储器容量是 PLC 本身能够提供的硬件存储单元的大小，程序容量是存储器中用户应用程序所占用的存储单元的大小，因此，存储器容量必须大于程序容量需求。设计阶段，由于用户应用程序还未完成编制，即程序容量的大小在设计阶段未知，准确的程序容量只有在调试之后才知道。有经验的系统设计开发人员，大多根据系统的 I/O 点数规模来估算存储器容量的办法。

用户存储器容量是 PLC 用于存储用户程序的存储器容量。用户应用程序所占用的存储单元的大小与很多因素有关，如 I/O 点数、控制要求、运算处理量、程序结构等。因此，在程序设计之前只能粗略地估算，根据经验，每个 I/O 点及有关功能器件占用的内存大致如下。

开关量输入：所需存储器字数=输入点数×10。

开关量输出：所需存储器字数=输出点数×8。

定时器/计数器：所需存储器字数=定时器/计数器×2。

模拟量：所需存储器字数=模拟量通道数×100。

通信接口：所需存储器字数=接口个数×300。

目前，很多文献资料提供不同的公式来进行估算存储器容量。大体上是按数字量 I/O 点数的 10～15 倍与模拟量 I/O 点数的 100 倍之和，以此估算出内存的总字数（16 位或 32 位为一个字），同时，还要考虑 20%～30% 的余量。

7.2.4 功能选择

工程实践中，对选择 PLC 时，并不是功能越多、越强大就越好。而应该根据项目控制对象的特点，技术指标等参数要求，遵循"适用即可"的原则来选择 PLC 硬件系统需要具备功能。PLC 功能选择包括运算功能、控制功能、通信功能、编程功能、自诊断功能和处理速度等。

1. 运算功能

微小型 PLC 的运算功能包括逻辑运算、计时和计数功能；中型 PLC 的运算功能还包括数据移位、比较等运算功能，有些甚至可以进行代数运算、数据传送等较复杂的运算；大型 PLC 还有模拟量的 PID 运算及其他高级运算功能。设计选型时，应从实际出发，合理选用所需的运算功能。大多数应用场合，逻辑运算、计时和计数功能就已经能够满足系统的功能需求；当需要进行通信和组网数据交换时，才需要数据传递和比较运算，随着开放系统的不断发展，目前大多数主流 PLC 品牌的产品已经具备了通信功能；当用于模拟量测量和控制时，才会使用代数运算、数值转换和 PID 运算等功能；当配置了数据显示功能时，才需要译码和编码运算等功能。

2. 控制功能

控制功能包括 PID 控制运算、前馈补偿控制运算、比值控制运算等，应根据项目的具体控制要求来确定。PLC 主要用于顺序逻辑控制，因此，大多数场合采用单回路或多回路控制器来解决模拟量的控制问题，有时也会配置专用的智能 I/O 单元完成所需的控制功能来提高 PLC 的处理速度和节省存储器空间，如采用 PID 控制单元、高速计数器、带速度补偿的模拟单元、ASC 码转换单元等。

3. 通信功能

大、中型 PLC 系统应支持多种现场总线和标准通信协议（如 TCP/IP 协议），需要时应能与工厂管理网（TCP/IP）相连接。通信协议符合 ISO/IEEE 通信标准的开放通信网络，PLC 系统的通信接口可包括串行和并行通信接口（RS-232C/422A/423/485）、RIO 通信接口、工业以太网、常用的 DCS 接口等；针对大、中型 PLC 通信总线（含接口设备和电缆）应预留 1：1 的冗余配置，通信总线应符合国际标准，通信距离应满足装置实际要求。

为减轻 CPU 的通信任务，根据网络组成形式的实际需要来选择具有不同通信功能的通信处理器。在 PLC 系统的通信网络中，上级的网络通信速度应大于 1Mbit/s，通信负载不大于 60%。PLC 系统的通信网络主要有以下几种形式。

① 个人计算机为主站，多台同型号的 PLC 为从站，组成简易 PLC 网络。

② 1 台 PLC 为主站，其他同型号 PLC 为从站，构成主从式 PLC 网络。

③ PLC 网络通过特定的网络接口连接到大型 DCS 中作为 DCS 的子网。

④ 专用 PLC 网络（各 PLC 供应商的专用 PLC 通信网络）。

4. 编程功能

目前，主流 PLC 厂商均提供了各自的编程工具。PLC 编程方式可分为离线编程和在线编程两种。

（1）离线编程方式

PLC 和编程器共用一个 CPU，编程器在编程模式时，CPU 只为编程器提供服务，不再对现场设备进行控制。待完成编程后，编程器切换至运行模式，CPU 对在线设备进行控制，此时，不能再进行编程。离线编程方式可显著降低系统成本，但使用和调试不方便。

（2）在线编程方式

PLC 主机和编程器有各自的 CPU，主机 CPU 负责现场设备控制，并在一个扫描周期内与编程器进行数据交换，编程器把在线编制的程序或数据发送到主机，下一个扫描周期，主机将根据新收到的程序运行。这种方式虽然成本较高，但是系统调试和操作方便，在大、中型 PLC 中经常采用。

PLC 编程功能还包括编程语言，大部分厂商的 PLC 均提供了 2～3 种标准化（IEC 6113123）编程语言方式，包括梯形图（LAD）、顺序功能图（SFC）、功能模块图（FBD）3 种图形化语言和指令表（IL）、结构化文本（ST）两种文本语言。同时，还能支持多种语言编程形式，如 C、Basic 等，以满足特殊控制场合的控制要求。

5. 自诊断功能

PLC 的自诊断功能包括硬件和软件的诊断。硬件诊断是通过硬件的逻辑来确定硬件的故障位置；软件诊断又分为内诊断和外诊断。内诊断是通过软件对 PLC 内部的性能和功能进行诊断，外诊断是通过软件对 PLC 的 CPU 与外部 I/O 等部件的信息转换功能进行诊断。

PLC 的自诊断功能的强弱，直接影响操作、维护及维修时间。因此，通常会选择自诊断功能较强的 PLC 产品。

6. 处理速度

因为 PLC 采用的是扫描方式工作，从实时性角度来看，处理速度应越快越好。如果信号持续时间小于扫描时间，则 PLC 将无法扫描到该信号，造成数据丢失。而影响 PLC 处理速度的因素有很多：CPU 处理速度、用户程序的长短、软件质量等。目前，PLC 的响应速度不断提高，每条二进制指令执行时间可达到 $0.2\sim0.4\mu s$。小型 PLC 的扫描时间不大于 0.5ms/千步；大、中型 PLC 的扫描时间不大于 0.2ms/千步。

7.2.5 机型选择

目前，市场上的 PLC 厂商众多，可供选择的同类机型也很多。选择机型时，需要遵循的基本原则为"适用即可"，在满足工程生产自动控制需要，实现预期的所有功能，具有很好的可靠性，预留一定扩展空间的情况下来选择性价比最高系统配置和 PLC 机型。

1. PLC 主机及 CPU

选择 PLC 机型的基本原则：在满足控制要求的前提下，保证工作可靠，使用维护方便，以获得最佳的性价比。PLC 的型号种类繁多，选用时应考虑以下几个问题。

（1）PLC 的性能应与控制任务相适应

① 只需要开关量控制的设备，一般选用具有逻辑运算、定时和计数等功能的小型（低档）PLC。

② 对于以开关量控制为主，带少量模拟量的控制系统，可选择带 A/D 和 D/A 单元、具有算术运算、数据传送功能的增强型低档 PLC。

③ 对于控制较复杂、控制功能要求高的系统，如要求实现 PID 运算、闭环控制和通信联网等功能，可视控制系统规模大小及复杂程度，选用中档或高档 PLC。其中高档机主要用于大规模过程控制、分布式控制系统及整个工厂的自动化等。

（2）结构形式合理，机型尽可能统一

① 整体式 PLC 的每一个 I/O 点的平均价格比模块式便宜，且体积相对较小，硬件配置不如模块式灵活，所以一般用于系统工艺过程较为固定的小型控制系统。

② 模块式 PLC 的功能扩展灵活方便，I/O 点数量、输入点数与输出点数的比例和 I/O 模块的种类等方面，选择余地较大，维修时只需要更换模块，判断故障的范围小，排除故障的时间短。因此，模块式 PLC 一般用于较复杂系统和维修量大的场合。

③ 在一个单位里，应尽量使用同一系列的 PLC。这不仅使模块通用性好，减少备件量，而且给编程和维修带来极大的方便，有利于技术力量的培训、技术水平的提高和功能的开发，也有利于系统的扩展升级和资源共享。

（3）对 PLC 响应时间的要求

PLC 输入信号与响应的输出信号之间由于扫描工作方式而引起的延迟时间可达 $2\sim3$ 个扫描周期。对于大多数应用场合（如以开关量控制为主的系统）来说，这是允许的。

然而对于模拟量控制的系统，特别是具有较多闭环控制的系统，不允许有较大的滞后时间。为了减少 PLC 的 I/O 响应的延迟时间，可以选择 CPU 处理速度快的 PLC，或选用具有高速 I/O 处理功能指令的 PLC，或选用具有快速响应模块和中断输入模块的 PLC 等。

（4）PLC 的结构形式

PLC 按结构分为整体型和模块型两类。在 PLC 控制系统设计开发阶段，通常是按照控制功能和 I/O 点数来选型的。整体型 PLC 的 I/O 点数固定，单台难以扩展，主要用于小型控制系统中；模块型 PLC 提供了多种 I/O 模块，可以灵活地选配各种功能模块，I/O 点数扩展方便灵活，多用于大、中型控制系统中。

PLC 按应用环境分为现场安装和集控室安装两类。现场安装的 PLC 对可靠性、抗干扰能力都有较高的要求，因此，通常现场安装的 PLC 会比集控室安装的价格略高一些。然而，对于绝大多数工程项目，集控室安装的 PLC 也是按照现场安装的 PLC 标准选配的，目的是提高整个系统的可靠性，为系统提供足够的冗余。

（5）CPU 性能

PLC 按 CPU 字长可分为 1 位、4 位、8 位、16 位、32 位、64 位机。CPU 是 PLC 的核心器件，是 PLC 的控制运算中心，完成逻辑运算、数学运算、协调系统内部各部分分工等任务。PLC 常用的 CPU 主要包括微处理器、单片机和双极片式微处理器 3 种类型，包括 8080、8086、80286、80386、单片机 8031、8096 及位片式微处理器 AM2900、AM2901、AM2903 等。PLC 的档次越高，CPU 的字长位数也就越高，处理能力就越强，速度也越快，功能指令也就越强，价格也越高。

关于 PLC 的选型问题，当然还要考虑 PLC 的通信联网功能、价格因素、系统的可靠性等。

2. 电源模块

PLC 的供电电源一般为 220V 的市电，电源模块将 AC220V 转换成 PLC 内部 CPU 和存储器等电子电路工作所需的直流电。通常，在 PLC 内部会设计一个优良的独立电源，用锂电池作为停电后的后备电源，有些型号的 PLC 还会提供 24V 的直流电源输出，用于为外部传感器供电。选择 PLC 的电源模块时，应充分考虑所有供电设备，并根据 PLC 说明书要求来设计选用。在重要的应用场合，通常都会采用不间断电源或稳压电源供电。同时为了避免外部高压电因误操作而引入 PLC，通常都会对输入和输出信号采取必要的隔离措施，如简单的二极管或熔丝隔离等。

3. 存储器

随着计算机集成芯片技术的不断发展，存储器的价格已显著下降。存储器成本在整个系统成本中的占比也在不断下降。存储器容量选择已不再是决定系统价格的主要因素。因此，为保证应用项目的正常投运，一般要求 PLC 的存储器容量，按 256 个 I/O 点至少选 8KB 存储器来选择。需要负责控制功能时，应选择容量更大，档次更高的存储器。

4. I/O 模块

I/O 模块的选择应考虑与应用要求的统一。例如，对输入模块应考虑信号电平、信号传输距离、信号隔离、信号供电方式等。对输出模块应考虑选用的输出模块类型，通常继电器输出模块价格低、使用电压范围广、寿命短、响应时间长；晶闸管输出模块适用于开关频繁，电感性低功率因数负载场合，但是价格较贵，过载能力较差；输出模块还有直流输出、交流输出、模拟量输出和数字量输出等类型，一定要根据系统的应用对象而对应选择。

一般 I/O 模块的价格占 PLC 价格的一半以上。PLC 的 I/O 模块有开关量 I/O 模块、模拟量 I/O 模块及各种特殊功能模块等。不同的 I/O 模块，其电路及功能不同，直接影响 PLC 的应用范围和价格，应根据实际需要加以选择。

（1）开关量输入模块的选择

PLC 输入模块用来检测并转换来自现场设备（按钮、行程开关、接近开关、温控开关等）的高电平信号为 PLC 内部接收的低电平信号。选择开关量输入模块时，要熟悉掌握输入模块的不同类型，应从以下几个方面考虑。

① 输入模块的工作电压。常用的输入模块的工作电压有 DC5V、DC12V、DC24V、DC48V、DC60V、AC110V、AC220V 等。若现场输入设备与输入模块距离较近，则采用低电压模块，反之，则采用电压等级较高的模块；直流输入模块的延迟时间短，可直接与电子输入设备连接，交流输入模块适合在恶劣的环境下使用。

② 输入模块的输入点数。常用的输入模块的输入点数有 8 点、12 点、16 点、32 点等，高密度的输入模块（如 32 点、48 点）能运行的同时接通的点数取决于输入电压和环境温度。一般同时接通的点数不得超过总输入点数的 60%。为了提高系统的可靠性，必须考虑输入门槛电平的大小。门槛电平越高，抗干扰能力越强，传输距离也越远，具体可参阅 PLC 说明书。

③ 输入模块的外部接线方式。该接线方式主要有汇点式输入、分组式输入等。

如图 7-3 所示，汇点式的开关量输入模块所有输入点共用一个公共端（COM）；而分组式的开关量输入模块是将输入点分成若干组，每一组有一个公共端，各组之间是分隔的。分组式的开关量输入模块价格较汇点式高，如果输入信号之间不需要分隔，一般选用汇点式的。

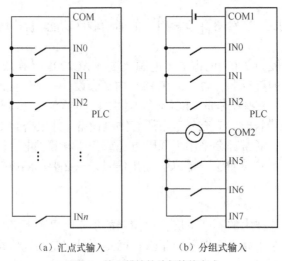

（a）汇点式输入　　　　　（b）分组式输入

图7-3　输入模块的外部接线方式

（2）开关量输出模块的选择

开关量输出模块用来将 PLC 内部低电平信号转化为外部所需电平的输出信号，驱动外部负载。输出模块有 3 种输出方式：晶闸管输出和晶体管输出、继电器输出。

① 晶闸管输出和晶体管输出。晶闸管输出和晶体管输出都属于无触点开关量输出，适用于开关频率高、电感性低功率因数的负载。晶闸管输出用于交流负载，晶体管输出用于直流负载。由于电感性负载在断开瞬间会产生较高反压，必须采取抑制措施。

② 继电器输出。继电器输出模块价格便宜，既可以用于驱动交流负载，又可以用于驱动直流负载，使用电压范围广等优点。由于继电器输出属于有触点开关输出，其缺点是寿命较短，相应速度较慢、可靠性较差，只能适用于不频繁通断的场合。

③ 输出模块的外部接线方式。该接线方式主要有分组式输出、分隔式输出等。

如图 7-4（a）所示，分组式的开关量输出模块的所有输出点分成若干组，每一组有一个公共端，各组之间是分隔的，可以用于驱动不同电源的外部输出设备；如图 7-4（b）所示，分隔式的开关量输出模块的每一个输出点就有一个公共端，各输出点之间相互隔离。选择时主要根据 PLC 输出设备的电源类型和电压等级的多少而定。一般整体式 PLC 既有分组式输出，又有分隔式输出。

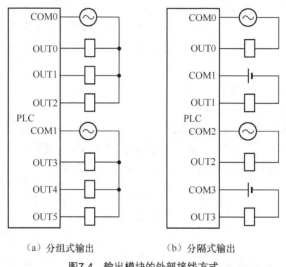

（a）分组式输出　　　　（b）分隔式输出

图7-4　输出模块的外部接线方式

输出模块同时接通点数的电流累加值必须小于公共端所允许通过的电流值；输出模块的输出电流必须大于负载电流的额定值；如果负载电流过大，输出模块不能够直接驱动，应增加中间放大环节。

必要时，可以根据项目的工程实际要求，考虑扩展机架或远程 I/O 机架等，甚至可以考虑选用智能型输入、输出模块，以便提高系统的控制水平。

7.2.6　外部设备及专用模块

市场上的 PLC 厂商提供丰富的外部设备及专用模块，用户可以根据实际需要进行选配。

1. 外部设备

编程器是 PLC 必不可少的重要外部设备，主要用于输入、检查、修改、调试用户程序，也可用来监视 PLC 的运行状态。手持编程器分简易型和智能型两种：简易型编程器只能进行联机编程，价格低廉，多用于小型 PLC；智能型编程器价格高昂，一般用于要求比较高的场合。另一类智能型编程器为计算机，在计算机上配备适当的硬件和编程软件，可以直接编制、显示、运行梯形图，并能进行个人计算机与 PLC 直接的通信。

根据需要 PLC 还可以配备其他外部设备，如盒式磁带机、打印机、EPROM 写入器及高分辨率大屏幕彩色图形监控系统，用以显示或减少有关部分的运行状态。

2. 专用模块

为减轻 CPU 的负担，提升 PLC 的处理速度，实现专用功能而开发大量专用模块，如通信模块、变频器模块、智能 I/O 模块、专用温度模块、专用称重模块、专用无线模块等。在 PLC 工业生产自动化控制系统设计开发阶段，设计人员可以根据系统的功能需求来适当选择专用模块。专用模块具有功能单一、精度高、速度快、编程容易、调试周期短和占用系统资源（CPU）少等优点，同时和用户编程实现对应功能相比，成本较高。

7.2.7 分配 PLC 的 I/O 地址，绘制 PLC 外部 I/O 接线图

1. 分配 PLC 的 I/O 地址

在分配输入地址时，应尽量将同一类信号（开关或按钮等）集中配置，地址号按顺序连续安排。在分配输出地址时，同类设备（电磁阀或指示灯等）占用的输出点地址应集中在一起，安装不同类型的设备顺序指定输出点地址号。分配好 PLC 的 I/O 地址之后，即可汇总 PLC 外部 I/O 接线图。

2. 绘制 PLC 外部 I/O 接线图

（1）PLC 与常用输入设备的连接

如图 7-5 所示，PLC 与常用输入设备的连接形式为直流汇点式，即所有输入点共用一个公共端 COM，同时，COM 端内带有 DC24V 电源。若是采用分组式输入，也可参照图 7-3（b）的方法进行连接。PLC 常见的输入设备包括按钮、行程开关、接近开关、转换开关、拨码器、各种传感器等。

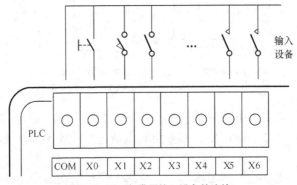

图7-5　PLC与常用输入设备的连接

（2）PLC 与常用输出设备的连接

如图 7-6 所示，PLC 与常用输出设备的连接形式为分组式，即所有输出点共用一个公共端 COM。若是采用分隔式输入，也可参照图 7-4（b）的方法进行连接。PLC 常见的输出设备包括继电器、接触器、电磁阀等。

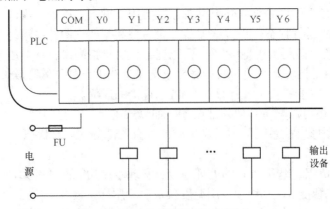

图7-6　PLC与常用输出设备的连接

（3）PLC 与拨码开关的连接

如果 PLC 控制系统中的某些数据需要经常修改，可使用多位拨码开关与 PLC 连接，在

PLC 外部进行数据设定。如图 7-7 所示，4 位拨码开关组装在一起后逐一和 PLC 连接，即各位拨码开关的 COM 端连在一起后，再接在 PLC 输入侧的 COM 端子上。每位拨码开关的 4 条数据线按一定顺序接在 PLC 的 4 个端子上。一位拨码开关能输入 1 位十进制数（0～9），或一位十六进制数（0～F）。

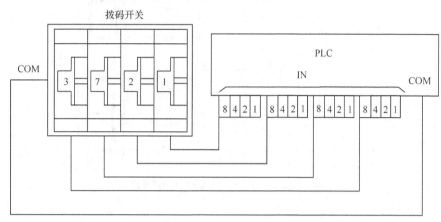

图7-7　PLC与拨码开关的连接

（4）PLC 与旋转编码器的连接

旋转编码器是一种光电式旋转测量装置，它将被测的角位移直接转换成数字信号（高速脉冲信号）。因此，可将旋转编码器的输出脉冲信号直接输入 PLC，利用 PLC 的高速计数器对其脉冲信号进行计数，以获得测量结果。如图 7-8 所示，旋转编码器的输出为两相脉冲，其一共有 4 条引线，其中 2 条是脉冲输出线，1 条是 COM 端线，1 条为电源线。编码器的电源线可以外接电源，也可直接使用 PLC 的 DV24V 电源。电源"−"端要与编码器的 COM 端连接，"+"端与编码器的电源端连接。编码器的 COM 端与 PLC 的输入 COM 端连接，A、B 两相脉冲输出线直接与 PLC 的输入端连接，连接时要注意 PLC 输入的相应时间。

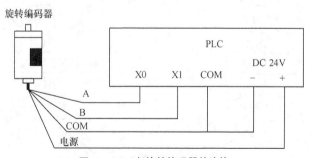

图7-8　PLC与旋转编码器的连接

（5）PLC 与七段 LED 显示器的连接

PLC 可直接用开关量输出与七段 LED 显示器连接。如图 7-9 所示，电路中采用了具有锁存、译码、驱动功能的芯片 CD4513 驱动共阴极 LED 七段显示器。两只 CD4513 的数据输入端 A～D 共用 PLC 的 4 个输出端，其中 A 为最低位，D 为最高位。LE 是锁存使能输入端，在 LE 信号的上升沿将数据输入端输入的 BCD 数锁存在片内的寄存器中，并将该数译码后显示出来。如果输入的不是十进制数，显示器熄灭。LE 为高电平时，显示的数不受数据输入信号的影响。显然，N个显示器占用的输出点数为 $P=4+N$。

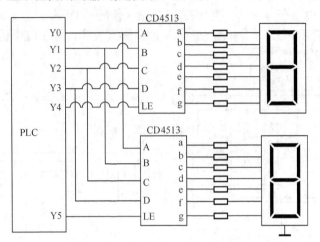

图7-9　PLC与两位七段LED显示器的连接

7.3　PLC 的控制程序设计

7.3　PLC 控制程序设计步骤

如图 7-10 所示，PLC 控制系统软件开发的过程与任何软件的开发一样，需要进行需求分析、软件设计、编码实现、软件调试和修改等几个环节。

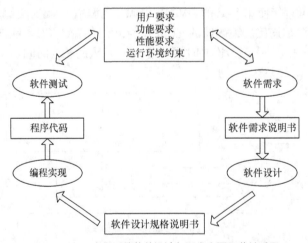

图7-10　PLC应用系统软件设计与开发主要环节关系图

1. 需求分析

需求分析是指设计者从功能、性能、设计约束等方面分析目标软件系统的期望需求；通过理解与分析应用问题及其环境，建立系统化的功能模型，将用户需求精确化、系统化，最终形成需求规格说明。而用户要求、功能要求、性能要求及运行环境约束通常需要设计者与用户之间进行反复的沟通，逐步深入交换意见后才能形成软件需求说明书。需求分析主要包括如下内容。

① 功能分析。

② I/O 信号及数据结构分析。

③ 编写需求规格说明书。

2. 软件设计

软件设计是将需求规格说明逐步转化为源代码的过程。软件设计主要包括两个部分：一是根据需求确定软件和数据的总体框架，二是将其精化成软件的算法表示和数据结构。对于较复杂的控制系统，需绘制控制系统流程图，以清楚地表明动作的顺序和条件。

3. 编程实现

编码的过程就是把设计阶段的结果翻译成可执行代码的过程。设计梯形图和语句表是程序设计关键的一步，也是比较难的一步。要设计好梯形图，首先要十分熟悉控制要求，同时还要有一定的电气设计实践经验。程序设计力求做到正确、可靠、简短、省时、可读和易改。编码阶段不应单纯追求编码效率，而应全面考虑编写程序、测试程序、说明程序和修改程序等各项工作。

4. 软件调试和修改

在编码过程中，程序中不可避免地存在逻辑上、设计上的错误。实践表明，在软件开发过程中要完全避免出错是不可能的，也是不现实的，问题在于如何及时地发现和排除明显的或隐藏的错误，因此需要做软件测试工作。各种不同的软件有不同的测试方法和手段，但它们测试的内容大体相同。如图 7-11 所示，软件测试的步骤主要包括以下几个。

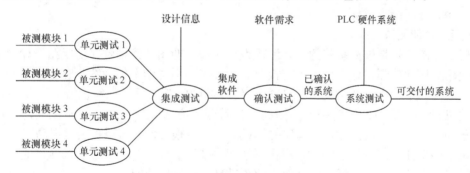

图7-11　软件测试的主要步骤

① 检查程序。按照需求规格说明书检查程序。

② 寻找程序中的错误。寻找程序中隐藏的有可能导致失控的错误。

③ 测试软件。测试软件是否满足用户需求。

④ 程序运行限制条件与软件功能。程序运行的限制条件是什么，明确该软件不能做什么。

⑤ 验证软件文件。为了保证软件的质量能满足以上的要求，通常可以按单元测试、集成测试、确认测试和现场测试 4 个步骤来完成软件文件的验证。

7.3.2　PLC 控制程序设计方法

在实际的工作中，软件的实现方法有很多种，具体使用哪种方法，因控制对象而异，以下是几种常用的方法。

1. 经验设计法

经验设计法即在一些典型的控制环节和电路的基础上，根据被控制对象的实际需求，凭经验选择、组合典型的控制环节和电路。对设计者而言，这种设计方法没有一个固定的规律，具有很大的试探性和随意性，需要设计者的大量试探和组合，最后得到的结果也不是唯一的，设计所用的时间、设计的质量与设计者的经验有关。

对于一些相对简单的控制系统的设计，经验设计法很有效。但是，由于这种设计方法的关键是设计者的开发经验，设计者的开发经验较丰富，设计的合理性、有效性越高，反之，则越低。所以，使用该法设计控制系统，要求设计者有丰富的实践经验，熟悉工业控制系统和工业上常用的各种典型环节。对于相对复杂的控制系统，经验设计法由于需要大量的试探、组合，设计周期长，后续的维护困难。所以，经验设计法一般只适合于比较简单的或与某些典型系统相类似的控制系统的设计。

2. 逻辑设计法

传统工业电气控制线路中，大多使用继电器等电气元件来设计并实现控制系统。继电器、交流接触器的触点只有吸合和断开两种状态，因此，用"0"和"1"两种取值的逻辑代数设计电气控制线路。逻辑设计方法同样也适用于 PLC 程序的设计。用逻辑设计法设计应用程序的一般步骤如下。

① 列出执行元件动作节拍表。
② 绘制电气控制系统的状态转移图。
③ 进行系统的逻辑设计。
④ 编写程序。
⑤ 检测、修改和完善程序。

3. 顺序功能图法

顺序功能图法是指根据系统的工艺流程设计顺序功能图，依据顺序功能图设计顺序控制程序。使用顺序功能图设计系统实现转换时，前几步的活动结束使后续步骤的活动开始，各步之间不发生重叠，从而在各步的转换中，使复杂的联锁关系得以解决；对于每一步程序段，只需处理相对简单的逻辑关系。因此，这种编程方法简单易学，规律性强，且设计出的控制程序结构清晰、可读性好，程序的调试和运行也很方便，可以极大地提高工作效率。

采用顺序功能图法设计系统时，应根据顺序功能图，以"步"为核心，从"起始步"开始一步一步地设计下去，直至完成。此法的关键是画出顺序功能图。

下面将详细介绍顺序功能图的种类及其编程方法。

（1）单流程及编程方法

顺序功能图的单流程结构形式简单，每一步后面只有一个转换，每个转换后面只有一步。各个工步按顺序执行，上一工步执行结束，转换条件成立，立即开通下一工步，同时关断上一工步。

如图 7-12 所示，当 $n-1$ 为活动步时，转换条件 b 成立，转换实现，n 步变为活动步，同时 $n-1$ 步关断。由此可见，第 n 步成为活动步的条件是 $X_{n-1}=1$，$b=1$，第 n 步关断的条件只有一个 $X_{n+1}=1$。用逻辑表达式（7-1）表示顺序功能图的第 n 步开通和关断条件为

$$X_n = (X_{n-1} \cdot b + X_n) \cdot \overline{X}_{n+1} \qquad (7-1)$$

式（7-1）中等号左边的 X_n 为第 n 步的状态，等号右边 X_{n+1} 表示关断第 n 步的条件，$\overline{X}_{n+1}$ 表示自保持信号，b 表示转换条件。

【例 7.1】 根据图 7-13 所示的顺序功能图，设计出梯形图程序。结合本例介绍常用的编程方法。

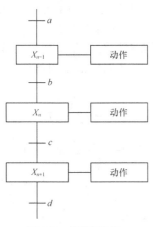

图7-12　单流程结构

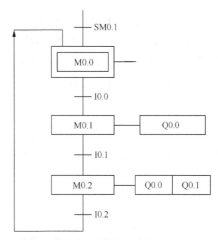

图7-13　顺序功能图

解：（1）使用启停电路模式的编程方法

只有实现前级步为活动步且转换条件成立时，才能进行步的转换，因此，使用启停电路模式的编程方法总是将代表前级步的中间继电器的常开触点与转换条件对应的触点串联，作为代表后续步的中间继电器得电的条件。当后续步被激活，应将前级步关断，所以用代表后续步的中间继电器常闭触点串联在前级步的电路中。

图 7-13 所示的顺序功能图对应的状态逻辑关系为

$$M0.0 = (SM0.1 + M0.2 \cdot I0.2 + M0.0) \cdot \overline{M0.1}$$

$$M0.1 = (M0.0 \cdot I0.0 + M0.1) \cdot \overline{M0.2}$$

$$M0.2 = (M0.1 \cdot I0.1 + M0.2 \cdot \overline{M0.0} \qquad\qquad (7\text{-}2)$$

$$Q0.0 = M0.1 + M0.2$$

$$Q0.1 = M0.2$$

对于输出电路的处理应注意：Q0.0 输出继电器在 M0.1、M0.2 步中都被接通，应将 M0.1 和 M0.2 的常开触点并联驱动 Q0.0。Q0.1 输出继电器只在 M0.2 步为活动步时才接通，所以用 M0.2 的常开触点驱动 Q0.1。

使用启停电路模式编制的梯形图程序，如图 7-14 所示。

（2）使用置位、复位指令的编程方法

S7-200 系列 PLC 有置位和复位指令，且对于同一个线圈置位和复位指令可分开编程，所以可以实现以转换条件为中心的编程。

当前步为活动步且转换条件成立时，用 S 将代表后续步的中间继电器置位（激活），同时用 R 将本步复位（关断）。

图 7-13 所示的顺序功能图中，如用 M0.0 的常开触点和转换条件 I0.0 的常开触点串联作为 M0.1 置位的条件，同时作为 M0.0 复位的条件。这种编程方法很有规律，每一个转换都对应一个 S/R 的电路块。用置位、复位指令编制的梯形图如图 7-15 所示。

（3）使用移位寄存器指令编程的方法

单流程的功能流程图各步总是顺序通断，并且同时只有一步接通，因此很容易采用移位寄存器指令实现控制。如图 7-13 所示的顺序功能图，可以指定一个 2 位移位寄存器，用

M0.1、M0.2 代表有输出的两步，移位脉冲由代表步状态的中间继电器的常开触点和对应的转换条件组成的串联支路并联提供，数据输入端（DATA）的数据由初始步提供。对应的梯形图如图 7-16 所示。对应步的中间继电器的常闭触点串联连接，可以禁止顺序功能图执行的过程中移位寄存器 DATA 端置"1"，以免产生误操作信号，从而保证了流程的顺利执行。

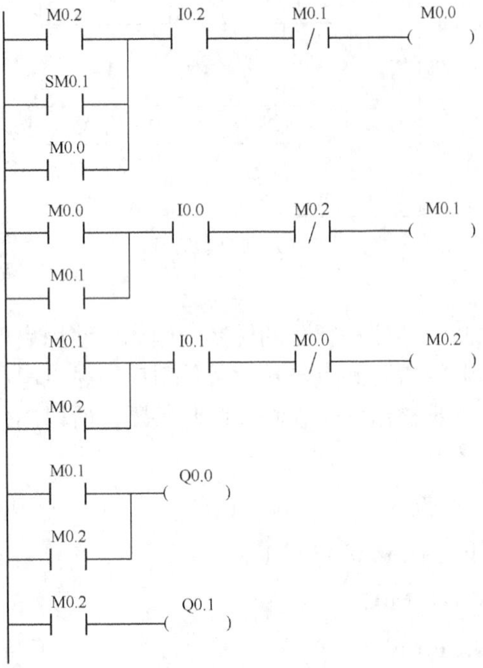

图7-14　例7.1梯形图

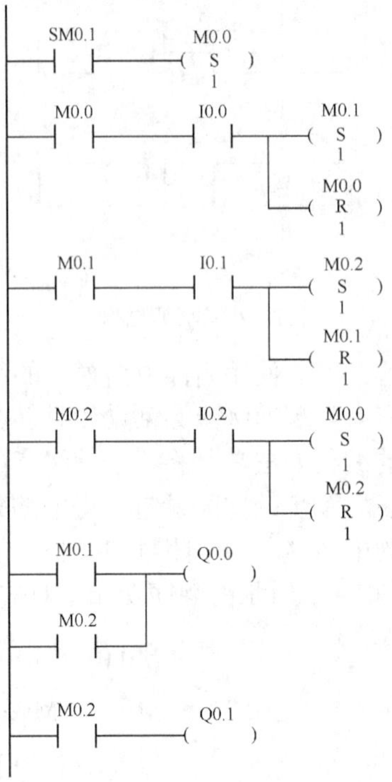

图7-15　用置位、复位指令编制的梯形图

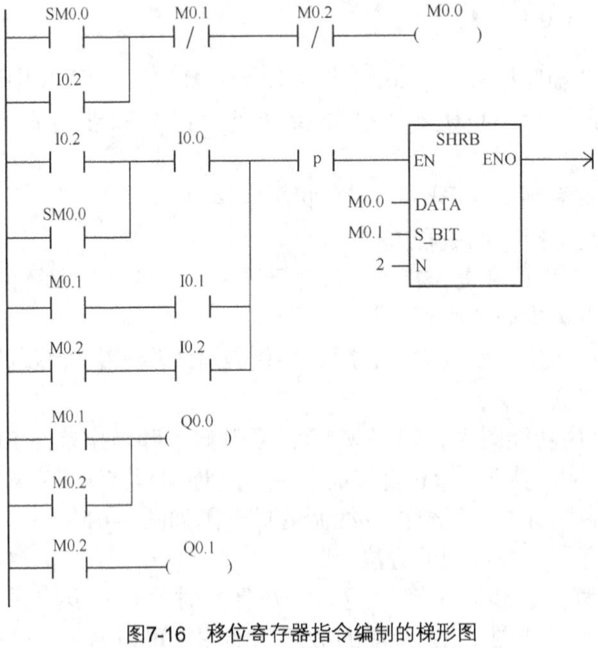

图7-16　移位寄存器指令编制的梯形图

（4）使用顺序控制指令的编程方法

使用顺序控制指令编程，必须使用 S 状态元件代表各步，如图 7-17 所示。其对应的梯形图如图 7-18 所示。

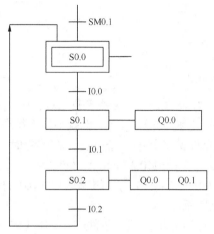

图7-17　顺序控制指令顺序功能图

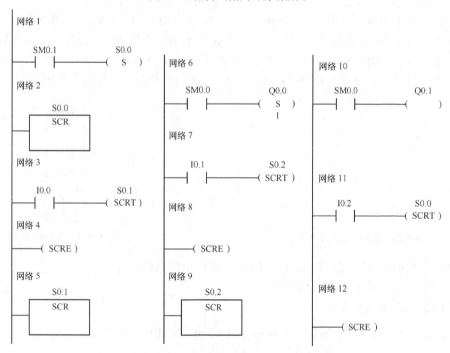

图7-18　使用顺序控制指令编制的梯形图

（5）选择分支及编程方法

选择分支分为两种，选择分支开始（如图 7-19 所示）和选择分支结束（如图 7-20 所示）。

选择分支开始，一个前级步后面紧接若干后续步可供选择，各分支都有各自的转换条件，在图中表示为代表转换条件的短画线在各自分支中。

选择分支结束，又称选择分支合并，是指几个选择分支在各自的转换条件成立时转换到一个公共步上。

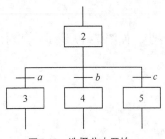

图7-19 选择分支开始

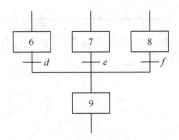

图7-20 选择分支结束

如图 7-19 所示，假设 2 为活动步，若转换条件 a=1，则执行工步 3；若转换条件 b=1，则执行工步 4；若转换条件 c=1，则执行工步 5。也就是说，哪个条件满足，选择相应的分支，同时关断上一步 2，一般只允许选择其中一个分支。在编程时，若工步 2、3、4、5 分别用 M0.0、M0.1、M0.2、M0.3 表示，则当 M0.1、M0.2、M0.3 之一为活动步时，都将导致 M0.0=0，所以在梯形图中应将 M0.1、M0.2 和 M0.3 的常闭触点与 M0.0 的线圈串联，作为关断 M0.0 步的条件，其梯形图如图 7-21 所示。

如图 7-20 所示，若步 6 为活动步，转换条件 d=1，则工步 6 向工步 9 转换；若步 7 为活动步，转换条件 e=1，则工步 7 向工步 9 转换；若步 8 为活动步，转换条件 f=1，则工步 8 向工步 9 转换。若工步 6、7、8、9 分别用 M0.4、M0.5、M0.6、M0.7 表示，则 M0.7（工步 9）的启动条件为 $M0.4 \cdot d + M0.5 \cdot e + M0.6 \cdot f$。在梯形图中，则为 M0.4 的常开触点串联与转换条件 d 对应的触点、M0.5 的常开触点串联与转换条件 e 对应的触点、M0.6 的常开触点串联与转换条件 f 对应的触点，3 条支路并联后作为 M0.7 线圈的启动条件，其梯形图如图 7-22 所示。

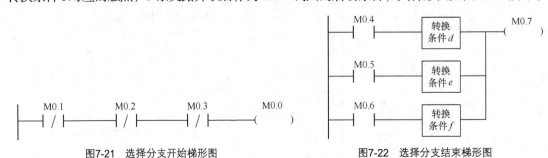

图7-21 选择分支开始梯形图

图7-22 选择分支结束梯形图

【例 7.2】根据图 7-23 所示的顺序功能图，设计出梯形图程序。

解：（1）使用启停电路模式的编程

对应的状态逻辑关系为

$$M0.0 = (SM0.1 + M0.3 \cdot I0.4 + M0.0) \cdot \overline{M0.1} \cdot \overline{M0.2}$$

$$M0.1 = (M0.0 \cdot I0.0 + M0.1) \cdot \overline{M0.3}$$

$$M0.2 = (M0.0 \cdot I0.2 + M0.2) \cdot \overline{M0.3}$$

$$M0.3 = (M0.1 \cdot I0.1 + M0.2 \cdot I0.3) \cdot \overline{M0.0} \tag{7-3}$$

$$Q0.0 = M0.1$$

$$Q0.1 = M0.2$$

$$Q0.2 = M0.3$$

图 7-24 用梯形图的方式表示了图 7-23 流程图，流程图中包括一个选择分支开始结构和一个选择分支结束结构。

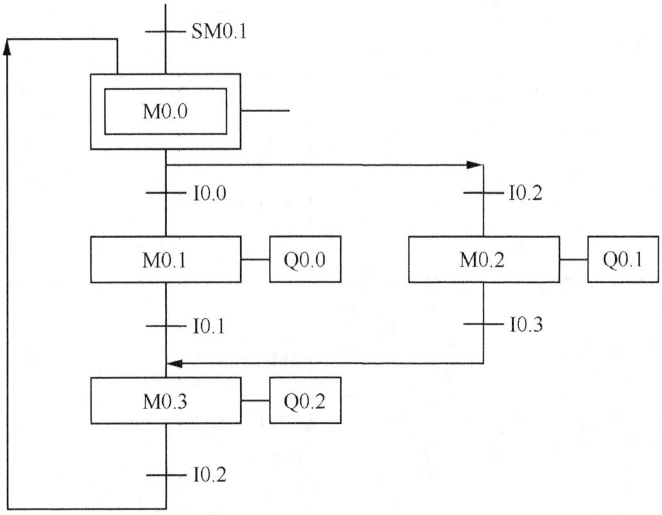

图7-23 例7.2示例的顺序功能图

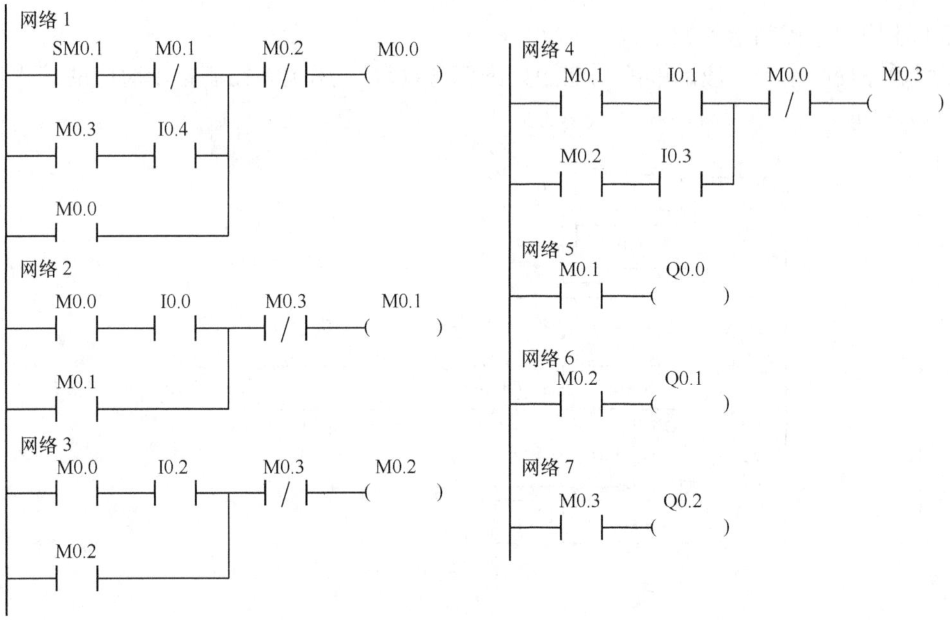

图7-24 启停电路模式的编程梯形图

（2）使用置位、复位指令的编程

使用置位、复位指令编程对应的梯形图如图 7-25 所示。

图 7-24 和图 7-25 所示的梯形图的功能是相同的，只不过图 7-25 中的梯形图采用了置位、复位指令进行编写，使程序看起来更加清晰明了。

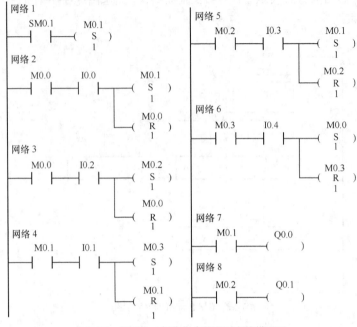

图7-25 用置位、复位指令编程对应的梯形图

（3）使用顺序控制指令的编程

使用顺序控制指令对应的顺序功能图如图 7-26 所示，用顺序控制指令对应的编程梯形图如图 7-27 所示。

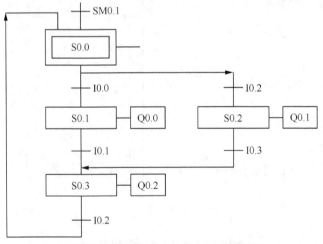

图7-26 使用顺序控制指令对应的顺序功能图

图 7-27 的梯形图采用了顺序功能控制指令，每一步要执行的动作都很简单，但是步骤相对烦琐。其功能与图 7-26 的功能是相同的。

（4）并行分支及编程方法

并行分支又称并发分支，也分两种，图 7-28（a）为并行分支的开始，图 7-28（b）为并行分支的结束，又称合并。并行分支的开始是指当转换条件实现后，同时使多个后续步激活。

为了强调转换的同步实现，水平连线用双线表示。如图 7–28（a）所示，当工步 2 处于激活状态，若转换条件 $e=1$，则工步 3、4、5 同时启动，工步 2 必须在工步 3、4、5 都开启后，才能关断。在图 7–28（b）中，当前级步 6、7、8 都为活动步，且转换条件 f 成立时，开通步 9，同时关断步 6、7、8。

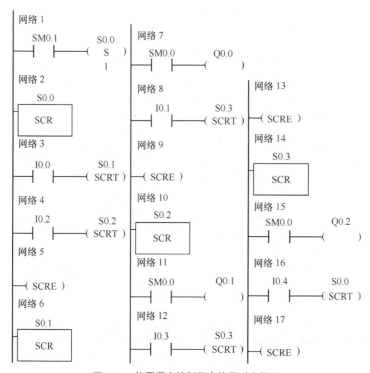

图7-27 使用顺序控制指令编程对应的图

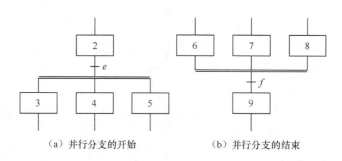

（a）并行分支的开始　　　（b）并行分支的结束

图7-28 并行分支结构示意图

【例 7.3】 根据图 7–29 所示的顺序功能图，设计出梯形图程序。

解：（1）使用启停电路模式的编程

使用启停电路模式编程对应的梯形图如图 7–30 所示。

图 7–30 用启停电路编写的梯形图表示了图 7–29 所示的顺序功能图。顺序功能图中，共有 1 个并行开始结构和 1 个并行结束结构。用户根据顺序功能图就能设计出图 7–30 所示的梯形图。

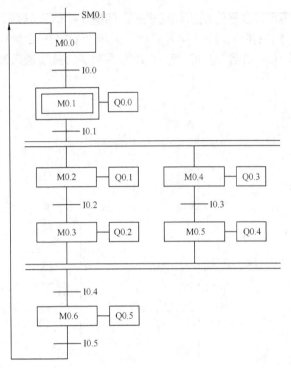

图7-29　例7.3顺序功能图

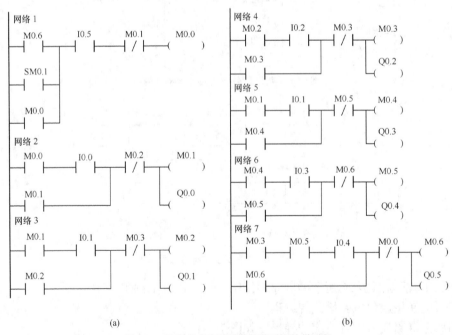

(a)　　　　　　　　　　　　　　　　　(b)

图7-30　使用启停电路模式编程对应的梯形图

（2）使用置位、复位指令的编程

图 7-31 中梯形图的功能与图 7-30 中梯形图的功能是一样的，只不过此梯形图用了置位、复位的编程方式，使程序结构更加简单。

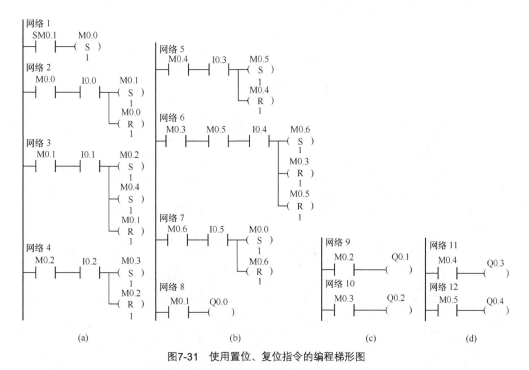

图7-31　使用置位、复位指令的编程梯形图

（3）使用顺序控制指令的编程

使用顺序控制指令编程的顺序功能图和梯形图分别如图 7-32 和图 7-33 所示。

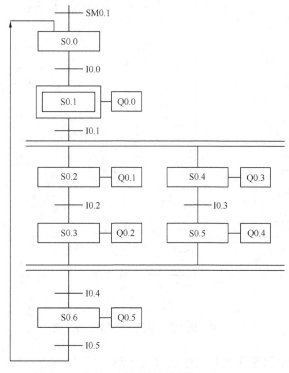

图7-32　使用顺序控制指令编程的顺序功能图

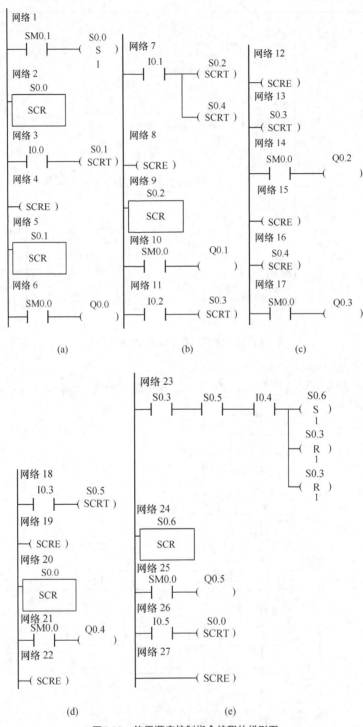

图7-33 使用顺序控制指令编程的梯形图

图 7-33 所示梯形图用顺序控制指令的方式实现了与启停电路模式的梯形图相同的功能，只不过顺序控制指令结构更加简单、明了，但是程序内容比较烦琐。

（4）循环、跳转流程及编程方法

在实际生产的工艺流程中，若要求在某些条件下执行预定的动作，则可用跳转程序。若需要重复执行某一过程，则可用循环程序，如图 7-34 所示。

跳转流程：当步 2 为活动步时，若条件 $f=1$，则跳过步 3 和步 4，直接激活步 5。

循环流程：当步 5 为活动步时，若条件 $e=1$，则激活步 2，循环执行。

循环跳转的编程方法和选择流程类似，本书不再详细介绍。但是在编程时要注意以下几点。

① 转换是有方向的，若转换的顺序是从上到下的，即为正常顺序，可以省略箭头。若转换的顺序从下到上，箭头不能省略。

② 只有两步组成闭环的处理。

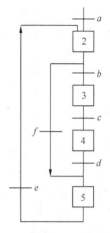

图7-34 "循环跳转流程"示意图

在顺序功能图中只有两步组成的小闭环如图 7-35（a）所示，因为 M0.3 既是 M0.4 的前级步，又是后续步，所以对应的用启停电路模式设计的梯形图程序如图 7-35（b）所示。从梯形图中可以看出，M0.4 线圈根本无法通电。解决的办法是在小闭环中增设一步，这一步只起短延时（不超过 0.1s）作用，由于延时取得很短，对系统的运行不会有影响，如图 7-35（c）所示。

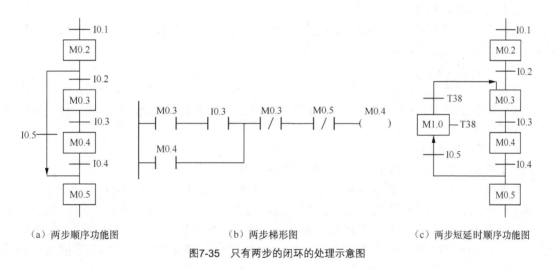

（a）两步顺序功能图   （b）两步梯形图   （c）两步短延时顺序功能图

图7-35 只有两步的闭环的处理示意图

7.4 设计经验与注意事项

7.4.1 干扰和抗干扰措施

PLC 是专门为工业环境设计的控制装置，一般不需要采取什么特殊措施，就可以直接在工业环境使用。但是，如果环境过于恶劣，电磁干扰特别强烈，或安装使用不当，都不能保证系统的正常安全运行。干扰可能使 PLC 接收错误的信号，造成误动作，或使 PLC 内部的数据丢失，严重时甚至会使系统失控。因此，在系统设计过程中，应采取相应的可靠性措施，以消除或减少干扰的影响，保证系统的正常运行。

1. 干扰源

影响控制系统的干扰源大多产生在电流或电压剧烈变化的部位。其原因主要是由于电流改变而产生了磁场，对设备产生电磁辐射。通常电磁干扰按干扰模式不同，可分为共模干扰和差模干扰。PLC 系统中的干扰主要来源如下。

（1）强电干扰

PLC 系统的正常供电电源均为电网供电。由于电网覆盖范围广，会受到所有空间电磁干扰产生在线路上的感应电压影响。尤其是电网内部的变化，大型电力设备启停、交直流传动装置引起的谐波，电网短路瞬态冲击等，都会通过输电线路传到 PLC 电源。

（2）柜内干扰

控制柜内的高压电器、大的感性负载、杂乱的布线都容易对 PLC 造成一定程度的干扰。

（3）信号线引入的干扰

这种信号线引入的干扰主要有两种，一是通过变送器供电电源或共用信号仪表的供电电源串入的电网干扰；二是信号线上的外部感应干扰。

（4）接地系统混乱干扰

正确的接地，既能减少电磁干扰的影响，又能抑制设备向外发出干扰；而错误的接地，反而会引入严重的干扰信号，使 PLC 系统无法正常工作。

（5）系统内部干扰

系统内部干扰主要由系统的内部元器件及电路间的相互电磁辐射产生，如逻辑电路相互辐射及其对模拟电路的影响等。

（6）变频器干扰

变频器启动及运行过程中均会产生谐波，这些谐波会对电网产生传导干扰，引起电压畸变，影响电网的供电质量。另外，变频器的输出也会产生较强的电磁辐射干扰，影响周边设备的正常工作。

2. 主要抗干扰措施

（1）采用性能优良的电源，抑制电网引入的干扰

电源是干扰进入 PLC 的主要途径之一，在 PLC 控制系统中，电源占有极其重要的地位。电网干扰串入 PLC 控制系统主要是通过 PLC 系统的供电电源（如 CPU 的电源、I/O 模块电源灯）、变送器供电电源和与 PLC 系统具有直接电气连接的仪表供电电源等耦合进入的。现在对于 PLC 系统供电的电源，一般采用隔离性能较好的电源，或在电源输入端加装带隔离层的隔离变压器和低通滤波器，以减少其对 PLC 系统的干扰。

隔离变压器可以抑制从电源线窜入的外来干扰，提高抗高频共模干扰能力。高频干扰信号不是通过变压器绕组的耦合，而是通过一次侧、二次侧绕组间的分布电容传递的。在一次侧、二次侧绕组之间加绕屏蔽层，并将它与铁心一起接地，可以减少绕组间的分布电容，提高抗高频共模干扰能力。

（2）正确选择电缆和实施分槽走线

不同类型的信号应分别由不同类型的电缆传输。数字量信号传输距离较远时，可以选用屏蔽电缆。模拟信号和高速信号（如旋转编码器提供的信号）也应选择屏蔽电缆，通信电缆应按规定选型。

PLC 应远离强干扰源，如大功率晶闸管装置、变频器、高频焊机和大型动力设备等。PLC 不能与高压电器安装在同一个开关柜内，在柜内 PLC 应远离动力线（二者之间的距离应大于 200mm）。系统的动力线应足够粗，以降低大容量异步电动机启动时的线路压降。不同类型的导线应分别装入不同的电缆管或电缆槽中，并使其有尽可能大的空间距离。

信号电缆应按传输信号种类分层铺设，严禁用同一电缆的不同导线同时传输动力电源和信号，如动力线、控制线及 PLC 的电源线和 I/O 线应分别配线。应将 PLC 的 I/O 线和大功率线缆分开走线，如果必须在同一线槽内，可加隔离板，以将干扰降到最低限度。

传送模拟信号的屏蔽线的屏蔽层应一端接地。为了泄放高频干扰，数字信号线的屏蔽层应并联电位均衡线，其电阻应小于屏蔽层电站的 1/10，并将屏蔽层两端接地。如果无法设置电位均衡线，或只考虑抑制低频干扰时，也可以一端接地。

如果模拟量 I/O 信号距离 PLC 较远，应采用 4～20mA 的电流传输方式，而不是易受干扰的电压传输方式。干扰较强的环境应选用带有关隔离的模拟量 I/O 模块，使用分布电容小、干扰抑制能力强的配电器为变送器供电，以减少对 PLC 的模拟量输入信号的干扰。

为了提高抗干扰能力，对长距离的 PLC 的外部信号、PLC 和计算机之间的串行通信信号，可能考虑用光纤电缆来传输和隔离，或使用带光耦合器的通信接口。

（3）硬件滤波及软件抗干扰措施

信号在接入计算机之前，在信号线与地间并接电容，以减少共模干扰；在信号两级间加装滤波器可减少差模干扰。

由于电磁干扰的复杂性，要从根本上消除干扰的影响是不可能的，因此在 PLC 控制系统的软件设计和组态时，还应在软件方面进行抗干扰处理，以进一步提高系统的可靠性。常用的软件措施包括数字滤波和工频整形采样，可有效消除周期性干扰；定时校正参考点电位，并采用动态零点，可防止电位漂移；采用信息冗余技术，设计相应的软件标志位；采用间接跳转、设置软件保护等。

（4）正确选择接地点，完善接地系统

良好的接地是 PLC 安全可靠运行的重要条件，PLC 与强电设备最后分别使用不同的接地装置，接地线的截面积应大于 2mm^2，接地点与 PLC 的距离应小于 50m。接地的目的一是安全，二是抑制干扰。完善的接地系统是 PLC 控制系统抗电磁干扰的重要措施之一。

在发电厂或变电站等场合，有接地网络可供使用。各控制屏和自动化元件可能相距甚远，若分别将它们在就近的接地母线上接地，强电设备的接地电流可能在两个接地点之间产生较大的电位差，干扰控制系统的工作。为防止不同信号回路接地线上的电流引起交叉干扰，必须分系统（如控制屏的单位）将弱电信号的内部地线接通，再各自用规定截面积的导线统一引到接地网络的某一点，实现控制系统一点接地的要求。

（5）对变频器干扰的抑制

目前，PLC 越来越多地与变频器一起使用，经常会遇到变频器干扰 PLC 正常运行的情况，变频器已经成为 PLC 最常见的干扰源。

变频器的主电路为交–直–交变换电路，工频电源被整流成直流电压信号，输出的是基波频率可变的高频脉冲信号，载波频率可能高达数十千赫兹。变频器的输入电流中含有丰富的高次谐波的脉冲波，它会通过电力线干扰其他设备。高次谐波电流还通过电缆向空间辐射，可以在变频器输入侧与输出侧串接电抗器，或安装谐波滤波器来吸收谐波，抑制高频谐波电流。变频器的输入与输出滤波器示意图如图 7–36 所示。

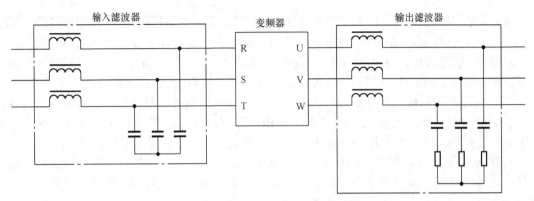

图7-36 变频器的输入与输出滤波器示意图

变频器的干扰处理一般有以下几种方法：加隔离变压器，主要是针对来自电源的传导干扰，可以将绝大部分的传导干扰阻隔在隔离变压器之前；使用滤波器能有效防止将设备本身的干扰传导给电源，有些滤波器还兼有尖峰电压吸收功能；使用输出电抗器减少变频器输出在能量传输过程中线路产生电磁辐射，影响其他设备的正常工作。

将变频器放在控制柜内，并将其金属外壳接地，对高频谐波有屏蔽作用。变频器的输入、输出电流（特别是输出电流）中含有丰富的谐波，所以主电路也是辐射源。PLC 的信号线和变频器的输出线应分别穿管敷设，变频器的输出线一定要使用屏蔽电缆或穿钢管敷设，以避免辐射干扰和感应干扰。

变频器应使用专用接地线，且用粗短线接地，其他邻近电气设备的接地线必须与变频器的接地线分开。

受干扰的 PLC 应采用屏蔽措施，尽量远离电磁辐射干扰区，可以在 PLC 的电源输入端串入滤波电路或安装隔离变压器，以减少谐波电流的影响。

7.4.2 节省I/O 点数的方法

1. 节省输入点数的方法

（1）采用分组输入

在实际系统中，大多有手动操作和自动操作两种状态。由于手动和自动不会同时操作，因此可将手动和自动信号叠加在一起，按不同控制状态进行分组输入。

如图 7-37（a）所示，系统中有自动和手动两种工作模式。将这两种工作模式的输入信号分成两组：自动工作模式开关 SA1、SA2、SA7，手动工作模式开关 S1、S2、S7。共用输入点 I1.1、I1.2、I1.7。用工作模式选择开关 S0 切换工作模式，并利用 I1.0 来判断是自动模式还是手动模式。图 7-37（a）中的二极管是为了防止出现寄生电流、产生错误输入信号而设置的。

（2）采用合并输入

如图 7-37（b）所示，进行 PLC 外部电路设计时，尽量把某些具有相同功能的输入点串联或并联后再输入 PLC 中。某系统有两个启动信号 SB4、SB5，3 个停止信号 SB1、SB2、SB3，采用合并输入方式后，将两个启动信号并联，将 3 个停止信号串联。这样不仅节省了输入点数，还简化了程序设计。

（3）将某些信号设在 PLC 的外部接线中

控制系统中的某些信号功能单一，如热继电器 FR、手动操作按钮等输入信号，没有必要作为 PLC 的输入信号，就可以将这些信号设置在 PLC 外部接线中。

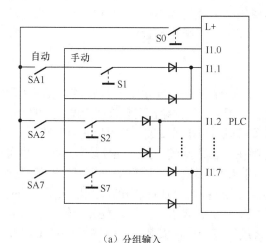
（a）分组输入

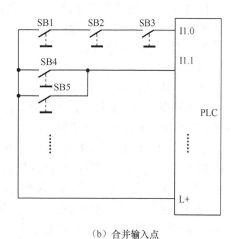
（b）合并输入点

图7-37　节省输入点数的方法

2. 节省输出点数的方法

节省输出点数的方法如下。

① 在输出功率运行的前提下，某些工作状态完全相同的负载可以并联在一起共用一个输出点。例如，在十字路口交通灯控制系统中，东边红灯就可以和西边红灯并联在一起，共用同一个输出点。

② 尽量减少数字显示所需的输出点数。例如，在需要数码管显示时，可利用 CD4513 译码驱动芯片；在显示数字较多的场合，可使用 TD200 文本显示器等设备以减少输出点数。

7.4.3　PLC 的安装与维护

1. PLC 的工作环境

尽管 PLC 的设计生产过程中已经充分考虑了其工作环境恶劣，但是为了保证 PLC 控制系统的正常、可靠、稳定运行，在使用 PLC 过程中必须考虑以下因素。

（1）温度

正常温度下，环境温度对 PLC 的工作性能没有很大影响。一般而言，PLC 安装的环境温度范围为 0～55℃，安装的位置四周通风散热空间的大小以基本单元和扩展单元之间的间隔至少在 30mm 以上为标准。为防止太阳光的直接照射，开关柜上、下部应有通风的百叶窗。如果周围环境超过 55℃，需要安装电风扇强迫通风。

（2）湿度

防止空气湿度对 PLC 工作的影响，PLC 工作的环境空气相对湿度应小于 85%（无凝露），以保证 PLC 的绝缘性能。

（3）振动

超过一定程度的振动会严重影响 PLC 的正常可靠工作，因此，要避免 PLC 近距离接触强烈的振动源；当使用环境存在不可避免的振动时，必须采取减振措施，如采用减振胶等，减弱振动对 PLC 工作性能的影响。

（4）空气

空气质量对 PLC 的正常工作影响不是很大。但是，对于在某些存在化学变化、反应情况下工作的 PLC，应避免接触氯化氢、硫化氢等易腐蚀、易燃的气体；对于空气中存在较多粉尘或腐蚀性气体的空间，可将 PLC 密封起来，并安装于空气净化装置内。

2. PLC 的安装与布线

（1）安装

PLC 常用的安装方式有两种：一是底板安装，二是标准 DIN 导轨安装。底板安装时利用 PLC 机体外壳 4 个角上的安装孔，用螺钉将其固定在底板上。DIN 导轨安装是利用模块上的 DIN 夹子，把模块固定在一个标准的 DIN 导轨上。导轨安装既可以水平安装，又可以垂直安装。

在安装时，CPU 模块和扩展模块通过总线连接在一起，排成一排。在模块较多时，也可以扩展连接电缆把两组模块分成两排进行安装。如果 CPU 模块和扩展模块采用自然对流散热形式，则每个单元的上、下方均应预留至少 25cm 的散热空间，与后板间的深度应大于 75cm。

模块安装到导轨上的步骤：先打开模块底部 DIN 导轨的夹子，把模块放在导轨上，再合上 DIN 夹子，然后检查一下模块是否固定好了。在进行多个模块安装时，应注意将 CPU 模块放在最左边，其他模块依次放在 CPU 的右边。在固定好各个模块后，将总线连接电缆依次连接即可。在拆卸时，顺序相反，先拆除模块上的连接电缆和外部接线后，松开 DIN 导轨夹子，取下模块即可。值得注意是，在安装和拆卸各模块前，必须先断开电源，否则有可能导致设备损坏。

（2）I/O 端的输入接线

输入接线越长，受到的干扰越大，因此，输入接线一般不超过 30m；除非环境较好，各种干扰很少，输入线路两端的电压下降不大，输入接线可以适当延长。I/O 接线最好分开接线，避免使用同一根电缆；I/O 接线尽可能采用常开触点形式连接到 PLC 的 I/O 接口。

（3）I/O 端的输出接线

输出端接线有两种形式，分别为独立输出和公共输出。如果输出属于同一组，输出只能采用同一类型、同一点电压等级的输出电压；如果输出属于不同组，应使用不同类型和电压等级的输出电压。另外，PLC 的输出接口应使用熔丝等保护元器件，因为焊接在电路板上的 PLC 输出元件与端子板相连接，如果负载发生短路，印制电路板将可能被烧毁，因此，应使用保护措施。针对感性负载选择输出继电器时，应选择寿命长的继电器。这是因为继电器形式输出所承受的感性负载会影响继电器的使用寿命。

3. PLC 的保护和接地

（1）外部安全电路

实际应用中存在一些威胁用户安全的危险负载，针对这类负载，不仅要从软件角度采取相应的保护措施，而且硬件电路上也应该采取一些安全电路。紧急情况下可以通过急停电路切断电源，使控制系统停止工作，减小损失。

（2）保护电路

硬件上除了设置一些安全电路外，还应设置一些保护电路。例如，外部电器设置互锁保护电路，保障正、反转运行的可靠性；设置外部限位保护电路，防止往复运行及升降移动超出应有的限度。

（3）电源过载的防护

PLC 的供电电源对 PLC 的正常工作起着关键性影响，但是并不是只要电源切断，PLC 立刻就能停止工作。由于 PLC 内部特殊的结构，当电源切断时间不超过 10ms 时，PLC 仍能正常工作；但是，如果电源切断时间超过 10ms，PLC 将不能正常工作，处于停止状态。PLC 处于停止状态后，所有 PLC 的输出点均断开，因此应采取一些保护措施，防止因为 PLC 的输出点断开引起的误动作。

（4）重大故障的报警及防护

如果 PLC 工作在容易发生重大事故的场合，为了在发生重大事故的情况下控制系统仍能够可靠地报警、执行相应的保护措施，应在硬件电路上引出与重大故障相关的信号。

（5）PLC 的接地

接地对 PLC 的正常可靠工作有着重要影响，良好的接地可以减小电压冲击带来的危害。接地时，被控对象的接地端和 PLC 的接地端连接起来，通过接地线连接一个电阻值不小于 100Ω 的接地电阻到接地点。

（6）冗余系统与热备用系统

某些实际生产场合对控制系统的可靠性要求很高，不允许控制系统发生故障。一旦控制系统发生故障，将造成重大的事故，导致设备损坏。例如，水电站控制机组转速的调速器对 PLC 的正常工作要求很高，对于大型水电站的水轮机调速器常使用两台甚至 3 台 PLC，构成备用调速器，防止单台 PLC 调速器发生故障。所以，生产实际中，针对可靠性要求较高的场合，通常通过多台 PLC 控制器构成备用控制系统，提高控制系统的可靠性。

4．PLC 的定期保养、检修

PLC 由半导体器件组成，长期使用后老化现象是不可避免的。所以，应定期对 PLC 进行检修和维护。检修时间一般为一年 1～2 次比较合适，若工作环境比较恶劣，应根据实际情况加大检修与维护频率。在检修与维护的过程中，若发现有不符合要求的情况，应及时调整、更换、修复及记录备查。

检修的主要项目包括如下内容。

① 检修电源：可在电源端子处测量电源的变化范围是否在允许的 ±10% 之间。

② 工作环境：重点检查温度、湿度、振动、粉尘、干扰等是否符合标准工作环境。

③ 输入、输出用电源：可在相应的端子处测量电压变化范围是否满足规格。

④ 检查各模块与模块相连的各导线及模块间的电缆是否松动，元件是否老化。

⑤ 检查后备电池电压是否符合标准、金属部件是否锈蚀等。

检修前准备、检修规程包括如下内容。

① 检修前准备好工具。

② 为避免造成模板元件损坏，检修前必须使用保护装置，并做好防静电等准备工作。

③ 检修前需挂检修牌。

④ 停机检修，必须两个人以上监护，避免人为突然上电，发现危险及时处置。

⑤ 把 CPU 前面板上的方式选择开关从"运行"转到"停"位置。

⑥ 关闭 PLC 供电的总电源，然后关闭其他给模板供电的电源。

⑦ 把与电源架相连的电源线记清线号及连接位置，然后拆下电源机架与机柜相连的螺钉，将电源机架拆下。

⑧ CPU 主板、I/O 板及其他扩展板卡均可在旋转模板下方的螺钉后拆下。

⑨ 安装时以相反顺序进行。

检修工艺及技术要求包括如下内容。

① 测量电压时，要用数字电压表或精度为 1% 的万能表测量。

② 电源机架、CPU 主板都只能在主电源切断时取下，更换元件不得带电操作。

③ 在 RAM 模块从 CPU 取下或插入 CPU 之前，要断开个人计算机的电源，这样才能保证数据不混乱。

④ 在取下 RAM 模块之前，检查模块电池是否正常工作，如果电池故障灯亮时取下模块 RAM 中内容将丢失。

⑤ I/O 板取下前也应先关掉总电源，但如果生产需要时 I/O 板也可在 PLC 运行时取下，但 CPU 板上的 QVZ（超时）灯亮。

⑥ 拔插模板时，要格外小心，轻拿轻放，并运离产生静电的物品。

⑦ 检修后模板安装一定要安插到位。

5. PLC 的故障诊断

PLC 系统的常见故障，一方面可能来自 PLC 内部，如 CPU、存储器、电源、I/O 接口电路等；另一方面也可能来自外部设备，如各种传感器、开关及负载等。

由于 PLC 本身可靠性较高，并且具有自诊断功能，通过自诊断程序可以非常方便地找到故障部件。而大量的工程实践表明，外部设备的故障发生率远高于 PLC 自身的故障率。针对外部设备的故障，我们可以通过程序进行分析。例如，在机械手抓紧工件和松开工件的过程中，有两个相对的限位开关不可能同时导通，说明至少有一个开关出现了故障，应停止运行进行维护。在程序中，可以将这两个限位开关对应的常开触点串联来驱动一个表示限位开关故障的存储器位。表 7-1 给出了 PLC 常见故障及其解决方法。

表 7-1　　　　　　　　　　　PLC 常见故障及其解决方法

问题描述	故障原因分析	解决方法
PLC 不输出	① 程序有错误； ② 输出的电气浪涌使被控设备出现故障 ③ 接线不正确； ④ 输出过载； ⑤ 强制输出	① 修改程序； ② 当接电动机等感性负载时，需接抑制电路 ③ 检查接线； ④ 检查负载； ⑤ 检查是否有强制输出
CPU SF 灯亮	① 程序错误：看门狗错误 0003、间接寻址错误 0011、非法浮点数 0012 等； ② 电气干扰：0001～0009； ③ 元器件故障：0001～0010	① 检查程序中循环、跳转、比较等指令是否正确； ② 检查接线； ③ 找出故障原因并更换元器件
电源故障	电源线引入过电压	把电源分析器连接到系统，检查过电压尖峰的幅值和持续时间，并给系统配置合适的抑制设备
电磁干扰问题	① 不合适的接地； ② 在控制柜中有交叉配线； ③ 为快速信号配置了输入滤波器	① 进行正确的接地； ② 进行合理布线。把 DC24V 传感器电压的 M 端子接地； ③ 增加输入滤波器的延迟时间

续表

问题描述	故障原因分析	解决方法
通信网络故障	如果所有的非隔离设备连接在一个网络中,而该网络没有一个共同的参考点。通信电缆会出现一个预想不到的电源,导致通信错误或设备损坏	检查通信网络;更换隔离型 PC/PPI 电缆;使用隔离型 RS-485 中继器

7.5 本章小结

本章详细讲述了 PLC 控制系统的设计流程、硬件系统设计选型方法和控制程序设计方法等内容。最后详细介绍了设计经验与注意事项,并讲解了如何利用 PLC 来实现工业生产自动化控制的详细过程。

本章的重点是 PLC 的硬件系统设计选型方法和控制程序设计方法这两部分内容,难点是 PLC 控制系统的设计流程。通过本章的学习,读者基本掌握了各种常用 PLC 的设计流程,并能自主编写 PLC 程序,构建一个简单的 PLC 控制系统。

实践篇

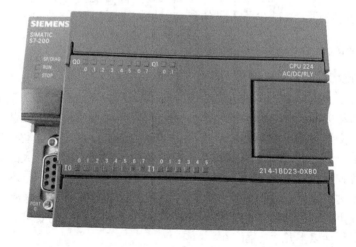

第8章 S7-200 系列 PLC 在电气控制系统中的应用实例

随着电气控制技术的发展，自动控制线路从过去的硬件电路系统逐渐形成了现在以 PLC 为核心的软件控制系统。过去的控制线路主要由路由器、接触器等器件构成，其结构简单、价格低廉，所以在当时应用非常广泛。但它的缺点也很明显，即在进行技术改进时灵活性差、机械性触点工作频率低，容易损坏，寿命低。当前，利用 PLC 技术进行自动控制，采用编程技术，其具有灵活性强、体积小、抗干扰能力强的优点，其工作频率远远高于传统的自动控制系统，在现代电气控制系统中应用广泛。

8.1 交流双速电梯控制系统

近年来，电梯的生产和控制技术迅速发展，使电梯的设计、制造、维修有较大的改进，同时电梯的控制方式也得到了飞速发展。一些自动化、高智能化的电梯控制方式的出现，既提高了电梯乘坐的舒适性，又减少了人员的参与，操控也更加简单、方便。

8.1.1 系统概述

1. 交流双速电梯简介

早在 1889 年，美国的一家公司就制造出世界上第一部以电动机为动力的升降机，当时采用直流电动机作为动力源。随着社会的发展，人们对电梯的调速精度、调速范围等各种指标提出更高的要求，由于直流电动机能较好地满足调速的要求，而交流电动机受到当时技术的限制无法满足要求，因此交流电动机没有得到广泛应用。在第二次世界大战后，电梯制造业进入发展时期，各种新技术开始应用于电梯制造设计中。随着电力电子技术的发展，对交流电动机的控制也能达到直流电动机的控制性能，因此交流电动机开始在电梯中得到应用。

根据用途、载重、运行速度、传动机构和控制方式等基本规格的要求，电梯可按多种方式进行分类，其中包括以下几个方面。

① 按照电梯用途分类：客梯、货梯、住宅梯、观光梯、自动扶梯及其他特种电梯等。

② 按照电梯运行速度分类：低速、快速、高速和超高速电梯。速度 $v<1m/s$ 的为低速电梯，速度 $1m/s<v<2m/s$ 的为快速电梯，速度 $2m/s<v<5m/s$ 的为高速电梯，速度 $v>5m/s$ 的为超高速电梯。

③ 按电梯操纵方式分类：按钮控制电梯、信号控制电梯、集选控制电梯、并联控制电梯

和智能控制电梯等。

④ 按电梯电动机种类分类：交流电梯和直流电梯两种。一般来说，直流电动机拖动电梯运行的性能要好于交流电动机，但是由于交流电动机的结构和使用价值都强于直流电动机，对其进行改进后，其性能与直流电动机相当，因此在现代电梯中大多使用交流电动机。

2. 交流双速电梯控制系统的功能要求

目前，电梯的控制方式主要有 3 种类型：继电器控制方式、PLC 控制方式和微机控制方式。早期安装的电梯多采用继电器控制方式，因为在当时继电器技术的使用比较成熟而且应用广泛，能够满足当时的控制要求，同时设计简单。但是，在经过长时间的运行后，继电器的故障发生率逐渐增加，维护的困难增大，可靠性降低，基本不具有可移植性，因此无法适应现代控制系统的要求，逐渐被淘汰。微机控制方式在智能控制方面有较强的功能，但是其抗干扰能力差，成本较高，系统设计复杂，维修复杂，一般维修人员难以掌握，因此一般多应用于智能化程度高的系统中。

随着 PLC 技术的逐步成熟，PLC 广泛应用于各行各业中。PLC 具有结构简单、控制方便、编程容易、抗干扰能力强、可靠性和可移植性高的特点，应用在电梯控制系统中，可实现电梯控制的各种功能要求，所以逐渐代替了继电器控制系统，因此在现代大多数电梯控制系统中，使用 PLC 控制系统。

电梯系统的主要结构以 3 层为例，如图 8-1 所示。电梯的主要任务是通过响应外界的输入，经过 PLC 运算后，决定电梯的运行方式，其工作过程如图 8-2 所示。

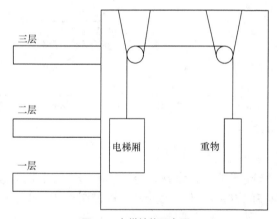

图8-1　电梯结构示意图

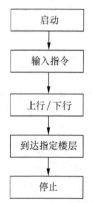

图8-2　电梯工作过程示意图

电梯的主要任务是根据厢内/外的控制指令，将电梯运行到指令楼层，同时根据每个楼层的控制命令开、闭门，以实现各个楼层的要求。电梯系统的主要工作步骤如图 8-2 所示，其接收厢内/外指令，判断电梯上行还是下行，到达目的楼层在其他楼层是否有开门指令，到达目的楼层后是否又有新的指令，根据新的指令再次判断是上行还是下行。如此循环，如果没有指令的话就停止在上一个指令的目的楼层。

根据以上电梯控制的功能要求，设计出图 8-3 所示的交流双速电梯控制系统的功能框图。

在电气控制柜中，主要分为两个部分，一部分在厢内，主要包括楼层的数字按钮、各类继电器、传感器显示单元等；另外一部分在厢外，主要包括每个楼层的上行和下行按钮，以及正在运行的楼层显示单元，同时还包括一些接近传感器等，其结构示意图如图 8-4 所示。

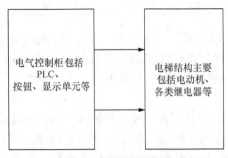

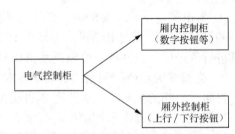

图8-3 交流双速电梯控制系统的功能框图　　　　图8-4 电气控制柜（厢内/外）结构示意图

在电气控制柜内主要通过 PLC 输出的信号控制各类继电器，通过切换不同的继电器完成速度的变化。根据所接收的指令和电梯所在的楼层，经过 PLC 内部运算后，完成用户的控制要求。

3. 系统总体设计

交流双速电梯控制系统的设计主要包括两个方面，一是机械结构的设计，二是电气控制系统的设计。机械结构的设计主要包括整个厢体的设计、电动机的位置、动/定滑轮的位置、电气控制柜的位置及电气线路的位置。电气部分的设计主要包括各种 I/O 信号的线路排列、PLC 主机和其他模块的位置、线路的保护设计及其他相关器件的位置及布线等，如图 8-5 所示。

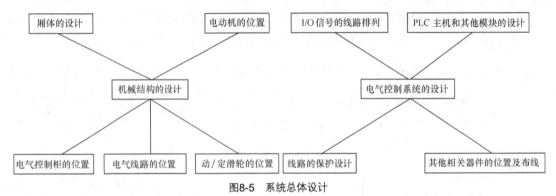

图8-5 系统总体设计

（1）交流双速电梯控制系统的结构

随着楼房越来越高，电梯就成为高层建筑的必备设备，经过不断努力，电梯已经由手柄开关操纵电梯、按钮控制电梯发展到现在的群控电梯，无论是何种控制方式，电梯的组成结构都基本相同，主要包括电力拖动系统、导向系统、门系统、电气控制系统、安全保护系统和重量平衡系统等。

① 电力拖动系统。电力拖动系统包括拖动电动机、供电系统、调速装置等。电力拖动系统的作用是对电梯进行调速控制。

拖动电动机是电梯系统的动力源，直接控制电梯的上升和下降，可根据实际情况选用直流电动机和交流电动机，本实例选用交流电动机。

供电系统是为电动机提供电源的装置，为电动机的运行提供电力。

调速装置是对电动机进行调速控制的装置。

② 导向系统。导向系统由导轨、导轨架和导靴等组成，作用是限制电梯厢和重物的运动，使其只能在导轨的方向上运动。

导轨固定在导轨架上，导轨架连接到电梯通道的墙壁上，用于支撑导轨。

导靴被安装在电梯厢和重物上，与导轨配合使电梯厢和重物的运动被限制在导轨上。

③ 门系统。门系统由电梯厢门、开门系统、联动机构和门锁等组成。

电梯厢门被设置在电梯的入口处，由门扇、门导轨架等组成。

开门系统设置在电梯厢上，控制电梯厢门的开关和闭合。

联动机构设置在电梯厢上，控制电梯门在开关和闭合时其他机构的动作。

④ 电气控制系统。电气控制系统包括操作系统、显示单元、控制电气柜、平层器和选层器等。

操作系统包括厢内的楼层数字按钮、开关门按钮和每个楼层中的上行和下行按钮，还有电梯运行方式的选择按钮。

控制电气柜被安装在电梯控制的机房中，其中有些电气控制元件是电梯运行控制的核心设备。

选层器用于指示和反馈电梯厢的位置，决定电梯的运行方向和发出加减速信号。

⑤ 安全保护系统。安全保护系统包括机械和电气的各类保护系统，保护电梯安全运行。

机械方面有起超速保护作用的限速器，起防冲顶和防撞底作用的缓冲器，还有切断电源的极限保护装置等。

电气方面的保护主要在软件设计中实现。

⑥ 重量平衡系统。重量平衡系统由对重和重量补偿装置组成。对重由对重块和对重架组成，对重块即如图 8-1 所示的重物，对重将平衡电梯厢自重和部分额定载重。重量补偿装置是补偿高层电梯中电梯厢与对重侧钢丝长度变化对电梯平衡设计影响的装置。

（2）交流双速电梯控制系统的工作原理

当电梯停靠在某一楼层后，乘客进入电梯厢内，只需要按下欲前往的楼层数字按钮，电梯在 PLC 的控制下经过延时一段时间后，自动关门。待厢门关闭后，自动启动电动机，根据电梯所在楼层和目标楼层决定电梯是上行还是下行。电梯自动运行后，根据通道内的各种传感器进行加、减速和稳定运行等控制，同时根据各个楼层的召唤信号对电梯进行启停控制，对符合运行条件的楼层自动停靠、开门。在同向的召唤信号全部满足后，如有反向召唤信号电梯自动反向运行，对相应的楼层进行停靠、开门等处理。没有信号时，电梯则自动关门并处于最后停靠的楼层等待召唤信号。

交流双速电梯调速控制线路如图 8-6 所示。电梯启动时，首先接通上行或下行的接触器（SK 或 XK），同时也接通快速接触器 KK，这样就接通了快速绕组，电梯快速启动。为了减小电梯启动的加速度，提高乘坐的舒适感。接触器 K2 断开，将电抗接入电路，当电动机的转速达到一定数值后，闭合接触器 K2 将电抗短路，电动机逐步加速至额定速度，电梯最后稳定运行。当电梯需要减速时，先断开快速接触器 KK，闭合慢速接触器 MK，此时接通了慢速绕组，电动机开始减速。为了降低在减速过程中的加速度，接触器 K1 断开，

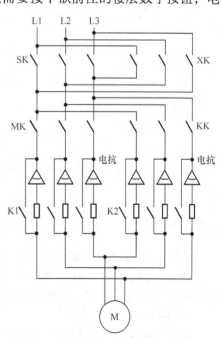

图8-6　交流双速电梯调速控制线路示意图

电路中接入了电抗器，当电动机的转速降到一定程度后，将接触器 K1 闭合，将电抗器短路使电动机逐步减速至停止。

8.1.2　硬件系统配置

本节主要介绍设计电梯控制系统，以及该系统所要配置的硬件设备。图 8-7 所示为电梯控制系统的硬件框图。此系统中的核心控制器是 PLC，根据功能要求还扩展了一个模拟量 I/O 模块和数字量模块，以及一些其他相关硬件设备。

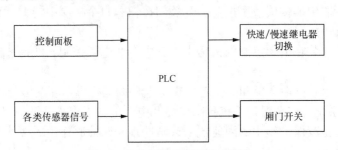

图8-7　电梯控制系统的硬件电路图

电梯控制系统的硬件电路图中，控制面板包括两个部分，一部分安置于电梯厢内用于乘客选择所要到达的楼层，另外一部分置于每个楼层用于呼叫电梯，如图 8-8 所示。

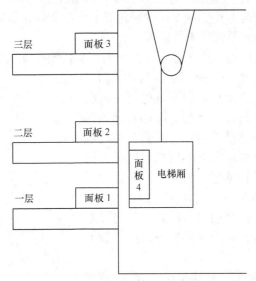

图8-8　电梯控制系统面板示意图

在图 8-7 所示的面板示意图中，每个楼层的控制按钮只有两个按键——上行键和下行键，以及相关的显示单元，在底楼只有一个上行键，在顶楼只有一个下行键。在电梯厢内有楼层按键和开关门按键，以及相关的显示单元。

1．PLC 选型

根据控制系统的功能要求，从经济性、实用性和可靠性等方面考虑，采用西门子 S7-200 系列 PLC 作为控制系统的核心编程器。S7-200 系列中现在应用比较广泛的 CPU 是 22x 系列，在这个系列中有 5 种不同的结构配置：CPU221、CPU222、CPU224、CPU226 和 CPU22XM 等。

在交流双速电梯控制系统中，共需要 18 个数字输入量、12 个数字输出量和一个模块输入量，根据以上计算和程序的容量，选择 CPU222 作为主机。CPU222 的规格如表 8-1 所示。

表 8-1 CPU222 的规格

主机 CPU 类型		CPU222
外形尺寸（mm × mm × mm）		90 × 80 × 62
用户程序区（Byte）		4 096
数据存储区（Byte）		2 048
失电保持时间（h）		50
本机 I/O		8 入/6 出
扩展模块数量		2
高速计数器	单相（kHz）	30（4 路）
	双相（kHz）	20（2 路）
直流脉冲输出（kHz）		20（2 路）
模拟电位器		1
实时时钟		配时钟卡
通信口		1 RS-485
浮点数运算		有
I/O 映像区		256（128 入/128 出）
布尔指令执行速度		0.37μs/指令

该控制系统不仅要扩展数字 I/O 量模块，还需要扩展一个模拟量输入模块，本实例根据控制系统的功能要求选用模拟量扩展模块 EM235，其接线图如图 8-9 所示。

EM235 具有以下特性。

① 4 路模拟量差分输入，1 路模拟量输出。

② 测量范围：单极性时，0～5V 和 0～10V（电压），分辨率分别为 1.25mV 和 2.5mV，0～20mA（电流），分辨率为 5μA；双极性时，−2.5～+2.5V 和−5～+5V（电压），分辨率分别为 1.25mV 和 2.5mV，0～20mA（电流），分辨率为 5μA。

③ A/D 转换器位数为 12 位。

④ 最大输入电压为 DC 30V，最大输入电流为 32mA。

⑤ 功耗为 2W。

S7-200 系列的 PLC 中 CPU222 最多可以扩展两个模块，因此 EM223 和 EM235 两个模块完全可以被扩展到 CPU222 主机上，这样既能充分发挥 CPU222 的功能，又能留出余量作功能扩充用。在 EM223 和 EM235 连接时，将排线插到主机和扩展模块的插槽上即可，I/O 和模拟量 I/O 的命名不需要特别设置，只需要按照编址规则直接使用。

2．PLC 的 I/O 资源配置

根据交流双速电梯控制系统的功能要求，对 PLC 进行 I/O 分配，具体分配如下。

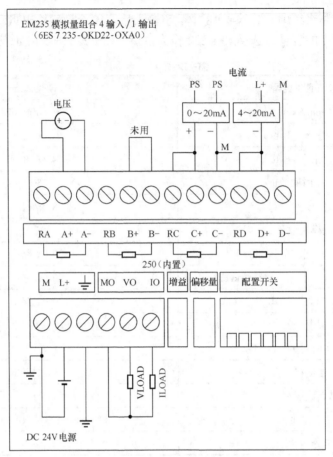

图8-9　模拟量扩展模块EM235的接线图

（1）数字量输入部分

在这个控制系统中，要求输入的有运行/维修、上行/下行、开/关门、楼层选择按钮及各种传感器和限位器等共19个输入点。数字量输入地址分配如表8-2所示。

表8-2　　　　　　　　　　　　　　　　数字量输入地址分配

输入地址	输入设备	输入地址	输入设备
I0.0	运行/维修按钮	I1.2	门区限位器
I0.1	楼层1上行按钮	I1.3	下平层限位器
I0.2	楼层2上行按钮	I1.4	开门到位限位器
I0.3	楼层2下行按钮	I1.5	关门到位限位器
I0.4	楼层3下行按钮	I1.6	楼层1选择按钮
I0.5	楼层1上层限位器	I1.7	楼层2选择按钮
I0.6	楼层2上层限位器	I2.0	楼层3选择按钮
I0.7	楼层2下层限位器	I2.1	开门按钮
I1.0	楼层3下层限位器	I2.2	关门按钮
I1.1	上平层限位器		

输入点主要按照按钮置于厢内/外和楼层位置的不同进行分类,I0.0～I0.4 为每个楼层的控制按钮,I0.5～I1.3 为电梯运行通道内安置的行程开关输入,其余的输入都是电梯厢内的控制按钮。

（2）模拟量输入部分

在控制系统中,由于需要测量电梯厢内的重量是否超过限定范围,因此增加了模拟量 I/O 模块采集重量。模拟量输入地址分配如表 8-3 所示。

表 8-3   模拟量输入地址分配

输入地址	输入设备
AIW0	压力传感器

在这个控制系统中,要采集厢内的重量,在设计时需要考虑传感器的位置置于何处,才能准确地测出厢内的重量是否超过标准。

（3）数字量输出部分

在这个控制系统中,主要输出控制的设备有各种继电器、电动机和一些指示灯等共有 13 个输出点,其具体分配如表 8-4 所示。

表 8-4   数字量输出地址分配

输出地址	输出设备	输出地址	输出设备
Q0.0	上行继电器	Q1.1	上行指示灯
Q0.1	下行继电器	Q1.2	下行指示灯
Q0.2	快速运行继电器	Q1.3	厢体开门
Q0.3	慢速运行继电器	Q1.4	厢体关门
Q0.4	楼层 1 指示灯	Q1.5	抱闸停止
Q0.5	楼层 2 指示灯	Q1.6	超重报警
Q1.0	楼层 3 指示灯		

输出设备主要控制电梯慢速/快速运行的切换、运行情况的显示、电梯门电动机的正/反转,以及对于危险情况的报警。

根据电梯控制系统的功能要求和上述 I/O 分配的情况,设计出交流双速电梯控制系统 PLC 控制部分的硬件接线图,如图 8-10 所示。

3. 其他资源配置

在控制系统中 PLC 是控制系统的核心设备,除此之外,还需要其他设备进行输入和输出控制,完成整个系统的控制要求,如各种行程开关、按钮、传感器、继电器、指示灯和电动机等设备。

（1）各种行程开关

在这个控制系统中,使用了众多行程开关,其主要作用是对厢体的运行情况进行控制,并对厢体进行定位,同时对厢体门的开关进行控制。

① 楼层上/下层行程开关。楼层上/下行程开关一共包括 4 个限位器,即楼层 1 上层限位器、楼层 2 上层限位器、楼层 2 下层限位器和楼层 3 下层限位器。由于楼层 1 和楼层 3 分别

为建筑物的底层和顶层，因此只需要一个限位器即可。限位器的作用是控制电梯在运行过程中的速度，上行过程中，如果电梯在楼层 2 需要停止，在厢体接触到楼层 2 的下层限位器后，电梯由高速切换到低速运行，实现电梯的平稳启停，继续向上运行时，接触到楼层 2 的上层限位器后，电梯由低速切换至高速运行。

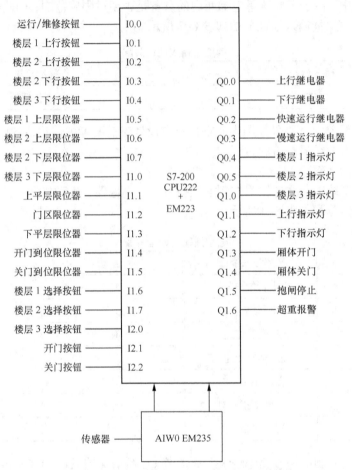

图8-10　交流双速电梯控制系统PLC控制部分硬件接线图

在电梯安装调试时，将每个行程开关安装在适当的位置，当电梯运行到适当位置的时候，行程开关被接通，通过 PLC 的控制，完成电梯的切换，实现双速控制。

② 门层行程开关。门层行程开关主要包括 3 个放置于不同位置的限位器，即上平层限位器、门区限位器和下平层限位器。这几个限位器的作用是确保在电梯停止后，厢体门处于正确的位置，实现准确定位的功能。当 3 个限位器同时接通后，表示门的位置已定位完毕，可进行开关门操作。

事先在电梯安装调试时，将每个限位器安装在适当的位置，由于需要比较准确的定位，因此在电梯正式运行前要不断调整行程开关的位置，以达到较好的定位效果。

③ 开/关门行程开关。开/关门行程开关主要包括两个限位器，即开门到位限位器和关门到位限位器。主要作用是检测门的状态。开门到位限位器置于门在打开状态时的位置，当门完全打开后，限位器接通；关门到位限位器置于门在闭合状态时的位置，当门完全闭合后，

限位器接通，电梯可进行上行/下行运行。

（2）各种按钮

在控制系统的面板上主要使用了两种按钮，一种是旋钮，另一种是触点触发式按钮。旋钮用于运行状态的选择，在此系统中，主要有两种运行状态，即运行和维修。剩下的所有按钮均采用触点触发式按钮，即按下即接通，松开即复位。

（3）传感器

传感器的使用主要是为了保证电梯的安全运行，防止超重。通过不断的调试，将传感器安装在适当的位置，使其能准确地判断出厢内重量是否超标，从而达到保护电梯安全运行的目的。如果厢内重量超过标准，则无法关门，电梯无法上行/下行运行。

（4）各种继电器

在这个控制系统中，控制各种继电器的通断就实现了电梯双速运行、上行/下行控制等控制。

① 上行继电器。通过接通上行继电器，使其线圈上电，从而使对应的开关闭合，使电动机转动带动电梯向上运行。

② 下行继电器。通过接通下行继电器，使其线圈上电，从而使对应的开关闭合，使电动机反向转动带动电梯向下运行。

③ 快速运行继电器。通过接通快速运行继电器，使其线圈上电，从而使对应的开关闭合，使电动机按照正常转速转动带动电梯快速运行。

④ 慢速运行继电器。通过接通慢速运行继电器，使其线圈上电，从而使对应的开关闭合，使电动机以较低转速转动，从而带动电梯慢速运行。

（5）指示灯

指示灯可采用数码管显示也可以采用高亮的二极管，两者的区别是当要显示的单元较多时，可采用数码管显示，减少输出点数，如果显示不多，可采用二极管显示，编程和接线都比较简单。

在这个控制系统中，采用了二极管作为显示单元，可显示所在楼层及电梯的运行状态（上行/下行）。

超重报警采用声光报警，选用既可发出闪烁信号，又可发出蜂鸣声的指示灯。

（6）电动机

电动机是这个控制系统主要的被控设备，主要作用是拖动运动，并且控制门的打开和关闭，电动机要根据所拖动的负载大小选择适当的容量和功率。

8.1.3　软件系统设计

上面介绍了交流双速电梯控制系统的机械结构、工作原理和电气控制部分的结构，在硬件结构的设计大体完成后，就要开始软件部分的设计。根据控制系统的控制要求、硬件部分的设计情况及 PLC 控制系统 I/O 的分配情况，进行软件编程设计。在软件设计中，首先按照功能要求作出流程图，然后按照不同的功能编写不同的功能模块，这样写出的程序条理清晰，既方便编写，又便于调试。

1. 总体流程设计

根据控制系统的功能要求，交流双速电梯工作时，主要可分为两个部分，一是维修状态，二是正常运行状态。

在旋钮置于"维修"位置时，无论电梯处于什么位置，都将直接运行到楼层底部，忽略用户的其他指令。其工作流程如图 8-11 所示。

置于"正常运行"位置时，可根据电梯内外及各个楼层之间的用户指令，以及电梯现在所处的位置，自动判断电梯的运行方向，根据 PLC 接收的其他外部设备的控制信号，自动完成速度切换，完成用户的控制要求运行至指定的楼层。交流双速电梯控制系统流程图如图 8-12 所示。

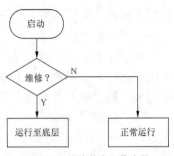

图8-11　维修状态工作流程

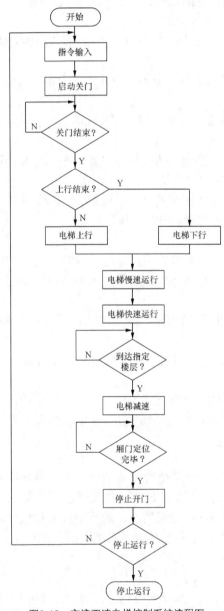

图8-12　交流双速电梯控制系统流程图

2. 各个模块梯形图设计

根据图 8–12 所示的流程图，采用模块化的程序设计方法，为了便于程序设计及程序修改和完善，建立表 8–5 所示的元件设置表。

表 8-5 元件设置表

元件	意义	内容	备注
M0.0	维修状态标志		on 有效
M0.1	正常运行标志		on 有效
M0.2	上行运行标志		on 有效
M0.3	下行运行标志		on 有效
M0.4	开门完成标志		on 有效
M0.5	关门完成标志		on 有效
M0.6	楼层到达标志		on 有效
M0.7	快速运行标志		on 有效
M1.0	慢速运行标志		on 有效
M1.1	抱闸停车标志		on 有效
M1.2	开门启动标志		on 有效
M1.3	关门启动标志		on 有效
M1.4	速度切换标志		on 有效
M1.5	超重报警标志		on 有效
M2.0	上行复位楼层 1 寄存器		on 有效
M2.1	上行复位楼层 2 寄存器		on 有效
M2.2	下行复位楼层 3 寄存器		on 有效
M2.3	下行复位楼层 2 寄存器		on 有效
VB0	电梯现在所在楼层寄存器		
VB1	厢内楼层 1 寄存器		
VB2	厢内楼层 2 寄存器		
VB3	厢内楼层 3 寄存器		
VB4	楼层 1 上行寄存器		
VB5	楼层 2 上行寄存器		
VB6	楼层 2 下行寄存器		
VB7	楼层 3 下行寄存器		
VB10	目标楼层寄存器		
VW100	传感器返回值		
VW102	重量标准值		

续表

元件	意义	内容	备注
T37	关门延迟定时器	20	2s
T38	开门延迟定时器	10	1s

（1）电梯运行状态选择程序

维修状态时的梯形图程序如图 8-13 所示。旋钮的默认状态为 I0.0 断开，在断开时中间继电器 M0.0 闭合，无论电梯处于什么位置，电梯都直接下行到底层，如果电梯就在底层，则厢门上的限位器传送信号到 PLC 中，表示电梯已到达目标位置，延迟一段时间后，厢门开启进行维修工作。

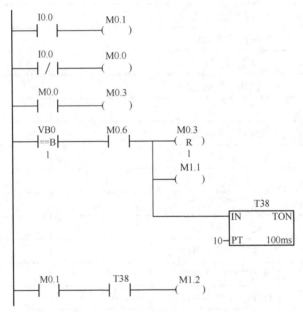

图8-13　维修状态时的梯形图程序

与图 8-13 所示梯形图程序对应的语句表如表 8-6 所示。

表 8-6　　　　　　　　　　　与图 8-13 所示梯形图程序对应的语句表

语句表		注释	语句表		注释
LD	I0.0		R	M0.3,1	下行状态被复位
=	M0.1	正常运行启动	=	M1.1	抱闸停车
LDN	I0.0		TON	T38,0	电梯到位后，延迟 1s
=	M0.0	维修状态运行	LD	M0.1	
LD	M0.0		A	T38	
=	M0.3	电梯下行	=	M1.2	延迟时间到，开门启动
LDB	VB0,1	判断当前楼层是否为 1 层			
A	M0.6	电梯到达指定楼层			

（2）楼层指令输入程序

楼层指令输入梯形图程序如图 8-14 所示。在正常运行状态时，接收每个楼层的上行/下行指令和厢内控制按钮的指令。在此程序中，先将收到的楼层指令存储到对应的寄存器中，然后电梯以此为目标在楼层之间运行，如果在运行过程中，有其他楼层的按钮被按下，则经过 PLC 的运算，按照输入的指令停止在指定的楼层上。与图 8-14 所示梯形图程序对应的语句表如表 8-7 所示。

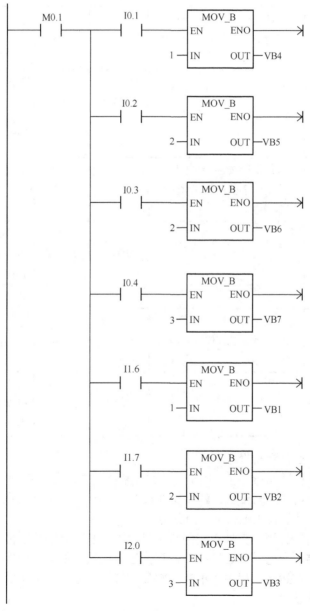

图8-14　楼层指令输入梯形图程序

表 8-7   与图 8-14 所示梯形图程序对应的语句表

语句表		注释	语句表		注释
LD	M0.1		A	I0.4	
LPS			MOVB	3, VB7	3 层的下行按钮被按下后，相应的数字就存储到对应的寄存器中
A	I0.1		LRD		
MOVB	1, VB4	1 层的上行按钮被按下后，相应的数字就存储到对应的寄存器中	A	I1.6	
LRD			MOVB	1, VB1	厢内楼层按钮 1 被按下后，数字 1 就存储到对应的寄存器中
A	I0.2		LRD		
MOVB	2, VB5	2 层的上行按钮被按下后，相应的数字就存储到对应的寄存器中	A	I1.7	
LRD			MOVB	2, VB2	厢内楼层按钮 2 被按下后，数字 2 就存储到对应的寄存器中
A	I0.3		LRD		
MOVB	2, VB6	2 层的下行按钮被按下后，相应的数字就存储到对应的存储器中	A	I2.0	
LRD			MOVB	3, VB3	厢内楼层按钮 3 被按下后，数字 3 就存储到对应的寄存器中

（3）电梯上下行运行判断程序

电梯上下行判断程序如图 8-15 所示。如果电梯处于底层或顶层，则运行只有一个方向，上行或下行。如果停留在中间楼层，就需要通过 PLC 的运算将电梯现在所处的楼层和输入指令的楼层进行比较，然后输出上行或下行指令。

从图 8-15 可以看出，当电梯处于空闲状态时，无论是厢内还是厢外的控制按钮被按下后，所对应的楼层寄存器都和电梯所在楼层的寄存器进行比较，如果大于电梯所在楼层则上行，反之则下行。同时，在运行过程中，不断比较目标楼层与电梯目前所处楼层，用来确定电梯的上行和下行工作状态。

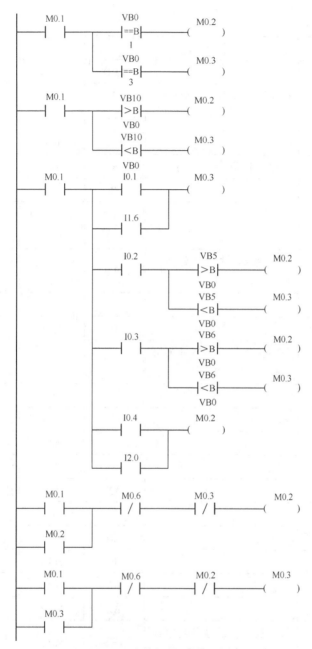

图8-15 电梯上下行判断程序

与图 8-15 所示梯形图程序对应的语句表如表 8-8 所示。

表 8-8 与图 8-15 所示梯形图程序对应的语句表

语句表		注释	语句表		注释
LD	M0.1		AB<	VB5,VB0	
LPS			=	M0.3	按钮被按下的楼层小于电梯所处楼层，则下行

续表

语句表		注释	语句表		注释
AB=	VB0, 1		LRD		
=	M0.2	电梯处于底层时，上行	A	I0.3	
LPP			LPS		
AB=	VB0, 3		AB>	VB6,VB0	
=	M0.3	电梯处于顶层时，下行	=	M0.2	
LD	M0.1		LPP		
LPS			AB<	VB6,VB0	
AB>	VB10,VB0		=	M0.3	
=	M0.2	目标楼层与电梯所处楼层比较，大于，上行	LPP		
LPP			LD	I0.4	
AB<	VB10,VB0		O	I2.0	3 层按钮被按下，上行
=	M0.3	目标楼层与电梯所处楼层比较，小于，下行	ALD		
LD	M0.1		=	M0.2	
LPS			LD	M0.1	
LD	I0.1		O	M0.2	
O	I1.6	1 层按钮被按下，下行	AN	M0.6	
ALD			AN	M0.3	上行、下行互锁
=	M0.3		=	M0.2	
LRD			LD	M0.1	
A	I0.2		O	M0.3	
LPS			AN	M0.6	
AB>	VB5,VB0		AN	M0.2	下行、上行互锁
=	M0.2	按钮被按下的楼层与电梯所处楼层比较，大于，上行	=	M0.3	
LPP					

（4）最近上行目标楼层确定程序

当电梯已经接收到目标楼层指令，且正在开始移动，还没达到目标楼层之前。例如，正在 1 层开始运动，有人在 2 层按下了上行按钮，则电梯的最近上行目标楼层应立刻更新为 2，而如果此时 1 层按下上行按钮，则不会影响电梯上行的运动状态。最近上行目标楼层确定程序如图 8-16 所示。与图 8-16 所示梯形图对应的语句表如表 8-9 所示。

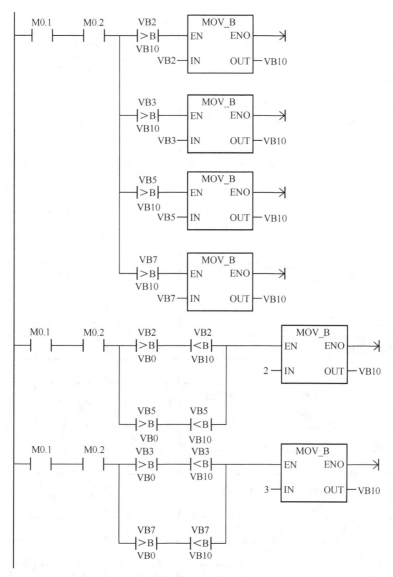

图8-16 最近上行目标楼层确定程序

在此段程序中，PLC 在每个扫描周期都检测厢内和每个楼层的按钮状态，若有按钮被按下，且所在楼层高于之前的目标楼层数，则更改目标楼层数。

表 8-9   与图 8-16 所示梯形图程序对应的语句表

语句表		注释	语句表		注释
LD	M0.1		LDB>	VB2,VB0	
A	M0.2		AB<	VB2,VB10	厢内楼层 2 的按钮被按下后，电梯所在楼层与目标楼层进行比较

续表

语句表		注释	语句表		注释
LPS			LDB>	VB5,VB0	
AB>	VB2,VB10	检测厢内楼层2的按钮是否被按下	AB<	VB5,VB10	楼层2的按钮被按下后，电梯所在楼层与目标楼层进行比较
MOVB	VB2,VB10		OLD		
LRD			ALD		
AB>	VB3,VB10	检测厢内楼层3的按钮是否被按下	MOVB	2, VB10	当按下的按钮所处楼层高于电梯当前楼层且低于之前的目标楼层时，将按钮所在楼层设置为最近的目标楼层
MOVB	VB3,VB10		LD	M0.1	
LRD			A	M0.2	
AB>	VB5,VB10	检测楼层2的上行按钮是否被按下	LDB>	VB3,VB0	
MOVB	VB5,VB10		AB<	VB3,VB10	
LPP			LDB>	VB7,VB0	
AB>	VB7,VB10	检测楼层3的下行按钮是否被按下	AB<	VB7,VB10	
MOVB	VB7,VB10		OLD		
LD	M0.1		ALD		
A	M0.2		MOVB	3,VB10	

（5）上行运行程序

在确定了最近的目标楼层后，由PLC输出的指令控制电梯向上运动，接近目标楼层后，通过目标楼层的下层限位器输入的信号，输入 PLC 中，再调用速度切换程序。上行运行程序如图8-17 所示。与图 8-17 所示梯形图程序对应的语句表如表 8-10 所示。

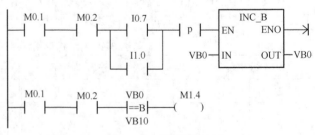

图8-17　上行运行程序

表 8-10　　　　　　　　　　与图 8-17 所示梯形图程序对应的语句表

语句表		注释	语句表		注释
LD	M0.1		INCB	VB0	电梯所在楼层加 1
A	M0.2		LD	M0.1	
LD	I0.7	楼层 2 的下层限位器	A	M0.2	
O	I1.0	楼层 3 的下层限位器	AB=	VB0,VB10	到达目的楼层
ALD			=	M1.4	转入速度切换程序
EU		采用上升沿触发			

（6）最近下行目标楼层确定程序

当电梯接收目标楼层指令，且正在向下开始移动，在还没达到目标楼层之前，如正在从 3 层开始运动，有人在 2 层按下了下行按钮，则电梯的最近下行目标楼层应立刻更新为 2，而如果此时在 3 层按下下行按钮，则不会影响电梯下行的运动状态，其程序如图 8-18 所示。每个扫描周期 PLC 都检测厢内和每个楼层的按钮状态，若有按钮按下，且所在楼层低于之前的目标楼层数，则更改目标楼层数。与图 8-18 所示梯形图程序对应的语句表如表 8-11 所示。

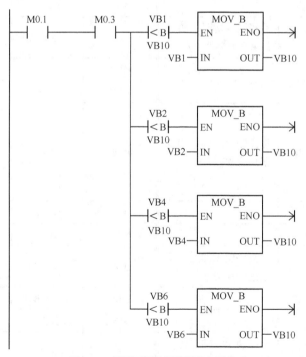

图8-18　最近下行目标楼层确定程序

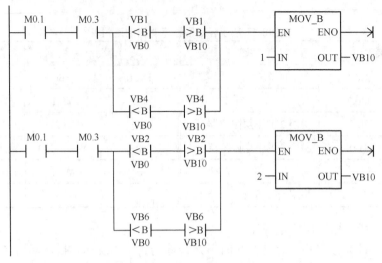

图8-18 最近下行目标楼层确定程序（续）

表 8-11　　　　　　　　与图 8-18 所示梯形图程序对应的语句表

语句表		注释	语句表		注释
LD	M0.1		LDB<	VB1,VB0	
A	M0.3		AB>	VB1,VB10	
LPS			LDB<	VB4,VB0	
AB<	VB1,VB10	检测厢内楼层 1 的按钮是否被按下	AB>	VB5,VB10	
MOVB	VB1,VB10		OLD		
LRD			ALD		
AB<	VB2,VB10	检测厢内楼层 2 的按钮是否被按下	MOVB	1, VB10	当按下的按钮所处楼层低于电梯所在楼层且高于之前的目标楼层时，将按钮所在楼层设置为最近的目标楼层
MOVB	VB2,VB10		LD	M0.1	
LRD			A	M0.3	
AB<	VB4,VB10	检测楼层 1 的上行按钮是否被按下	LDB<	VB2,VB0	
MOVB	VB4,VB10		AB>	VB2,VB10	
LPP			LDB<	VB6,VB0	
AB<	VB6,VB10	检测楼层 2 的下行按钮是否被按下	AB>	VB6,VB10	
MOVB	VB6,VB10		OLD		
LD	M0.1		ALD		

续表

语句表		注释	语句表		注释
A	M0.3		MOVB	2,VB10	若按下的按钮为 2 时，所处楼层低于电梯所在楼层且高于之前的目标楼层时，将按钮所在楼层设置为最近的目标楼层，即为 2

在此程序中，如果指定楼层高于所有目标楼层中的最底层，则 PLC 将下一个目标楼层指定为距离电梯所在楼层的最近一层，再根据其他楼层的按钮情况，依次对下一个目标楼层进行修改更新。

（7）下行运行程序

在确定了最近的楼层后，由 PLC 输出的指令控制电梯向下运动，接近目标楼层后，将目标楼层的上层限位器输入的信号，输入 PLC 中，再调用速度切换程序，其程序如图 8-19 所示。

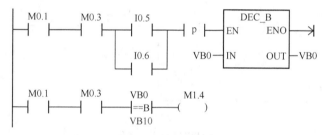

图8-19 下行运行程序

与图 8-19 所示梯形图程序对应的语句表如表 8-12 所示。

表 8-12　　　　　　　　　与图 8-19 所示梯形图程序对应的语句表

语句表		注释	语句表		注释
LD	M0.1		DECB	VB0	电梯所在楼层减 1
A	M0.3		LD	M0.1	
LD	I0.5	楼层 1 的上层限位器	A	M0.3	
O	I0.6	楼层 2 的上层限位器	AB=	VB0,VB10	到达目的楼层
ALD			=	M1.4	转入速度切换程序
EU		采用上升沿触发			

（8）开关门程序

在电梯运行时，即使按下开门按钮，电梯门也不会打开。同样，如果电梯门没有完全关闭，电梯不进行上下运动，以此来保证乘客的安全，其程序如图 8-20 所示。

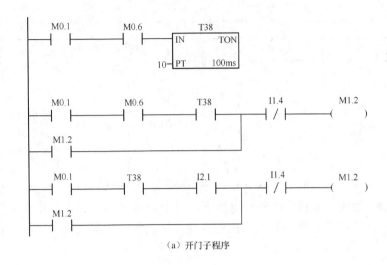

（a）开门子程序

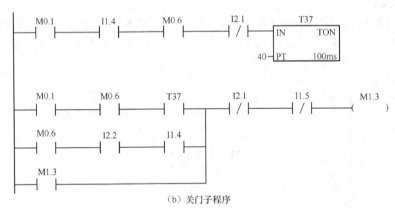

（b）关门子程序

图8-20 开关门程序

与图 8-20（a）所示梯形图程序对应的语句表如表 8-13 所示。

表 8-13　　　　　　　　与图 8-20（a）所示梯形图程序对应的语句表

语句表		注释	语句表		注释
LD	M0.1		=	M1.2	开门自锁继电器
A	M0.6		LD	M0.1	
TON	T38,10	电梯定位完成后，开始计时，时长为1s	A	T38	
LD	M0.1		A	I2.1	手动开门也必须在延时结束后操作
A	M0.6		O	M1.2	
A	T38		AN	I1.4	
O	M1.2	计时结束，门自动打开	=	M1.2	开门自锁继电器
AN	I1.4	开门到位后，自锁断开			

与图 8-20（b）所示梯形图程序对应的语句表如表 8-14 所示。

表 8-14　　　　　　　　　与图 8-20（b）所示梯形图程序对应的语句表

语句表		注释	语句表		注释
LD	M0.1		LD	M0.6	
A	I1.4		A	I2.2	
A	M0.6		A	I1.4	随时手动启动关门继电器
AN	I2.1		OLD		
TON	T37,40	电梯门打开后，可根据实际情况确定关门的延迟时间，在此程序中，设置为 4s	O	M1.3	
LD	M0.1		AN	I2.1	
A	M0.6		AN	I1.5	关门结束后，断开关门继电器
A	T37	定时间到，关门继电器启动	=	M1.3	关门自锁继电器

　　在开关门程序中，当电梯门处于正在开门的状态时，必须等厢门完全打开后，才能执行关门程序，如图 8-20（b）所示，只有在 I1.4 闭合后，手动关门才能开始操作。反过来，当电梯门正处于关门状态时，可通过手动开门按钮 I2.1 断开关门自锁继电器 M1.3，如图 8-20（b）所示，然后通过开门自锁继电器 M1.2，将关门状态转化为开门状态。

　　（9）换速程序

　　为了保证电梯运行的快速稳定，而且能提供给乘客一个舒适的乘坐环境，该控制系统采用双速运行方式。在电梯启动阶段，速度较低，增加到快速运行阶段，既能较快地到达目标楼层，又不会产生较强烈的不舒适感。电梯的换速程序如图 8-21 所示。

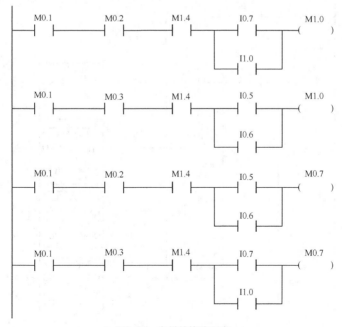

图8-21　电梯的换速程序

与图 8-21 所示梯形图程序对应的语句表如表 8-15 所示。

表 8-15　　　　　　　　　　与图 8-21 所示梯形图程序对应的语句表

语句表		注释	语句表		注释
LD	M0.1		LD	M0.1	
A	M0.2	上行运行时	A	M0.2	上行运行时
A	M1.4		A	M1.4	
LD	I0.7		LD	I0.5	楼层 1 和楼层 2 的上层限位器
O	I1.0	楼层 2 和楼层 3 的下层限位器	O	I0.6	
ALD			ALD		
=	M1.0	减速成慢速运行	=	M0.7	
LD	M0.1		LD	M0.1	
A	M0.3		A	M0.3	
A	M1.4		A	M1.4	
LD	I0.5	楼层 1 和楼层 2 的上层限位器	LD	I0.7	
O	I0.6		O	I1.0	
ALD			ALD		
=	M1.0	减速成慢速运行	=	M0.7	加速至快速运行

（10）门定位程序

在门定位程序中，不仅要利用 3 个限位器对电梯门进行定位，而且需要对所在楼层的寄存器进行复位处理，其程序如图 8-22 所示。

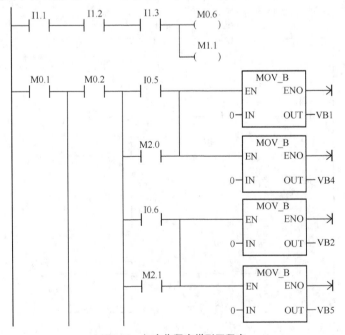

图8-22　门定位程序梯形图程序

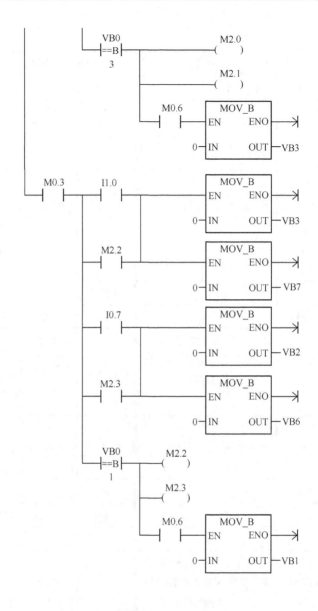

图8-22　门定位程序梯形图程序（续）

与图 8-22 所示梯形图程序对应的语句表如表 8-16 所示。

表 8-16　　　　　　　　　与图 8-22 所示梯形图程序对应的语句表

语句表		注释	语句表		注释
LD	I1.1		=	M2.0	
A	I1.2		=	M2.1	
A	I1.3		A	M0.6	
=	M0.6	3 个限位器全部对准后，门定位完毕	MOVB	0,VB3	将楼层所有的上行寄存器复位

续表

语句表		注释	语句表		注释
=	M1.1	抱闸停止	LPP		
LD	M0.1		A	M0.3	电梯下行运动时
LPS			LPS		
A	M0.2	电梯上行运行时	LD	I1.0	楼层 3 的下层限位器
LPS			ALD		
LD	I0.5	楼层 1 的上层限位器	MOVB	0,VB3	将楼层所有的上行存储器复位
O	M2.0		MOVB	0,VB7	电梯下行时通过楼层 3 后，复位楼层 3 所有的与下行有关的寄存器
ALD			LRD		
MOVB	0,VB1		LD	I0.7	楼层 2 下层限位器
MOVB	0,VB4	电梯上行通过楼层 1 后，复位楼层 1 所有的与上行有关的寄存器	O	M2.3	
LRD			ALD		
LD	I0.6	楼层 2 的上层限位器	MOVB	0,VB2	
O	M2.1		MOVB	0,VB6	电梯下行时通过楼层 2 后，复位楼层 2 所有的与下行有关的寄存器
ALD			LPP		
MOVB	0,VB2		AB=	VB0,1	电梯到达底层
MOVB	0,VB5	电梯上行时通过楼层 2 后，复位楼层 2 所有的与上行有关的寄存器	=	M2.2	
LPP			=	M2.3	
AB=	VB0,3	将楼层所有的上行寄存器复位	A	M0.6	
			MOVB	0,VB1	将楼层所有的下行寄存器复位

（11）超重报警程序

在电梯运行过程中，尤其是有乘客进入的时候，需要不断采集电梯厢内的重量，以防止超过最大重量，造成安全事故，其程序如图 8-23 所示。

与图 8-23 所示梯形图程序对应的语句表如表 8-17 所示。

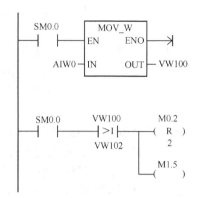

图8-23 超重报警程序

表 8-17 与图 8-23 所示梯形图程序对应的语句表

语句表		注释	语句表		注释
LD	SM0.0		AW>	VW100,VW102	将采集的数据与标准数据相比较
MOVW	AIW0,VW100	将采集的数据存储到寄存器中	R	M0.2,2	如果超重，复位上行和下行接触器
LD	SM0.0		=	M1.5	输出超重声光报警

8.1.4 经验与总结

本节讲解了交流双速电梯控制系统的设计过程。该控制系统采用了西门子 S7-200 系列 PLC 作为控制主机，并扩展了 S7-200 系列 PLC 的 I/O 和模拟 I/O 模块，通过按钮、各类行程开关，对电动机、继电器等设备和其他相关的机械结构进行控制，利用多个中间继电器，通过对不同时间输入的指令进行存储和运算，实现了交流双速电梯的控制。

在设计中，面临着硬件和软件两个方面的设计挑战。由于乘客的安全必须要得到绝对保证，因此在调试中，各种安全装置、保护装置等都必须进行认真的调整和校验，彻底消除各种安全隐患，保证电梯正常、安全、可靠地运行。

1. 硬件方面

在电梯控制系统中，主要的硬件问题集中在机械结构和 PLC 的外部电路设计及接线处。

在本系统中，设计电梯运行通道和厢体的时候，由于需要采用数量众多的限位器，因此要考虑这些限位器的摆放位置，不仅要考虑在厢体外该如何放置，同样需要考虑是否在通道内有适合的位置安装。对于 PLC 等电气控制设备的放置，既要便于维修，又要便于与电梯厢连接。由于电梯需要较高的安全防护性，因此在电梯的设计中，不仅要有软件保护措施，也必须有硬件保护措施。例如，为了防止过冲，要在底层和顶层加装机械式限位器和抱闸设备，防止电气控制失灵所造成的严重后果。对于电梯门的定位限位器需要经过多次调试，才能确定其最合适的位置。

在 PLC 的外部硬件连线方面，主要应注意电气设备元件的正负极连接，对于一些易耗的设备，加装必要的保护装置，延长其工作时间，并进行定期检查。

2. 软件方面

首先要对编写的程序进行软件仿真和调试，即在计算机上利用西门子公司的仿真软件进行检查，主要观察是否有时序逻辑上的重大错误。然后通过模拟硬件的方式检查程序。依然采用对程序运行调试和修改的方法，各个模块先各自调试，然后合成控制系统软件进行调试和修改。

在控制系统中，由于按钮不知何时被按下，因此需要在每个 PLC 的扫描周期对所有按钮的情况进行监控。电梯在运行时，按钮被按下后，有时需要改变电梯停靠的楼层，通过增加两个中间寄存器——电梯现在所在楼层寄存器和目标楼层寄存器，将最近的楼层和最高（低）的目标楼层都存放在 PLC 中，通过将输入信号的采集和内部寄存器存放的数值进行比较计算后，输出正确的指令，控制电梯停靠在乘客指定的楼层。

8.2 三相异步电动机自动往返正、反转控制

在工业生产过程中，尤其是在机械加工时需要设备具有上下、左右等方向的运送功能。例如，机床工作台需要往复运动，要求电动机能进行正、反两个方向的转动。根据电动机工作原理可知，要实现电动机的正、反转只需要将三相电动机的三相电源线中的任意两相对调。通过本节的介绍，读者应理解设计思路，能较快地了解其他类似系统并能进行简单的设计与开发。

8.2.1 系统概述

随着工业自动化程度的不断提高，越来越多的生产场合要求有自动化的运送工具，若采用工人手动控制的往返设备，既浪费了劳动力，又使生产效率低下，所以应采用自动化的往返控制，使工人可以从事更加方便的劳动过程，而且传送效率也会大幅度提高。

1. 控制对象

三相异步电动机正、反转控制示意图如图 8-24 所示，工件在电动机自动正、反转控制下作往复运动，或传输各种生产资料在两个固定的地点往复运动。

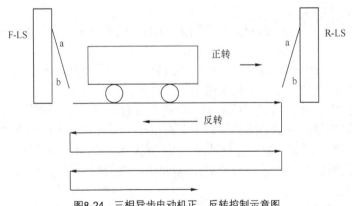

图8-24 三相异步电动机正、反转控制示意图

2. 功能要求

该控制系统的具体任务为，若先按下正转按钮，电动机正转，到达右侧限位开关 R-LS/b 点被切断，而 R-LS/a 点接通，此时电动机反转。若先按下反转按钮，电动机反转，到达起点时左侧限位开关 F-LS/b 点被切断，而 F-LS/a 点接通，此时电动机正转。在正、反转途中，若按下关闭按钮或过载按钮闭合，则电动机立即停止。在此控制系统中利用左、右两边的行程开关控制电动机的正、反转，达到自动往返的控制功能。

提示：此控制系统在设计过程中尤其要注意的是保证正、反转接触器不会同时导通，因此必须在控制系统中设置互锁机构，以免造成电源短路事故。

3. 控制系统功能框图

根据控制系统功能要求可知，该控制系统主要应用在一些环境比较复杂的工业现场，这就要求 PLC 能很好地完成控制任务。其主要任务是将限位开关的反馈输出到 PLC 控制器，通过内部逻辑指令运算输出控制信号，完成对执行机构的控制。该控制系统的功能框图如图 8-25 所示。

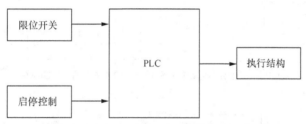

图8-25　三相异步电动机自动正、反转控制系统的功能框图

8.2.2　系统硬件设计

三相异步电动机的种类很多，但各类三相异步电动机的基本结构相同，都包含定子和转子部分，在定子和转子之间都有一定间隙。根据转子绕组的不同，三相异步电动机可分为笼型异步电动机、绕线式异步电动机。

三相异步电动机转子之所以会旋转、实现能量转换，是因为电动机的转子间隙里有一个旋转磁场。在电动机内部的三相定子绕组，空间上彼此相隔 120°，可根据需要连接为星形（Y）或三角形（△）。当三绕组的首端接在三相对称电源上，就会产生三相对称电流通过三相绕组，便形成了一个旋转磁场。产生电磁力之后，转子受电磁力的作用形成转矩，带动转子运动，电动机就转动起来了。若改变三相异步电动机电源线中任意两相接线的位置，就可以使电动机实现正、反转，因此可以利用接触器的断开和闭合改变定子绕组中的电流相位，达到使电动机实现正、反转的目的。

根据控制系统的要求和功能分析，系统的主电路及控制电路如图 8-26 所示。其中，在主电路上有一台电动机 M，接触器 KM1 和 KM2 分别控制电动机的正、反转，FR 为电动机过载保护用的热继电器，FU1 和 FU2 分别作为主电路和控制电路的短路保护，QS 为主电路的隔离开关。在控制电路中，停止按钮 SB0 和过载保护 FR 用于控制电动机的停止，右侧限位开关 SQ1 和左侧限位开关 SQ2 检测电动机是否到达极限位置，正转按钮 SB1 和反转按钮 SB2 控制电动机的正、反转，Q0.0 和 Q0.1 为 PLC 输出继电器的触点。

根据控制系统的任务，三相异步电动机自动往返正、反转控制系统的硬件接线图如图 8-27

所示。

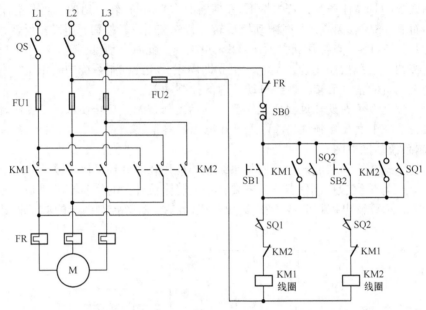

图8-26　三相异步电动机自动正、反转的主电路及控制电路

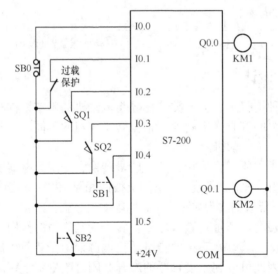

图8-27　三相异步电动机自动正、反转控制系统的硬件接线图

根据图 8-26 和图 8-27 所示的电路，硬件系统中所需的各种设备如下。

1. PLC 主机

根据系统的控制要求及经济性和可靠性等方面考虑，本控制系统采用西门子 S7-200 系列 PLC 作为控制器。S7-200 系列有 5 种不同结构配置的 CPU 单元，在这个电气控制系统中，输入点为 6 个，输出点为 2 个，需要 I/O 至少 6 个，且程序容量不大，所以选用 S7-200 系列 PLC 的 CPU221 作为本控制系统的主机。S7-200 系列 PLC 中 CPU221 的特性如表 8-18 所示。

表 8-18   S7-200 系列 PLC 中 CPU221 的特性

主机 CPU 类型		CPU221
外形尺寸（mm × mm × mm）		90 × 80 × 62
用户程序区（Byte）		4 096
数据存储区（Byte）		2 048
失电保持时间（h）		50
本机 I/O		6 入/4 出
扩展模块数量		0
高速计数器	单相（kHz）	30（4 路）
	双相（kHz）	20（2 路）
直流脉冲输出（kHz）		20（2 路）
模拟电位器		1
实时时钟		配时钟卡
通信口		1 RS–485
浮点数运算		有
I/O 映像区		256（128 入/128 出）
布尔指令执行速度		0.37μs/指令

2. 限位开关

在本控制系统中共使用了 2 个限位开关，分别为左限位开关和右限位开关，主要用来控制工件移动的位置，由于机械开关容易损坏，寿命较短，因此两端的限位开关多采用光电开关或接近开关。同时，在限位开关的设计中，需要增加一个机械互锁装置，这样可以保证在一个继电器有电的同时，另外一个继电器没有电。

① 左限位开关。左限位开关用于控制工件向左运动时的位置，事先安装在导轨的左端，当工件移动到左端之后触发限位开关使之闭合，然后通过机械互锁装置将右限位开关断开，使电动机正转线圈失电，反转线圈得电。

② 右限位开关。右限位开关用于控制工件向右运动时的位置，事先安装在导轨的右端，当工件移动到右端之后触发限位开关使之闭合，然后通过机械互锁装置将左限位开关断开，使电动机反转线圈失电，正转线圈得电。

图 8-26 和图 8-27 所示为控制电路和硬件连接电路，对 PLC 的 I/O 进行分配，I/O 点及地址分配如表 8-19 所示。

表 8-19   电动机往返控制 I/O 点及地址分配

名称	地址编号	说明
输入信号		
SB0	I0.0	停止按钮

续表

名称	地址编号	说明
FR	I0.1	过载保护
SQ1	I0.2	右限位开关
SQ2	I0.3	左限位开关
SB1	I0.4	正转按钮
SB2	I0.5	反转按钮
输出信号		
继电器线圈 KM1	Q0.0	电动机正转
继电器线圈 KM2	Q0.1	电动机反转

8.2.3 系统软件设计

本控制系统采用流程图式的程序设计方法，根据系统的要求，分析其控制过程，得到图 8-28 所示的流程图。

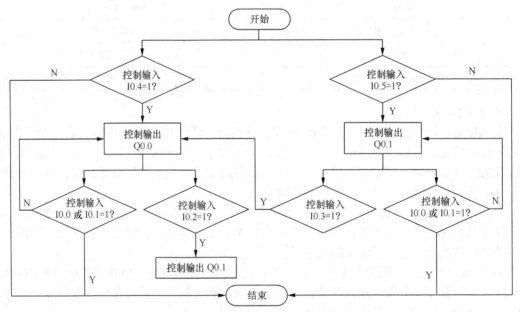

图8-28 三相异步电动机自动往返流程图

① 启动系统，判断电动机需要正转还是反转。

② 如果需要正转，则按下正转按钮。

③ 电动机开始正转，当按下停止或复位按钮时，电动机停止转动。

④ 电动机正转至右限位开关。

⑤ 电动机开始反转，直到系统结束。

根据图 8-28 所示的流程图编写的梯形图程序如图 8-29 所示。

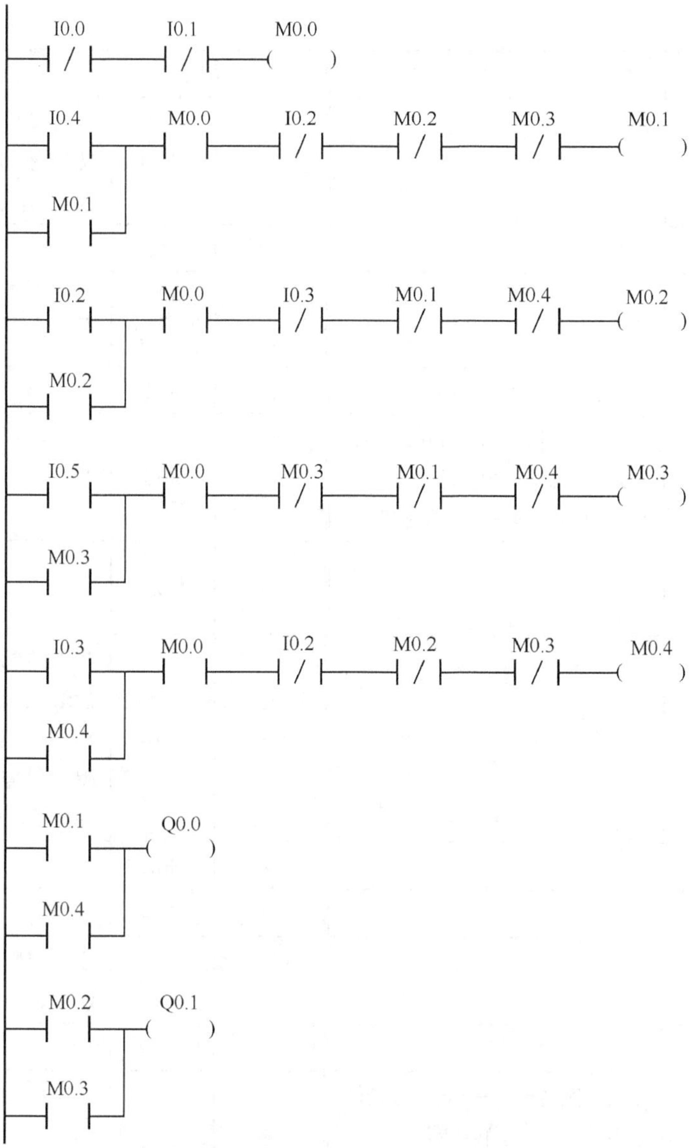

图8-29 三相异步电动机自动往返控制程序梯形图

图 8-29 中梯形图程序就是实现电动机正、反转的程序，它的语句表及程序注释如表 8-20 所示。

表 8-20 与图 8-29 所示梯形图程序对应的语句表

语句表		注释	语句表		注释
LDN	I0.0		A	M0.0	
AN	I0.1		AN	I0.3	
=	M0.0		AN	M0.1	
LD	I0.4		AN	M0.4	

续表

语句表		注释	语句表		注释
O	M0.1		=	M0.3	若先按下反转按钮，电动机反转启动，I0.3、M0.1 和 M0.4 为互锁保护
A	M0.0		LD	I0.3	
AN	I0.2		O	M0.4	
AN	M0.2		A	M0.0	
AN	M0.3		AN	I0.2	
=	M0.1	当正转按钮被按下，M0.1 得电，I0.2、M0.2 和 M0.3 均为互锁保护，M0.0 为停止和过载保护	AN	M0.2	
LD	I0.2		AN	M0.3	
O	M0.2		=	M0.4	当电动机反转到最左端时，接通左限位开关，反转线圈 M0.3 失电，正转线圈 M0.4 得电，电动机正转，I0.2、M0.2 和 M0.3 均为互锁保护
A	M0.0		LD	M0.1	
AN	I0.3		O	M0.4	
AN	M0.1		=	Q0.0	正转线圈得电，输出到端口 Q0.0
AN	M0.4		LD	M0.2	
=	M0.2	电动机正转至最右端时，接通限位开关 I0.2，正转线圈 M0.1 失电，反转线圈 M0.2 得电，M0.0、I0.3、M0.1 和 M0.4 为互锁保护	O	M0.3	
LD	I0.5		=	Q0.1	反转线圈得电，输出到端口 Q0.1
O	M0.3				

这个自动往返控制系统可用在电动机容量较小的系统中，应使用在循环运动频率不高的场合，因为其往复运动时会出现较大的反向制动电流和机械冲击。

8.2.4　经验与总结

本节讲解了三相异步电动机自动往返正、反转控制系统的设计过程。该控制系统采用了西门子 S7-200 系列 PLC 作为控制主机，并扩展了 S7-200 系列 PLC 的 I/O 和模拟 I/O 模块，通过按钮、各类限位开关，对电动机、继电器等设备和其他相关的机械结构进行控制，利用多个中间继电器，通过对不同时间输入的指令进行存储和运算，实现了三相异步电动机的自动往返正、反转控制。

三相异步电动机应用非常广泛，相信读者通过举一反三，将三相异步电动机的自动往返正、反转控制程序稍加修改就可以应用到其他控制系统中。

8.3 步进电动机控制系统

步进电动机是一种常用的电气执行元件，能将数字式电脉冲信号转换成机械角位移或线位移，其实质上是一种多相或单相同步电动机，在数控机床、包装机械等自动控制及检测仪表等方面得到了广泛的应用。单相步进电动机由单路脉冲驱动，输出功率较小。多相步进电动机由多相方波脉冲驱动，在本节中，若未加特殊说明，步进电动机一般是指多相步进电动机。步进电动机转子的位移与脉冲数成正比，其转速与脉冲频率成正比。同时，在工作频段内，步进电动机可以稳定地从一种运动状态转移到另一种运动状态，因此其能够完成高精度的位置控制，且没有累计误差等，可以广泛应用于数字定位控制中。

8.3.1 系统概述

1. 控制对象

由于步进电动机自身的特点，不需要位置、速度等信号的反馈，只需要脉冲发生器产生足够的脉冲数和合适的脉冲频率，就可以控制步进电动机移动的距离和速度。尽管步进电动机受到机械制造方面的限制，不能使步距角做得很小，但可以通过电气控制的方式使步进电动机的运转由原来的每一步细分成几个小步来完成，这样就提高了系统的精度。

在使用多相步进电动机时，单路电脉冲信号可先通过脉冲分配器转变为多相脉冲信号，再经过功率放大后分别传送给步进电动机的各相绕组。目前，常用的步进电动机如下：①反应式步进电动机（VR），其结构简单，生产成本低，步距角可以做得很小，但是动态性能较差；②永磁式步进电动机（PM），它输出功率大，动态性能好，但是步距角比较大；③混合式步进电动机（HB），其综合了前两者的优点，步距角小，输出功率大，动态性能好，是性能比较好的一类步进电动机。

步进电动机运转方向由电动机各绕组的通电顺序来决定，要改变电动机的运动方向，需要改变各绕组的通电顺序。例如，一个三相步进电动机的通电顺序为 A—AB—B— BC—C—CA—A—…，此时电动机正转，若通电顺序改为 A—AC—C—CB—B—BA—A—…，则电动机反转。改变输入各绕组的通电顺序既可以通过改变硬件环行分配器的脉冲输出顺序来实现，又可以通过编程改变脉冲输出顺序来实现，最终达到控制电动机运转方向的目的。

随着 PLC 的不断发展，其功能越来越强大，除了简单的逻辑功能和顺序控制功能外，运算功能、PID 和各类高速指令的加入，使 PLC 可以实现对复杂和特殊系统的控制，应用更加广泛。PLC 与数控技术的结合产生了各种不同类型的数控设备，如复杂的数控加工中心、简单的激光淬火用 X–Y 数控平台、X–Y 绘图仪和两轴运动的 X–Y 数控装置。这类设备一般由两个步进电动机驱动，可以沿 X 轴方向和 Y 轴方向运动，根据 PLC 编写不同的程序可以形成不同的运动轨迹,以完成生产的控制要求。

2. 控制系统框图

在步进电动机控制系统中,首先控制步进电动机使之稳步启动,然后高速运动,接近指定位置时,减速之后低速运动一段时间,再准确地停在预定的位置上,最后步进电动机停留3s后,按照前进时的加速—高速—减速—低速 4 个步骤返回起始点,其运动状态转换过程平稳,功能框图如图 8-30 所示,工作过程如图 8-31 所示。

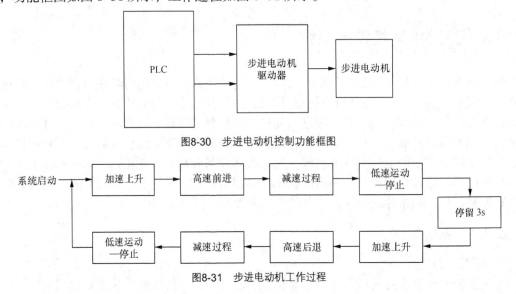

图8-30　步进电动机控制功能框图

图8-31　步进电动机工作过程

步进电动机本身的结构特性决定其要实现高速运转必须有加速过程,如果在启动时突然加载高频脉冲,电动机会产生啸叫、失步甚至是不能启动。在停止阶段,当高频脉冲突降为零时,电动机也会产生啸叫和振动。所以,在启动和停止时,必须有一个加速和减速过程。

8.3.2　系统硬件设计

步进电动机的硬件结构特性,使其对输入脉冲的频率有所限制。对于低频的脉冲输出,PLC 可以利用定时器来完成。若要求步进电动机的速度较快,则需要用 PLC 的高速脉冲输出指令,这时就需要在程序中设置相应的步骤来完成对步进电动机的控制。步进电动机位置控制系统硬件框图如图 8-32 所示。

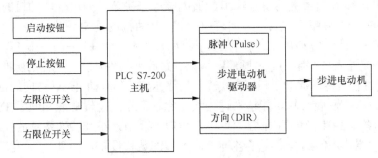

图8-32　步进电动机位置控制系统硬件框图

根据图 8-32 所示的系统硬件框图结构,设计如下所示的硬件系统。

1. PLC 主机

根据系统的控制要求，采用西门子 S7-200 系列 PLC 作为控制器，并考虑此控制系统中的 I/O 口数量用得非常少，输入只有 4 个，输出只有 2 个，一共用到的 I/O 口有 6 个，此控制系统不需要太大的数据存储。因此，选用 S7-200 系列 PLC 的 CPU221 作为本控制系统的主机，既能满足系统要求，又能实现其经济性。

2. 限位开关

在此系统中，共使用了两个限位开关，即左限位开关和右限位开关，这两个限位开关的作用是控制物体的位置，防止物体超出合理的工作范围。

① 左限位开关。左限位开关固定在工作台的最左边，其作用是当物体移动到预定的停止位置时没有停止，触发限位开关，使之断开电动机的电源，达到安全保护的目的。

② 右限位开关。右限位开关固定在工作台的最右边，其作用是当物体移动到工作台原点的时候，没有停止，触发限位开关，使之断开电动机的电源，达到安全保护的目的。

3. 步进电动机

步进电动机是该系统的执行系统，其精度影响整个系统的控制精度，选用电动机时，应满足系统的功能要求。若已知某类型步进电动动机的参数，步距角为 0.75°，为三相六拍方式供电，最大静转矩为 7.84N·m，最高空载启动频率为 1 500Hz，转子转动惯量为 47×10^{-5}kg·m^2。知道这些数据后，必须计算出以下 3 个数据，即脉冲当量、脉冲频率上限和最大脉冲数量。

$$脉冲当量 = \frac{步进电动机步距角 \times 螺距}{360 \times 传动速比}$$

$$脉冲频率上限 = \frac{移动速度 \times 步进电动机细分数}{脉冲当量}$$

$$最大脉冲数量 = \frac{移动距离 \times 步进电动机细分数}{脉冲当量}$$

根据以上 3 个数据才能算出 PLC 的控制指令。若螺距为 5m，传动速比为 1，高速移动时速度为 2m/min，移动距离为 0.5m，则可算出，脉冲当量为 1/96，脉冲频率上限为 3 200Hz，最大脉冲数量为 48 000 个。根据计算出来的这些数据可以判断所选的 PLC 是否能够满足步进电动机的要求。

4. 步进电动机驱动器

步进电动机必须使用专用的电动机驱动设备才能正常工作，步进电动机系统的运行性能除了与电动机自身的性能有关外，在很大程度上还取决于驱动器性能的优劣。随着电力电子技术的发展，驱动器还有了细分驱动，即将一个步距角细分成若干小步来驱动，这使得步进电动机的精度进一步提高了。

Pulse 是脉冲的输入端口，每个脉冲的上升沿使电动机转动一步。DIR 是方向信号，用于控制电动机的正、反转，为低电平时顺时针旋转，为高电平时逆时针旋转。

在控制系统中用 PLC 来产生脉冲，输出一定数量的脉冲来控制步进电动机的位移，控制脉冲的频率来控制步进电动机的速度，步进电动机驱动器将接收的脉冲进行分配，按照一定的通电顺序供给绕组。PLC 可以采用软件环形分配器，也可以采用硬件环形分配器，但是，软件环形分配器占用 PLC 资源较多，尤其是当绕组数目大于 4 时。若采用硬件环形分配器，虽然硬件结构相对复杂，但能够节省 PLC 的 I/O 数量，一般仅占用少量 I/O 口，输出口有 2 个，一个作为脉冲输出端接驱动器的脉冲输入端，另一个作为方向控制输入驱动器的方向控制端。如果采用硬件环形分配器，会使 PLC 的程序编写量变小，对于 PLC 存储空间的要求不是很高。

根据以上分析，PLC 的 I/O 分配如表 8-21 所示。

表 8-21　　　　　　步进电动机控制的 I/O 分配及地址分配

名称	地址编号	说明
输入信号		
SB0	I0.0	启动按钮
SB1	I0.1	停止按钮
SQ1	I0.2	左限位开关
SQ2	I0.3	右限位开关
输出信号		
Pulse	Q0.0	电动机转速和角度
DIR	Q0.1	电动机转动方向

根据硬件框图和控制系统 I/O 分配表，设计出的本控制系统的硬件接线图如图 8-33 所示。

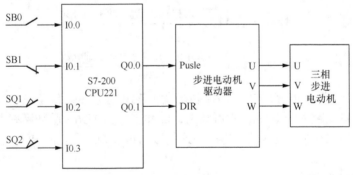

图8-33　控制系统硬件接线图

8.3.3　系统软件设计

根据此控制系统的要求，系统控制的流程图如图 8-34 所示。这个程序分为 3 个部分，即主程序、子程序和中断程序。

因为步进电动机的启动频率不能太高，所以编程时首先低频启动，然后升频到高频快速运动，到接近停止位置时，先降频低速运行，最后预设位置停止，其脉冲频率特性如图 8-35 所示。

根据设计的流程图，编写的梯形图程序如图 8-36～图 8-38 所示。其中，图 8-36 为控制系统过程中的主程序，其主要功能如下。

① 在通电开始时，先将输出口 Q0.0 初始化置"0"。

② 设定电动机的转动方向。

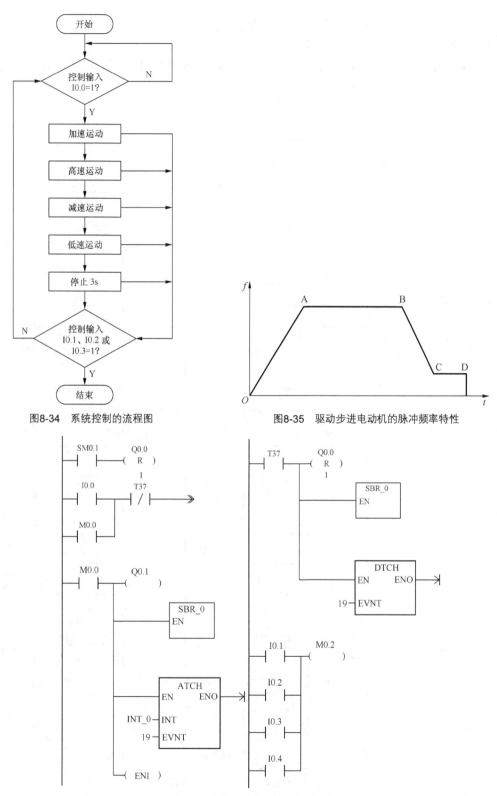

图8-34　系统控制的流程图　　　　图8-35　驱动步进电动机的脉冲频率特性

图8-36　步进电动机控制系统主程序

③ 调用子程序完成步进电动机的前进和返回控制。

④ 电动机的启动和停止控制。图 8-37 所示的梯形图程序为控制过程子程序，主要功能为完成高速脉冲串输出的参数，即网络表设置。图 8-38 所示的梯形图程序为步进电动机控制中断子程序，主要完成一个 3s 的定时功能。

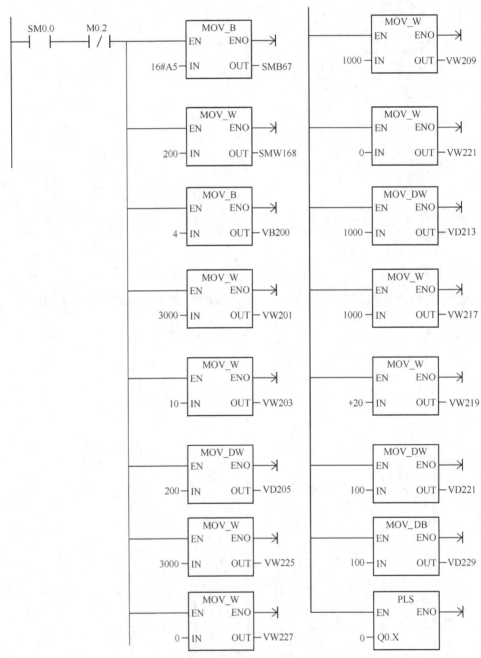

图8-37　步进电动机控制系统子程序

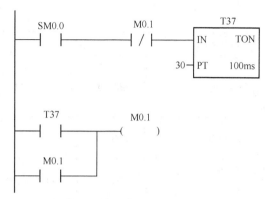

图8-38 步进电动机控制中断子程序

与图 8-36 所示梯形图程序对应的语句表如表 8-22 所示。

表 8-22 与图 8-36 所示梯形图程序对应的语句表

语句表		注释	语句表		注释
LD	SM0.1		ENI		开启中断, 脉冲输出完毕后产生中断
R	Q0.0,1	上电的第一个扫描周期对 Q0.0 复位	LD	T37	
LD	I0.0		R	Q0.0,1	
O	M0.0		CALL	SBR_0	
AN	T37		DTCH	19	
=	M0.0	控制电动机前进和返回	LD	I0.1	
LD	M0.0		O	I0.2	
=	Q0.1	Q0.1 为高时, 正转	O	I0.3	
CALL	SBR_0	调用子程序, 设置输出脉冲段	O	M0.2	
ATCH	INT_0,19		=	M0.2	停止和限位控制

与图 8-37 所示梯形图程序对应的语句表如表 8-23 所示。

表 8-23 与图 8-37 所示梯形图程序对应的语句表

语句表		注释	语句表		注释
LD	SM0.0		MOVW	0,VW221	该段周期增量为 0, 即为高速脉冲输出
AN	M0.2		MOVDW	1000,VD213	脉冲个数为 1 000
MOVB	16#A5,SMB67	写控制字节到特殊寄存器: 允许脉冲输出, 多段管线 PTO 输出, 允许更新 PTO 的周期值和脉冲数, 时间基准为微秒	MOVW	1000,VW217	减速脉冲的起始频率为 2 500Hz

语句表		注释	语句表		注释
MOVW	200,SMW168	装入首地址	MOVW	+20,VW219	周期增量为20，即每产生一个脉冲，周期增加20μs，该段为减速阶段
MOVB	4,VB200	控制过程分为4段	MOVW	0,VW227	周期增量为0，即为低速脉冲输出
MOVW	3000,VW201	启动脉冲频率为3 000Hz	MOVW	1000,VW209	高速脉冲周期为1 000μs
MOVW	−10,VW203	周期增量为−10，即产生一个脉冲，其周期减少10μs，该段为加速阶段	MOVD	100,VD221	脉冲个数为100
MOVDW	200,VD205	脉冲数为200	MOVD	100,VD229	脉冲个数为100
MOVW	3 000,VW225	此阶段起始频率为500Hz	PLS	0	启动脉冲输出，由 Q0.0 输出

与图 8-38 所示梯形图程序对应的语句表如表 8-24 所示。

表 8-24　　　　　　　　与图 8-38 所示梯形图程序对应的语句表

语句表		注释	语句表		注释
LD	SM0.0		LD	T37	
AN	M0.1		O	M0.1	
TON	T37,30	定时器，定时时间为3s	=	M0.1	

　　图 8-36～图 8-38 所示的梯形图运行的原理为，上电之后首先对输出口进行初始化，然后按下启动按钮 SB0，使 Q0.1 输出高电平，控制步进电动机的驱动器使步进电动机正转，并且调用 PTO 子程序。在子程序中，将各种控制字及参数写入相应的存储器中，把脉冲控制分为 4 个阶段，即变频加速阶段、高频高速运行阶段、变频减速阶段和低频低速阶段。频率从低到高，电动机处于加速阶段，由开始的 1 000Hz 到高速阶段的 2 500Hz，均没有超过步进电动机的额定数值，这样电动机就不会出现失步，低速运行 100 步到达停车位置停车。脉冲输出完毕后，产生一个中断。在中断子程序中，有一个定时器，中断产生后触发定时器开始定时，3s 后定时时间到，T37 常闭触点断开，使 Q0.1 输出低电平，其常开触点闭合，再次对 Q0.0 进行复位操作，然后调用子程序，并且经脉冲输出中断关闭，这样就使步进电动机返回原位之后不会再次自行启动。返回过程与前进过程一样，都是先加速接着高速运行，然后减速、低速运行直到到达原点后停止。运行过程中，在任何时候按下停止按钮都会使电动机停止，停止按钮的中间继电器触点接在子程序中，因为 Q0.0 作为高速输出端子时，对其的操作指令都无效。将触点接在子程序中，若停止按钮按下，常闭触点断开，使脉冲输出终止，不输出脉冲信号，这样就能使电动机停止运行。

8.3.4 经验与总结

本控制系统由于没有接收步进电动机的位置反馈信号，因此是一个开环系统。如果能够增加一个编码器，将编码器的脉冲信号传送到PLC的高速脉冲输入端I0.0，如果电动机没有到达指定位置，PLC就可以根据实际的脉冲数来补发脉冲，这样就形成了一个闭环系统，控制精度将比本系统高很多。

8.4 城市供水系统

在城市规划和建设中，各种生活和生产建筑物逐渐高层化，如何提高建筑物供水系统稳定性的问题就凸显出来了。人们不仅对供水系统的稳定性有更高的要求，而且要求其有节能的功能。

本节介绍了城市供水系统的节能原理、系统构成和工作原理，详细介绍了基于西门子S7-200系列PLC的城市供水控制系统的设计方案。

8.4.1 系统概述

1. 供水系统简介

对于高层的住户来说，在白天或用水高峰时，供水系统的电动机负载很大，常常需要满负载或者超负载运行，而在晚上或闲时，所需水量就会减少很多，但是电动机依然处于满负载运行状态，这样不仅浪费了大量的资源，还对电动机的损耗也很大。所以，根据不同的需求条件来调节电动机的转速以实现恒压供水是非常有必要的。

采用变频调速的供水系统，可以有效地解决以上问题。这种供水系统根据用水量的大小，控制水泵的转速，即用水量增大时，提高频率，使水泵转速提高，增加供水量。当用水量超过一台水泵的供水量时，启动新的水泵以增加供水量。当用水量减少时，降低频率，使水泵转速降低，或减少投入运行的水泵数量，减少供水量。

早期的供水系统，采用固定频率满负载运行的方式或人工操作的方式，通过接通或断开接触器控制投入运行的泵的数量，以满足不同情况下用水量的需求。但是，此类方式无法对供水管道内的压力和水位变化作出及时的、恰当的反应，因此无法满足城市供水系统的要求。

现在由于电子技术的飞速发展，计算机技术（如SCADA系统、DCS、总线式控制系统和PLC系统）逐渐应用到工业控制中。

① SCADA系统由一个主控站和若干远程终端站组成，通过物理链路层或数据链路层进行通信，该系统最初用于通信系统，但通过终端站功能的扩展，也可实现连续及顺序控制，所以较多应用于控制系统，但是此类系统多侧重于检测。

② DCS称为集散型控制系统，是由多台计算机和现场终端机组成的，它们共同完成分散控制和集中操作、管理，多侧重于连续性生产过程管理。

③ 总线式控制系统是由总线结构的工业控制计算机及其他设备组成的系统，其是按照一种公开的、规范的通信协议在设备之间，以及设备与计算机之间进行数据传输，实现控制和管理的一体化自动控制系统。

④ PLC 系统即将 PLC 作为处理系统的控制器，实现控制系统的功能要求，也可利用计算机作为其上位计算机，通过网络连接 PLC，对生产过程进行实时监控。该系统具有编程方便、开发周期短、维护容易、通用性强、使用方便、控制功能强、模块化结构和扩展能力强等特点。

2. 供水系统的功能要求

城市供水系统的主要功能是在用水量不断变化的情况下，维持管内压力在一定范围内，既能满足用水的需求，又能最大限度地节约能源、延长设备寿命。变频供水的控制器经历了从继电器-接触器到单片机，再到 PLC 的发展过程。而变频器也从多端速度控制、模拟量输入控制变频器，发展到专用变频器。为实现城市供水系统简单、高效、低能耗的功能，并且实现自动化的控制过程，采用 PLC 作为核心控制器是一个比较好的方案。

PLC 具有体积较小、设计周期短、数据处理和通信方便、易于维护与操作等优点，可满足城市供水系统的控制要求。除此之外，PLC 作为城市供水控制系统的核心控制器使设计过程变得更加简单，可实现的功能变得更多。PLC CPU 强大的网络通信能力，使城市供水系统的数据传输与通信成为可能，并且可实现其远程监控。

利用 PLC 作为控制器的城市供水系统主要设计两个方面，即信号输入和控制输出信号。

（1）信号输入

城市供水系统信号输入检测方面主要涉及 3 类信号的检测，主要包括按钮输入检测、液位高低输入检测及管内压力输入检测。

① 按钮输入检测。大多数为人工方式控制的输入检测，主要有自动按钮、手动按钮、水泵工频启动按钮、水泵变频运行按钮及变频加、减速按钮等。

② 液位高低输入检测。检测水池中液位的高低，用来控制整个供水系统的启动和停止。

③ 管内压力输入检测。按钮输入和液位高低输入都为数字量输入，管内压力输入为模拟量输入。通过安装在适当位置上的压力传感器，将检测值反馈到 PLC 中，通过运算后输出控制水泵的转速信号。当压力值偏低时，供水量不够，导致用户无法正常用水，因此需要增加水泵转速以增加供水量；当压力值偏高时，导致管内压力过大，用户用水较少，容易对管道造成损害，因此需要减小水泵转速以减少供水量，最终使管内的水压保持在一定的范围内。

（2）控制输出信号

信号输出部分主要包括两个方面，数字量输出（控制各类设备的接触器），通信输出（通过 RS-485 来控制变频器）。

① 数字量输出。控制各类设备的启动和停止，包括使用水泵的工频运行和变频运行等接触器，以及进水阀门的开启与关闭。

② 通信输出。通过 PLC 中的 PID 运算后的数据转换成标准值，该控制信号输入变频器的通信端口上，改变变频器的输出功率，从而控制水泵的转速，最后达到控制水管中压力的要求。

3. 系统总体设计

（1）供水系统的结构

城市供水系统的设计主要包括两个方面，即机械结构的设计和 PLC 电气控制方面的设计。机械结构是控制系统的基础，是实现控制功能的前提。PLC 电气控制系统是实现控制功能的核心部分。机械部分的设计相对简单，其结构、设备组成都比较固定。

① 机械结构的主要组成部分。

城市供水系统的组成比较简单，由管道、水泵、变频器及其他辅助设备构成，其机械组成部分的简单示意图如图 8-39 所示。

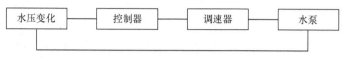

图8-39 机械组成部分的简单示意图

水压变化：作为系统的控制输入量，该信号准确度决定了控制系统的精度及可靠性。

控制器：整个控制系统的核心，通过对外界输入状态进行检测，输出控制量；对外界输入的数据进行运算处理后，输出相应的控制量。例如，单片机、PLC、计算机等。

调速器：作为核心控制器的后续控制单元，对终端进行控制，最终达到控制要求。例如，多段调速、变频器调速等。

水泵：供水系统的执行机构，通过调速器控制电动机的转速，最后达到控制水泵流量大小的要求。

② 电气控制系统。

电气控制系统主要包括操作面板、电气控制柜等单元。由于在该系统中需要检测较多的数字输入量，并且还要检测模拟量的输入，然后根据设定的程序进行数据处理，输出控制信号，因此系统的控制逻辑与时序需要严格按照检测信号的输入进行控制，电气控制系统示意图如图 8-40 所示。

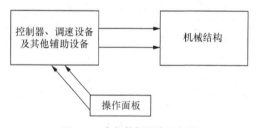

图8-40 电气控制系统示意图

（2）供水系统的工作原理

城市供水电气控制系统的总体框图如图 8-41 所示，PLC 作为核心控制器，通过检测操作面板按钮的输入、各类传感器的输入及相关模拟量的输入，完成相关设备的运行、停止和调速控制。

城市供水系统在手动状态下，各类设备的控制根据操作面板上的按钮输入来控制，无逻辑限制，即不根据传感器的状态进行控制。在自动方式下，进行闭环控制，系统根据检测到外部传感器的状态对设备进行启停、调速控制，其工作过程如下。

① 测量水池水位的高低。

② 采集压力传感器反馈的信号，将该传感器输出的模拟信号转换成 PLC 可处理的数字信号。

③ PLC 根据压力反馈值，以及变频器输出频率，对模拟量进行数据处理。

④ 在 PLC 中，数据经过计算后，产生控制信号，实现对驱动器的控制。

这样就完成了一个工作过程。其主要工作过程的示意图如图 8-42 所示。

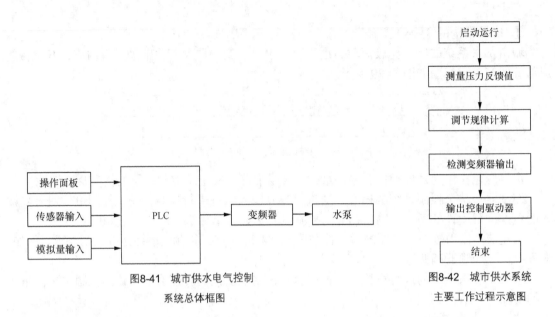

图8-41　城市供水电气控制

系统总体框图

图8-42　城市供水系统

主要工作过程示意图

8.4.2　硬件系统设计

本节主要介绍如何设计城市供水系统的控制系统及其所需的各种硬件设备，由此设计出城市供水系统的电气控制系统框图，如图 8-43 所示，在此系统中的核心控制器是 PLC，其输入和输出量主要为数字量，只有一组模拟量的输入。

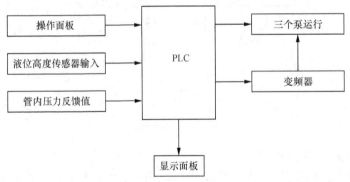

图8-43　电气控制系统框图

1．PLC 选型

根据城市供水电气控制系统的功能要求，从经济性、可靠性等方面来考虑，选择西门子 S7-200 系列 PLC 作为本系统的控制主机。由于城市供水电气控制系统的 I/O 端口较少，而其控制过程相对复杂，因此采用 CPU224 作为该控制系统的主机。

S7-200 系列 PLC CPU224 的主要特性如表 8-25 所示。本系统使用的数字量输入点较多，因此除了 PLC 主机自带的 I/O 外，还需扩展一定数量的 I/O 扩展模块。在此采用 EM221 输入扩展模块，8 点 DC 输入型，正好可以满足控制系统的 I/O 需求。

在该控制系统中，还有采集模拟量的功能要求，因此需要再扩展一个模拟量 I/O 扩展模块。西门子公司专门为 S7-200 系列 PLC 配置了模拟量 I/O 模块 EM235，该模块具有较高的分辨率和较强的输出驱动能力，可满足控制系统的要求。

表 8-25　　　　　　　　　　　S7-200 系列 PLC CPU224 的主要特性

主机 CPU 类型		CPU224
外形尺寸（mm×mm×mm）		120.5×80×62
用户程序区（Byte）		8 192
数据存储区（Byte）		5 120
失电保持时间（h）		190
本机 I/O		14 入/10 出
扩展模块数量		7
高速计数器	单相（kHz）	30（6 路）
	双相（kHz）	20（4 路）
直流脉冲输出（kHz）		20（2 路）
模拟电位器		2
实时时钟		内置
通信口		1 RS-485
浮点数运算		有
I/O 映像区		256（128 入/128 出）
布尔指令执行速度		0.37μs/指令

2. PLC 的 I/O 资源配置

根据控制系统的要求，对 PLC 的 I/O 进行配置，具体分配如下。

（1）数字量输入部分

在此控制系统中，所需要的输入量基本上属于数字量，主要包括各种控制按钮、旋钮等数字量输入，共有 15 个数字量，如表 8-26 所示。

表 8-26　　　　　　　　　　　数字量输入地址分配

输入地址	输入设备	输入地址	输入设备
I0.0	急停	I1.0	2#泵变频启动
I0.1	手动启动	I1.1	3#泵工频启动
I0.2	自动启动	I1.2	3#泵变频启动
I0.3	水池高位	I1.3	电动机加速
I0.4	水池低位	I1.4	电动机减速
I0.5	1#泵工频启动	I1.5	水池进水阀门
I0.6	1#泵变频启动	I1.6	变频器复位
I0.7	2#泵工频启动		

（2）数字量输出部分

本控制系统中，主要输出控制的设备有各种接触器、阀门等，共有 7 个输出点，其具体分配如表 8-27 所示。

表 8-27　　　　　　　　　　　数字量输出地址分配

输出地址	输出设备	输出地址	输出设备
Q0.0	1#泵工频接触器	Q0.4	3#泵工频接触器
Q0.1	1#泵变频接触器	Q0.5	3#泵变频接触器
Q0.2	2#泵工频接触器	Q0.6	水池阀门
Q0.3	2#泵变频接触器		

（3）模拟量输入部分

由于需要采集一个压力传感器所反馈的数据，因此扩展了一个模拟量 I/O 模块，具体分配如表 8-28 所示。

表 8-28　　　　　　　　　　　模拟量输入地址分配

输入地址	输入设备
AIW0	压力传感器

根据控制系统的功能要求及 I/O 的分配情况，设计出城市供水系统的硬件接线图如图 8-44 所示。此控制面板上的手动控制部分主要在调试系统时使用，调试完成后基本处于闲置状态。

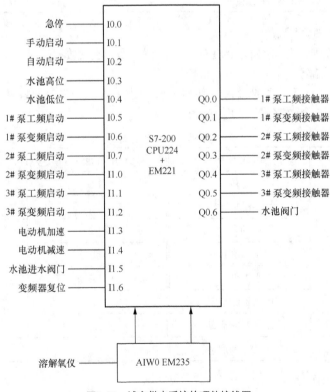

图8-44　城市供水系统的硬件接线图

3. 其他资源配置

要完成系统的控制功能除了需要 PLC 主机及其扩展模块之外，还需要各种接触器、变频器等仪器设备。

（1）接触器

在变频恒压供水系统中，所有设备的运行都不是连续的，而是根据控制面板上的按钮情况或根据传感器的反馈值进行动作的。因此，需要 PLC 根据当前的工作情况，以及按钮的情况来控制所有设备的启停，共需要 6 个接触器，即 1#泵工频接触器、1#泵变频接触器、2#泵工频接触器、2#泵变频接触器、3#泵工频接触器、3#泵变频接触器。

（2）变频器

MM430 型变频器是一种风机水泵负载专用变频器，能适用于各种变速驱动系统，尤其适合于工业部门的水泵和风机，主要优点有以下几个方面。

① 体积小，结构紧凑。

② 采用模块化结构，组态灵活。

③ 采用较高的脉冲开关频率，运行时噪声较小。

④ 具有完善的电动机和变频器保护功能。

1#泵工频接触器是连接 1#泵工频电网的接触器，通过 PLC 输出的指令控制泵的工频运行或停止。

1#泵变频接触器是连接 1#泵到变频器的接触器，通过 PLC 输出的指令控制泵的变频运行或停止。

2#泵工频接触器是连接 2#泵工频电网的接触器，通过 PLC 输出的指令控制泵的工频运行或停止。

2#泵变频接触器是连接 2#泵到变频器的接触器，通过 PLC 输出的指令控制泵的变频运行或停止。

3#泵工频接触器是连接 3#泵工频电网的接触器，通过 PLC 输出的指令控制泵的工频运行或停止。

3#泵变频接触器是连接 3#泵到变频器的接触器，通过 PLC 输出的指令控制泵的变频运行或停止。

⑤ 具有较高的输出转矩。

⑥ 具有旁路功能，可安全地将电动机直接切换为电源供电。

⑦ 具有节能功能，可最大限度地节约能源。

⑧ 如果对水泵进行驱动，可以对无载（泵内没有水）空转状态进行检测。

⑨ 3 组驱动数据，可使变频器在 3 组驱动数据下工作。

⑩ 复合制动功能可实现快速制动。

⑪ 可设置跳转频率，可在驱动系统出现谐振时将机械所受应力降到最低。

⑫ 捕捉再启动功能，可使变频器与正在转动的电动机接触时所受冲击力最小。

⑬ 变频器根据 PTC/KTY 的输入信号对电动机进行过温度检测，保护电动机。

⑭ 可接入网络中使用。

⑮ 集成的 EMC 滤波器能有效降低对安装工作的要求。

MM430 型变频器具有能源利用率高的特点，具有较多的输入端子和输出端子，且对操作面板进行了优化，便于工作人员进行操作，其主要技术指标如下。

① 具有内置 PID 控制器，可用于简单的过程控制。

② 6 个可编程的带电位隔离的数字输入端。

③ 2 个模拟输入，也可作为第 7/8 个数字输入端。

④ 2 个可编程模拟输出（0～20mA）。

⑤ 3 个可编程的继电器输出，在阻性负载下：DC30V/5 A；感性负载下：AC250/2 A。

⑥ 可与 S8-200 连接，也可集成到 SIMATIC 和 SIMOTION 的 TIA 系统中。

在此控制系统中，需要对变频器进行通信控制，因此需先对变频器的参数进行设置，主要对以下几个参数进行调整，如表 8-29 所示。

表 8-29   变频器参数设置表

参数号	参数值	说明
P0005	21	显示实际频率
P0700	5	COM 链路的 USS 设置
P1000	5	通过 COM 链路的 USS 设置
P1300	2	可用于可变转矩负载
P2010	6	9 600bit/s
P2011	1	USS 地址
P0300	根据具体电动机设置	电动机类型
P0304	根据具体电动机设置	电动机额定电压
P0305	根据具体电动机设置	电动机额定电流
P0310	根据具体电动机设置	电动机额定功率
P0311	根据具体电动机设置	电动机额定转速

对于此系统中的变频器采用通信控制。对变频器进行控制时，需要将变频器进行地址编号。在程序控制中，通过向已编址的变频器发送控制指令，实现对变频器的控制，即可通过改变参数 P2011 中的值，实现对多个变频器的控制。在此系统中，只是用了一个变频器，因此控制变频器的地址为 1。

（3）各类按钮

在本控制系统中的自动操作中，采用 3 种机械按钮控制供水系统的调试和运行。手动/自动按钮使用旋钮，即旋到一边接通，旋到另一边断开；自动启动按钮采用触点触发式按钮；急停按钮使用旋转复位按钮，按下后系统停止，旋转后自动弹起复位。

在手动控制状态时，每个设备都对应设置一个按钮，采用触点触发式按钮，即按下接通，松开复位。

（4）人机界面

该系统的显示系统采用西门子 TD200 文本显示器，该显示器可适用于所有 S7-200 系列 PLC，采用 TD200 主要完成以下功能。

① 显示信息。

② 设置及修改控制系统的参数。

③ 8 个可由用户定义的功能键，可替代普通按键。

④ 通过强制I/O检测功能。

TD200文本显示器的连接很简单，只需将所提供的连接电缆连接到S7-200系列PLC的PPI接口上即可，在距离不超过其规定范围时，由PLC对其进行供电。在编程时，可利用西门子公司提供的编程软件STEP 7-Micro/WIN32，由于在CPU中已经保留了一个专门的区域用于与TD200文本显示器进行数据交换，因此只需要将显示及修改的中间继电器、寄存器等与TD200文本显示器相应的数据区域进行连接即可。

（5）传感器

传感器的作用是将压力、温度等非电量物理信号转换成电量信号，以便后续电路进行处理。在此系统中，传感器将供水管中的压力转换成电量信号后，传送到PLC特殊功能模块，在PLC主机中进行数据处理后，通过通信端口传给变频器，以控制电动机。

8.4.3　系统软件设计

以上介绍了系统的结构、工作原理和电气控制部分的结构，硬件结构的总体设计基本完成之后，就可以开始设计系统软件部分。在软件系统设计中，首先按照需要实现的功能作出流程图，其次按照不同的功能编写不同的功能模块，写出的程序应条理清晰，既方便阅读写，又便于调试。

1. 总体流程设计

根据系统的控制要求，控制过程可分为手动控制和自动控制。在手动控制模式下，每个设备可单独运行，以测试设备的性能，模式选择流程图如图8-45所示。

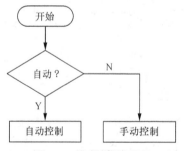

图8-45　模式选择流程图

（1）手动控制模式

在手动控制模式下，可单独调试每个设备的运行，手动控制模式的工作流程图如图8-46所示。

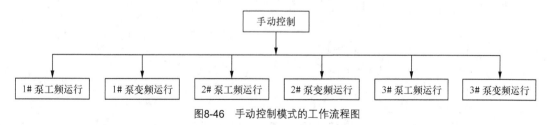

图8-46　手动控制模式的工作流程图

（2）自动控制模式

处于自动控制模式时，系统上电后，按下自动启动按钮，确认后系统开始运行。自动控制模式的工作流程图如图 8-47 所示，其工作过程包括以下几个方面。

① 系统上电后，按下自动启动按钮，检测水池水位。

② 水位满足要求，变频启动 1#泵，同时检测管内压力。

③ 管内压力大于设定值，水泵变频调节；小于设定值，启动 2#泵。

④ 管内压力大于设定值，维持现在状态不变；小于设定值，2#泵工频运行，3#泵变频启动。

⑤ 管内压力大于设定值，维持现在的状态不变；小于设定值，3#泵工频运行。

⑥ 管内压力大于设定值，一次较少投入运行泵的数量。

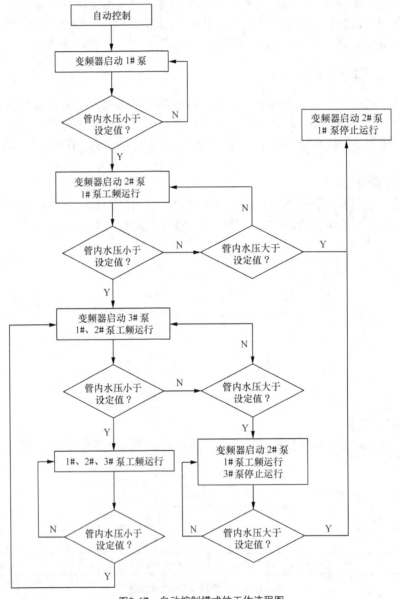

图8-47　自动控制模式的工作流程图

在自动控制模式流程图中，调用了各个控制系统的程序，主要包括水池水位检测程序、

1#泵控制程序、2#泵控制程序、3#泵控制程序，水池水位检测程序主要控制进水阀门的运行和停止。水池水位检测工作流程图如图 8-48 所示，其工作过程包括以下几个方面。

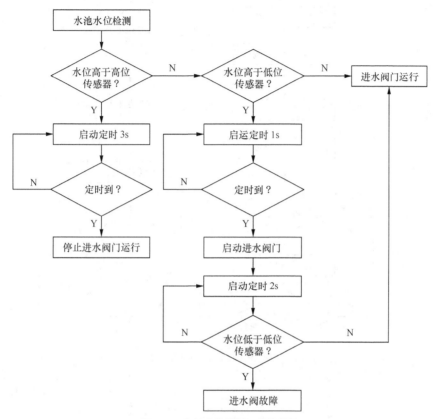

图8-48　水池水位检测工作流程图

① 自动过程开始启动进水阀门，检测水位高低。
② 水位高于高位传感器，启动定时 3s。
③ 定时到，仍高于高位传感器，停止进水阀门运行。
④ 水位处于高位和低位传感器之间，进水阀门正常运行。
⑤ 水位低于低位传感器，启动定时 1s。
⑥ 定时到，启动进水阀门，检测水位高度。
⑦ 进水阀门启动后，启动定时 2s。
⑧ 定时到，水位仍低于低位传感器，输出故障标志。

1#泵控制程序主要控制 1#泵的运行、停止和变频调速。1#泵控制流程图如图 8-49 所示，其工作过程包括以下几个方面。

① 自动过程开始启动 1#泵变频运行，检测管内压力大小。
② 反馈值小于设定值，启动定时 5s。
③ 定时到，仍小于设定值，检测变频器的输出功率。
④ 变频器输出频率为 50Hz，切换 1#泵工频运行，启动 2#泵控制程序。

2#泵控制程序主要控制 2#泵的运行、停止和变频调速。2#泵控制流程图如图 8-50 所示，其工作过程包括以下几个方面。

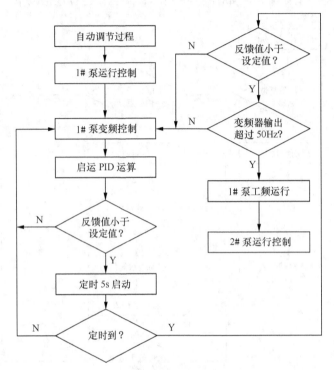

图8-49 1#泵控制流程图

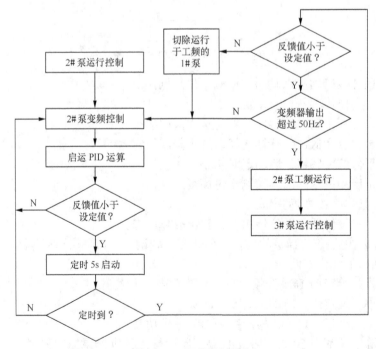

图8-50 2#泵控制流程图

① 启动 2#泵变频运行，检测管内压力大小。

② 反馈值小于设定值，启动定时 5s。

③ 定时到，仍小于设定值，检测变频器的输出。

④ 变频器输出频率为 50Hz，切换 2#泵工频运行，启动 3#泵控制程序。

⑤ 管内压力反馈值大于设定值，切换 1#泵工频运行，维持 2#泵变频调速运行。

3#泵控制程序主要控制 3#泵的运行、停止和变频调速。3#泵控制流程图如图 8-51 所示，其工作过程包括以下几个方面。

① 启动 3#泵变频运行，检测管内压力大小。

② 反馈值小于设定值，启动定时 5s。

③ 定时到，仍小于设定值，检测变频器的输出功率。

④ 变频器输出频率为 50Hz，切换 3#泵工频运行。

⑤ 管内压力反馈值大于设定值，启动切除工频运行程序。

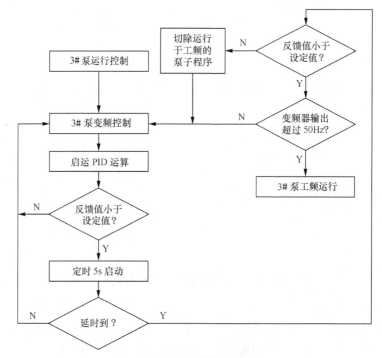

图8-51 3#泵控制流程图

切除工频运行程序，根据管内压力的反馈值，依次停止工频状态下运行的 3 个泵。切除工频运行泵的工作流程图如图 8-52 所示，其工作过程包括以下几个方面。

① 切除 1#泵工频运行，检测管内压力大小。

② 反馈值小于设定值，启动定时 5s。

③ 定时到，仍小于设定值，启动 2#泵控制程序。

④ 若大于设定值，切除 2#泵工频运行，检测管内压力大小。

⑤ 管内压力反馈值大于设定值，启动 3#泵控制程序。

⑥ 小于设定值，启动定时 5s。

⑦ 定时到，仍小于设定值，启动 1#泵控制程序。

⑧ 大于设定值，全部停机。

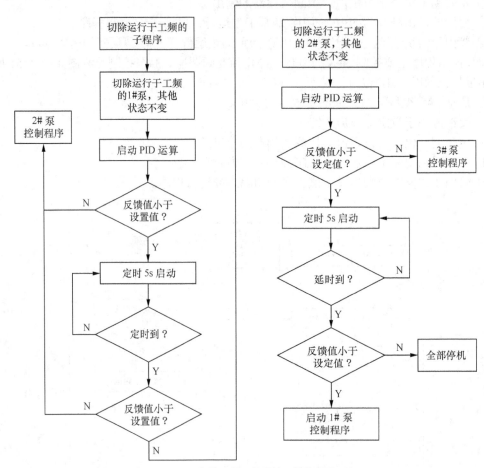

图8-52　切除工频运行泵的工作流程图

2. 各模块梯形图设计

在设计程序过程中，会使用许多寄存器、中间继电器、定时器等元器件，为了便于编程及修改，在程序编写前应先列出可能用到的元器件，如表 8-30 所示。

表 8-30 元件设置

元件	意义	内容	备注
M0.0	系统停止标志		on 有效
M0.1	手动控制标志		on 有效
M0.2	自动控制启动标志		on 有效
M0.3	进水阀开启标志		on 有效
M0.4	水池故障标志		on 有效
M0.5	1#泵工频运行标志		on 有效

续表

元件	意义	内容	备注
M0.6	2#泵工频运行标志		on 有效
M0.7	3#泵工频运行标志		On 有效
M1.0	1#泵变频运行标志		on 有效
M1.1	2#泵变频运行标志		on 有效
M1.2	3#泵变频运行标志		on 有效
M1.3	1#泵从变频到工频切换标志		on 有效
M1.4	2#泵从变频到工频切换标志		on 有效
M1.5	3#泵变频到工频切换标志		on 有效
M2.0	断开 1#泵工频运行标志		on 有效
M2.1	断开 2#泵工频运行标志		on 有效
M2.2	断开 3#泵工频运行标志		on 有效
M3.0	USS_INIT 指令完成标志		on 有效
M3.1	确认变频器的响应标志		on 有效
M3.2	指示变频器的运行状态标志	on 为运行；off 为停止	
M3.3	指示变频器的运行方向标志	on 为逆时针；off 为顺时针	
M3.4	指示变频器的禁止位状态标志	on 为被禁止；off 为不禁止	
M3.5	指示变频器的故障位状态标志	on 为故障；off 为无故障	
T37	水池水位高于高位感器定时	300	30s
T38	水池水位低于低位感器定时	100	10s
T39	进水阀启动后定时	200	20s
T40	管压测量防波动定时	50	5s
T41	管压测量防波动定时	50	5s
T42	管压测量防波动定时	50	5s
VD10	手动变频器速度寄存器		
VD20	自动 1#泵速度寄存器		
VD30	自动 2#泵速度寄存器		
VD40	自动 3#泵速度寄存器		
VD50	自动变频器速度寄存器		
VD100	压力传感器标准值寄存器		
VD102	压力传感器反馈值寄存器		
VD104	变频器 50Hz 标准值寄存器		

续表

元件	意义	内容	备注
VB200	USS_INIT 指令执行结果		
VB202	USS_CTRL 错误状态字节		
VW204	变频器返回的状态字原始值		
VD206	全速度百分值的变频速度	−200%～200%	

（1）手动控制程序

在系统上电后，控制方式选择手动方式时，可通过面板上的按钮控制每个设备的运行。手动控制系统的作用主要是便于在系统完成后，进行调试，检测各个设备是否能正常运行，手动控制的梯形图程序如图 8-53 所示，所对应的语句表和注释如表 8-31 所示。

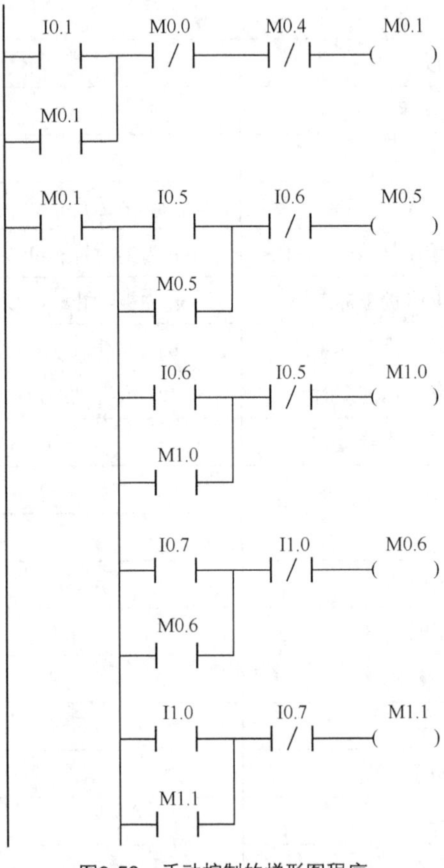

图8-53 手动控制的梯形图程序

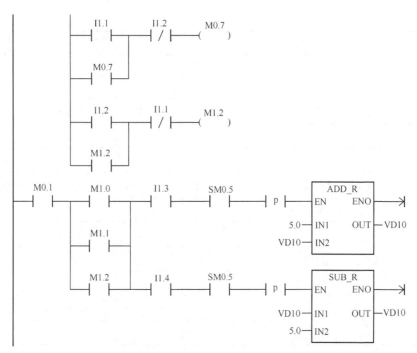

图8-53 手动控制的梯形图程序（续）

表 8-31 与图 8-53 所示梯形图程序对应的语句表

语句表		注释	语句表		注释
LD	I0.1	手动控制	=	M1.1	2#泵变频运行标志
O	M0.1		LRD		
AN	M0.0	停止标志	LD	I1.1	3#泵工频运行按钮
AN	M0.4	水池故障标志	O	M0.7	
=	M0.1	手动控制标志	ALD		
LD	M0.1		AN	I1.2	3#泵变频运行按钮
LPS			=	M0.7	3#泵工频运行标志
LD	I0.5	1#泵工频运行按钮	LPP		
O	M0.5		LD	I1.2	3#泵变频运行按钮
ALD			O	M1.2	
AN	I0.6	1#泵变频运行按钮	ALD		
=	M0.5	1#泵变频运行按钮	AN	I1.1	3#泵工频运行按钮
LRD			=	M1.2	3#泵变频运行标志
LD	I0.6	1#泵变频运行按钮	LD	M0.1	
O	M1.0		LD	M1.0	
ALD			O	M1.1	
AN	I0.5		O	M1.2	

续表

语句表		注释	语句表		注释
=	M1.0	1#泵变频运行标志	ALD		
LRD			LPS		
LD	I0.7	2#泵工频运行按钮	A	I1.3	电动机加速按钮
O	M0.6		A	SM0.5	
ALD			EU		
AN	I1.0	2#变频运行按钮	+R	5.0,VD10	变频器输出速度增加5%
=	M0.6	2#泵工频运行标志	LPP		
LRD			A	I1.4	电动机减速
LD	I1.0	2#泵变频运行按钮	A	SM0.5	
O	M1.1		EU		
ALD			−R	5.0,VD10	变频器输出速度减少5%
AN	I0.7	2#泵工频运行按钮			

　　手动控制模式的设置主要是为了方便系统的调试和维修工作。在调试时，可以对不同的设备进行调试，最后整个系统联合调试。在维修时，如果系统在运行过程中出现问题，也可采用手动方式进行检查，便于维修。在生产过程中，主要是采用自动方式进行控制。

　　（2）自动控制程序

　　在生产中，大多采用自动过程进行控制，系统通过传感器的反馈信号来控制设备的启动和停止，以及调速控制，如图8-54所示，所对应的语句表和注释如表8-32所示。

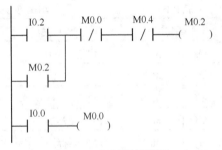

图8-54　自动控制梯形图

表8-32　　　　　　　　　　　与图8-54所示梯形图程序对应的语句表和注释

语句表		注释	语句表		注释
LD	I0.2	自动控制	=	M0.2	自动控制启动标志
O	M0.2		LD	I0.0	停止按钮
AN	M0.0	停止标志	=	M0.0	
AN	M0.4	水池故障标志			

　　在自动控制程序中，通过调用不同的程序实现不同的控制功能，下面将介绍各功能程序。

　　（3）功能程序

　　水位检测程序，完成对水池中水位的检测，控制系统的运行与停止，如图8-55所示，所对应的语句表程序如表8-33所示。

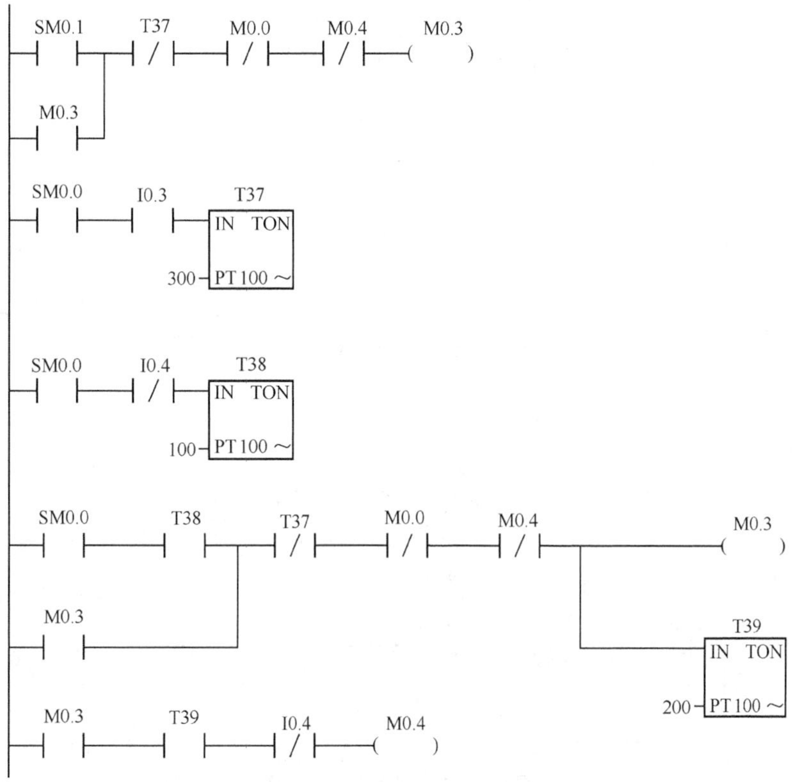

图8-55 水位检测梯形图程序

表 8-33 与图 8-55 所示梯形图程序对应的语句表

语句表		注释	语句表		注释
LD	SM0.1		LD	SM0.0	
O	M0.3		A	T38	
AN	T37		O	M0.3	开启进水阀门
AN	M0.0		AN	T37	
AN	M0.4		AN	M0.0	
=	M0.3	进水阀开启标志	AN	M0.4	
LD	SM0.0		=	M0.3	
A	I0.3	水池高位	TON	T39,200	进水阀门开启后，定时 2s
TON	T37,300	超过高位定时	LD	M0.3	
LD	SM0.0		A	T39	
AN	I0.4	水池低位	AN	I0.4	
TON	T38,100	低于低位定时	=	M0.4	定时到，输出故障标志

　　1#泵控制程序完成对 1#泵的控制，其梯形图程序如图 8-56 所示，所对应的语句表如表 8-34 所示。

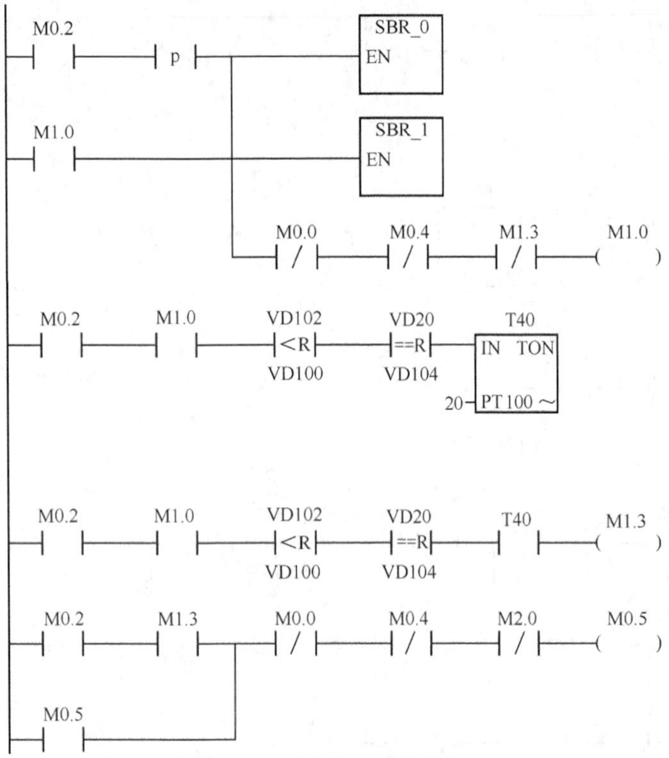

図8-56 1#泵控制梯形图程序

表 8-34　　　　　　　　　与图 8-56 所示梯形图程序对应的语句表

语句表		注释	语句表		注释
LD	M0.2		LD	M0.2	
EU			A	M1.0	
O	M1.0		AR<	VD102,VD100	
CALL	SBR_0	调用 PID 回路子程序	AR=	VD20,VD104	
CALL	SBR_1	调用产生中断子程序	A	T40	
AN	M0.0		=	M1.3	定时到，输出 1#切换到工频运行
AN	M0.4		LD	M0.2	
AN	M1.3	1#泵从变频到工频切换标志	A	M1.3	
=	M1.0	1#泵变频运行标志	O	M0.5	
LD	M0.2		AN	M0.0	
A	M1.0		AN	M0.4	
AR<	VD102,VD100	管内压力小于设定值	AN	M2.0	
AR=	VD20,VD104	变频速度达到 100%	=	M0.5	
TON	T40,20	定时器启动			

2#泵控制程序完成对 2#泵的控制，其控制梯形图程序如图 8-57 所示，所对应的语句表如表 8-35 所示。

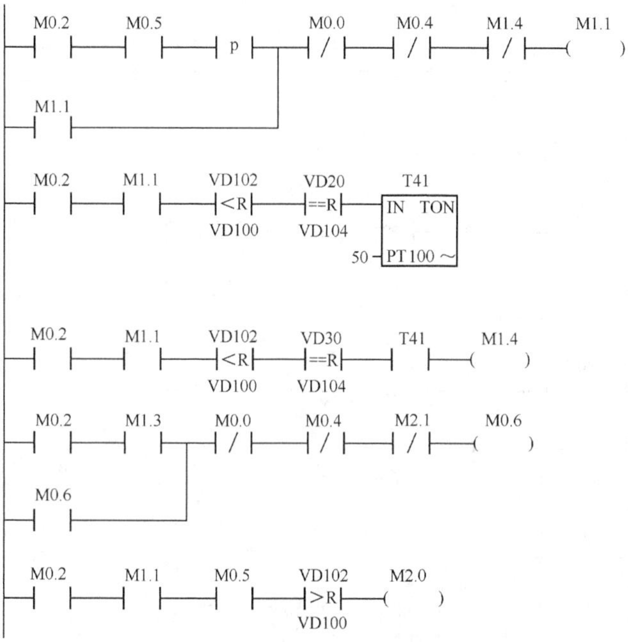

图8-57 2#泵控制梯形图程序

表 8-35   图 8-57 梯形图程序对应的语句表

语句表		注释	语句表		注释
LD	M0.2		AR=	VD30,VD104	
A	M0.5		A	T41	
EU			=	M1.4	2#泵从变频到工频切换标志
O	M1.1		LD	M0.2	
AN	M0.0		A	M1.4	
AN	M0.4		O	M0.6	
AN	M1.4		AN	M0.0	
=	M1.1	2#泵变频运行标志	AN	M0.4	
LD	M0.2		AN	M2.1	
A	M1.1		=	M0.6	2#泵工频运行标志
AR<	VD102,VD100	管内压力小于设定值	LD	M0.2	
AR=	VD30,VD104	变频器速度达到100%	A	M1.1	
TON	T41,50	定时器启动	A	M0.5	
LD	M0.2		AR>	VD102,VD100	
A	M1.1		=	M2.0	
AR<	VD102,VD100				

3#泵控制程序完成对 3#泵的控制，其梯形图程序如图 8-58 所示，所对应的语句表如表 8-36 所示。

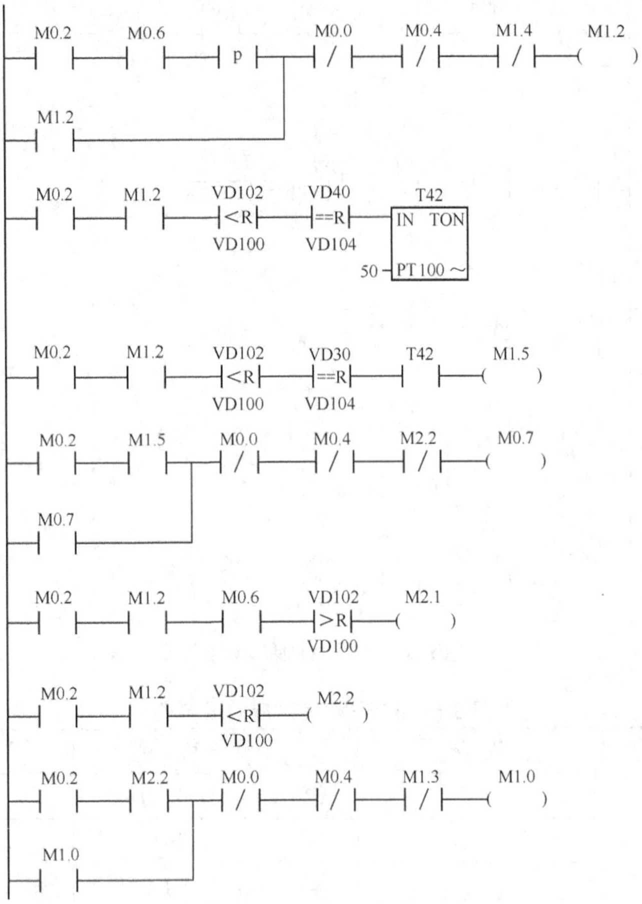

图8-58　3#泵控制梯形图程序

表 8-36　　　　　　　　　　　　　与图 8-58 所示梯形图程序对应的语句表

语句表		注释	语句表		注释
LD	M0.2		O	M0.7	
A	M0.6		AN	M0.0	
EU			AN	M0.4	
O	M1.2		AN	M2.2	
AN	M0.0		=	M0.7	3#泵工频运行标志
AN	M0.4		LD	M0.2	
AN	M1.4		A	M1.2	
=	M1.2	3#泵变频运行标志	A	M0.6	
LD	M0.2		AR>	VD102,VD100	管内压力大于设定值
A	M1.2		=	M2.1	断开 2#泵工频运行标志

续表

语句表		注释	语句表		注释
AR<	VD102,VD100	管内压力小于设定值	LD	M0.2	
AR=	VD40,VD104	变频器速度达到100%	A	M1.2	
TON	T42,50	定时器启动	AR<	VD102,VD100	
LD	M0.2		=	M2.2	断开 3#泵工频运行标志
A	M1.2		LD	M0.2	
AR<	VD102,VD100		A	M2.2	
AR=	VD30,VD104		O	M1.0	
A	T42		AN	M0.0	
=	M1.5	3#泵切换至工频运行标志	AN	M0.4	
LD	M0.2		AN	M1.3	
A	M1.5		=	M1.0	

（4）初始化程序

开机初始化梯形图程序如图 8-59 所示，所对应的语句表如表 8-37 所示。

PID 回路参数表初始化梯形图程序如图 8-60 所示，所对应的语句表如表 8-38 所示。

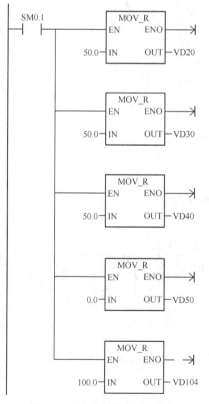

图8-59　开机初始化梯形图程序

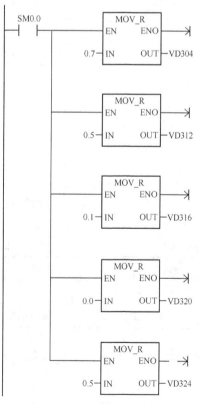

图8-60　PID回路参数表初始化梯形图程序

表 8-37　　　　　　　　　　与图 8-59 所示梯形图程序对应的语句表

语句表		注释	语句表		注释
LD	SM0.1		MOVR	50.0,VD40	载入 3#泵初始速度值 50
MOVR	50.0,VD20	载入 1#泵初始速度值 50	MOVR	0.0,VD50	载入变频器速度寄存器速度值 0
MOVR	50.0,VD30	载入 2#泵初始速度值 50	MOVR	100.0, VD104	载入变频器标准值 100

表 8-38　　　　　　　　　　与图 8-60 所示梯形图程序对应的语句表

语句表		注释	语句表		注释
LD	SM0.0		MOVR	0.1, VD316	载入采样时间 100ms
MOVR	0.7,VD304	载入设定值 0.7	MOVR	0.0,VD320	载入积分时间 0s
MOVR	0.5,VD312	载入比例系数 0.7	MOVR	0.5,VD324	载入微分时间 3s

（5）中断程序

产生中断子程序梯形图程序如图 8-61 所示，所对应的语句表如表 8-39 所示。

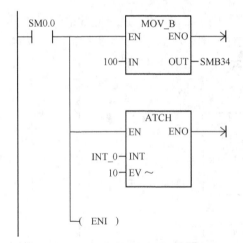

图8-61　产生中断子程序梯形图程序

表 8-39　　　　　　　　　　与图 8-61 所示梯形图程序对应的语句表

语句表		注释	语句表		注释
LD	SM0.0		ATCH	INT_0,10	连续中断，中断号为 10
MOVB	100,SMB34	载入采样时间 100ms	ENI		开中断

中断子程序梯形图程序如图 8-62 所示，所对应的语句表如表 8-40 所示。

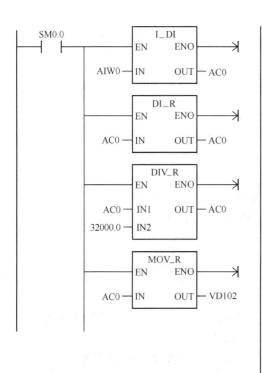
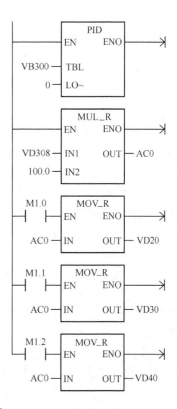

图8-62 中断子程序梯形图程序

表 8-40　　　　　　　　与图 8-62 所示梯形图程序对应的语句表

语句表		注释	语句表		注释
LD	SM0.0		A	M1.0	1#泵变频运行标志
LPS			MOVR	AC0,VD20	将输出值送入 1#泵速度寄存器
IDI	AIW0,AC0	采集模拟量并转换成整数	LRD		
DIR	AC0,AC0	转换成浮点数	A	M1.1	2#泵变频运行标志
DIVR	32000.0,AC0	转换成标准值 0.0~1.0	MOVR	AC0,VD30	将输出值送入 2#泵速度寄存器
MOVR	AC0,VD102	送反馈值到寄存器单元	LPP		
PID	VB300,0	执行 PID 指令	A	M1.2	3#泵变频运行标志
MULR	VD308,AC0	运算后输出值	MOVR	AC0,VD40	将输出值送入 3#泵速度寄存器
*R	100.0,AC0	转换成标准值			

8.4.4 经验与总结

本节比较详细地介绍了城市供水系统的设计过程, 此控制系统采用了西门子 S7-200 系列 PLC 的 CPU224 作为核心控制设备。在该控制系统中, 变频器的控制方式采用模拟量输入和通信输出控制，通过 PID 指令实现闭环控制，达到了城市供水系统的控制要求。

由于该系统的机械结构相对比较简单，在机械设计方面的问题较少，但在控制方面的要求比较多，因此系统出现问题也主要集中在控制过程中。

1. 硬件方面

在城市供水控制系统中，主要的硬件问题在机械结构上和 PLC 的外部电路设计与连接处。

在本系统中，集中在机械结构上的问题主要是液位传感器的放置位置及泵的数量、型号、容量等。除此之外，还需要考虑压力传感器的类型及安装位置，位置的选择直接影响控制系统的精度。

在 PLC 的外部硬件连线方面，主要措施是增加一些保护设备。由于输出大部分和接触器等元器件连接，接触器的突然断开和闭合会形成突波并对 PLC 的输出端子造成损坏，因此需要加装一些保护装置，延长触点的寿命。

2. 软件方面

程序编写完毕后，需要首先在计算机上对程序进行软件仿真，可利用西门子公司配套的仿真软件。进行软件仿真的主要工作是检查是否存在错误，如书写错误、逻辑错误，通过硬件模拟的方式检查程序，检查是否存在逻辑上的控制错误。对程序进行整体调试时，先根据功能模块分别调试、修改，然后进行总体调试、修改。

在该控制系统中，需要根据外界输入的状态来控制进水阀门的运行和停止，因此需要按照反馈回来的状态信息进行判断处理，再进行输出控制。在本例中由于采用模拟输出、通信输出控制变频器，所以要注意对变频器的控制指令进行转换，以及指令发出的时机和条件，以防止发送频率指令失败导致无法调速。

8.5 本章小结

本章重点介绍了 S7-200 系列 PLC 在电气控制中的 4 个实例，这 4 个实例基本包括了工业和生活中常用到的一些控制方法。

① 交流双速电梯的控制系统，该系统主要通过 S7-200 系列 PLC I/O 和模拟 I/O 扩展模块实现对系统的控制。

② 三相异步电动机自动往返正、反转控制系统，该系统主要是考虑机械互锁及保护问题。

③ 步进电动机控制系统，该系统一般应用在位置控制系统中，采用 PTO 多管线高速脉冲输出。

④ 城市供水系统，该系统主要采用了模拟量输入，通过 PID 指令实现了闭环控制。

第9章 S7-200 系列 PLC 在机电控制系统中的应用

机电控制系统遍布于生产、生活的各个领域，小到家用电器，大到航天飞机都会用到机电控制系统。机电控制就是研究如何设计控制器，并合理选择或设计放大元件、执行元件、检测与转化元件、导向与支撑元件和传动机构等，并由此组成机电控制系统使机电设备达到所要求的性能的一门学科。其在机电一体化技术中占有非常重要的地位。

机电控制系统的工作原理：由指令元件发出指令，通过比较、综合与放大元件将此信号与输出反馈信号比较，再将差值进行处理和放大、控制及转换，将此处理后的信号加到功率放大元件，并施加到执行元件的输入信号，使执行元件按指令的要求运动；而执行元件往往和机电设备的工作机构相连接，从而使机电设备的被控量（如位移、速度、力、转矩等）符合所要求的规律。

西门子公司的 S7-200 系列 PLC 在机电控制系统的应用中占据了重要位置，本章将详细介绍西门子 S7-200 系列 PLC 在板材切割控制系统、机械手控制系统、桥式起重机控制系统中的应用。读者通过学习本章内容，能够很好地学习到 S7-200 系列 PLC 在机电控制系统中应用的方法与实现过程。

9.1 板材切割控制系统

在建筑行业和各种设备生产行业中，板材的需求量越来越大，质量要求也越来越高，如何提高其生产效率一直是人们高度关注的问题。随着自动化技术的进步与发展，板材生产的自动化程度也逐渐提高，而切割机是板材生产上必不可少的自动化机电设备之一。

本节从切割机的工作原理入手，介绍基于 S7-200 系列 PLC 的板材切割控制系统。

9.1.1 系统概述

1. 系统简介

板材切割系统主要是对各种材料进行加工的生产系统，目前很多生产单位依然采用手动操作，不仅步骤繁多，而且需要熟练的技巧和丰富的经验。同时在实际的工作生产环境中，在切割时出现的大量粉尘（尤其是石板切割）、噪声，以及高温（金属板切割）等因素，使工业现场环境十分恶劣，同时各种不同的材料在大小、前进速度及进给长度等方面都是根据切割过程中的情况而发生变化的，手动操作容易影响产品的质量。随着科学技术的进步，自动化的控制系统逐步出现并得到了广泛的应用，用机器代替人进行自动化操作已成为现实，并且速度快、质量高，也能改善工人的劳动条件。

根据切割材料的不同，板材切割系统的应用主要包括两个方面，一个是金属切割，另一个是石板切割，另外，还包括一些管线切割、玻璃切割等。在主要应用的两个方面，板材切割系统虽然在机械结构方面有一定的差异，但其主要操作过程大体是相同的，都包含工件输送、到位检测、切割机启动准备、切割过程启动、工件后处理等过程，板材切割系统工作示意图如图 9-1 所示。

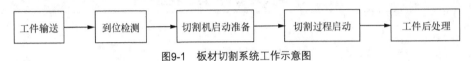

图9-1　板材切割系统工作示意图

板材切割系统的机械结构相对比较简单，主要包括牵引机、切割机及相关输送机械机构和切割辅助设备，对生产线上的原材料进行运输、加工处理。而要实现板材切割的自动化，必须要实现一种可靠的机电控制系统，但是，由于切割过程中需要检测许多外部信号并实现精确的位置控制，如携带工件的大车是否到位，工件是否被夹紧，在特定时刻打开切割机，大车前进一定的距离。这样需要机电控制系统严格按照状态执行各个工序，根据 PLC 检测的状态启停不同的设备，使控制系统相对复杂。

板材切割系统按照对象的不同可以分为金属板材切割、石板切割、玻璃切割等。对于金属板材的切割，大多采用火焰切割方法，即通过高温将金属熔化，然后利用气流将金属板材隔断。在此控制系统中，在适当时机点燃可燃气体对板材进行切割，实现对金属板材的加工要求，金属板材切割示意图如图 9-2 所示。

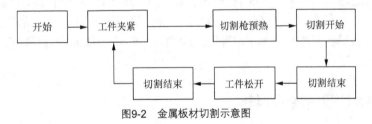

图9-2　金属板材切割示意图

如图 9-3 所示，对于石板的切割，大多采用刀盘切割的方式，即利用刀盘的高速旋转，对石板进行切割。在此控制系统中，由于石板的厚度一般比较厚，因此需要多次切割才能完成一次加工过程，当刀盘没有达到切割系统设置的下限时，需要往返切割以实现切割功能。

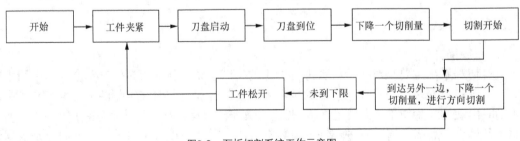

图9-3　石板切割系统工作示意图

2. 系统功能分析

继电器控制系统的控制方式采用硬件连线方式实现，利用继电器触点的串、并联关系，以及延时继电器的使用，组合形成逻辑控制功能。由于其连线多且复杂，同时体积庞大，一旦设计好之后就只能实现其最初设计的功能，如果进行功能扩展或改变控制顺序将非常困难。在控制速度方面，继电器控制主要靠机械的触点动作来实现，其不仅工作频率低，而且会出现机械抖动现象，受其机械特性的影响，继电器控制系统的寿命较短，可靠性和维护性较低。

在对板材进行切割时，受力不均匀导致切割机的转速发生变化从而影响切割的精度，最终影响板材的质量，因此采用自动控制作为其主要的控制方式。早期的控制方式为液压控制系统，该系统结构复杂，制造要求高，使用此类设备需要增设油泵站，增加占地面积和噪声。由于中国在液压方面的元件制造工艺及质量方面的原因，对于某些控制要求无法达到，需要进口国外设备，并且由于技术资料的限制，该类设备维护困难。

采用单片机控制系统时，其核心处理器为单片机，此类控制系统多为用户自行设计，在可靠性等方面无法与成熟产品相比。在工厂的实际生产环境中，用电设备较多且功率较大，频繁的启停控制容易造成电网电压的波动，同时电磁干扰也对单片机控制系统的性能有较大影响，容易产生程序跑飞等现象。

基于计算机的控制系统，其硬件结构方面总线标准化程度高，软件资源特别丰富，可支持实时操作系统，具有快速、实时性强、可进行复杂处理的优点，但对环境有一定的要求，即要在干扰小，具有一定温度和湿度的环境下使用。在复杂的生产环境下，粉尘和电磁干扰的作用会影响计算机的控制性能。

使用 PLC 的控制系统，适用于工业现场环境恶劣、干扰较多的场合，同时编程简单易学，利于推广，最重要的是其安装、设计简单，如果需要改变控制逻辑或增加控制功能时，只需改变程序即可，对硬件连线改动较少，便于进行技术改造。采用 PLC 作为控制器具有运行速度快、调试周期短、维护简单，并具有较高的可靠性。

3. 系统总体设计

切割机控制系统的设计主要包括两个方面，即机械结构设计和 PLC 机电控制系统设计。机械结构设计是实现控制功能的基础，PLC 机电控制系统是实现控制功能的核心部分，两方面的设计过程相互独立，但在设计之前需要整体考虑，先分析和研究控制系统的整体功能，对整体结构深入了解之后，再设计出整体框架，明确两个部分的具体功能和接口。

（1）系统结构

随着企业对各类板材质量要求的不断提高，板材加工的要求也越来越高，因此采用传统继电器控制线路的切割系统已经无法满足产品质量的要求。利用 PLC 对板材切割系统进行改造后，可提高系统的抗干扰能力和板材切割的精度。该切割系统的机械结构比较简单，主要包括牵引机、切割机、液压系统和机电控制系统等及其附属结构和设备。

① 牵引机。牵引机一般是由相互平行的前后两队辊子组成，通过电动机的驱动带动工件进行前后移动，完成工件的输送功能。

② 切割机。切割机是切割系统的核心设备，一般包括夹紧机构、切割枪和进给系统等设备。夹紧机构由一对 V 形铁在气缸的带动下，通过杠杆机构进行夹紧，通过 PLC 的指令控制气缸的上升和下降，实现夹紧和松开的操作，切割枪包括 3 个气体阀门，按照不同的开启顺序，通过 PLC 的控制可实现切割枪的打开和关闭。进给系统是通过步进电动机来实现的，利

用 PLC 的高速脉冲输出和电动机方向输出来实现进给系统的精确控制。

③ 液压系统。液压系统由泵站和相应的液压控制系统构成，相应的油缸通过对应的泵站进行控制，完成其功能。板材切割系统的机械组成部分示意图如图 9-4 所示。

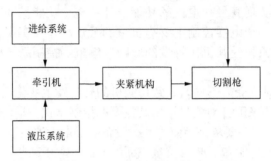

图9-4　板材切割系统的机械组成部分示意图

④ 机电控制系统。通过对板材切割系统的功能要求进行分析，可以看到切割系统的机电控制相对比较复杂，需要检测较多的输入信号，控制较多的输出量，还要保证切割系统按照步骤运行，因此就要设置每个设备启动和停止的标志，在编程时需要有清晰的逻辑控制时序，其机电控制结构示意图如图 9-5 所示。

机电控制柜中主要安装 PLC 控制器及其扩展模块，除此之外还有一些继电器等设备用于驱动相关执行结构，如电动机等，同时在机电控制柜内部还需安装一些显示结构，以便于在调试时观察数据是否正确，判断控制过程是否满足要求，电气控制系统组成示意图如图 9-6 所示。

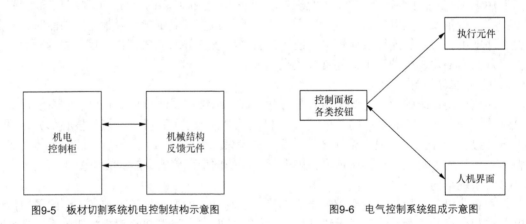

图9-5　板材切割系统机电控制结构示意图　　　　图9-6　电气控制系统组成示意图

（2）系统工作原理

接通电源后，按下控制面板上的启动按钮，整个系统开始工作，牵引机、夹紧装置、切割枪等按照程序设定顺序启动，同时 PLC 检测外部各个开关量反馈的状态，以确定如何进行控制。该系统的工作过程包括以下几个方面。

① 首先大车携带工件前进，使工件到达切割枪所在位置的下方，可通过切割枪下方的行程开关进行检测。

② 大车到位后，启动夹紧装置，经过延时后，夹紧结束。

③ 延时结束后，切割枪下降到位。

④ 下降到位后，依次启动乙炔阀门、切割氧阀门、高压氧阀门，点燃火焰。

⑤ 待预热一段时间后，启动切割枪左右移动电动机，开始切割。

⑥ 切割结束后，切割枪复位。

⑦ 松开夹紧结构，大车在步进电动机的驱动下移动固定长度。

⑧ 再次起用切割枪，切割过程循环进行。

板材切割系统工作主要过程示意图如图 9-7 所示。

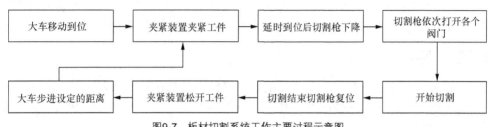

图9-7　板材切割系统工作主要过程示意图

（3）输入和输出信号

该控制系统使用 PLC 作为核心控制器，其可靠性高、抗干扰能力强的优点可保证控制系统的可靠运行。

切割系统的功能主要是完成板材的切割和移动，即通过牵引机（大车）将板材输送到指定位置（切割枪或刀盘的位置处），然后通过切割枪和刀盘，对板材进行切割处理，当一次完整的切割过程结束后，大车在驱动机构的作用下前进一段距离，该距离为程序设定时所需切割的长度，再进行切割，依此循环直到达到停止的条件，其主要设计两方面的功能，即检测输入信号和控制输出信号。

检测输入信号：板材切割控制系统主要完成对操作按钮输入的检测、大车输送到位的检测、切割枪位置的检测、大车步进到位的检测等。

① 操作按钮输入的检测。完成对人工操作台的输入按钮的检测，主要的输入按钮有急停、复位、自动/手动选择旋钮、自动启动按钮、切割枪上下移动及左右移动按钮、大车前进和后退按钮、工件夹紧和松开按钮、切割枪乙炔阀门按钮、切割枪切割氧阀门按钮等。

② 大车输送到位的检测。完成对大车输送情况的检测，当大车第一次携带工件到达切割枪处时，停止大车电动机的运行。

③ 切割枪位置的检测。大车到位后开始进行切割，在切割过程中，主要对切割枪的位置进行检测，包括 4 个行程开关，即切割枪的上位、下位、左位、右位 4 个行程开关的检测，用来控制切割枪的运行，到达行程开关处后停止 PLC 的输出，保证切割枪在一定范围内进行切割操作。

④ 大车步进到位的检测。在完成一次完整的切割过程后，切割枪复位，大车在步进电动机的驱动下移动一定长度，达到限位后停止步进电动机的运行。

控制输出信号：控制输出的方式主要有大车步进电动机的控制、切割枪左右运动电动机的控制、切割枪电磁阀的控制、切割枪气体阀门的控制、夹紧装置的控制。

① 大车步进电动机的控制。控制该电动机的启停和移动的长度，既要保证大车的运行速度，又要确保能按照设定的长度移动，包括 PLC 输出的脉冲个数和电动机的转动方向。

② 切割枪左右运动电动机的控制。控制该电动机的方向和启停，保证切割枪既能够正向

运动，又可以反向运行，实现切割枪的切割操作和复位操作。

③ 切割枪电磁阀的控制。控制该电磁阀的通断，在大车到位后，将电磁阀接通，把切割枪下降到位，使切割枪的位置恰好处于工件的上方便于切割。切割过程结束后，切割枪在电磁阀的作用下提升到上位，然后移动到初始位置。

④ 切割枪气体阀门的控制。控制该阀门的通断，在切割枪下降到位后，依次打开切割枪的乙炔阀门、切割氧阀门、高压氧阀门，以便启动切割枪。

⑤ 夹紧装置的控制。控制电磁阀的通断，当工件被输送到位后，通过夹紧机构将工件固定，然后才能启动切割。切割结束后，先松开工件以方便工件进行移动。

9.1.2　硬件系统配置

本节主要介绍如何设计板材切割系统的控制系统以及如何选择所需的各种硬件设备。板材切割系统的硬件连接示意图如图 9-8 所示。此控制系统的核心控制器是 PLC，主要输入和输出量多为数字量。

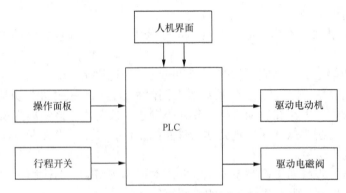

图9-8　板材切割系统的硬件连接示意图

1．PLC 选型

根据控制系统的功能要求，从经济性、可靠性等方面来考虑，选择西门子 S7-200 系列 PLC 作为板材切割控制系统的主机。此控制系统的控制过程比较简单，算法也不复杂，因此选用的 CPU 总共有 19 个数字量输入和 10 个数字量输出，共需 27 个数字量 I/O。根据 I/O 点数及程序容量和控制的要求，选择 CPU224 作为该控制系统的主机。

由于现有主机的 I/O 点数无法满足控制系统的功能要求，因此需要扩展一个数字量 I/O 模块。可选的数字量输入和输出模块有 EM221、EM222 和 EM223。EM221 和 EM222 是单独的输入或输出扩展模块，为了便于硬件的安装和减小 PLC 系统所占体积，采用 EM223 模块。EM223 是一个 I/O 混合模块，有多种型号可以选择，这里选择 EM223 中的 4 点 DC 输入和 4 点 DC 输出，既能满足系统的控制要求，又满足了控制系统 I/O 点数的要求。EM223 与 PLC 的连接不需要其他设置，只需要将排线插到主机或其他扩展模块的插槽上即可。

2．PLC 的 I/O 资源配置

根据系统的功能要求，对 PLC 的 I/O 进行配置，具体分配如下。

（1）数字量输入部分

在此控制系统中，所需要的输入量基本上属于数字量，主要包括各种控制按钮和各种限

位开关，共有 19 个数字输入量，如表 9-1 所示。

表 9-1　　　　　　　　　　　　　数字量输入地址分配

输入地址	输入设备	输入地址	输入设备
I0.0	急停	I1.2	手动大车前进
I0.1	复位	I1.3	手动大车后退
I0.2	手动/自动	I1.4	手动工件夹紧
I0.3	自动切割启动	I1.5	手动工件松开
I0.4	手动切割枪上升	I1.6	切割枪上限开关
I0.5	手动切割枪下降	I1.7	切割枪下限开关
I0.6	手动切割枪左移	I2.0	切割枪左限开关
I0.7	手动切割枪右移	I2.1	切割枪右限开关
I1.0	手动切割枪乙炔阀门	I2.2	大车到位开关
I1.1	手动切割枪切割氧和高压氧阀门		

（2）数字量输出部分

在此控制系统中，主要输出控制的设备有各种接触器、电动机等，共有 10 个输出点，具体分配如表 9-2 所示。

表 9-2　　　　　　　　　　　　　数字量输出地址分配

输出地址	输出设备	输出地址	输出设备
Q0.0	步进电动机脉冲输出	Q0.5	切割枪下降电磁阀
Q0.1	步进电动机方向	Q0.6	切割枪乙炔阀门
Q0.2	切割枪电动机正向接触器	Q0.7	切割枪切割氧阀门
Q0.3	切割枪电动机反向接触器	Q1.0	切割枪高压氧阀门
Q0.4	切割枪上升电磁阀	Q1.1	夹紧装置

根据控制系统的功能要求，设计出板材切割控制系统 PLC 控制部分硬件接线图，如图 9-9 所示，此控制面板上的手动控制部分主要在调试系统时使用，调试完成后基本处于闲置状态。

3. 其他资源配置

要完成系统的功能除了 PLC 及其扩展模块之外，还需要各种限位开关、电磁阀和接触器等仪器设备。

（1）限位开关

在此控制系统中，共用了 4 个限位开关，即上限位开关、下限位开关、左限位开关和右限位开关。限位开关主要是用来控制切割枪在运动过程中的停止位置，防止移动超限导致事故。

① 上限位开关。上限位开关用于控制切割枪上升时的位置，防止切割枪向上运动超出范围。事先在切割系统工作平台上方的合适位置安装好限位开关，当切割枪逐渐上升，直到接

触到工作台上方的限位开关时，PLC控制切割枪停止上升。

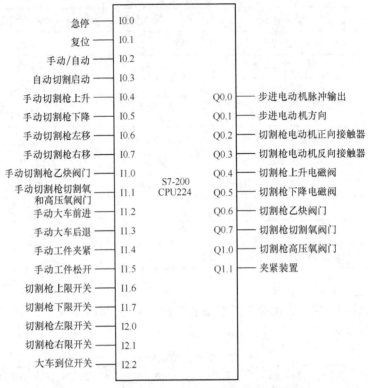

图9-9　板材切割控制系统PLC控制部分硬件接线图

② 下限位开关。下限位开关用于控制切割枪下降时的位置，防止切割枪向下运动超出范围。事先在切割系统工作平台下方的合适位置安装好限位开关，当切割枪逐渐下降，直到接触到工作台下方的限位开关时，PLC控制切割枪停止下降。

③ 左限位开关。左限位开关用于控制切割枪向左运动时的位置，防止切割枪向左运动超出范围。事先在切割系统工作平台的合适位置安装好限位开关，当切割枪向左运动，直到接触到工作台左边的限位开关时，PLC控制切割枪停止向左运动。

④ 右限位开关。右限位开关用于控制切割枪向右运动时的位置，防止切割枪向右运动超出范围。事先在切割系统工作平台的合适位置安装好限位开关，当切割枪向右运动，直到接触到工作台右边的限位开关时，PLC控制切割枪停止向右运动。

（2）电磁阀

本控制系统中切割枪的上升和下降是通过控制气缸来实现的，使用一个气缸和一个电磁阀就能实现切割枪的上升和下降。相对于利用电动机的正、反转来实现升降，气缸控制简单方便，在夹紧装置中也采用了气缸控制。在板材切割过程中，共用了4个电磁阀。

① 上升电磁阀，控制气缸驱动切割机上升至指定位置。

② 下降电磁阀，控制气缸驱动切割机下降至指定位置。

③ 夹紧电磁阀，控制气缸驱动夹紧机构夹紧工件。

④ 松开电磁阀，控制气缸驱动夹紧机构松开工件。

（3）接触器

本控制系统中，大车不需要时刻连续运转，而是根据 PLC 检测相关状态后，发出控制大车运行的指令。因此，就必须在大车的电动机部分装入一个可以控制电动机运转和停止的接触器，再利用 PLC 控制接触器，最后达到控制目的。

切割枪的运行同样不需要时时刻刻进行，因此在切割枪附近放置接近开关，可以将工件到位的信号传至 PLC，控制夹紧机构的运行，并且在程序中控制切割枪在夹紧装置到位的情况下开始工作。

（4）人机界面

由于需要对板材的切割长度进行修改，为了便于修改，需要采用人机界面进行控制和显示。在此控制系统中，采用了西门子公司为 S7-200 系列 PLC 设计的 TD200 文本显示器，其特点如下。

① 最大显示 2 行中文文本。

② 支持中英文显示。

③ 与 S7-200 通过 RS-485 通信。

④ 显示器为 LCD 显示。

⑤ 可编程的功能键有 4 个，系统键有 5 个。

⑥ 可通过通信口供电，当距离较长时，也可利用独立电源供电。

⑦ 显示器电路具有反接保护、短路保护、电子自恢复熔丝。

⑧ 允许调整指定的程序变量。

⑨ 允许强制改变 I/O 点。

⑩ 组态软件采用 STEP 7-Micro/WIN32 版本，无须设置单独的 HMI 组态软件。

（5）各类按钮

急停按钮采用带锁的常闭触点，按下旋转可复位按钮；手动/自动按钮采用旋钮，一边常闭，一边常通；其余按钮均采用触点触发方式，即按下接通，松开即复位。

9.1.3　软件系统设计

在设计硬件结构的时候不仅要考虑各种设备的安装位置及其可行性，还需要考虑软件部分的设计。在硬件设计大体完成后，就要开始软件设计。根据控制系统的控制要求和硬件部分的设计情况，以及 PLC 控制系统中 I/O 的分配情况进行软件编程设计。在软件设计中，首先需要按照控制系统的功能要求画出系统流程图，然后细化流程图，按照不同的功能要求编写不同的功能模块，这样写出的程序条理清晰，既方便编写，又便于调试，即使出现问题也便于修改。

1. 总体流程设计

根据控制系统的总体功能要求，板材切割的控制分为手动控制模式和自动控制模式。模式选择流程图如图 9-10 所示。

（1）手动控制模式

在手动控制模式下，可单独控制每个设备的运行。手动控制模式流程图如图 9-11 所示。

在此模式下，大车的运行可通过按钮进行前进和后退的控制，对于切割枪在不超过限位开关的情况下可随意进行上下移动和左右移动，也可单独测试各类气体阀门的控制，从而检测切割枪的性能等。

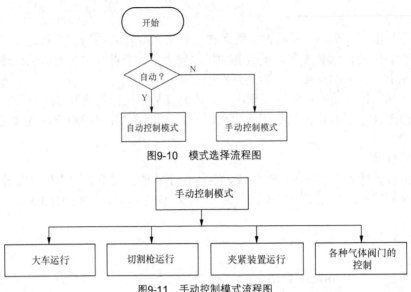

图9-10　模式选择流程图

图9-11　手动控制模式流程图

（2）自动控制模式

处于自动状态时，系统上电后，按下切割按钮启动，系统开始工作，其工作过程包括以下几个方面。

① 系统上电后，按下启动按钮。

② 大车携带板材开始运行，到达切割枪处停止。

③ 大车到位后，启动夹紧装置将板材固定。

④ 固定后，启动切割程序。

⑤ 切割结束后，夹紧装置松开。

⑥ 大车前进所需的长度后停止。

⑦ 大车到位后，再次调用切割程序。

⑧ 切割程序后，如果没有按下停止按钮，跳至步骤⑤循环执行。

⑨ 如果停止按钮被按下，则系统停止。

自动控制模式工作流程图如图 9-12 所示。

在图 9-12 所示的流程图中，调用了切割子程序，切割子程序的工作过程包括以下几个方面。

① 大车到位后，切割枪左移。

② 左移到位后，切割枪下降。

③ 下降到位后，先打开乙炔气阀门，启动定时器。

④ 定时 2s，时间到后，打开切割氧和高压氧的阀门，启动定时器。

⑤ 定时 1s，切割枪在电动机的带动下，向右移动，开始切割。

⑥ 到右限位后，切割过程结束，切割枪自动复位。

切割过程流程图如图 9-13 所示。

以上介绍的是金属板材的详细切割过程，如果操作对象是石板，其工作基本一致，只是在具体的细节上有一些差异，主要有以下几个方面。

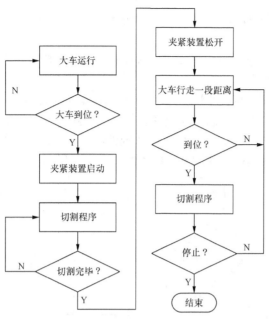

图9-12　自动控制模式工作流程图

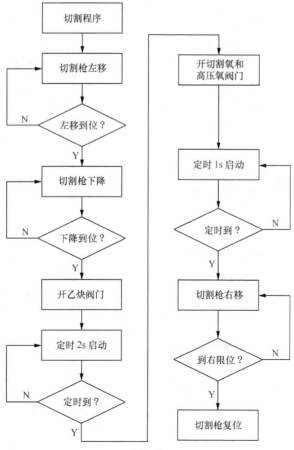

图9-13　切割过程流程图

① 切割工具的不同。金属切割一般采用火焰切割，然后通过高压氧将其吹断。对于石板切割来说，一般采用刀具进行切割。

② 由于金属板材的厚度一般不会很厚，因此利用火焰切割可一次完成。但对于石板来说，大多较厚，一次切割无法完成，需要多次切割。

③ 由于石板需要多次切割，因此刀具每次的切削量都不能太大，需要控制，所以采用步进电动机对每次的切削量进行控制，而金属板材则可通过气缸来控制。

如果对石板进行切割，需要对 PLC 控制系统的输入和输出量进行改造，下面简单介绍石板的切割过程，石板切割流程图如图 9-14 所示。

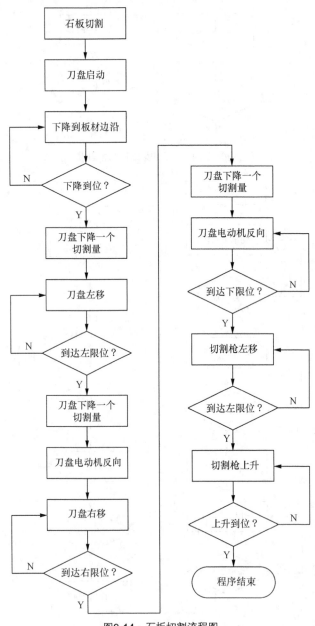

图9-14　石板切割流程图

在石板切割流程中，由于采用了刀盘作为切割工具，所以在上电之后，刀盘就必须处于转动状态，直到切割过程全部结束，从图 9-14 可以看出石板切割的工作过程包括以下几个方面。

① 上电后，刀盘开始转动。

② 刀盘在电动机的带动下，移至板材边沿。

③ 下降到位后，先下降一个切削量。

④ 刀盘移动，开始切割。

⑤ 左移至限位开关处，刀盘再次下降一个切削量。

⑥ 刀盘反向移动，继续切割。

⑦ 在每次下降一个切削量后，都要先检测是否到达下限位置，如果到达，则电动机反向移动，最后一次进行切割，然后上升至高位，完成切割。

2. 各个模块梯形图设计

在设计程序过程中，会使用许多寄存器、继电器、定时器等元件，为了便于编程修改，列出程序中要用到的元件，如表 9-3 所示。

表 9-3　系统元件设置

元件	意义	内容	备注
M0.0	急停标志		on 有效
M0.1	手动标志		on 有效
M0.2	自动标志		on 有效
M0.3	自动启动标志		on 有效
M0.4	大车运行标志		on 有效
M0.5	工件夹紧标志		on 有效
M0.6	切割程序标志		on 有效
M0.7	大车步进行走设定的距离		on 有效
M1.0	大车步进后退到位标志		on 有效
M1.1	切割枪左移标志		on 有效
M1.2	切割枪下降标志		on 有效
M1.3	乙炔阀门打开标志		on 有效
M1.4	切割氧和高压氧阀门打开标志		on 有效
M1.5	切割枪右移标志		on 有效
M1.6	切割枪上升标志		on 有效
M1.7	切割枪复位标志		on 有效
M2.0	大车后退标志		on 有效
M2.1	工件松开标志		on 有效
T37	乙炔阀门打开后延时	20	2s

续表

元件	意义	内容	备注
T38	切割氧和高压氧阀门打开后延时	10	1s
T40	工件夹紧时间	10	1s
T41	工件松开时间	10	1s
VD0	板材长度	20 000	20cm

以下程序以金属板材切割控制为例，由于在自动状态下，设备的执行按先后顺序执行，因此采用顺序控制指令编写软件。

（1）手动程序

在系统上电之后，将旋钮置于"手动"位置，可通过面板上的按钮控制每个设备的运行。手动控制系统主要是便于在生产线初装时进行调试，检测各个设备是否能正常运行，手动控制梯形图程序如图 9-15 所示，所对应的语句表如表 9-4 所示。

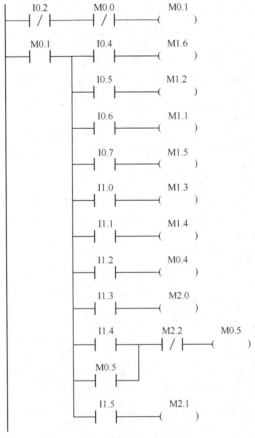

图9-15　手动控制梯形图程序

表 9-4　　　　　　　　　　与图 9-15 所示梯形图程序对应的语句表

语句表		注释	语句表		注释
LD	I0.0		=	M1.3	
=	M0.0	停止标志位	LRD		
LDN	I0.2	I0.2 为常开时，为手动状态	A	I1.1	手动状态下，打开切割枪切割氧和高压氧阀门
AN	M0.0	停止标志位	=	M1.4	
=	M0.1	手动标志位	LRD		
LD	M0.1		A	I1.2	手动状态下，大车前进
LPS			=	M0.4	
A	I0.4	手动状态下，切割枪上升	LRD		
=	M1.6		A	I1.3	手动状态下，大车后退
LRD			=	M2.0	
A	I0.5	手动状态下，切割枪下降	LRD		
=	M1.2		LD	I1.4	手动状态下，夹紧工件
LRD			O	M0.5	
A	I0.6	手动状态下，切割枪左移	ALD		
=	M1.1		AN	M2.2	手动状态下，工件松开
LRD			=	M0.5	
A	I0.7	手动状态下，切割枪右移	LPP		
=	M1.5		A	I1.5	手动状态下，松开工件
LRD			=	M2.1	
A	I1.0	手动状态下，打开切割枪乙炔阀门			

　　手动模式的设置主要是为了方便系统的调试和维修工作。调试时，可以对不同的设备进行调试，最后整个系统一起调试，在出现错误时也能快速查出问题出现在哪个设备上。如果切割系统在运行过程中出现问题，也可采用手动模式进行检查，便于维修。而在切割系统运行的过程中，主要采用自动方式进行控制。

　　（2）自动程序

　　在实际生产中，切割系统大多处于自动运行状态，系统通过 PLC 检测各种状态，控制设备的运行，按照设定的参数顺序启动。自动控制梯形图程序如图 9-16 所示。

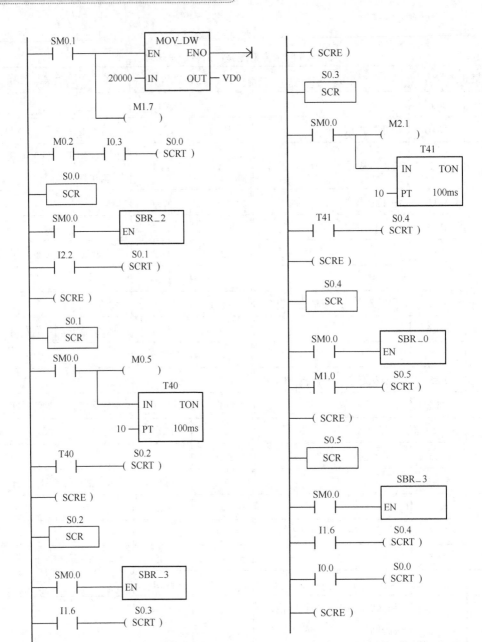

图9-16 自动控制梯形图程序

与图 9-16 所示梯形图程序对应的语句表如表 9-5 所示。

表 9-5 与图 9-16 所示梯形图程序对应的语句表

语句表		注释	语句表		注释
LD	SM0.1		LD	T40	
MOVD	20000, VD0	初始化赋值，将所需切割的板材长度存入 PLC 寄存器中	SCRT	S0.2	定时 1s 后，启动状态 S0.2

续表

语句表		注释	语句表		注释
=	M1.7	复位切割枪位置	SCRE		
LD	M0.2		LSCR	S0.2	状态 S0.2 开始
A	I0.3	自动状态下,启动切割过程	LD	SM0.0	
SCRT	S0.0	启动状态 S0.0	CALL	SBR_3	调用子程序3,完成切割过程
LSCR	S0.0	状态 S0.0 开始	LD	I1.6	
LD	SM0.0		SCRT	S0.3	切割完成后,切割枪自动复位,启动状态 S0.3
CALL	SBR_2	调用子程序2(大车运行)	SCRE		
LD	I2.2		LSCR	S0.3	状态 S0.3 开始
SCRT	S0.1	大车到位启动状态 S0.1	LD	SM0.0	
SCRE			=	M2.1	切割过程结束,松开工件
LSCR	S0.1	状态 S0.1 开始	TON	T41, 10	
LD	SM0.0		LD	T41	
=	M0.5	夹紧工件	SCRT	S0.4	工件松开后,启动状态 S0.4
TON	T40, 10	启动定时	SCRE		
LSCR	S0.4	状态 S0.4 开始	LD	SM0.0	
LD	SM0.0		CALL	SBR_3	调用子程序进行切割操作
CALL	SBR_0	调用子程序0,控制大车步进一定的距离	LD	I1.6	切割完毕,切割枪自动复位
LD	M1.0		SCRT	S0.4	启动状态 S0.4
SCRT	S0.5	大车到位,启动状态 S0.5	LD	I0.0	
SCRE			SCRT	S0.0	急停后转到状态 S0.0 等待
LSCR	S0.5	状态 S0.5 开始	SCRE		

（3）调用子程序

在自动控制程序中，调用了几个子程序，分别为 SBR_0、SBR_2 和 SBR_3，在各个子程序中，实现不同的功能要求。子程序 0（SBR_0）初始化步进电动机的脉冲输出，写脉冲输出的控制字，并完成脉冲的输出；子程序 2（SBR_2）也是控制步进电动机的脉冲输出；子程序 3（SBR_3）实现切割过程。子程序 0 梯形图程序如图 9-17（a）所示，所对应的语句表如表 9-6 所示。

图 9-17（b）是图 9-17（a）对应的中断梯形图程序。与图 9-17（b）所示梯形图程序对应的语句如表 9-7 所示。

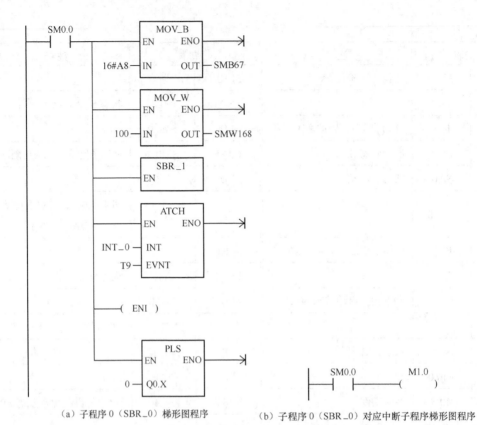

（a）子程序 0（SBR_0）梯形图程序　　　　（b）子程序 0（SBR_0）对应中断子程序梯形图程序

图9-17　子程序0（SBR_0）梯形图程序

表 9-6　　　　　　　　　　与图 9-17（a）所示梯形图程序对应的语句表

语句表		注释	语句表		注释
LD	SM0.0		ATCH	INT_0,T9	中断连接，脉冲输出完毕，产生中断
MOVB	16#A8,SMB67	写控制字，Q0.0 为脉冲输出端口，允许脉冲输出，多段 PTO 脉冲串输出，时间为 ms，不允许更新周期值和脉冲数	ENI		开中断
MOVW	100,SMW168	网格表首地址 100	PLS	0	Q0.0 输出脉冲
CALL	SBR_1	调用子程序1，网格表设置			

表 9-7　　　　　　　　　　与图 9-17（b）所示梯形图程序对应的语句表

语句表		注释	语句表		注释
LD	SM0.0		=	M1.0	脉冲发完后产生中断，输出 M1.0 表示大车到位

子程序 0 控制大车每次前进的距离，利用步进电动机可实现精确控制，而子程序 2 主要对步进电动机进行慢速驱动，等大车到达切割枪的位置后，停止脉冲输出。由于脉冲频率较低，可通过断开电动机的电源停止步进电动机。子程序 2 梯形图程序如图 9-18 所示，所对应的语句表如表 9-8 所示。

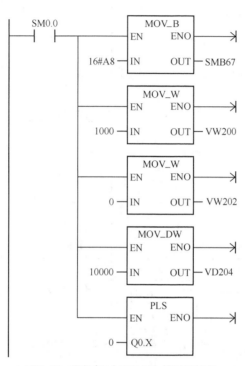

图9-18　子程序2（SBR_2）梯形图程序

表 9-8　　　　　　　　　　　　　与图 9-18 所示梯形图程序对应的语句表

语句表		注释	语句表		注释
LD	SM0.0		MOVW	0,VW202	周期增量为 0
MOVB	16#A8,SMB67	写控制字，Q0.0 为脉冲输出端口，允许脉冲输出，多段 PTO 脉冲串输出，时间为毫秒，不允许更新周期值和脉冲数	MOVD	10000,VD204	脉冲个数为 10 000
MOVW	1000,VW200	脉冲周期 1 000ms	PLS	0	Q0.0 输出脉冲

子程序 2 中的脉冲周期一定不能超过步进电动机的最低启动频率，否则无法正常启动，也无法进行准确的定位，同时脉冲的个数要足够多，即 VD204 的数据可根据实际控制系统进行修正，这样大车才能准确运行到切割机的位置。

子程序 3 是切割系统的核心程序，可进行多次调用，完成板材的切割过程，其工作过程主要是控制切割枪的点火时机和切割枪的往复运动。子程序 3 梯形图程序如图 9-19 所示，所对应的语句表如表 9-9 所示。

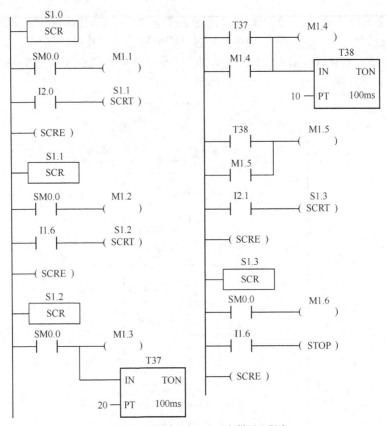

图9-19 子程序3（SBR_3）梯形图程序

表 9-9 与图 9-19 所示梯形图程序对应的语句表

语句表		注释	语句表		注释
LSCR	S1.0	状态 S1.0 开始	LD	T37	
LD	SM0.0		O	M1.4	
=	M1.1	切割枪左移	=	M1.4	定时到打开切割氧和高压氧阀门
LD	I2.0		TON	T38, 10	定时 1s，待乙炔与切割氧充分混合点燃
SCRT	S1.1	左移到位后，启动状态 S1.1	LD	T38	
SCRE			O	M1.5	
LSCR	S1.1	状态 S1.1 开始	=	M1.5	定时到，切割枪右移开始切割
LD	SM0.0		LD	I2.1	
=	M1.2	切割枪下降	SCRT	S1.3	切割枪到达右限位，启动状态 S1.3
LD	I1.6		SCRE		
SCRT	S1.2	下降到位后，启动状态 S1.2	LSCR	S1.3	状态 S1.3 开始
SCRE			LD	SM0.0	

续表

语句表		注释	语句表		注释
LSCR	S1.2	状态 S1.2 开始	=	M1.6	切割枪上升
LD	SM0.0		LD	I1.6	
=	M1.3	乙炔阀门打开	STOP		切割枪上升到位后，停止
TON	T37, 20	定时 2s	SCRE		

（4）PTO 脉冲网络表程序

步进电动机在启动时需要从低频率开始，然后逐渐增加频率，才能达到高速运行的状态，在停止时，也需要先降低脉冲频率才可以正常停止，所以需要脉冲串多段输出。在子程序 0 中对 Q0.0 写完程序之后，所以是多段脉冲输出，需要调用网络表子程序，该子程序主要控制多段脉冲中每段脉冲的个数、周期等参数。网络表子程序梯形图程序如图 9-20 所示，所对应的语句表如表 9-10 所示。

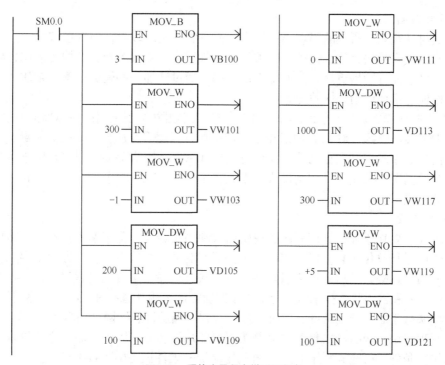

图9-20　网络表子程序梯形图程序

表 9-10　　　　　　　与图 9-20 所示梯形图程序对应的语句表

语句表		注释	语句表		注释
LD	SM0.0		MOVW	0,VW111	第二段周期增量为 0
MOVB	3,VB100	脉冲段数为 3	MOVD	1000,VD113	第二段脉冲个数为 1 000 个
MOVW	300,VW101	第一段脉冲周期为 300ms	MOVW	300,VW117	第三段脉冲周期为 300ms

语句表		注释	语句表		注释
MOVW	−1,VW103	第一段周增量为−1，即每个脉冲过后周期减少 1ms	MOVW	+5,VW119	第三段周期增量为+5，即每个脉冲过后周期增加 5ms
MOVD	200,VD105	第一段脉冲个数为 200 个	MOVD	100,VD121	
MOVW	100,VW109	第二段脉冲周期为 100ms			

9.1.4　经验与总结

本节详细讲解了板材切割系统的设计过程。该控制系统采用西门子 S7-200 系列 PLC 作为控制主机，并扩展了 S7-200 系列的 I/O 扩展模块，通过按钮、各类行程开关等，对电动机、接触器和气缸等设备和其他相关的机械结构进行控制，实现了各种设备的功能控制，达到了系统的控制要求。在板材切割控制系统的设计过程中，关键技术集中在设备选择、安放位置、调试和生产过程的控制设计，主要体现在硬件和软件两个方面。

1. 硬件方面

由于板材切割系统所在的环境温度较高，而且空气湿度较大，空气压缩机对湿空气进行压缩后，水蒸气含量增大造成锈蚀，严重影响了气缸、电磁阀等相关结构的使用，减少了其寿命，导致气动元件频繁更换，降低了生产效率。通过增加一些辅助设备对杂质和水分进行过滤，这样就能增加启动元件的寿命。

在 PLC 的外部硬件连接方面，由于输出大多和接触器等元件连接，PLC 输出的突然断开和闭合会形成突波干扰，对 PLC 输出端子造成损坏，因此需要加装一些保护装置，增加触点的寿命。同时，手动控制和自动控制面板可以分开来做，因为手动控制主要用于调试系统使用，在大多数情况下采用自动控制模式，因此在生产时，就可将手动控制面板移除，既方便操作，又便于调试。

2. 软件方面

软件方面主要在于如何处理程序的逻辑错误和书写错误。程序编写完毕后，需要先在计算机上对程序进行软件仿真，可利用西门子公司配套的仿真软件。软件方面主要工作是检查是否存在书写错误等，然后通过模拟硬件的方式检查程序，主要检查程序是否存在逻辑上的错误，观察输入和输出状态指示灯，看是否按照所需的逻辑状态亮和灭。对程序进行调试时，根据功能模块分类后，分别调试、修改，最后合到一起进行总体调试和修改。

在编写程序中，设备的操作基本上是按照顺序来控制的，因此，需要合理设置每个设备的工作和停止条件，可充分利用 PLC 自身的定时器和硬件设备中的各种信号。在夹紧装置夹紧工件程序中，由于没有检测夹紧是否到位的信号，所以采用 PLC 内部定时器进行控制。由于需要多次对大车发出驱动信号，控制大车前进设定的长度，因此需要设定好高速脉冲的发送时间。

9.2　机械手控制系统

随着工业自动化的普及和发展，控制器的需求也逐年增加，机械手已经遍布各大生产领域，在汽车组装、食品包装、机械制造、冶金、轻工、电工电子等行业均有应用。在工业生产和其他领域内，由于工作的需要，人们经常受到高温、腐蚀性及有毒气体等因素的危害，增加了工人的劳动强度，甚至有生命危险。自从机械手问世以来，相应的各种难题就迎刃而解了。机械手一般是由耐高温、抗腐蚀的材料制成，以适应现场恶劣的环境，大大降低了工人的劳动强度，提高了工作效率，解放了劳动力。

机械手不仅可以代替人从事繁杂的劳动，还能在有害的环境下代替人进行操作，从而保护人的安全，实现生产的自动化。机械手的应用对于人类工业生产有如此重要的作用，因此，机械手的设计与实现一直是人们研究的一大课题。

本节将简要介绍机械手的组成及控制工艺，讲解机械手控制系统的硬件和软件控制系统的设计，并重点阐述西门子 PLC 实现位置及步进电动机的控制。

9.2.1 系统概述

机械手系统的实现主要可以分为两个方面，一方面是机械手机械结构的设计，这个属于结构设计不属于 PLC 控制系统的讲述内容，在本章中不再赘述。另一方面是机械手控制系统的设计，属于自动控制领域的内容，而传统继电器控制的半自动化装置因设计复杂、接线繁杂、易受干扰，从而存在可靠性差、故障多、维修困难等问题，已经不能满足机械手控制的需求。

本节的多维机械手主要完成生产线上的电阻生产，以及产品的多方位转移。此机械手在生产线上，主要的任务是将一个传送带 A 上的物品搬运到另一个传送带 B 上。要完成这一任务，根据外界情况机械手在空间上主要进行以下动作：手指抓紧、手指放开、手臂左旋、手臂右旋、整体上升及整体下降。

机械手完成上述动作主要用液压系统来驱动，先通过 S7-200 系列 PLC 对电磁阀进行控制，然后用电磁阀控制的液压系统来驱动机械手的动作。机械手的工作过程，如图 9-21 所示。

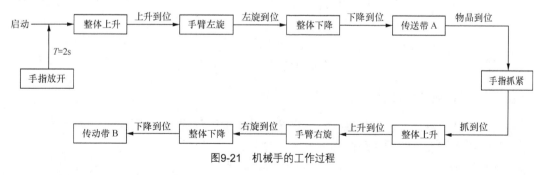

图9-21　机械手的工作过程

机械手的主要工作过程如下。

① 整体上升是指机械手相对于工作台面做向上运动，使机械手的高度满足要求。

② 整体下降是指机械手相对于工作台面做向下运动，使机械手的高度满足要求。

③ 手臂左旋是指保持整体高度不变，机械手相对于工作台面向左旋转到合适位置，为从传动带 A 上取物品做好准备。

④ 手臂右旋是指保持整体高度不变，机械手相对于工作台面向右旋转到合适位置，为放置物品到传送带 B 上做好准备。

⑤ 手指抓紧是指机械手从传送带 A 上抓紧物品。

⑥ 手指放开是指机械手放置物品到传送带 B 上。

从设备的基本功能上来考虑，主要要求 PLC 控制的机械手能够在恶劣的工业生产线环境下安全而可靠地完成上述任务。

考虑设备的附加功能及满足实际中的一些需要，可以在系统中加入控制设备及人机界面，如控制按钮、简单的显示功能等。

从生产设备的成本来考虑，必须要考虑整个系统的最优惠、最实际的解决方案。

综合以上几个方面的考虑，设计出图 9-22 所示的多维机械手的功能框图。

图9-22 多维机械手的功能框图

下面主要介绍电气控制柜的内部结构。

电气控制柜的基本结构如图 9-23 所示。在电气控制柜的内部有基本仪器仪表，这些仪器仪表用于显示一些机械手工作的基本参数，如供电电压、电流的大小等。在电气控制柜的背面引出的线中，有一部分引到机械手整条生产线的控制台上，以便操纵人员对机械手部分进行控制。

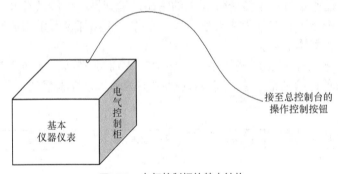

图9-23 电气控制柜的基本结构

9.2.2 系统硬件设计

根据系统功能概述，多维机械手控制系统的硬件框图如图 9-24 所示。

下面将依次详细介绍硬件系统中的各个部分。

1. PLC 主机

选择西门子 S7-200 系列 PLC 来作为多维机械手控制系统的控制主机。在西门子 S7-200 系列 PLC 中又有 CPU221、CPU222、CPU224、CPU226、CPU226XM 等。多维机械手控制系统总共有 8 个数字量输入，7 个数字量输出，共需 15 个 I/O，根据 I/O 点数及程序容量，选择 CPU224 作为本控制系统的主机。CPU224 具有以下特性。

① 8KB 的程序存储器。

② 2.5K 字数据存储器。

③ 1 个可插入的存储器子模块。

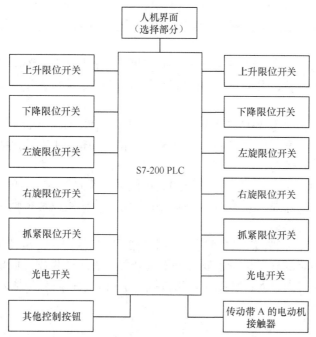

图9-24 多维机械手控制系统的硬件框图

④ 14 个数字量输入，有 4 个可用作硬件中断，10 个用于高速功能。

⑤ 10 个数字量输出，其中 2 个可用作本机集成功能。

⑥ 2 个 8 位分辨率的模拟电位器。

⑦ 数字量输入和输出，最多可以扩展成 94 个数字量输入，74 个数字量输出。

⑧ 模拟量输入和输出，最多可以扩展成 28 个模拟量输入与 7 个模拟量输出，或是 14 个模拟量输出。

⑨ 256 个计数器，计数范围为 0～32 767。

⑩ 具有 256 个内部标志位。

⑪ 具有 256 个定时器，其中分辨率为 1ms 的有 4 个，其定时范围为 1ms～30s；分辨率为 10ms 的有 16 个，其定时范围为 10ms～5min；分辨率为 100ms 的有 236 个，其定时范围为 100ms～54min。

⑫ 具有 4 个中断输入。

⑬ 6 个 32 位的高速计数器，可用作加/减计数器，或将增量编码器的两个相互之间相移为 90° 的脉冲序列连接到高速计数器输入端。

⑭ 2 个高速脉冲输出，可产生中断，脉冲宽度和频率可调。

⑮ 1 个 RS-485 通信接口。

⑯ AS 接口最大 I/O 有 496 个，可以扩展 7 个模块。

2. 各种限位开关

在多维机械手控制系统中，共用了 5 个限位开关：上升限位开关、下降限位开关、左旋限位开关、右旋限位开关、抓紧限位开关。限位开关主要用来控制机械手在运动过程中的停止时刻和位置。

① 上升限位开关。上升限位开关用于控制机械手在整体上升时的位置，事先在机械工作平台上方的合适位置安装好限位开关，当机械手上升到能接触到上升限位开关时，PLC 控制机械手停止上升。

② 下降限位开关。下降限位开关用于控制机械手在整体下降时的位置，事先在机械工作平台下方的合适位置安装好限位开关，但机械手下降到能接触到下降限位开关时，PLC 控制机械手停止下降。

③ 左旋限位开关。左旋限位开关用于控制机械手手臂间向左运动时的定位，事先在机械工作平台的合适位置安装好限位开关，当机械手手臂向左运动接触到左旋限位开关时，PLC 控制机械手臂停止向左运动。

④ 右旋限位开关。右旋限位开关用于控制机械手手臂向右运动时的定位，事先在机械工作平台的合适位置安装好限位开关，当机械手手臂向右运动接触到右旋限位开关时，PLC 控制机械手手臂停止向右运动。

⑤ 抓紧限位开关。抓紧限位开关用于控制机械手手指从传送带 A 上取物品时抓物品的松紧程度，事先在机械手的合适位置上安装好限位开关，安装的根据是既要保证物品能够被机械手抓牢，又不能抓得太紧而损坏物品。当机械手手指抓紧接触到抓紧限位开关时，PLC 控制机械手手指停止动作。

3. 光电开关

在传送带 A 两侧的合适位置安装有光电开关。光电开关主要用来指示传送带 A 上的物品到达了适合机械手抓起物品的位置，这个也是安装光电开关的依据，既要保证机械手能够抓起物品，又要使机械手抓物品时所受的力不至于过大。

4. 各种电磁阀

在机械手控制系统中，应用液压系统来驱动机械手，而液压是由电磁阀来控制的，即 PLC 控制电磁阀，从而控制液压系统，再由液压系统来驱动机械手。根据机械手不同的动作，电磁阀主要有上升电磁阀、下降电磁阀、左旋电磁阀、右旋电磁阀、抓紧电磁阀、放开电磁阀等。

① 上升电磁阀控制液压驱动机械手做上升运动。
② 下降电磁阀控制液压驱动机械手做下降运动。
③ 左旋电磁阀控制液压驱动机械手手臂做向左旋转运动。
④ 右旋电磁阀控制液压驱动机械手手臂做向右旋转运动。
⑤ 抓紧电磁阀控制液压驱动机械手手臂做抓紧动作。
⑥ 放开电磁阀控制液压驱动机械手手臂做松开动作。

5. 传送带 A 的电动机接触器

传送带 A 并不需要时刻连续的运转传送，并且也不可能一直连续地传送物品，而是根据机械手的当前工作情况由控制机械手的控制系统来一同控制传动带 A 的工作，如该在什么时刻启动传送，该在什么时刻停止传送。因此，就必须要在传送带 A 的电动机部分安装一个可以控制电动机是运转还是停止的接触器，再通过 PLC 来控制接触器，最后达到控制的目的。

6. 人机界面（选择部分）

考虑实际情况，人机界面可以是在多维机械手控制系统中加上一个简单的显示模块，做一些简单的显示，显示模块选用的是西门子中文显示器 TD200 模块，该模块专门用于解决 S7-200 系列 PLC 的操作界面问题，TD200 模块如图 9-25 所示。

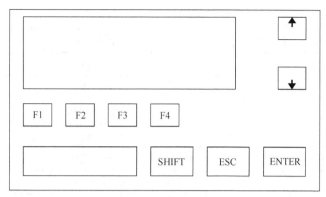

图9-25　TD200模块

（1）TD200模块的特点

① 牢固的塑料壳，前面板IP65防护等级。

② 27mm的安装深度，无须附件即可安装在箱内或面板内，或用作手持控制操作设备。

③ 背光LCD液晶显示，即使在逆光情况下也易看清。

④ 按人体工学设计的输入键位于可编程的功能键上部。

⑤ TD200中文版内置国际汉字库。

⑥ 内置连接电缆的接口。

⑦ 如果TD200与S7-200系列之间距离不超过2.5m，需额外电源，这时用PROFIBUS总线电缆连接。

（2）TD200模块的功能

① 文本信息的显示，用选择项确认方法可显示最多80条信息，每条信息最多可包含4个变量和5种系统语言。

② 可设定实时时钟。

③ 提供强制I/O点诊断功能。

④ 通过密码保护功能。

⑤ 过程参数的显示和修改。参数在显示器中显示并可用输入键进行修改，如进行温度设定或速度改变。

⑥ 可编程的8个功能键可以替代普通的控制按钮，作为控制键，这样还可以节省8个输入点。

⑦ 可选择通信的速率。

⑧ 输入和输出的设定。8个可编程功能键的每一个都分配了一个存储器位，如这些功能键可在系统启动、测试时进行设置和诊断，又如可以不用其他操作设备即可实现对电动机的控制。

⑨ 可选择显示信息刷新时间。

这一部分内容需要大量的篇幅来介绍TD200的基本知识及组态的问题，本节只做简单介绍，读者可查阅相关的西门子TD200手册。

在上述详细分析的基础上，S7-200系列PLC系统的I/O分配如表9-11所示。

根据硬件框图及PLC系统的I/O分配情况，多维机械手控制系统西门子S7-200系列PLC的CPU224控制部分的硬件接线图如图9-26所示。

表 9-11 系统 I/O 分配表

输入设备	输入点信号（I/O）	输出设备	输出点编号（I/O）
上升限位开关（SB1）	I0.0	上升电磁阀	Q0.0
下降限位开关（SB2）	I0.1	下降电磁阀	Q0.1
左旋限位开关（SB3）	I0.2	左旋电磁阀	Q0.2
右旋限位开关（SB4）	I0.3	右旋电磁阀	Q0.3
抓紧限位开关（SB5）	I0.4	抓紧电磁阀	Q0.4
光电开关（SB6）	I0.5	放开电磁阀	Q0.5
启动按钮（SB7）	I0.6	传送带 A 的电动机接触器	Q0.6
停止按钮（SB8）	I0.7		

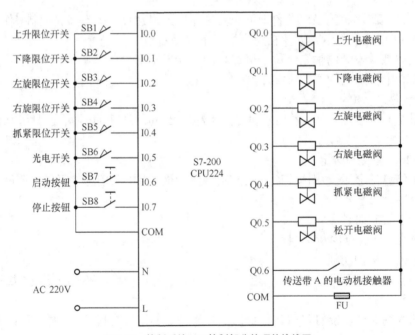

图9-26　控制系统PLC控制部分的硬件接线图

9.2.3　系统软件设计

根据机械手控制系统任务与功能分析，其工作时的步骤如下。

① 按下启动按钮，机械手开始工作。

② 机械手在电动机的带动下整体上升。

③ 待机械手上升到事先设定的高度（上升限位开关来指示上升的最高高度），机械手手臂开始左旋。

④ 待机械手手臂左旋开关指示已经左旋到指定位置时，机械手开始整体下降。

⑤ 整体下降限位开关指示机械手已经下降到指定高度时，启动传送带 A。

⑥ 待光电开关指示物品已经到达规定位置，停止传送带 A，同时机械手手指开始抓物品。

⑦　抓紧限位开关指示机械手已经抓好了物品，机械手整体开始上升。

⑧　上升限位开关指示机械手上升到位，机械手手臂开始右旋。

⑨　手臂右旋限位开关指示手臂右旋到位，机械手整体下降。

⑩　下降限位开关指示机械手下降到位，手指松开，将物品放置于连续工作的传送带 B 上。

⑪　等待时间 2s。

⑫　若没有停止信号，则重复步骤②到步骤⑪，若收到停止信号，则停止所有 PLC 控制的设备，使机械手控制系统停止工作。

根据多维机械手控制系统的工作过程，设计本系统程序的流程图，如图 9-27 所示。

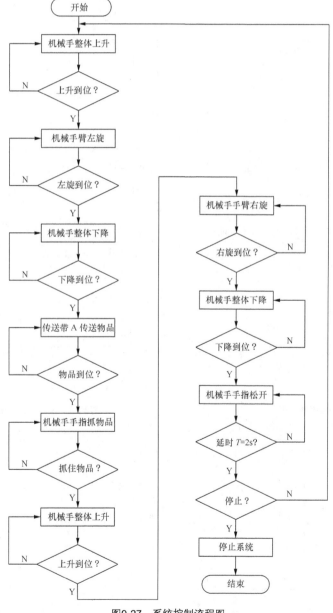

图9-27　系统控制流程图

根据机械手控制系统的控制功能与任务，以及程序流程图，设计程序如图 9-28～图 9-30 所示。

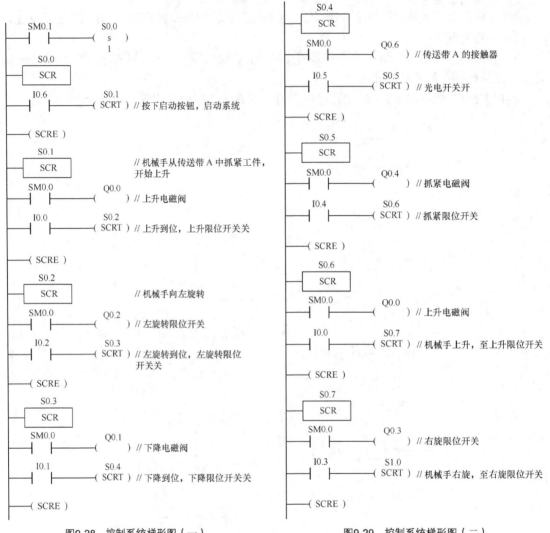

图9-28　控制系统梯形图（一）

图9-29　控制系统梯形图（二）

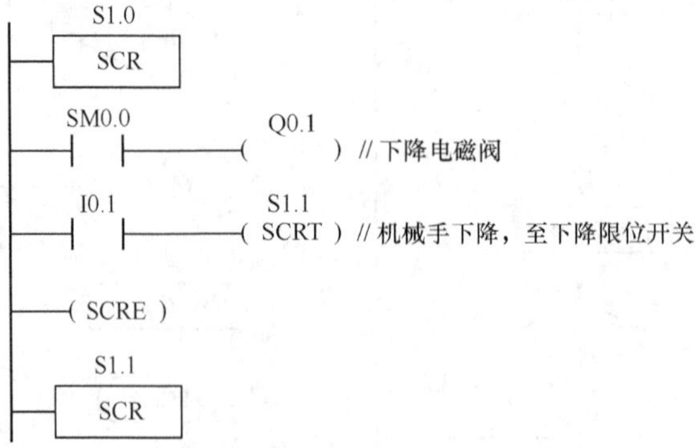

图9-30　控制系统梯形图（三）

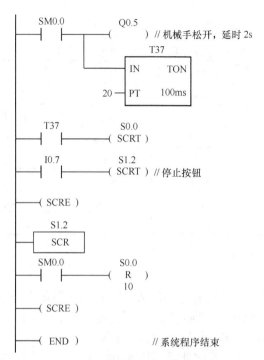

图9-30 控制系统梯形图（三）（续）

与图 9-28 和图 9-29 所示梯形图程序对应的语句表如表 9-12 所示。

表 9-12 　　　　　　与图 9-28 和图 9-29 所示梯形图程序对应的语句表

命令	取址	命令	取址	命令	取址
LD	SM0.1	SCRT	S0.3	=	Q0.4
S	S0.0,1	SCRE		LD	I0.4
LSCR	S0.0	LSCR	S0.3	SCRT	S0.6
LD	I0.6	LD	SM0.0	SCRE	
SCRT	S0.1	=	Q0.1	LSCR	S0.6
SCRE		LD	I0.1	LD	SM0.0
LSCR	S0.1	SCRT	S0.4	=	Q0.0
LD	SM0.0	SCRE		LD	I0.0
=	Q0.0	LSCR	S0.4	SCRT	S0.7
LD	I0.0	LD	SM0.0	SCRE	
SCRT	S0.2	=	Q0.6	LSCR	S0.7
SCRE		LD	I0.5	LD	SM0.0
LSCR	S0.2	SCRT	S0.5	=	Q0.3
LD	SM0.0	SCRE		LD	I0.3
=	Q0.2	LSCR	S0.5	SCRT	S1.0
LD	I0.2	LD	SM0.0	SCRE	

289

与图 9-30 所示梯形图程序对应的语句表如表 9-13 所示。

表 9-13　　　　　　　　与图 9-30 所示梯形图程序对应的语句表

命令	取址	命令	取址	命令	取址
LSCR	S1.0	LD	SM0.0	SCRE	
LD	SM0.0	=	Q0.5	LSCR	S1.2
=	Q0.1	TON	T37,20	LD	SM0.0
LD	I0.1	LD	T37	R	S0.0,10
SCRT	S1.1	SCRT	S0.0	SCRE	
SCRE		LD	I0.7	END	
LSCR	S1.1	SCRT	S1.2		

9.2.4　经验与总结

机械手在工业生产中应用广泛，需要一套完整且成熟的系统对其进行控制。本实例采用 S7-200 系列 PLC 编写了一套机械手控制系统，主要完成机械手把工件从一个传送带搬运到另一个传送带的控制任务，用到了多个限位开关和电磁阀。

本程序简单实用，通俗易懂，不仅能够应用到机械手的控制系统中，而且为电梯控制等需要限位开关和电磁阀的系统提供了重要的参考价值。

9.3　桥式起重机控制系统

在机械工业生产中桥式起重机的应用十分广泛，而随着自动化技术的进步与发展，对起重机的控制要求也越来越高，要求其加减速、启动制动过程平滑快速，且能进行频繁启停操作。

桥式起重机是桥架式起重机的一种，它依靠升降机构和水平运动机构在两个相互垂直的方向运动，能在矩形场地及其上空完成操作，是各种生产企业广泛使用的一种起重运输设备。它具有承载能力大、可靠性高、结构相对简单等特点，随着经济建设的发展，用户对起重机的性能要求越来越高，早期的起重机已无法满足要求，因此需要对起重机的控制方式进行改进，满足工业生产的需要。

本节从介绍桥式起重机的工作原理入手，进而详细介绍基于西门子 S7-200 系列 PLC 的桥式起重机控制系统。

9.3.1　系统概述

1. 桥式起重机

传统起重机的控制系统一般采用 6 种调速方式，即直接启动电动机、改变电动机极对数调速、转子串电阻调速、涡流制动器调速、晶闸管串级调速、直流调速。前 4 种为有级调速，调速范围小，且只能在额定转速下调速。采用转子回路串电阻等方式进行调速，启动电流大，对电网冲击大，导致机械冲击频繁，振动剧烈，容易造成机械疲劳，导致意外事故发生。而采用无级调速可以较好地解决以上问题，如晶闸管串级调速，可实现无级调速，并减少启动、制动冲击，但其控制技术仍停留在模拟阶段，尚未实现实际应用。采用直流电动机也是一种较好的调速手段，但由于直流电动机制造工艺复杂、维护要求高、故障率高等缺点，应用较少。

早期的起重机采用接触器-继电器系统控制，由于频繁的动作和高压作用，经常会出现触点烧损的现象，电阻箱受工作环境的影响容易出现腐蚀、老化，造成频繁的事故。随着电力、电子技术及计算机技术的迅速发展，变压变频调速技术（VVVF）和 PLC 已广泛应用于电气传动领域。目前有以下 3 种调速系统。

（1）直流驱动调速系统

该系统将给定模拟量转换成数字量，通过速度环、电流环到 SCR 移相触发的逻辑无环流调速，可用测速反馈或电压反馈。

（2）交流调速系统

这是国内普遍采用的一种调速方式，是利用绕线式转子串电阻调速，随着晶闸管定子调压、调速技术的发展，技术逐步成熟，进入实际应用阶段。

（3）变频调速

大功率的 IGBT 模块使变频技术在升降设备中的控制成为可能，变频调速法现在有恒压频比控制、转差频率控制、矢量控制和直接转矩控制。

2. 桥式起重机控制系统的功能要求

桥式起重机的功能主要是完成大型物品的运输。桥式起重机控制系统的设计主要涉及两个方面，即检测输入信号和控制输出。

（1）检测输入信号

① 操作按钮输入的检测。完成对人工操作台的输入按钮检测，主要的输入按钮有急停旋钮和启动按钮，大车运行、停止、加速及减速按钮，小车运行、停止、加速及减速按钮，升降机运行、停止、加速及减速按钮等。

② 限位开关的检测。限位开关一共包括 3 组：大车前进、后退限位开关，小车左移、右移限位开关，升降机上升、下降限位开关。

• 大车前进、后退限位开关主要检测大车的前后位置，防止大车运行超出允许范围。

• 小车左移、右移限位开关主要检测小车的左右位置，防止小车运行超出允许范围。

• 升降机上升、下降限位开关主要检测升降机的上下位置，防止升降机运行超出允许范围。

③ 变频器反馈值的检测。检测变频器的反馈值主要是为了防止溜钩的发生，在电磁制动器抱住之前和松开之后，容易发生重物由停止状态下滑的现象，称为溜钩。之所以会出现溜钩是因为电磁制动器从通电到断电或从断电到通电是需要时间的，大约是 0.6s（根据不同型号和大小改变），如果变频器较早停止输出，将很容易出现溜钩现象。溜钩现象的出现主要分为两种情况，其控制方法也分为以下两种。

• 重物悬空停止过程。设定一个停止频率，当变频器的工作频率下降至该频率时，变频器输出一个频率到达信号，发出启动电磁制动器运行的指令，然后延迟一段时间，该时间应略大于电磁制动器完全抱住重物所需时间，使电磁制动器抱住重物，最后将变频器工作频率减低到 0。

• 重物悬空启动过程。设定一个上升启动频率，当变频器工作频率上升至该频率时，暂停上升，变频器输出一个频率到达的信号，发出停止电磁制动器运行的指令，然后延迟一段时间，该时间应略大于电磁制动器完全松开重物所需时间，使电磁制动器松开重物，变频器工作频率逐渐升高至所需频率。

（2）控制输出

控制输出主要有大车电动机的控制、小车电动机的控制、升降机的控制和电磁制动器的控制等。

① 大车电动机的控制。控制该电动机的运行方向、停止及加减速，实现重物前后运输的需求。

② 小车电动机的控制。控制该电动机的运行方向、停止及加减速，实现重物左右运输的需求。

③ 升降机的控制。控制电动机的运行方向、停止及加减速，实现重物运输的需要。

④ 电磁制动器的控制。控制电磁制动器的运行和停止，用于辅助控制重物的停止。

3. 桥式起重机的结构

桥式起重机是工业生产过程中一个重要的运输环节，一台效率高、可靠性高的桥式起重机将会使工厂生产效率大大提高。桥式起重机的机械结构组成、电气控制系统介绍如下。

（1）机械结构组成

桥式起重机一般由桥架金属结构、桥架运行机构和电气控制结构 3 部分组成，桥架运行机构一般包括大车运行机构、小车运行机构和升降机运行机构；电气控制系统包括电缆、电气控制柜等设备；还有一些保护装置。机械组成部分简单示意图如图 9–31 所示。

① 大车运行机构。大车运行机构的大车采用两台电动机，使用一台变频器进行控制，由于大车运行机构的工作频率较小，因此采用一台变频器控制两台电动机以节约成本。变频器的选择以所选电动机的额定功率为根

图9-31　机械组成部分简单示意图

据，通常选额定功率大一级的变频器，其控制电路示意图如图 9–32 所示。

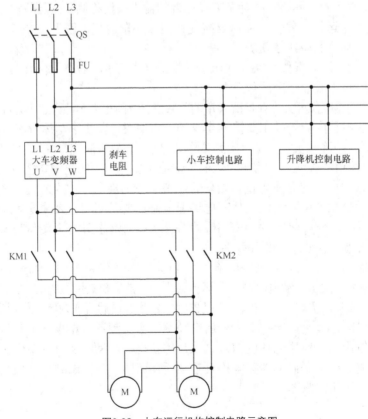

图9-32　大车运行机构控制电路示意图

② 小车运行机构。小车运行机构为一台电动机单独驱动，使用一台变频器，变频器的选择以所选电动机的额定功率为根据，通常选额定功率大一级的变频器，采用 V/F 控制方式，其制动方式与大车运行机构相同，可采用自由停车的方式，机构控制电路示意图如图 9-32 所示。

③ 升降机运行机构。升降机运行机构采用一台电动机单独驱动，使用一台变频器，可采用专用的变频器进行重物提升控制，运行机构的启动要求迅速、平稳，同时电气制动方式可采用外接制动电阻。升降机运行机构控制电路示意图如图 9-33 所示。

（2）电气控制系统

电气控制系统主要包括操作面板和电气控制柜等单元。在该系统中需要检测较多的数字输入量，根据设定的程序进行数据处理后，输出控制信号，因此系统的操作面板与电气控制柜各自独立，其示意图如图 9-34 所示。

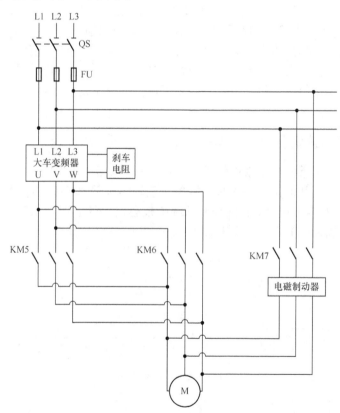

图9-33　升降机运行机构控制电路示意图

4. 桥式起重机的工作原理

（1）控制系统总体框图

桥式起重机系统的电气控制系统总体框图如图 9-35 所示，PLC 为核心控制器，通过检测操作面板的输入、各个限位开关的输入，完成相关设备的运行、停止和调速控制。

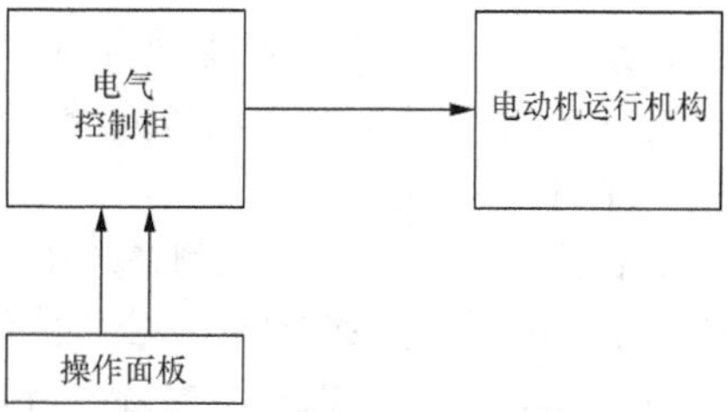

（2）工作过程

图9-34　电气控制系统示意图

在启动状态下，各类设备应根据操作面板上的按钮输入来控制，升降机在启动和停止时，通过检测变频器输出的频率，控制电磁制动器的运行，其工作过程如下。

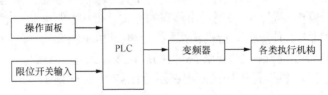

图9-35 桥式起重机系统的电气控制系统总体框图

① 接通电源，启动系统。

② 按下大车运行按钮，大车启动，通过加速、减速按钮改变大车速度。

③ 按下小车运行按钮，小车启动，通过加速、减速按钮改变小车速度。

④ 按下升降机运行按钮，升降机启动，通过加速、减速按钮改变升降机速度；当需要重物悬停半空时，减小变频器输出频率，直到设定值，频率停止下降，启动电磁制动器，将重物抱住，防止溜钩现象；当重物需从半空开始上升或下降时，增加变频器的输出频率，到达某设定值时，频率停止上升，停止电磁制动器工作，松开重物，变频器输出频率持续增加到所需值。

9.3.2 硬件系统配置

前面介绍了桥式起重机控制系统的机械结构及相关设备，根据工作原理和控制系统的功能要求，本节主要介绍如何设计桥式起重机控制系统和所需的各种硬件设备的连接方式。电气控制系统框图如图 9-36 所示，在此控制系统中核心控制器是 PLC，其输入和输出量都为数字量，变频器的控制采用 RS-485 通信。

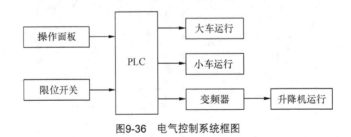

图9-36 电气控制系统框图

1. PLC 选型

根据桥式起重机电气控制系统的功能要求及其复杂程度，从经济性、可靠性等方面来考虑，选择西门子 S7-200 系列 PLC 作为桥式起重机电气控制系统的控制主机。由于桥式起重机电气控制系统涉及较多的 I/O 端口，其控制过程相对简单，因此采用 CPU224 作为该控制系统的主机。

在桥式起重机电气控制系统中使用的数字量输入点比较多，因此除了 PLC 主机自带的 I/O 外，还需扩展一定数量的 I/O 扩展模块。在此采用 EM223 I/O 混合扩展模块，16 点 DC 输入/16 点 DC 输出型，可以满足控制系统输入点的要求。输出点有较多空闲，能为后期扩展功能提供硬件条件。

2. PLC的I/O资源配置

根据系统的功能要求，对PLC的I/O进行配置，具体分配介绍如下。

（1）数字量部分

在此控制系统中，所需要的输入量基本上属于数字量，主要包括各种控制按钮、旋钮和各种限位开关，共有26个数字输入量，如表9-14所示。

表9-14　　　　　　　　　　　　系统数字量输入地址分配

输入地址	输入设备	输入地址	输入设备
I0.0	急停	I1.5	重物下降
I0.1	启动	I1.6	重物加速
I0.2	大车前进	I1.7	重物减速
I0.3	大车后退	I2.0	重物停止
I0.4	大车加速	I2.1	大车前进限位
I0.5	大车减速	I2.2	大车后退限位
I0.6	大车停止	I2.3	小车左移限位
I0.7	小车左移	I2.4	小车右移限位
I1.0	小车右移	I2.5	重物上升限位
I1.1	小车加速	I2.6	重物下降限位
I1.2	小车减速	I2.7	大车变频器复位
I1.3	小车停止	I3.0	小车变频器复位
I1.4	重物上升	I3.1	升降机变频器复位

（2）数字量输出部分

在这个控制系统中，主要输出控制的设备有各种接触器、电动机等，共有7个输出点，其具体的分配表如表9-15所示。

表9-15　　　　　　　　　　　　系统数字量输出地址分配

输出地址	输出设备	输出地址	输出设备
Q0.0	大车正向运行接触器	Q0.4	升降机正向运行接触器
Q0.1	大车反向运行接触器	Q0.5	升降机反向运行接触器
Q0.2	小车正向运行接触器	Q0.6	电磁制动器
Q0.3	小车反向运行接触器		

根据控制系统的功能要求，以及系统的输入和输出情况，设计出桥式起重机控制系统的硬件接线图，如图9-37所示，此控制面板上的按钮全部为手动控制方式。

3. 其他资源配置

要完成系统的控制功能除了需要PLC主机及其扩展模块之外，还需要各种接触器、变频器和限位开关等仪器设备。

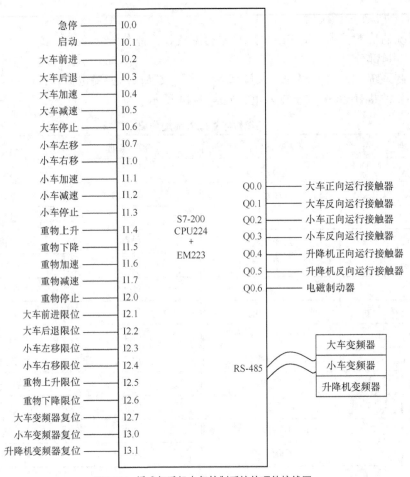

图9-37　桥式起重机电气控制系统的硬件接线图

（1）接触器

在起重机控制系统中，所有设备的运行都不是连续的，而是根据控制面板上的按钮情况来进行动作的。因此，需要 PLC 根据当前的工作情况及按钮来控制所有设备的启停，共需要 4 个接触器，大车电动机接触器、小车电动机接触器、升降机电动机接触器、电磁制动器接触器。

① 大车电动机接触器。大车电动机接触器包括两个部分：一个是控制正转的接触器，另一个是控制反转的接触器，通过 PLC 输出的指令控制电动机的正、反转和停止，从而控制大车的运行和停止。

② 小车电动机接触器。小车电动机接触器包括两个部分：一个是控制正转的接触器，另一个是控制反转的接触器，通过 PLC 输出的指令控制电动机的正、反转和停止，从而控制小车的运行和停止。

③ 升降机电动机接触器。升降机电动机接触器包括两个部分：一个是控制正转的接触器，另一个是控制反转的接触器，通过 PLC 输出的指令控制电动机的正、反转和停止，从而控制升降机的运行和停止。

④ 电磁制动器接触器。电磁制动器接触器通过 PLC 输出的指令控制接触器的断开和闭

合，从而控制电磁制动器的运行和停止。

（2）变频器

在本系统中，采用了西门子公司的 MM4 系列变频器。该系列变频器是常用的功能较强的一种变频器，主要应用于各种工业、冶金、建筑、水利、纺织、交通灯领域，是一种性价比较高的变频器。

本系统中的 MM440 型变频器是一种通用变频器，适用于一切传动系统，采用了现代先进的矢量控制系统，负载突然增加时仍能保持控制的稳定性。

如果要对变频器进行通信控制，需要先对变频器的参数进行设置，主要对表 9-16 所示的几个参数进行设置。

表 9-16　　　　　　　　　　　　　变频器参数设置表

参数号	参数值	说明
P0005	21	显示实际频率
P0700	5	COM 链路的 USS 设置
P1000	5	通过 COM 链路的 USS 设定
P2010	6	9 600bit/s
P2011	1	USS 地址
P0300	根据具体电动机设置	电动机类型
P0304	根据具体电动机设置	电动机额定电压
P0305	根据具体电动机设置	电动机额定电流
P0310	根据具体电动机设置	电动机额定功率
P0311	根据具体电动机设置	电动机额定转速

对于在本系统中的 3 个变频器，都采用通信控制，对不同的变频器进行控制时，只需要将这 3 个变频器进行地址编号。在程序控制中，通过对不同地址的变频器发送控制命令，实现对不同变频器的控制，即对于控制不同设备的变频器，只要改变参数 P2011 中的值即可。在本系统中，控制大车变频器的地址为 1，控制小车变频器的地址为 2，控制升降机变频器的地址为 3。

（3）限位开关

在本系统中，共用到了 6 个限位开关，即前进限位开关、后退限位开关、左移限位开关、右移限位开关、上升限位开关、下降限位开关。限位开关主要用来控制设备运动过程中的停止时刻和位置。

① 前进限位开关。前进限位开关用于控制大车在向前运动时的位置，防止大车向前运动超出范围。事先在纵向轨道一端的合适位置安装好限位开关，当大车向前运动时，如果未进行停车操作，当接触到轨道前方的限位开关时，PLC 控制大车停止运行。

② 后退限位开关。后退限位开关用于控制大车在向后运动时的位置，防止大车向后运动超出范围。事先在纵向轨道一端的合适位置安装好限位开关，当大车向后运动时，如果未进行停车操作，当接触到轨道后方的限位开关时，PLC 控制大车停止运行。

③ 左移限位开关。左移限位开关用于控制小车在向左运动时的位置，防止小车向左运动

超出范围。事先在横向轨道一端的合适位置安装好限位开关，当小车向左运动时，当接触到轨道左边的限位开关时，PLC 控制小车停止运行。

④ 右移限位开关。右移限位开关用于控制小车在向右运动时的位置，防止小车向右运动超出范围。事先在横向轨道一端的合适位置安装好限位开关，当小车向右运动时，如果未进行停车操作，当接触到轨道右边的限位开关时，PLC 控制小车停止运行。

⑤ 上升限位开关。上升限位开关用于控制升降机向上运动时的位置，防止升降机向上运动超出范围。事先在工作台上端的合适位置安装好限位开关，当升降机向上运动时，如果未进行停车操作，当接触到工作台上端的限位开关时，PLC 控制升降机停止运行。

⑥ 下降限位开关。下降限位开关用于控制升降机向下运动时的位置，防止升降机向下运动超出范围。事先在工作台下端的合适位置安装好限位开关，当升降机向下运动时，如果未进行停车操作，当接触到工作台下端的限位开关时，PLC 控制升降机停止运行。

9.3.3 系统软件设计

前面几节中介绍了桥式起重机控制系统的硬件结构，该部分的设计与控制系统能否实现其预想的功能有很大的关系。在完成硬件设计的基础上，就可以根据起重机的控制要求，进行软件设计。软件设计采用自上而下的设计方法，需要先设计出控制系统的功能流程图，根据具体的控制要求，逐步细化控制流程图，然后完成每个功能模块的设计，最后进行编译、调试和修改。

1. 总体流程设计

根据系统的要求，控制过程全部在人工控制下运行，每个设备可单独运行也可同时运行，以测试设备的性能。桥式起重机控制系统总体流程图如图 9-38 所示。

图9-38 桥式起重机控制系统总体流程图

可以通过按钮对大车、小车和升降机进行启停控制操作，并且可以通过按钮增大或减小变频器的频率来改变其速度，以检测调速性能。

（1）大车控制系统

人工操作大车的运行、停止、加速和减速，按下启动按钮后，系统开始上电工作，其工作过程包括以下几个方面。

① 通过按钮控制大车的运行。

② 通过按钮控制大车的停止。

③ 通过按钮控制大车的加速。

④ 通过按钮控制大车的减速。

⑤ 前进限位开关防止大车向前运行超出范围。

⑥ 后退限位开关防止大车向后运行超出范围。

以上工作过程并不是顺序控制方式，而是按照 PLC 检测到按钮状态进行启动，大车控制系统流程图如图 9-39 所示。

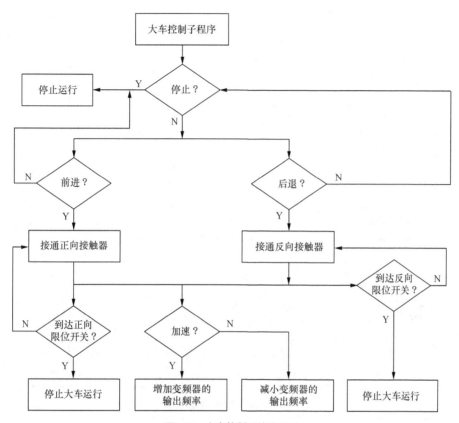

图9-39　大车控制系统流程图

（2）小车控制系统

人工操作小车的运行、停止、加速和减速，按下启动按钮后，系统开始上电工作，其工作过程主要包括以下几个方面。

① 通过按钮控制小车的运行。

② 通过按钮控制小车的停止。

③ 通过按钮控制小车的加速。

④ 通过按钮控制小车的减速。

⑤ 左移限位开关防止小车向左运行超出范围。

⑥ 右移限位开关防止小车向右运行超出范围。

以上工作过程也不是顺序控制方式，同样按照 PLC 检测到按钮状态进行启动，小车控制系统流程图如图 9-40 所示。

（3）升降机控制系统

人工操作控制升降机的运行、停止、加速和减速，按下启动按钮后，系统开始上电工作，其工作过程主要包括以下几个方面。

① 通过按钮控制升降机的运行。

② 通过按钮控制升降机的停止。

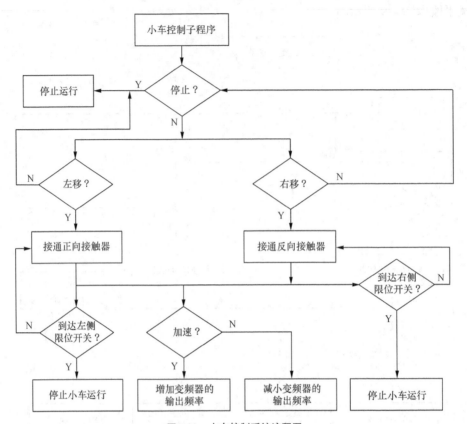

图9-40 小车控制系统流程图

③ 通过按钮控制升降机的加速。

④ 通过按钮控制升降机的减速。

⑤ 上升限位开关防止升降机向上运行超出范围。

⑥ 下降限位开关防止升降机向下运行超出范围。

以上工作过程不是顺序控制方式，而是按照 PLC 检测到按钮状态进行启动，升降机控制系统流程图如图 9–41 所示。

（4）升降机悬停控制系统

人工操作升降机在空中的停止，按下启动按钮后，系统开始上电工作，其工作过程主要包括以下几个方面。

① 重物停止时，变频器频率逐渐降低，下降至某设定值后，停止下降，启动定时器。

② 定时到，启动电磁制动器。

③ 电磁制动器启动后，变频器频率降低至 0Hz。

④ 重物启动时，变频器频率逐渐升高，上升至某设定值后，停止上升，启动定时器。

⑤ 定时到，启动电磁制动器。

⑥ 电磁制动器启动后，变频器频率逐渐上升，重物在空中启动。

以上工作过程不是顺序控制方式，而是按照 PLC 检测到的按钮状态进行启动，升降机悬停控制系统流程图如图 9–42 所示。

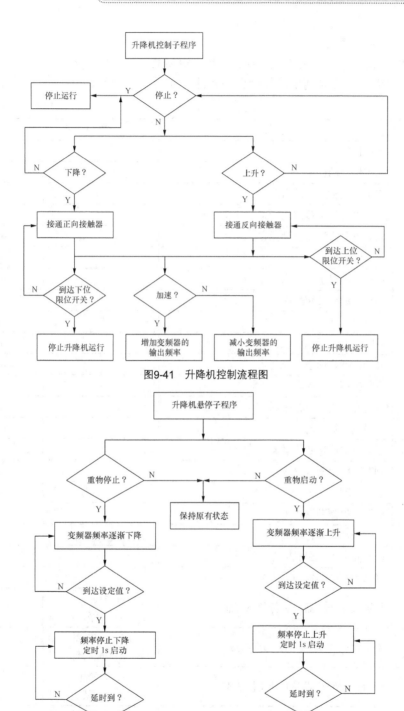

图9-41 升降机控制流程图

图9-42 升降机悬停控制系统流程图

2. 各个模块梯形图设计

在设计程序过程中，会使用到许多寄存器、中间继电器、定时器等元件，为了便于编程及修改，在程序编写前应先列出可能用到的元件，如表 9-17 所示。

表 9-17　　　　　　　　　　　　元件设置

元件	意义	内容	备注
M0.0	起重机停止标志		on 有效
M0.1	起重机启动标志		on 有效
M0.2	起重机电磁制动器启动标志		on 有效
M0.3	大车电动机正转启动标志		on 有效
M0.4	大车电动机反转启动标志		on 有效
M0.5	大车停止标志		on 有效
M0.6	小车电动机正转标志		on 有效
M0.7	小车电动机反转标志		on 有效
M1.0	小车停止标志		on 有效
M1.1	升降机上升标志		on 有效
M1.2	升降机下降标志		on 有效
M1.3	升降机停止标志		on 有效
M2.0	到达升降机下限频率标志		on 有效
M2.1	电磁制动器启动标志		on 有效
M2.2	送 0Hz 到升降机变频器标志		on 有效
M2.3	到升降机上限频率标志		on 有效
M2.4	送上限频率标志		on 有效
M2.5	断开电磁制动器标志		on 有效
M3.0	电磁制动器运行标志		on 有效
M4.0	USS_INT 指令完成标志		on 有效
M4.1	确认大车变频器的响应标志		on 有效
M4.2	指示大车变频器的运行状态标志	on 为运行 off 为停止	
M4.3	指示大车变频器的运行方向标志	on 为逆时针 off 为顺时针	
M4.4	指示大车变频器上的禁止位状态标志	on 为禁止 off 为不禁止	
M4.5	指示大车变频器故障位状态标志	on 为故障 off 为无故障	
M5.0	USS_INT 指令完成标志		on 有效
M5.1	确认小车变频器的响应标志		on 有效
M5.2	指示小车变频器的运行状态标志	on 为运行 off 为停止	

续表

元件	意义	内容	备注
M5.3	指示小车变频器的运行方向标志	on 为逆时针 off 为顺时针	
M5.4	指示小车变频器上的禁止位状态标志	on 为被禁止 off 为不禁止	
M5.5	指示小车变频器故障位状态标志	on 为故障 off 为无故障	
M6.0	USS_INT 指令完成标志		on 有效
M6.1	确认升降机变频器的响应标志		on 有效
M6.2	指示升降机变频器的运行状态标志	on 为运行 off 为停止	
M6.3	指示升降机变频器的运行方向标志	on 为逆时针 off 为顺时针	
M6.4	指示升降机变频器上的禁止位状态标志	on 为被禁止 off 为不禁止	
M6.5	指示升降机变频器故障位状态标志	on 为故障 off 为无故障	
T37	频率降低定时器		
T38	频率升高定时器		
VD10	下降频率阈值寄存器		
VD20	上升频率阈值寄存器		
VD30	大车频率寄存器		
VD40	小车频率寄存器		
VD50	升降机频率寄存器		
VD60	升降机频率反馈值寄存器		
VB400	USS_INT 指令执行结果		
VB402	USS_CTRL 错误状态字节		
VB404	大车变频器返回的状态字原始值		
VB406	大车全速度百分值的变频速度	−200%～200%	
VB500	USS_INT 指令执行结果		
VB502	USS_CTRL 错误状态字节		
VB504	小车变频器返回的状态字原始值		
VB506	小车全速度百分值的变频速度	−200%～200%	
VB600	USS_INT 指令执行结果		
VB602	USS_CTRL 错误状态字节		
VW604	升降机变频器返回的状态字原始值		
VD606	升降机全速度百分值的变频速度	−200%～200%	

（1）大车控制程序

系统上电后，通过操作面板上的控制按钮操作大车的运行，大车控制梯形图程序如图 9-43

所示，所对应的语句表如表 9-18 所示。

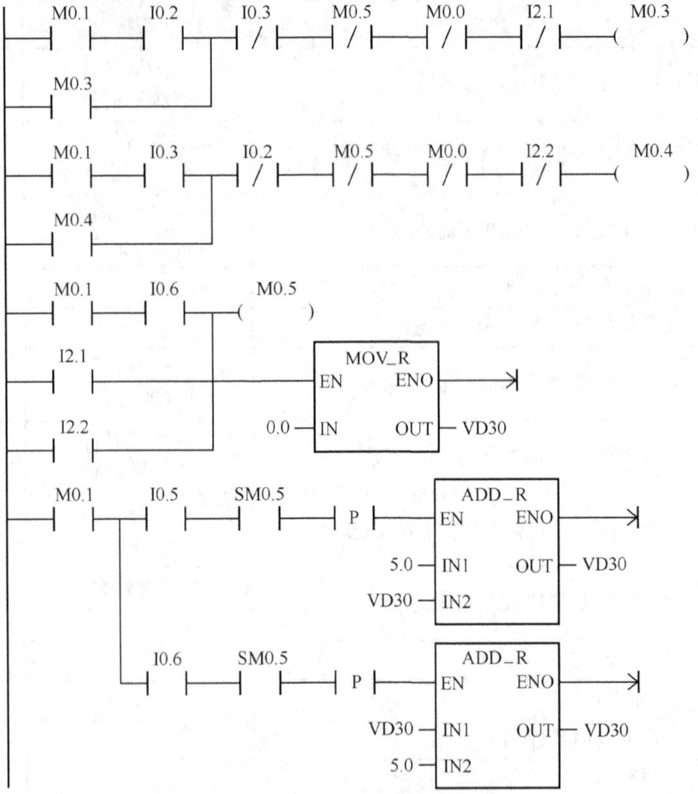

图9-43 大车控制梯形图程序

表 9-18　　　　　　　　与图 9-43 所示梯形图程序对应的语句表

语句表		注释	语句表		注释
LD	M0.1	起重机启动标志	A	I0.6	大车停止按钮
A	I0.2	大车前进按钮	O	I2.1	
O	M0.3		O	I2.2	
AN	I0.3	大车后退按钮	=	M0.5	
AN	M0.5	大车停止标志	MOVR	0.0,VD30	大车变频器输出频率置 0
AN	M0.0	起重机停止标志	LD	M0.1	
AN	I2.1	大车前进限位开关	LPS		
=	M0.3	大车电动机正转启动标志	A	I0.5	大车电动机加速按钮
LD	M0.1		A	SM0.5	周期为 1s 的时钟脉冲
A	I0.3		EU		
O	M0.4	大车后退按钮	+R	5.0,VD30	在每个上升沿速度增加 5%
AN	I0.2	大车前进按钮	LPP		
AN	M0.5		A	I0.6	大车电动机减速按钮
AN	M0.0		A	SM0.5	

续表

语句表		注释	语句表		注释
AN	I2.2	大车后退限位开关	EU		
=	M0.4	大车电动机反转启动标志	–R	5.0,VD30	在每个上升沿速度减少 5%
LD	M0.1				

（2）小车控制程序

系统上电后，通过操作面板上的控制按钮操作小车的运行，小车控制梯形图程序如图 9-44 所示，所对应的语句表如表 9-19 所示。

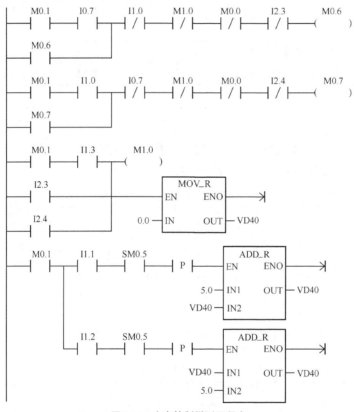

图9-44　小车控制梯形图程序

表 9-19　　　　　　　　　　与图 9-44 所示梯形图程序对应的语句表

语句表		注释	语句表		注释
LD	M0.1		A	I1.3	小车停止按钮
A	I0.7	小车左移按钮	O	I2.3	
O	M0.6		O	I2.4	
AN	I1.0	小车右移按钮	=	M1.0	小车停止标志
AN	M1.0	小车停止标志	MOVR	0.0,VD40	小车变频器输出频率置 0
AN	M0.0		LD	M0.1	

305

续表

语句表		注释	语句表		注释
AN	I2.3	小车左移限位开关	LPS		
=	M0.6	小车电动机正转标志	A	I1.1	小车加速按钮
LD	M0.1		A	SM0.5	
A	I1.0		EU		
O	M0.7		+R	5.0,VD40	小车速度增加 5%
AN	I0.7	小车左移按钮	LPP		
AN	M1.0		A	I1.2	小车减速按钮
AN	M0.0		A	SM0.5	
AN	I2.4	小车右移限位开关	EU		
=	M0.7	小车电动机反转标志	-R	5.0,VD40	小车速度减少 5%
LD	M0.1				

（3）升降机控制程序

系统上电后，通过操作面板上的控制按钮操作升降机的运行，升降机控制梯形图程序如图 9-45 所示，所对应的语句表如表 9-20 所示。

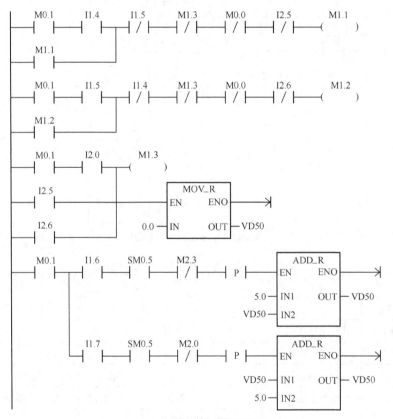

图9-45　升降机控制梯形图程序

表 9-20　　　　　　　　　　　与图 9-45 所示梯形图程序对应的语句表

语句表		注释	语句表		注释
LD	M0.1		O	I2.5	
A	I1.4	重物上升按钮	O	I2.6	
O	M1.1		=	M1.3	重物停止标志
AN	I1.5	重物下降按钮	MOVR	0.0,VD50	升降机变频器输出频率置 0
AN	M1.3	升降机停止标志	LD	M0.1	
AN	M0.0		LPS		
AN	I2.5	重物上升限位开关	A	I1.6	升降机加速按钮
=	M1.1	重物上升标志	A	SM0.5	
LD	M0.1		AN	M2.3	到升降机上限频率标志
A	I1.5		EU		
O	M1.2		+R	5.0,VD50	升降机速度增加 5%
AN	I1.4		LPP		
AN	M1.3		A	I1.7	升降机减速按钮
AN	M0.0		A	SM0.5	
AN	I2.6	重物上升限位开关	EU		
=	M1.2	重物下降标志	*R	5.0,VD50	
LD	M0.1		+R	5.0,VD50	升降机速度减少 5%
A	I2.0	重物停止标志			

（4）升降机悬停/启动控制程序

系统上电后，升降机在半空中进行停止和启动的控制，升降机悬停/启动控制梯形图程序如图 9-46 和图 9-47 所示，所对应的语句表如表 9-21 所示。

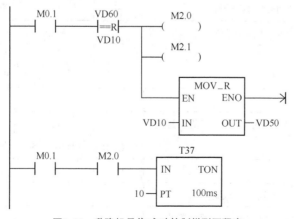

图9-46　升降机悬停/启动控制梯形图程序

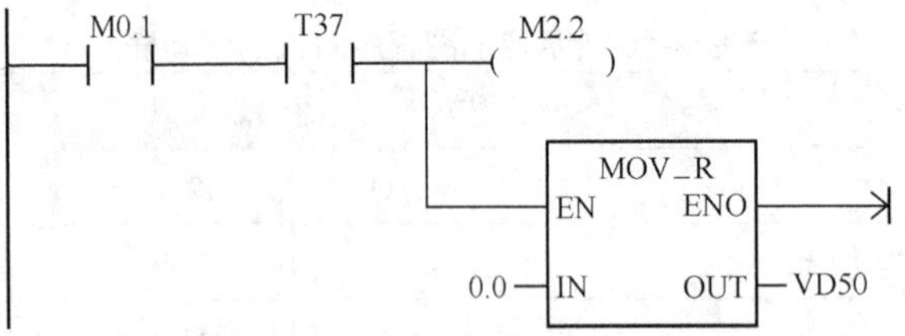

图9-46　升降机悬停/启动控制梯形图程序（续）

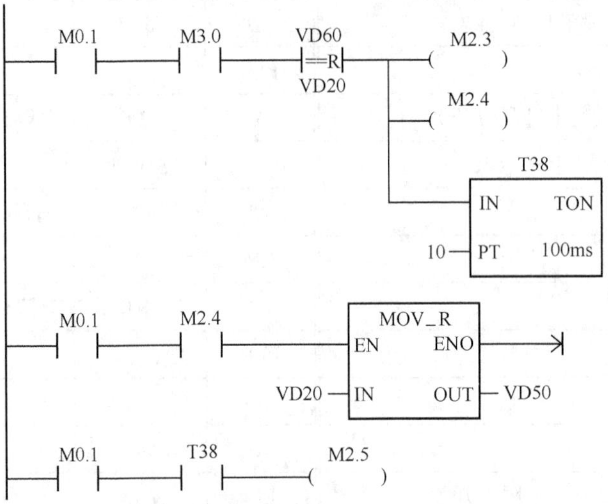

图9-47　升降机悬停/启动控制梯形图程序

表 9-21　　　　　　　与图 9-46 和图 9-47 所示梯形图程序对应的语句表

语句表		注释	语句表		注释
LD	M0.1		LD	M0.1	
AR=	VD60,VD10	升降机速度降至设定值	A	M3.0	
=	M2.0		AR=	VD60,VD20	升降机速度升至设定值
=	M2.1	电磁制动器启动标志	=	M2.3	升降机速度升至设定值标志
MOVR	VD10,VD50	将下降频率阈值送入变频器	=	M2.4	
LD	M0.1		TON	T38,10	升降机速度升至设定值后延时
A	M2.0		LD	M0.1	
TON	T37,10	升降机速度降至设定值后延时	A	M2.4	
LD	M0.1		MOVR	VD20,VD50	升降机变频器输出值设定值
A	T37		LD	M0.1	
=	M2.2	送 0Hz 到升降机器标志	A	T38	
MOVR	0.0,VD50	升降机变频器输出频率置 0	=	M2.5	时间到，松开电磁制动器

（5）设备变频器控制程序

大车变频器控制通信梯形图程序如图 9-48 所示，所对应的语句表如表 9-22 所示。

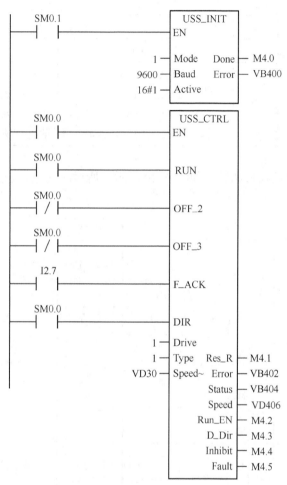

图9-48　大车变频器控制通信梯形图程序

表 9-22　　　　　　　　　与图 9-48 所示梯形图程序对应的语句表

语句表		注释	语句表		注释
LD	SM0.1		LDN	SM0.0	
CALL	USS_INIT,1,9600, 16#01,M4.0,VB400	Mode=1 使用 USS 协议，波特率为 9 600bit/s，变频器地址为 1	=	L63.5	
LD	SM0.0		LD	I2.7	
=	L60.0		=	L63.4	

续表

语句表		注释	语句表	注释
LD	SM0.0		LD SM0.0	
=	L63.7		= L63.3	
LD	SM0.0		LD L60.0	
=	L63.6		CALL USS_CTRL,L63.7, L63.6,L63.5,L63.3, 1,1,VD30,M4.1,VB402,VW404,V D406,M4.2,M4.3,M4.4,M4.4	Drive=1 表示变频器地址为 1， Type=1 表示所使用的变频器是 MM4 系列，Speed=VD30 是变频器 的速度百分比

小车变频器控制通信梯形图程序如图 9-49 所示，所对应的语句表如表 9-23 所示。

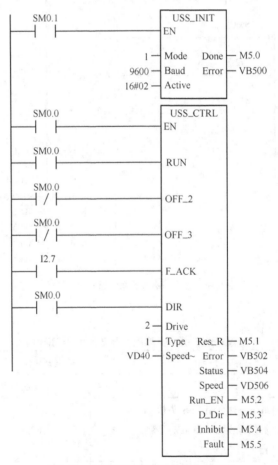

图9-49　小车变频器控制通信梯形图程序

表 9-23 与图 9-49 所示梯形图程序对应的语句表

语句表		注释	语句表		注释
LD	SM0.1		LDN	SM0.0	
CALL	USS_INIT, 1,9600,16#02, M5.0,VB500	Mode=1 使用 USS 协议, 波特率为 9 600bit/s, 变频器地址为 2	=	L63.5	
LD	SM0.0		LD	I2.7	
=	L60.0		=	L63.4	
LD	SM0.0		LD	SM0.0	
=	L63.7		=	L63.3	
LD	SM0.0		LD	L60.0	
=	L63.6		CALL	USS_CTRL,L63.7,L63.6, L63.5,L63.3,2,1,VD40,M5.1, VB502,VW504,VD506,M5.2, M5.3,M5.4,M5.4	Drive=2 表示变频器地址为 2, Type=1 表示所使用的变频器 是 MM4 系列, Speed=VD40 是 变频器的速度百分比

（6）升降机变频器控制程序

升降机变频器控制通信梯形图程序如图 9-50 所示，所对应的语句表如表 9-24 所示。

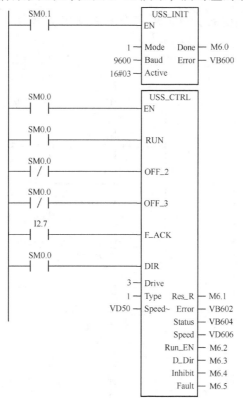

图9-50 升降机变频器控制通信梯形图程序

311

表 9-24　　　　　　　　　　与图 9-50 所示梯形图程序对应的语句表

语句表		注释	语句表		注释
LD	SM0.1		LDN	SM0.0	
CALL	USS_INIT, 1,9600,16#03, M6.0,VB600	Mode=1 使用 USS 协议，波特率为 9 600bit/s，变频器地址为 3	=	L63.5	
LD	SM0.0		LD	I2.7	
=	L60.0		=	L63.4	
LD	SM0.0		LD	SM0.0	
=	L63.7		=	L63.3	
LD	SM0.0		LD	L60.0	
=	L63.6		CALL	USS_CTRL,L63.7,L63.6, L63.5,L63.3,3,1,VD50,M.1, VB602,VW604,VD606,M6.2, M6.3,M6.4,M6.4	Drive=3 表示变频器地址为 3，Type=1 表示所使用的变频器是 MM4 系列，Speed= VD50 是变频器的速度百分比

（7）其他功能控制程序

① 初始化控制程序。初始化控制梯形图程序如图 9-51 所示，所对应的语句表如表 9-25 所示。

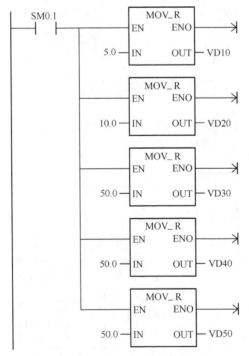

图9-51　初始化控制梯形图程序

表 9-25　　　　　　　　　与图 9-51 所示梯形图程序对应的语句表

语句表		注释	语句表		注释
LD	SM0.1	初始化脉冲	MOVR	50.0,VD30	设置大车频率初始值
MOVR	5.0,VD10	设置下降频率阈值	MOVR	50.0,VD40	设置小车频率初始值
MOVR	10.0,VD20	设置上升频率阈值	MOVR	50.0,VD50	设置升降机频率初始值

② 系统启动/停止控制程序。系统启动/停止控制梯形图程序如图 9-52 所示，所对应的语句表如表 9-26 所示。

表 9-26　　　　　　　　　与图 9-52 所示梯形图程序对应的语句表

语句表		注释	语句表		注释
LD	I0.1	起重机启动按钮	=	M0.1	起重机启动标志
O	M0.1		LD	I0.0	起重机停止按钮
AN	M0.0		=	M0.0	起重机停止标志

③ 电磁阀运行/停止控制程序。电磁阀运行/停止控制梯形图程序如图 9-53 所示，所对应的语句表如表 9-27 所示。

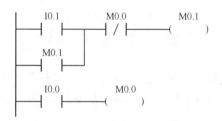

图9-52　系统启动/停止控制梯形图程序

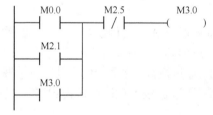

图9-53　电磁阀运行/停止控制梯形图程序

表 9-27　　　　　　　　　与图 9-53 所示梯形图程序对应的语句表

语句表		注释	语句表		注释
LD	M0.0		AN	M2.5	
O	M2.1		=	M3.0	电磁阀运行标志
O	M3.0				

9.3.4　经验与总结

本节介绍了桥式起重机电气控制系统的设计过程，此控制系统采用了西门子 S7-200 系列 PLC 中的 CPU224 作为核心控制设备。在该控制系统中读取变频器的实际输出频率，并与设定值进行比较后控制电磁制动器的运行与停止，防止溜钩的出现。

在进行工程应用设计时，往往由于考虑不足或经验不足等原因，造成设计出来的系统不能完全满足控制要求，需要注意的事项主要来自硬件设计和软件设计两个方面。

1. 硬件方面

硬件方面需要注意结构设计和 PLC 的硬件连接两个部分。

结构设计方面，主要考虑的是整体结构的设计，如各种系统的组合甚至每个设备的安置，如何选用电动机，选用什么类型的电动机及电动机的功率，以及如何选择变频器及其容量等参数均需要设计者有大量的工程实践经验。

PLC 连线方面，本控制系统的连线比较多，尤其是操作面板部分。由于手动操作是控制系统的主操作方式，因此需要更加仔细地检查按钮的连接情况。相对于结构设计，控制系统的软件设计相对简单。

2. 软件方面

在本控制系统中，使用了多台 MM4 系列变频器，采用 RS–485 通信，在软件设计时应特别注意。

首先要仔细阅读技术手册和使用说明，了解多台变频器的控制方式，否则会因为一些默认的参数设置而导致控制过程无法实现。

通过硬件模拟观察 PLC I/O 指示灯的状态，打开监控软件，测取变频器输出端的电压、电流等相关数值，观察是否达到了变频器的效果。

在程序编写方面，相关功能要实现模块化，对于升降机悬停和启动控制部分，要注意防止溜钩的出现。

9.4 本章小结

本章通过 3 个实例说明了 S7-200 系列 PLC 在机电控制系统中的应用。其中应重点掌握以下几点内容。

① 通过板材切割系统的设计，应掌握 S7-200 系列 PLC 的 I/O 扩展模块及各类限位开关等。

② 通过机械手控制系统的设计，应掌握 S7-200 系列 PLC 的限位开关及各种电磁阀的应用。

③ 通过桥式起重机控制系统的设计，应掌握 S7-200 系列 PLC 变频器的应用等内容。

第10章 S7-200 系列 PLC 在日常生活和工业生产中的应用

PLC 在日常生活和工业生产中的应用极其广泛，尤其是在恶劣的工业生产环境下，PLC 是其他控制器不能替代的。而西门子 S7-200 系列 PLC 具有非常高的可靠性和适应环境的能力，它能适应强电磁干扰、高温度及高湿度的环境，在工业生产和日常生活中应用非常广泛。

10.1 十字路口交通灯控制系统

带有人行横道过马路请求的十字路口交通灯控制系统应用于主道是机动车道，而次道是人行横道的十字路口。

当前，十字路口的交通灯仍然采用等待固定通行的一般的交通灯系统。这样的系统不利于提高道路的利用率，也不利于主要车道的通行。在没有行人需要通过人行横道的时候，主要车道上的车辆也必须在停止线以外停车等候本车道绿灯亮。

本节提出了一种全新的思路来解决此类问题：在有行人请求的情况下才会使主要车道的红灯点亮，禁止机动车通行；而平时则主道上一直绿灯亮，允许车辆通行，这样可以大大提高主道及次道通行十字路口的利用率。

10.1.1 系统概述

十字路口交通灯示意如图 10-1 所示，其主道是机动车道，次道是人行横道，在马路通行及人行横道通行方向均有交通灯指示，按照通行情况依次点亮交通灯。

此交通灯控制系统主要完成以下功能。

（1）检测功能

检测次道上是否有行人请求通过。

（2）控制功能

① 控制主道与次道的红、黄、绿灯的协调自动工作。

② 控制当次道上有行人请求通过时，主道及次道的红、黄、绿灯的正常工作。

此交通灯控制系统的工作方式如图 10-2 所示。此交通灯控制系统工作方式的具体说明如下。

① 没有行人请求通过马路时，主道一直通行，次道一直禁止通行。

② 有行人请求通过马路时，要有一个过渡等待的过程，才能得到通行许可。

根据控制系统的要求，并综合考虑可靠性、准确性与经济性后，采用西门子 S7-200 系列 PLC 可以很好地解决此类控制问题。

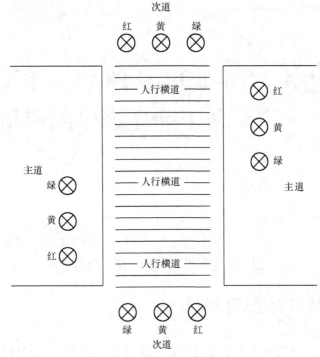

图10-1　十字路口交通灯示意

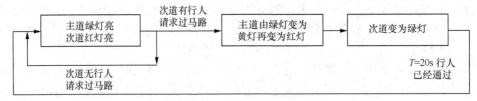

图10-2　交通灯控制系统的工作方式

根据控制对象与任务，设计出此交通灯的基本功能框图，如图 10-3 所示。

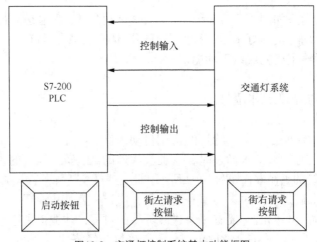

图10-3　交通灯控制系统基本功能框图

其中，启动按钮用于整个系统失电不工作后的重新启动，功能类似于系统开关。街左请求按钮是指在主道的左侧，有行人请求通过人行横道，街右请求按钮是指在主道的右侧，有行人请求通过人行横道。

10.1.2 系统硬件设计

根据十字路口交通灯控制系统的功能分析，设计出其硬件系统框图，如图 10-4 所示。

1. PLC 主机

选择西门子 S7-200 系列 PLC 作为此十字路口交通灯控制系统的控制主机。在西门子 S7-200 系列 PLC 中又有 CPU221、CPU222、CPU224、CPU226、CPU226XM 等。十字路口交通灯控制系统共有 3 个数字量输入和 6 个数字量输出，共需 9 个 I/O。根据 I/O 点数及程序容量，选择 CPU222 作为该系统的主机。

CPU222 具有以下特性。

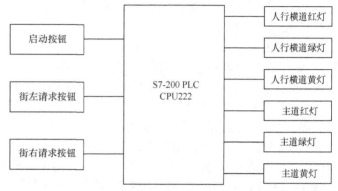

图10-4 交通灯控制系统的硬件系统框图

① 4KB 程序存储器，典型的为 1.3K 条指令。

② 1 024 字数据存储器。

③ 1 个可插入的存储器子模块。

④ 8 个数字量输入，有 4 个可用作硬件中断，4 个用于高速功能。

⑤ 6 个数字量输出，其中 2 个可用作本机集成功能。

⑥ 1 个 8 位分辨率的模拟电位器。

⑦ 数字量 I/O，最多可以扩展成 40 个数字量输入，38 个数字量输出。

⑧ 模拟量 I/O，最多可以扩展成 8 个模拟量输入与 2 个模拟量输出，或 4 个模拟量输出，最多 2 个模块。

⑨ 256 个计数器，计数范围：0～32 767。

⑩ 256 个内部标志位。

⑪ 256 个定时器。其中，分别率为 1ms 的有 4 个，其定时范围为 1ms～30s；分辨率为 10ms 的有 16 个，其定时范围为 10ms～5min；分辨率为 100ms 的有 236 个，其定时范围为 100ms～54min。

⑫ 4 个中断输入。

⑬ 4 个 32 位的高速计数器，可作为加/减计数器用，或将增量编码器的两个相互之间相移为 90° 的脉冲序列连接到高速计数输入端。

⑭ 2 个高速脉冲输出，可产生中断，脉冲宽度和频率可调。

⑮ 1 个 RS-485 接口。RS-485 有 3 个方面的应用，一是作为 PPI 接口，用于 PG 功能、HMI 功能，TD200 OP S7-200 系列 CPU/CPU 通信，传输率为 9.6kbit/s、19.2kbit/s、187.5kbit/s；二是作为 MPI 从站，用于与主站交换数据，S7-300/400 CPU OPTD 按钮面板在 MPI 网上不能进行 CPU22x 系列 CPU/CPU 通信；三是作为中断功能的自由可编程接口方式用于同其他外部

设备进行串行数据交换。

⑯ AS 接口最大 I/O 有 496 个，可以扩展 2 个模块。

2. 启动按钮

启动按钮用于整个系统初次上电工作的启动或失电不工作后的重新启动，因此本系统采用一般的带锁点动式按钮。

3. 街左请求按钮

街左请求按钮安装在主道的左侧，当接到左侧有行人请求通过人行横道时，只需要按一下这个按钮就可以得到系统的响应。本按钮采用一般的点动式按钮，按下一次，系统响应一次，不按此按钮则系统不会响应。

4. 街右请求按钮

街右请求按钮安装在主道的右侧，当街道右侧有行人请求通过人行横道时，只需要按一下这个按钮就可以得到系统的响应。本按钮采用一般的点动式按钮，按下一次，系统响应一次，不按则系统不会响应。

5. 人行横道红灯、绿灯、黄灯

人行横道是指相对机动车行驶道（主道）来说的次道，在这个方向上安装有红灯、绿灯、黄灯（在实际中是一种 3 色的 LED 灯，不同的控制系统下显示不同的颜色）。这个方向上的交通灯信号平时一般显示红色，只有当这一方向上有行人请求通过并且得到 PLC 主机响应后，交通灯才会有所变化。

6. 主道红灯、绿灯、黄灯

主道是指机动车行驶道（主道），在这个方向上安装有红灯、绿灯、黄灯（在实际中是一种 3 色的 LED 灯，不同的控制系统下显示不同的颜色）。这个方向上的交通信号灯平时一般显示为绿色，只有当人行横道有行人请求通过并且得到 PLC 主机响应后，主干道上的交通灯才会有所变化。

在上述详细分析的基础上，将 S7-200 系列 PLC CPU222 系统的 I/O 资源分配如表 10-1 所示。

表 10-1　　　　　　S7-200 系列 PLC CPU222 系统的 I/O 资源分配表

名称	地址编号	说明
输入信号		
启动按钮	I0.0	启动系统
街左请求	I0.1	行人东西强行通过
街右请求	I0.2	行人南北强行通过
输出信号		
人行横道红灯	Q0.0	人行横道红灯控制
人行横道绿灯	Q0.1	人行横道绿灯控制
人行横道黄灯	Q0.2	人行横道黄灯控制
主道红灯	Q0.3	主道红灯控制
主道绿灯	Q0.4	主道绿灯控制
主道黄灯	Q0.5	主道黄灯控制

根据硬件系统框图（图 10-4）及 PLC 系统的 I/O 资源分配情况，人行横道请求的十字路口交通灯控制系统 PLC 控制部分的硬件接线图如图 10-5 所示。

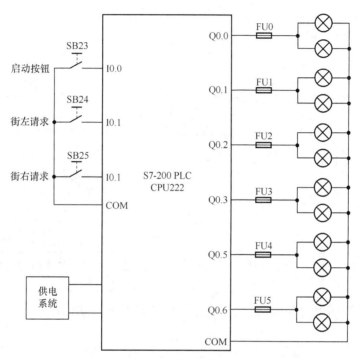

图10-5 交通灯控制系统PLC控制部分的硬件接线图

如图 10-5 所示，S7-200 CPU222 系统有 3 个输入信号和 6 个输出控制信号。其中，输入口 I0.0 接收启动按钮输入，输入口 I0.1 接收街左请求输入，输入口 I0.2 接收街右请求输入；输出口 Q0.0 控制人行横道红灯，Q0.1 控制人行横道绿灯，Q0.2 控制人行横道黄灯，Q0.3 控制主道红灯，Q0.4 控制主道绿灯，Q0.5 控制主道黄灯。

10.1.3 系统软件设计

带人行横道过马路请求的十字路口交通灯控制系统采用流程图式的程序设计方法。根据本系统中的控制算法，考虑本系统具有模块性，因此设计软件时也采用模块化的设计思想。主流程图如图 10-6 所示。

在图 10-6 所示的主流程图中，如果启动按钮 SB23 被按下，系统开始运行。当街左有人按下过马路的强制按钮 SB24 后，系统运行行人通过运行模块。当街右有人按下通过马路的强制按钮 SB25 后，系统运行行人通过运行模块。SB24 和 SB25 两个按钮都没人按下时，交通灯控制系统正常运行。行人请求通过运行模块流程图如图 10-7 所示。

在图 10-7 所示行人通过运行模块流程图中，当街左或街右有行人要通过马路时系统就会运行此模块。当此模块运行时，车道黄灯亮 3s（即 Q0.5 = 1），然后车道红灯亮 20s 的同时，人行道绿灯亮 17s 和黄灯亮 3s，最后系统恢复原状态。

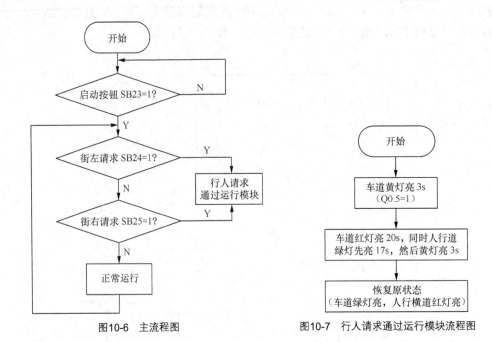

图10-6　主流程图　　　　　　　图10-7　行人请求通过运行模块流程图

根据以上流程图编写梯形图程序，如图 10-8 和图 10-9 所示。

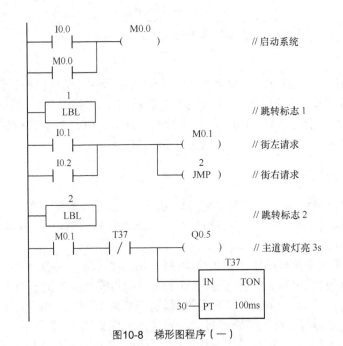

图10-8　梯形图程序（一）

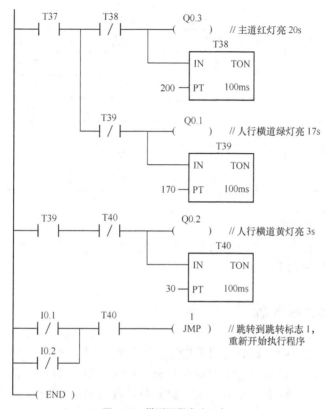

图10-9 梯形图程序（二）

如图 10-8 所示，按下启动按钮 I0.0，如果没有行人通过十字路口，则系统按照正常状态工作。如果有行人按下街左请求按钮 I0.1 或街右请求按钮 I0.2，车道的黄灯就会持续亮 3s（T37）。图 10-8 中程序对应的语句表如表 10-2 所示。

表 10-2 　　　　　　　与图 10-8 所示梯形图程序对应的语句表

命令	地址	命令	地址
LD	I0.0	O	I0.2
O	M0.0	JMP	2
=	M0.0	=	M0.1
LBL	1	LBL	2
LD	M0.0	LD	M0.1
=	Q0.0	AN	T37
=	Q0.4	TON	T37,+30
LD	I0.1	=	Q0.5

如图 10-9 所示，当车道黄灯熄灭时，车道红灯亮 20s（T38），与此同时人行横道绿灯亮 17s（T39）后黄灯亮 3s（T40）。然后系统恢复原状态，同时继续监视是否有行人按下强行通过按钮 I0.1 和 I0.2。与图 10-9 所示梯形图程序对应的语句表如表 10-3 所示。

表 10-3　　　　　　　　　　与图 10-9 所示梯形图程序对应的语句表

命令	地址	命令	地址	命令	地址
LD	T37	AN	T39	TON	T40,+30
LPS		=	Q0.1	LDN	I0.1
AN	T38	TON	T39,+170	ON	I0.2
=	Q0.3	LD	T39	A	T40
TON	T38,+200	AN	T40	JMP	1
LPP		=	Q0.2	END	

10.1.4　经验与总结

本节设计带人行横道过马路请求的十字路口交通灯控制系统，主要应注意 S7-200 系列 PLC 计数器和定时器的使用方法。

10.2　污水处理系统

目前，环境问题成了制约世界各国可持续发展的重要因素之一。水环境的污染问题不仅严重影响着人们的健康，还加速了水资源的短缺。众所周知，中国水资源严重缺乏，是世界上 13 个缺水国家之一，如何有效地进行水资源的循环再利用成为社会的一个重要问题。因此，污水处理系统对于全面建设小康社会的中国而言就更显得尤为重要。

本节从介绍污水处理工艺入手，详细地介绍了基于西门子 S7-200 系列 PLC 的污水处理系统应用技术。

10.2.1　系统概述

中国污水处理新兴工艺不断出现，并以引进国外工艺技术为主导。同时，随着自动化技术发展，PLC 的不断进步，以 PLC 作为污水处理系统的控制系统得到了广泛的发展和应用。

1. 污水处理简介

（1）污水处理概况

污水处理对于改善环境质量与全人类生存环境，促进社会的可持续发展具有非常重要的意义。而与发达国家相比，中国污水处理的效率还比较低，主要表现为城市生活污水处理效率比较低。城市生活污水处理在发达国家已经形成一个比较稳定的市场。而在中国则迫切需要加快污水处理的发展进程。据有关资料显示，美国平均每 1 万人就拥有 1 座污水处理厂，英国与德国则每 7 000～8 000 人就拥有 1 座污水处理厂，而中国平均每 150 万人才拥有 1 座污水处理厂，如图 10-10 所示。

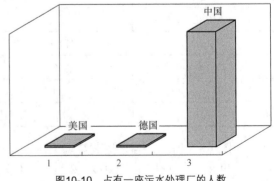

图10-10　占有一座污水处理厂的人数

（2）常用的污水处理工艺

不同的污水处理对象、环境，需要有不同的污水处理工艺。因此，在选择污水处理工艺时，必须要认真考虑当地污水的情况及实际的污水处理环境。

污水处理的方法主要有物理、化学及生物等。这些方法根据实际情况，可以单一使用，也可以针对不同的污水混合使用。目前，污水处理的方法一般以生物处理法为主，以物理处理法和化学处理法为辅。常用的污水处理工艺有以下几种。

① 传统活性污泥法。传统活性污泥法是一种最古老的污水处理工艺，其污水处理的关键组成部分是曝气池与沉淀池，主要处理部分关系框图如图 10-11 所示。

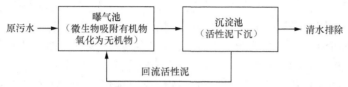

图10-11　传统活性泥处理法的主要处理部分关系框图

曝气池的微生物吸附污水中大部分有机物，并且在曝气池中将其氧化成无机物，然后在沉淀池中，使微生物絮体下沉，经过一段时间后，就可以输出清水。同时，为了保持曝气池中污泥的浓度，沉淀池中经过沉淀后的一部分活性泥需要回流到曝气池中。

该工艺的优点是有机物去除率高、污泥负荷高、池的容积小、耗电低、运行成本低等。

该工艺的缺点是普通曝气法占地多，建设投资大；仅能满足部分污水处理国家标准中的相关指标；容易产生污泥膨胀现象；磷和氮的去除率低等。

② A/O 法。A/O 法是在传统活性污泥法的基础上发展起来的一种污水处理工艺，其中 A 代表 Anoxic（缺氧的），O 代表 Oxic（好氧的）。A/O 法是一种缺氧-好氧生物污水处理工艺。该工艺通过增加好氧池与缺氧池所形成的硝化-反硝化反应系统，可以很好地处理污水中的氮含量，具有明显的脱氮效果。但是，硝化-反硝化反应系统必须进行很好的控制，因此对该工艺提出了更高的管理要求，这也成为该工艺的一大缺点。

③ A2/O 法。A2/O 法也是在传统活性污泥法的基础上发展起来的一种污水处理工艺，其中 A2，即 A-A，前一个 A 代表 Anaerobic（厌氧的），后一个 A 代表 Anoxic（缺氧的），O 代表 Oxic（好氧的）。A2/O 法是一种厌氧-缺氧-好氧污水处理工艺。A2/O 法的除磷脱氮效果非常好，适合用于对脱磷脱氮有要求的污水处理。因此，在对脱磷脱氮有特别要求的城市污水处理厂，一般首选 A2/O 法。

④ A/B 法。A/B 法是吸附生物降解法的简称，该工艺没有初沉池，将曝气池分为高低负荷两段，并分别有独立的沉淀和污泥回流系统。高负荷段（A 段）停留时间为 20～40min，以生物絮凝吸附作用为主，同时发生不完全氧化反应，去除 BOD 率达 50%以上。B 段与常规活性污泥相似，负荷较低。A/B 法中 A 段效率很高，并有较强的缓冲能力，B 段起到出水把关作用，处理稳定性好。对于高浓度的污水处理，A/B 法具有很好的实用性，并有较高的节能效益，尤其在采用污泥硝化和沼气利用工艺时，优势最为明显。但是，A/B 法污泥产量较大，A 段污泥有机物含量极高，因此必须添加污泥后续稳定化处理设施，增加了一定的投资和运行费用。另外，由于 A 段去除了较多的 BOD，造成了碳源的不足，难以实现脱氮工艺的要求。对于污水浓度较低的场合，B 段运行也比较困难，难以发挥优势。

总体而言，A/B 法工艺较适合于污水浓度高、具有污泥硝化等后续处理设施的大、中规模的城市污水处理厂，且有明显的节能效果。但对于有脱氮要求的城市污水处理厂，一般不宜采用。

⑤ 氧化沟法。氧化沟法是活性污泥法的一种变形，属于低负荷、延时曝气活性污泥法。废水和活性污泥的混合液在环状曝气渠道中不断地循环流动，因此又称"循环曝气池"。氧化沟法具有处理工艺及构筑物简单，无初沉池和污泥硝化池，有机物去除率高，脱氮、除磷（沟前增设厌氧池）、剩余污泥少且容易脱水，处理效果稳定等优点。但其存在负荷低、占地大、耗电大、运转费用高等缺点，适用于中、小规模的低负荷污水处理厂。氧化沟法可根据构筑物不同分为卡鲁塞尔氧化沟法、奥贝尔氧化沟法和一体化氧化沟法。

⑥ SBR 法。SBR 法是间歇式活性污泥法的简称。该工艺采用间歇曝气方式运行的活性污泥处理技术，其主要特征是运行时的有序和间歇操作。SBR 技术就是 SBR 反应池，该池集成了均化、初沉、生物讲解、二沉等功能，不设污泥回流系统。该工艺具有以下优点：生化反应推动力增大，污水沉淀需要的时间短、效率高、运行效果稳定、出水水质好；可采用组合式构造方法，便于污水厂的扩建和改造；同时，可实现好氧、缺氧、厌氧状态的交替，具有良好的脱氮除磷效果。其工艺流程简单，占地面积小，造价低，该方法适用于水量、水质排放均匀的工业废水。但 SBR 法对自动控制技术和连续在线分析仪表要求较高，操作复杂，难于管理。

⑦ UNITANK 法。UNITANK 是以活性污泥法为基础的一种新工艺，该工艺不需另设沉淀池。其特点是将曝气和沉淀集成一体，通过将池子分为若干小格，首末两端交替曝气和沉淀。通过周期性变更进水、出水方向，省去了污泥回流系统，具有一定的节能效果。由于在曝气期内设置非曝气阶段，可形成厌氧、缺氧和好氧交替状态，实现除磷脱氮功能，具有布置紧凑、占地少、连续运行、结构设计简单、运转灵活等特点。

（3）污水处理系统控制形式

早期的控制系统多采用继电器–接触器控制系统，但随着电子技术的飞速发展，控制要求的不断提高，该类控制方法已不能满足现代污水处理系统的控制要求，因此已逐渐淘汰，取而代之的是 DCS、现场总线控制、PLC 等控制方式。

① DCS。DCS 是集散控制系统的简称，又称分布式计算机控制系统，是由计算机技术、信号处理技术、测量控制技术、通信网络技术等相互渗透形成的。DCS 由计算机和现场终端组成，通过网络将现场控制站、检测站和操作站、控制站等连接起来，完成分散控制和集中操作、管理的功能。其主要用于各类生产过程，可提高生产自动化水平和管理水平，主要特点如下。

- 采用分级分布式控制，减少了系统的信息传输量，使系统应用程序比较简单。
- 实现了真正的分散控制，使系统的危险性分散，可靠性提高。
- 扩展能力较强。
- 软、硬件资源丰富，可适应各种要求。
- 实时性好，响应快。

② 现场总线控制系统。现场总线控制系统是由 DCS 和 PLC 发展而来的，是基于现场总线的自动控制系统。该系统按照公开、规范的通信协议在智能设备之间，以及智能设备与计算机之间进行数据传输和交换，从而实现控制与管理一体化的自动控制系统，其特点如下。

- 可利用计算机丰富的软件、硬件资源。
- 响应快，实时性好。
- 通信协议公开，不同产品可互联。

③ PLC 系统。PLC 作为处理系统的控制器，可以实现控制系统的功能要求，也可利用计

算机作为其上位计算机，通过网络连接 PLC，对生产过程进行实时监控，其特点如下。

- 编程方便，开发周期短，维护容易。
- 通用性强，使用方便。
- 控制功能强。
- 模块化结构。

2. 污水处理系统的功能要求

污水处理系统要实现的主要功能是完成对城市污水的净化处理，使城市污水经过系统处理后，满足国家城市污水排放的标准。为实现污水处理技术简易、高效、低能耗的功能，并实现自动化的控制过程，采用 PLC 作为核心控制器是一个较好的方案。

PLC 作为污水处理系统的控制系统，会使设计过程变得更加简单，可实现的功能也更多，如与各类人机界面的通信可完成对 PLC 控制系统的监视，同时使用户可通过操作界面功能控制 PLC 系统。PLC CPU 强大的网络通信能力，使污水处理系统的数据传输与通信成为可能，并且也可实现远程监控。

利用 PLC 作为控制器的污水处理系统主要涉及信号输入和控制输出信号两方面的内容。

（1）信号输入

污水处理系统信号输入检测方面主要涉及 4 类信号的检测，包括按钮输入检测、液位差输入检测、液位高低输入检测和曝气池中含氧量输入检测。

① 按钮输入检测。大多数为人工方式控制的输入检测，主要有自动按钮、手动按钮、格栅机启动按钮、清污机启动按钮、潜水泵启动按钮、潜水搅拌机启动按钮、污泥回流泵按钮、曝气机工频/变频按钮及变频加速/减速按钮等。

② 液位差输入检测。监测粗、细格栅两侧的液位差，用来控制清污机的启动与停止。

③ 液位高低输入检测。检测进水泵房和污泥回流泵房中液位的高低，用来控制潜水泵或污泥回流泵的启动和停止，以及投入运行的潜水泵的数量。

④ 曝气池中含氧量输入检测。以上 3 种都为数字量输入，而含氧量输入为模拟量输入。曝气过程是污水处理系统中最重要的一个环节，为了保证微生物所需的氧气，必须检测污水中的含氧量，并通过曝气机增加或减少其含量。通过设置在适当位置上的溶解氧仪，可将检测值反馈到 PLC 中，通过运算输出控制曝气机的转速信号。

（2）控制输出信号

信号输出主要包括两个部分：一部分是数字量输出，即各类设备的接触器；另一部分是模拟量输出，用来控制曝气机变频器。

① 数字量输出。控制各类设备的启动和停止，包括格栅机启停、清污机启停、潜水泵启停、潜水搅拌器启停、污泥回流泵等设备。

② 模拟量输出。在 PLC 中经过 PID 运算后的数据，通过其功能模块输出控制信号，该控制信号输入变频器的控制端子，改变变频器的输出功率，从而控制曝气机的转速，最后达到控制污水中含氧量的要求。

3. 污水处理系统的结构特点

氧化沟是污水处理系统中的重要环节，由于其结构的不同，氧化方法也不尽相同，如奥贝尔氧化沟、卡鲁塞尔氧化沟和一体化氧化沟。对于不同的结构，其配套设备也有较大的不同。氧化沟结构比较复杂，不同的结构对应不同的控制系统，因此需要根据不同的结构特点设计相应的控制系统。

（1）系统的主要组成部分

污水处理系统的结构比较复杂，设备较多，在氧化沟法中其控制过程及原理大致相同，都是通过控制曝气机的转速来调节污水中的含氧量，其基本组成如图 10-12 所示。

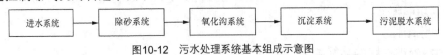

图10-12 污水处理系统基本组成示意图

① 进水系统。进水系统主要由进水管道和进水泵房组成，进水管道主要由粗格栅机和清污机组成，进水泵房主要由两台潜水泵组成。进水管道的主要功能是将污水中的大块物体排除，其中的粗格栅机根据程序设定的时间进行间歇工作，而清污机的运行和停止是根据粗格栅机的液位差来决定的。进水泵房中潜水泵的运行与停止是通过安装在泵房内的液位传感器来决定的，当液位较低时只启动一台潜水泵，液位较高时启动两台潜水泵。若液位持续升高时，则输出报警信号以示意有故障发生。

② 除砂系统。除砂系统主要由细格栅系统和沉砂池组成。细格栅系统由细格栅机和转鼓清污机组成，而沉砂池的主要设备是分离机。细格栅系统的主要功能是进一步净化污水中的颗粒物体，将污水中细小的沙粒滤除。其中的细格栅机根据程序设定时间进行间歇工作，而转鼓清污机的运行和停止则根据细格栅两侧的液位差来决定。当液位差超过某一个值时，启动清污机，当液位差小于某一个值时停止清污机的运行，这和粗格栅系统的运行方式一致。沉砂池中分离机的运行和后续处理中转碟曝气机的运行同步，即启动转碟曝气机的同时启动分离机，对沉砂池中的沙粒进行排除。

③ 氧化沟系统。氧化沟系统由氧化沟和污泥回流系统组成。氧化沟是污水处理系统中最重要的环节，因此控制量较多，控制过程比较复杂。

④ 沉淀系统。沉淀系统的主要设备是刮泥机，其功能是对进行氧化沟处理后的污水进行物理沉淀，将污泥和清水分离，刮泥机在整个系统启动后就开始持续运行。

⑤ 污泥脱水系统。污泥脱水系统主要包括离心式脱水机，其主要功能是对氧化池中处理过污水的活性污泥进行脱水处理。由于对污水进行处理后，活性污泥有新的微生物及其他杂质，因此需要先对活性污泥添加一定量的药物，便于污泥脱水。离心式脱水机主要由聚合物泵、污泥机和切割机构成。以上设备按照顺序控制的方式启动，依次启动聚合物泵、污泥机和切割机，完成对污泥的脱水处理。

（2）电气控制系统

电气控制系统主要包括操作面板、显示面板、电气控制柜等单元。由于在该系统中不仅需要检测大量的数字输入量，还要检测模拟输入量，数字输入量和模拟输入量通过设定程序进行数据处理后，输出控制信号，因此系统的控制逻辑与时序需要严格按照检测信号的输入进行控制，其示意图如图 10-13 所示。

① 操作面板。操作面板中主要包括手动按钮、自动按钮、各类设备的启动按钮等。

② 显示面板。显示面板由于要显示较多的数据，一般采用触摸屏或人机界面。

③ 电气控制柜。电气控制柜是电气控制的核心设备，主要包括变频器、各类传感器的输入信号、PLC 及其扩展模块等。

4. 污水处理系统的工作原理

（1）控制系统总体框图

污水处理系统的电气控制系统总体框图如图 10-14 所示。PLC 作为核心控制器，通过检测操作面板按钮的输入、各类传感器的输入及相关模拟量的输入，完成相关设备的运行、停止和调速控制。

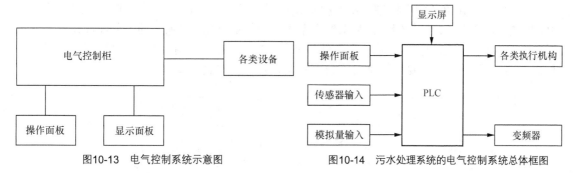

图10-13   电气控制系统示意图   图10-14   污水处理系统的电气控制系统总体框图

（2）工作过程

在手动方式下，各类设备根据操作面板上的按钮输入来控制，无逻辑限制，即可不根据传感器的状态进行控制。

在自动方式下，进行闭环控制，系统根据检测到外部传感器的状态对设备进行启停控制，其工作过程如下。

① 接通电源，启动自动控制方式，启动潜水搅拌机和刮泥机。

② 运行粗、细格栅机，进行间歇运行，即运行一段时间后停止一段时间，循环进行。

③ 根据反馈回来的液位差状态控制清污机的运行与停止。

④ 进水泵房中的潜水泵根据液面的高低进行运行、停止及运行数量的控制。

⑤ 转碟曝气机根据溶氧仪反馈的模拟量经 PLC 运算后进行控制，同时控制分离机的运行与停止。

⑥ 根据液面的高低控制污泥回流泵的运行和停止。

⑦ 在污泥脱水系统中，离心式脱水机的启动采用顺序控制方式，依次启动其设备。

污水处理系统工作示意图如图 10-15 所示。

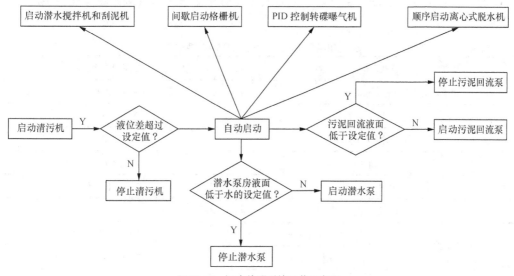

图10-15   污水处理系统工作示意图

10.2.2 系统硬件配置

前面几节中介绍了污水处理系统的机械结构及相关设备，根据其工作原理和控制系统的功能要求，本节主要介绍如何设计污水处理系统的控制系统和选择所需的各种硬件设备，由此设计出污水处理系统的电气控制系统框图，如图 10-16 所示，此控制系统中的核心处理器是PLC，其输入和输出量主要为数字量，只有一组模拟输入和输出量。

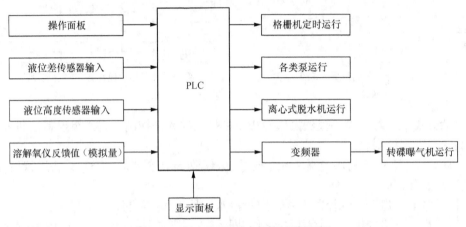

图10-16 污水处理系统电气控制系统框图

1. PLC 选型

根据污水处理系统电气控制系统的功能要求及复杂程度，从经济性、可靠性等方面来考虑，选择西门子 S7-200 系列 PLC 作为污水处理系统电气控制系统的控制主机。由于污水处理系统涉及较多的 I/O 端口，其控制过程比较复杂，因此采用 CPU226 作为该控制系统的主机。

CPU226 的主要特性如表 10-4 所示。在污水处理系统中使用的数字量输入点和数字量输出点都较多，因此除了 PLC 主机自带的 I/O 外，还需扩展一定数量的 I/O 扩展模块。在此采用 EM223 I/O 混合扩展模块，8 点数字量输入/8 点数字量输出型，刚好能够满足控制系统的 I/O 需求。

表 10-4 　　　　　　　　　　　S7-200 系列 PLC CPU226 特性规格表

主机 CPU 类型		CPU226
外形尺寸（mm × mm × mm）		$190 \times 80 \times 62$
用户程序区（B）		8 192
数据存储区（B）		5 120
掉电保持时间（h）		190
本机 I/O		24 入/16 出
扩展模块数量		7
高速计数器	单相（kHz）	30（6 路）
	双相（kHz）	20（4 路）
直流脉冲输出（kHz）		20（2 路）

续表

主机 CPU 类型	CPU226
模拟电位器	2
实时时钟	内置
通信口	2 RS-485
浮点数运算	有
I/O 映像区	256（128 入/128 出）
布尔指令执行速度	0.37μs/指令

在该控制系统中，还有利用采集到的模拟量进行控制的功能要求，因此需要再扩展一个模拟量 I/O 扩展模块。西门子专门为 S7-200 系列 PLC 配置了模拟量 I/O 模块 EM235。该模块具有较高的分辨率和较强的输出驱动能力，可满足控制系统的功能要求。

2. PLC 的 I/O 资源配置

根据系统的功能要求，对 PLC 的 I/O 进行配置，具体分配如下。

（1）数字量输入部分

在此控制系统中，所需要的输入量基本上是数字量，主要包括各种控制按钮、旋钮及数字输入，共 31 个数字输入量，如表 10-5 所示。

表 10-5　　　　　　　　　　数字量输入地址分配

输入地址	输入设备	输入地址	输入设备
I0.0	急停	I2.0	手动刮泥机启动
I0.1	手动方式	I2.1	手动污泥回流泵启动
I0.2	自动方式	I2.2	手动离心式脱水机启动
I0.3	自动启动确认	I2.3	手动聚合物泵启动
I0.4	手动粗格栅机启动	I2.4	手动污泥泵启动
I0.5	手动清污机启动	I2.5	手动切割机启动
I0.6	手动 1#潜水泵启动	I2.6	手动转碟曝气机加速
I0.7	手动 2#潜水泵启动	I2.7	手动转碟曝气机减速
I1.0	手动细格栅机启动	I3.0	粗格栅机液位差计
I1.1	手动转鼓清污机启动	I3.1	细格栅机液位差计
I1.2	手动分离机启动	I3.2	进水泵房液位高位传感器
I1.3	手动 1#转碟曝气机工频启动	I3.3	进水泵房液位中位传感器
I1.4	手动 2#转碟曝气机工频启动	I3.4	进水泵房液位低位传感器
I1.5	手动 1#转碟曝气机变频启动	I3.5	污泥回流泵房液面高位传感器
I1.6	手动 2#转碟曝气机变频启动	I3.6	污泥回流泵房液面低位传感器
I1.7	手动潜水搅拌机启动		

（2）数字输出量

在本控制系统中，主要输出控制的设备包括各种接触器、阀门等，共 19 个输出点，具体分配如表 10-6 所示。

表 10-6 　　　　　　　　　　　　　数字量输出地址分配

输出地址	输出设备	输出地址	输出设备
Q0.0	粗格栅机接触器	Q1.2	2#转碟曝气机变频接触器
Q0.1	清污机接触器	Q1.3	潜水搅拌机接触器
Q0.2	1#潜水泵接触器	Q1.4	刮泥机接触器
Q0.3	2#潜水泵接触器	Q1.5	污泥回流泵接触器
Q0.4	细格栅机接触器	Q1.6	离心式脱水机接触器
Q0.5	转鼓清污机接触器	Q1.7	聚合物泵接触器
Q0.6	分离机接触器	Q2.0	污泥泵及切割机接触器
Q0.7	1#转碟曝气机工频接触器	Q2.1	潜水泵报警
Q1.0	2#转碟曝气机工频接触器	Q2.2	污泥回流泵报警
Q1.1	1#转碟曝气机变频接触器		

（3）模拟量输入部分

系统需要采集一个溶解氧仪所反馈的数据，因此扩展了一个模拟量 I/O 模块，具体分配如表 10-7 所示。

表 10-7 　　　　　　　　　　　　　模拟量输入地址分配

输入地址	输入设备
AIW0	溶解氧仪

（4）模拟量输出

在本控制系统中，需要将采集回来的模拟量进行数据处理，再通过模拟输出口用变频器控制其他设备的运行，其模拟量输出的地址分配如表 10-8 所示。

表 10-8 　　　　　　　　　　　　　模拟量输出地址分配

输出地址	输出设备
AQW0	经 PID 输出

根据控制系统的要求，设计出污水处理控制系统的硬件连线图（如图 10-17 所示）。此控制面板上的手动控制部分主要在调试系统和维护系统时使用，调试完成后便基本处于闲置状态。

3. 其他资源配置

要完成系统的控制功能不仅需要 PLC 主机及其扩展模块，还要用到各种传感器、接触器和变频器等仪器设备。

（1）接触器

在变频恒压供水控制系统中，所有的设备根据控制面板上的按钮情况或根据传感器的反馈值进行动作，因此需要 PLC 根据当前的工作情况及按钮的情况来控制所有设备的启停，共需要 17 个接触器，即格栅机接触器、清污机接触器、分离机接触器、转碟曝气机接触器、潜水搅拌机接触器、刮泥机接触器等。

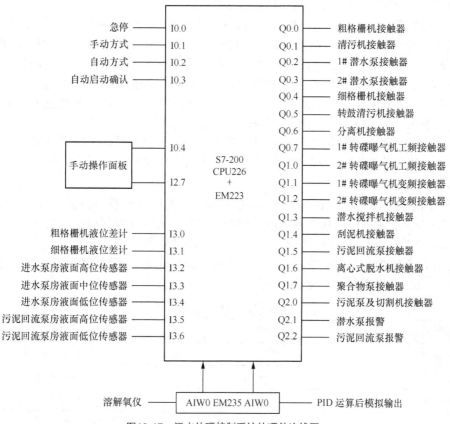

图10-17　污水处理控制系统的硬件连线图

① 格栅机接触器。格栅机接触器有两个：一个置于粗格栅处，控制粗格栅处的格栅机；另一个置于细格栅处，用于控制细格栅处的格栅机。根据程序的执行或操作面板上按键的情况，控制两个格栅机的运行与停止。

② 清污机接触器。清污机接触器有两个：一个置于粗格栅处，控制粗格栅处的清污机；另一个置于细格栅处，用于控制细格栅处的转鼓清污机。根据格栅两侧的液位差或操作面板上的按键情况，控制两个清污机的运行与停止。

③ 潜水泵接触器。潜水泵接触器有两个，分别控制两台潜水泵，通过进水泵房的液面高度或操作面板上的按键情况来控制两台潜水泵的运行与停止。

④ 转碟曝气机接触器。转碟曝气机接触器有 4 个接触器，每个转碟曝气机都有两个接触器，其中一个连接到工频电网，另一个连接到变频器上。根据污水中的溶氧量或操作面板上按键的情况，控制两台转碟曝气机的运行和停止，以及在运行时是处于变频运行状态还是工频运行状态。

⑤ 分离机接触器。分离机接触器是连接分离机和工频电网的接触器。分离机与转碟曝气机同步运行，通过对转碟曝气机的控制完成对分离机的控制。

⑥ 潜水搅拌机接触器。潜水搅拌机接触器是连接潜水搅拌机和工频电网的接触器，通过程序的执行或操作面板上按键的状态来控制潜水搅拌机的运行与停止。

⑦ 刮泥机接触器。刮泥机接触器是连接刮泥机和工频电网的接触器，通过程序的执行或操作面板上按键的状态来控制刮泥机的运行与停止。

⑧ 污泥回流泵接触器。污泥回流泵接触器是连接污泥回流泵和工频电网的接触器，通过污泥回流泵房中液面的高低或操作面板上按键的状态来控制污泥回流泵的运行与停止。

⑨ 离心式脱水机接触器。离心式脱水机接触器是连接离心式脱水机和工频电网的接触器，通过程序的执行或操作面板上按键的状态来控制离心式脱水机的运行与停止。

⑩ 聚合物泵接触器。聚合物泵接触器是连接聚合物泵和工频电网的接触器，通过程序的执行或操作面板上按键的状态来控制聚合物泵的运行与停止。

⑪ 污泥泵及切割机接触器。污泥泵及切割机接触器是连接污泥泵及切割机和工频电网的接触器，通过程序的执行或操作面板上按键的状态来控制污泥泵及切割机的运行与停止。

（2）变频器

该系列中的 MM430 型变频器是一种风机水泵负载专用变频器，能适用于各种变速驱动系统，尤其适合于工业部门的水泵和风机。改型的变频器具有能源利用率高的特点，优化了部分结构与功能，便于工作人员进行操作，实现其控制功能。

在本控制系统中，需要对变频器进行通信控制，因此先对变频器的参数进行设置，主要对以下几个参数进行调整，如表 10-9 所示。

表 10-9　　　　　　　　　　　变频器参数设置表

参数号	参数值	说明
P0005	21	现实实际频率
P0700	2	由端子排输入
P1000	2	模拟输入
P1300	2	用于可变转矩负载
P2010	6	9 600bit/s
P2011	1	USS 地址
P0300	根据具体电动机设置	电动机类型
P0304	根据具体电动机设置	电动机额定电压
P0305	根据具体电动机设置	电动机额定电流
P0310	根据具体电动机设置	电动机额定频率
P0311	根据具体电动机设置	电动机额定转速

对于本系统中的变频器，在进行手动调试时采用通信控制，因此需要将变频器的参数进行重新设置，通过对已编址的变频器发送控制指令，实现对变频器的控制，即将表 10-9 所示的 P0700 和 P1000 的参数值都改为 5，就可以进行通信控制。在自动控制方式下，通过改变变频器的参数值，实现变频器的模拟控制，如表 10-9 所示。在本系统中，只使用了一个变频

器，因此控制变频器的地址为 1。

（3）各类按钮

在本控制系统的自动操作中，采用 3 种机械按钮：控制污水处理系统的启动和停止，手动/自动按钮使用旋钮，即旋到一边接通，旋到另外一边断开；自动启动按钮采用触点触发式按钮；急停按钮使用旋转复位按钮，按下后系统停止，旋转后自动弹起复位。

在手动控制状态时，对于每个设备都对应设置一组按钮，采用触点触发式按钮，即按下接通，松开复位。

（4）人机界面

该系统的显示系统采用西门子 TD200 文本显示器，该显示器可适用于所有 S7-200 系列 PLC，采用 TD200 主要完成控制系统中参数的修改和显示功能。

（5）液位差计

对格栅处的清污机进行控制，需要检测格栅两侧的液面差，在该系统中选用超声波液位差计。粗格栅、细格栅各安装了一台超声波液位差计，通过格栅前后的液位差来反映格栅阻塞程度，并将液位差传输到 PLC 控制器，进行分析计算。当液位差超过预设的数值后，系统控制清污机运行，清除大颗粒的污染物，保障污水流动通畅；在液位差未超过设定值时，清污机处于停止状态，这样就可以大大减少设备损耗。

超声波液位差计精度较高，且有多种量程可供选择，其输出信号有以下 3 种：可编程继电器输出、高精度 4～20mA 模拟信号输出、RS-485 通信口输出，可根据需要的信号选择作为 PLC 的输入信号。

（6）溶解氧仪

溶解氧仪用于测量锅炉给水、蒸汽、超纯水、凝结水、除氧剂出口，以及工厂使用氧气处理化学过程中的含氧量，并根据设定值进行给氧控制。其输出信号主要有两种形式，4～20mA 或 0～20mA（电流形式），0～5V 或 1～5V（电压形式）。在此控制系统中，采用溶解氧仪的电流输出信号，将其通过 PLC 的扩展模块送入 PLC 主机进行处理。

10.2.3　系统软件设计

本系统采用西门子公司为 S7-200 系列 PLC 开发的 STEP 7-Micro/WIN32 作为编程软件，前面已经介绍了污水处理控制系统的结构、工作原理和电气控制部分的结构。硬件结构的总体设计基本完成后，就要开始软件部分的设计。根据控制系统的控制要求、硬件部分的设计情况及 PLC 控制系统 I/O 的分配情况，进行软件编程设计。在软件设计中，先按照需要实现的功能要求作出流程图，再按照不同的功能编写模块，这样写出的程序条理清晰，既方便编写，又便于调试。

1. 总体流程设计

根据系统的控制要求，控制过程可分为手动控制和自动运行。在手动控制模式下，每个设备可以单独运行，以测试设备的性能，如图 10-18 所示。

（1）手动控制模式

在手动控制模式下，可单独调试每个设备的运行，如图 10-19 所示。

如图 10-18 所示，可以通过按钮对格栅机、清污机、转碟曝气机、刮泥机及各类泵进行控制。对于转碟曝气机的控制，可以通过按钮增大或减小变频器的频率来改变其速度，以检测其调速性能。

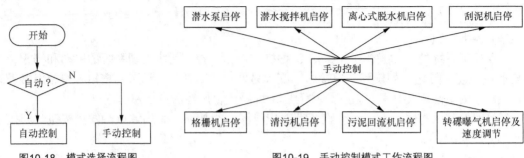

图10-18　模式选择流程图　　　　　　图10-19　手动控制模式工作流程图

（2）自动控制模式

处于自动控制模式时，系统上电后，按下自动启动按钮，系统运行，其工作过程包括以下几个方面。

① 系统上电后，按下自动启动确认按钮，启动潜水搅拌机和刮泥机。

② 启动粗格栅系统。

③ 启动潜水泵。

④ 启动细格栅系统。

⑤ 启动曝气沉淀砂系统。

⑥ 启动污泥回流系统。

⑦ 启动污泥脱水系统。

以上工作过程并不是顺序控制方式，而是按照 PLC 检测到传感器状态后进行启动，如图 10-20 所示。

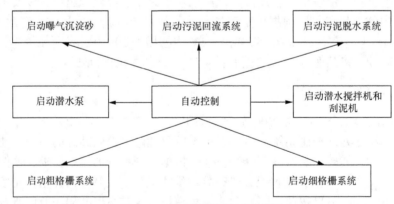

图10-20　自动控制模式工作流程图

在自动控制模式工作流程图中，调用了各个控制系统的程序，主要包括粗格栅系统程序、潜水泵系统、细格栅系统、曝气沉淀砂系统程序、污泥回流系统程序及污泥脱水系统程序，以下将分别介绍各个子程序的工作过程。

粗格栅系统工作流程图如图 10-21 所示。

粗格栅系统程序主要控制粗格栅机和清污机的运行，其工作过程包括以下几个方面。

① 自动过程开始启动粗格栅机，定时 20min。

② 定时到，停止运行粗格栅机 2h。

③ 2h 定时到，运行粗格栅机 20min，循环进行。

④ 同时检测液位差，若超过设定值则启动清污机。

⑤ 液位差低于设定值，停止清污机。

潜水泵程序主要控制两台潜水泵的运行和停止，其流程图如图 10-22 所示，其工作过程包括以下几个方面。

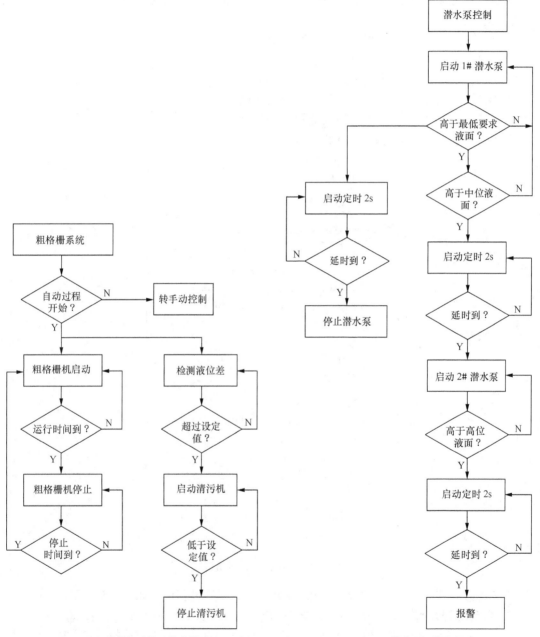

图10-21 粗格栅系统工作流程图   图10-22 潜水泵工作流程图

① 自动过程开始启动 1#潜水泵。

② 检测液面高度，低于最低位传感器时，开始定时防止误判。

③ 定时到后，若仍然低于最低位传感器，则停止潜水泵运行，否则 1#潜水泵继续运行。

④ 检测液面处于中位和高位传感器之间时，开始定时防止误判。

⑤ 定时到后，若液面仍处于中位和高位之间时，则启动 2#潜水泵。

⑥ 若液面持续高于高位传感器，则输出报警信号。

细格栅系统程序与粗格栅系统程序相似，主要控制细格栅机和转鼓清污机的运行，其工作过程包括以下几个方面。

① 自动过程开始启动细格栅机，定时 20min。

② 定时到，停止运行细格栅机 2h。

③ 2h 定时到，运行细格栅机 20min，循环运行。

④ 同时检测液位差，若超过设定值则启动转鼓清污机。

⑤ 液位差低于设定值，停止转鼓清污机的运行。

细格栅系统工作流程图如图 10-23 所示。

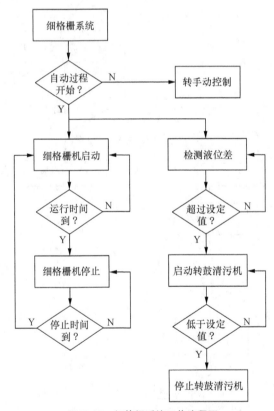

图10-23　细格栅系统工作流程图

曝气沉砂系统主要用来改变污水中的含氧量，其工作过程包括如下几个方面。

① 自动过程开始，启动分离机和 1#转碟曝气机，并开始检测污水中含氧量。

② 如果含氧量超过设定值，就设定变频器速度到 100%，否则，维持现有状态。

③ 如果变频器速度达到 100%，1#转碟曝气机工频运行，2#转碟曝气机变频运行。

④ 如果含氧量超过设定值，就设定变频器速度到 100%，否则，维持现有状态。

⑤ 如果变频器速度达到 100%，1#和 2#转碟曝气机工频运行。

曝气沉砂系统工作流程图如图 10-24 所示。

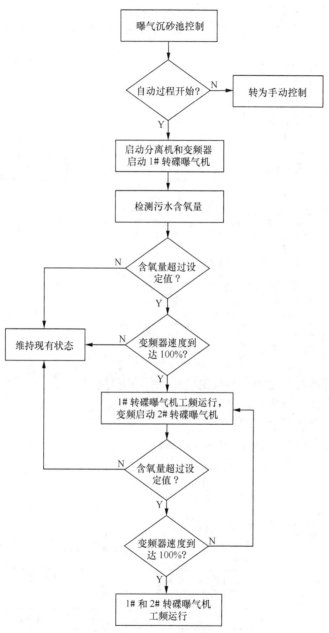

图10-24 曝气沉砂系统工作流程图

污泥回流系统程序主要控制污泥回流泵的运行和停止,其工作过程包括以下几个方面。

① 自动过程开始首先检测液位高低,若低于最低位传感器,启动定时。

② 定时到,若液位仍低于最低位传感器则停止回流泵运行。

③ 若液位处于最高位和最低位之间时,启动污泥回流泵。

④ 检测液位处于中位和高位之间时,开始定时防止误判。

⑤ 若液位高于最高位传感器时,启动定时。

⑥ 定时到，若液位仍高于最高位传感器时，输出报警信号。

污泥回流系统工作流程图如图 10-25 所示。

污泥脱水系统程序主要控制离心式脱水机等设备的运行和停止，其工作过程包括以下几个方面。

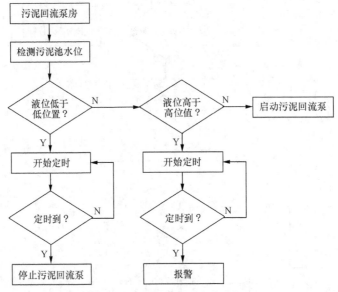

图10-25　污泥回流系统工作流程图

① 自动过程开始首先启动离心式脱水泵，启动定时。

② 定时到，启动聚合物泵，启动定时。

③ 定时到，启动污泥泵和切割机。

污泥脱水系统工作流程图如图 10-26 所示。

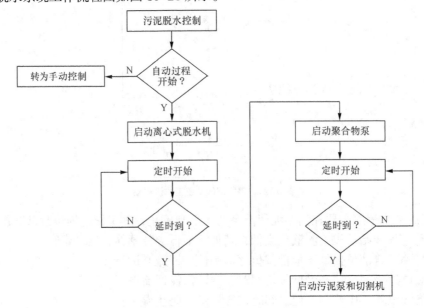

图10-26　污泥脱水系统工作流程图

2. 各模块梯形图设计

在设计程序过程中，会使用到很多中间继电器、寄存器、定时器等元件，为了便于编程及修改，在程序编写前应先列出可能用到的元件，如表 10-10 所示。

表 10-10　　　　　　　　　　　　　元件设置

元件	意义	内容	备注
M0.0	系统停止标志		on 有效
M0.1	手动方式标志		on 有效
M0.2	自动方式标志		on 有效
M0.3	自动方式启动标志		on 有效
M0.4	粗格栅机运行标志		on 有效
M0.5	清污机运行标志		on 有效
M0.6	1#潜水泵运行标志		on 有效
M0.7	2#潜水泵运行标志		on 有效
M1.0	细格栅机运行标志		on 有效
M1.1	转鼓清污机运行标志		on 有效
M1.2	分离机运行标志		on 有效
M1.3	1#转碟曝气机工频运行标志		on 有效
M1.4	2#转碟曝气机工频运行标志		on 有效
M1.5	1#转碟曝气机变频运行标志		on 有效
M1.6	2#转碟曝气机变频运行标志		on 有效
M1.7	潜水搅拌机运行标志		on 有效
M2.0	刮泥机运行标志		on 有效
M2.1	污泥回流泵运行标志		on 有效
M2.2	离心式脱水机运行标志		on 有效
M2.3	聚合物泵运行标志		on 有效
M2.4	污泥泵运行标志		on 有效
M2.5	切割机运行标志		on 有效
M2.6	粗格栅机停止标志		on 有效
M2.7	粗格栅机定时脉冲计数		on 有效
M3.0	进水泵房液面低于最低位		on 有效
M3.1	潜水泵报警标志		on 有效
M3.2	细格栅机停机标志		on 有效
M3.3	细格栅机定时脉冲计数		on 有效
M3.4	1#转碟曝气机变频转工频运行标志		on 有效

续表

元件	意义	内容	备注
M3.5	2#转碟曝气机变频转工频运行标志		on 有效
M3.6	2#转碟曝气机工频转变频运行标志		on 有效
M3.7	切除 2#转碟曝气机变频运行且 1#转碟曝气机变频运行标志		on 有效
M4.0	回流泵房液面低于最低位标志		on 有效
M4.1	回流泵房液面低于最高位标志		on 有效
M5.0	USS_INIT 指令执行完成标志		on 有效
M5.1	USS_RPM_R 指令执行完成标志		on 有效
T33	时钟脉冲	5	50ms
T37	粗格栅机运行时间	12 000	20min
T38	粗格栅机停止时间定时	7 200	12min
T39	进水泵房液面低于最低位定时	20	2s
T40	进水泵房液面高于中间位定时	20	2s
T41	进水泵房液面高于最高位定时	20	2s
T42	细格栅机运行时间	12 000	20min
T43	细格栅机停止时间定时	7 200	12min
T44	污泥回流泵房液面低于最低位定时	20	2s
T45	污泥回流泵房液面高于低位且低于高位定时	20	2s
T46	污泥回流泵房液面高于最高位定时	20	2s
T47	离心式脱水机与聚合物泵启动间隔	50	5s
T48	聚合物泵与污泥泵和切割机启动间隔	50	5s
C1	粗格栅机 2h 定时中间计数器	10	
C2	细格栅机 2h 定时中间计数器	10	
VD10	变频器速度寄存器		
VD20	含氧量反馈值寄存器		
VD30	变频器速度寄存器		
VD100	含氧量标准值寄存器		
VD102	变频器速度标准值寄存器	100.0	
VD104	USS_INIT 指令执行结果		
VD106	USS_RPM_R 错误状态字节		

（1）手动控制程序

在系统上电后，控制模式选择手动控制模式，可通过面板上的按钮控制每个设备的运行。

手动控制主要是便于生产线初装时进行调试，检测各个设备是否能正常运行，手动控制梯形图如图 10-27～图 10-29 所示，与图 10-27 所示梯形图程序对应的语句表如表 10-11 所示。

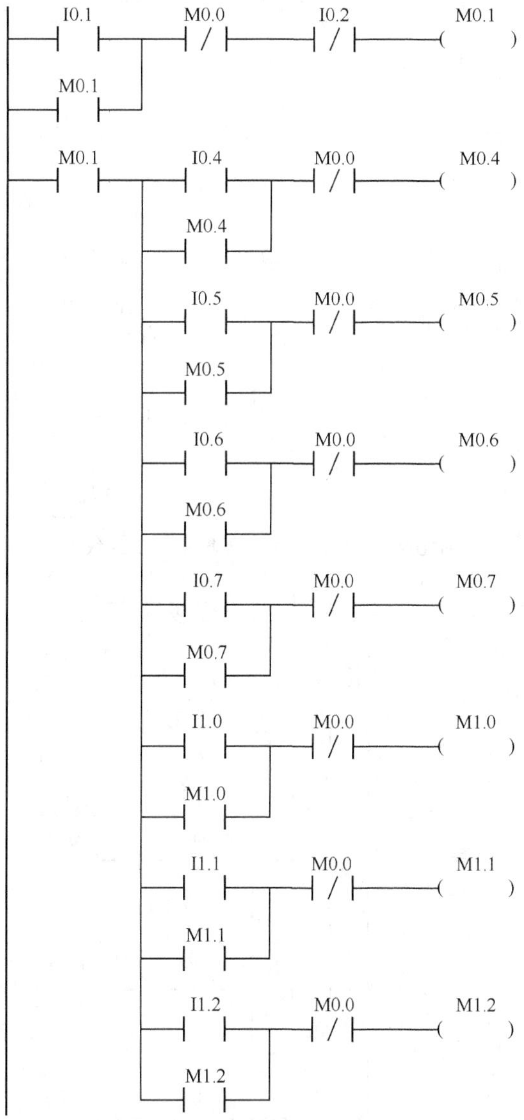

图10-27　手动控制梯形图程序（一）

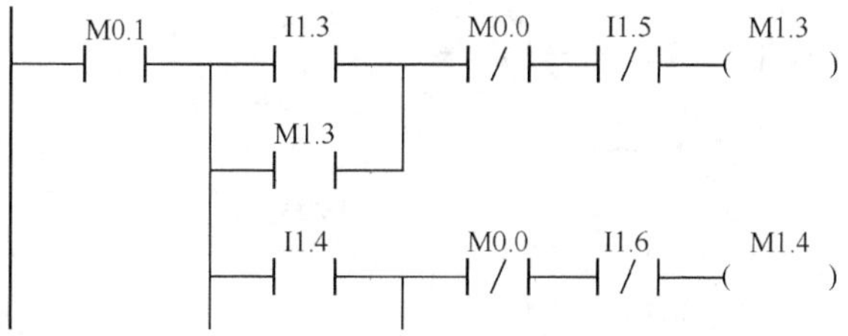

图10-28　手动控制梯形图程序（二）

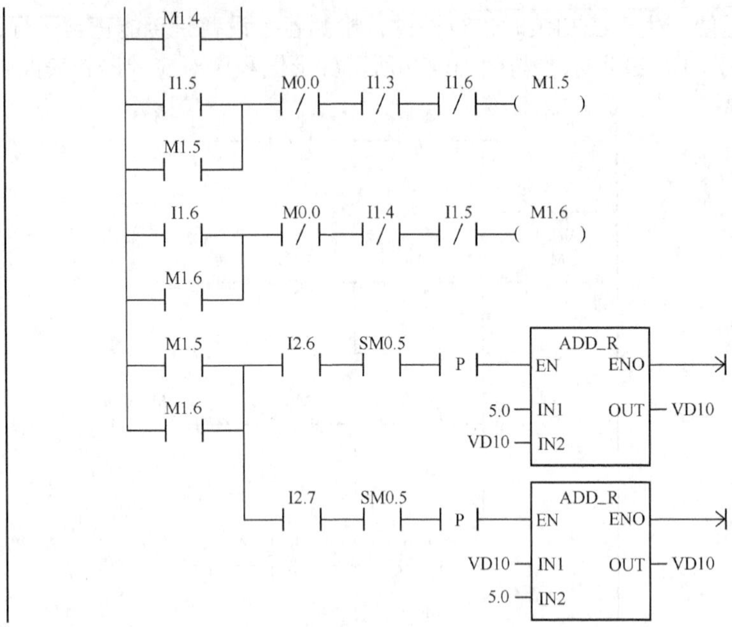

图10-28　手动控制梯形图程序（二）（续）

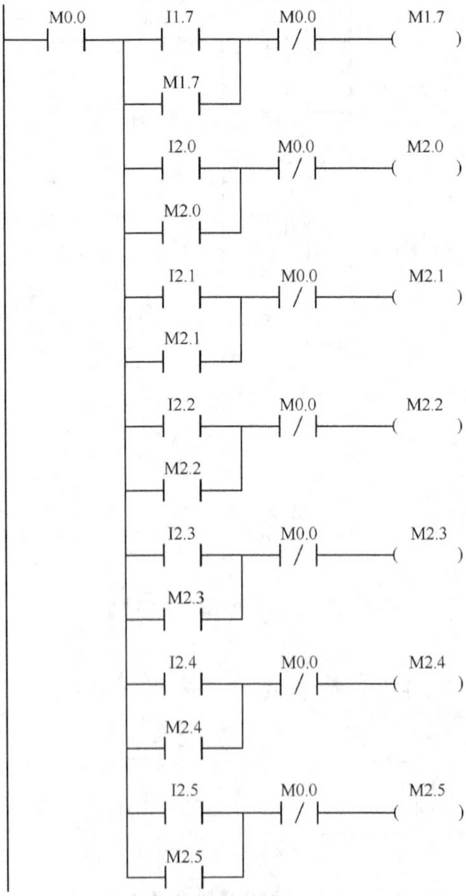

图10-29　手动控制梯形图程序（三）

表 10-11　　　　　　　　　与图 10-27 所示梯形图程序对应的语句表

语句表		注释	语句表		注释
LD	I0.1	启动手动控制方式	LRD		
O	M0.1		LD	I0.7	2#潜水泵按钮
AN	M0.0	系统停止标志	O	M0.7	
AN	I0.2		ALD		
=	M0.1	自动方式标志	AN	M0.0	
LD	M0.1	自动方式下	=	M0.7	2#潜水泵运行标志
LPS			LRD		
LD	I0.4	粗格栅机按钮	LD	I1.0	细格栅机按钮
O	M0.4		O	M1.0	
ALD			ALD		
AN	M0.0		AN	M0.0	
=	M0.4	粗格栅机运行标志	=	M1.0	细格栅机运行标志
LRD			LRD		
LD	I0.5	清污机按钮	LD	I1.1	转鼓清污机按钮
O	M0.5		O	M1.1	
ALD			ALD		
AN	M0.0		AN	M0.0	
=	M0.5	清污机运行标志	=	M1.1	转鼓清污机运行标志
LRD			LPP		
LD	I0.6	1#潜水泵按钮	LD	I1.2	分离机按钮
O	M0.6		O	M1.2	
ALD			ALD		
AN	M0.0		AN	M0.0	
=	M0.6	1#潜水泵运行标志	=	M1.2	分离机运行标志

　　与图 10-28 所示梯形图程序对应的语句表如表 10-12 所示。转碟曝气机的变频状态和工频状态是互斥的，因此在软件中采用软件互锁的方式。当按下工频按键时断开变频接触器，按下变频按键时断开工频接触器。由于只有一个变频器控制两台转碟曝气机，因此在程序设置中，2#转碟曝气机需要变频启动时，断开 1#转碟曝气机的变频接触器。

表 10-12　　　　　　　　　与图 10-28 所示梯形图程序对应的语句表

语句表		注释	语句表		注释
LD	M0.1	手动方式下	LRD		
LPS			LD	I1.6	2#转碟曝气机变频运行按钮

续表

语句表		注释	语句表		注释
LD	I1.3	1#转碟曝气机工频运行按钮	O	M1.6	
O	M1.3		ALD		
ALD			AN	M0.0	
AN	M0.0		AN	I1.4	2#转碟曝气机工频运行按钮
AN	I1.5	1#转碟曝气机变频运行按钮	AN	I1.5	1#转碟曝气机变频运行按钮
=	M1.3	1#转碟曝气机工频运行标志	=	M1.6	2#转碟曝气机变频运行标志
LRD			LPP		
LD	I1.4	2#转碟曝气机工频运行按钮	LD	M1.5	1#转碟曝气机变频运行标志
O	M1.4		O	M1.6	2#转碟曝气机变频运行按钮
ALD			ALD		
AN	M0.0		LPS		
AN	I1.6	2#转碟曝气机变频运行按钮	A	I2.6	转碟曝气机加速按钮
=	M1.4	2#转碟曝气机工频运行标志	A	SM0.5	时钟脉冲
LRD			EU		
LD	I1.5	1#转碟曝气机变频运行按钮	+R	5.0,VD10	转碟曝气机速度增加 5%
O	M1.5		LPP		
ALD			A	I2.7	转碟曝气机减速按钮
AN	M0.0		A	SM0.5	
AN	I1.3	1#转碟曝气机工频运行按钮	EU		
AN	I1.6	2#转碟曝气机变频运行按钮	-R	5.0,VD10	转碟曝气机速度减少 5%
=	M1.5	1#转碟曝气机变频运行标志			

与图 10-29 所示梯形图程序对应的语句表如表 10-13 所示。

表 10-13   与图 10-29 所示梯形图程序对应的语句表

语句表		注释	语句表		注释
LD	M0.0	手动控制下	ALD		
LPS			AN	M0.0	
LD	I1.7	潜水搅拌器按钮	=	M2.2	离心式脱水机运行标志
O	M1.7		LRD		
ALD			LD	I2.3	聚合物泵按钮
AN	M0.0		O	M2.3	
=	M1.7	潜水搅拌器运行标志	ALD		

续表

语句表		注释	语句表		注释
LRD			AN	M0.0	
LD	I2.0	刮泥机按钮	=	M2.3	聚合物泵运行标志
O	M2.0		LRD		
ALD			LD	I2.4	污泥泵按钮
AN	M0.0		O	M2.4	
=	M2.0	刮泥机运行标志	ALD		
LRD			AN	M0.0	
LD	I2.1	污泥回流泵按钮	=	M2.4	污泥泵运行标志
O	M2.1		LPP		
ALD			LD	I2.5	切割机按钮
AN	M0.0		O	M2.5	
=	M2.1	污泥回流泵运行标志	ALD		
LRD			AN	M0.0	
LD	I2.2	离心式脱水机按钮	=	M2.5	切割机运行标志
O	M2.2				

　　手动模式的设置主要是为了便于系统的调试和维修工作。在调试时，可以先对不同的设备进行调试，最后整个系统一起调试。在维修方面，如果系统在运行过程中出现问题，也可采用手动方式进行检查，便于维修。而在生产过程中，主要是采用自动方式进行控制。

　　（2）自动控制程序

　　在实际生产中，大多采用自动过程对系统进行控制，系统通过传感器的反馈信号来控制设备的启动和停止，以及进行调速。自动控制梯形图程序如图 10-30 所示，所对应的语句表如表 10-14 所示。

　　在自动控制程序中，不同的阶段通过调用不同的子程序实现不同的控制功能，下面将分别介绍各个子程序的功能。

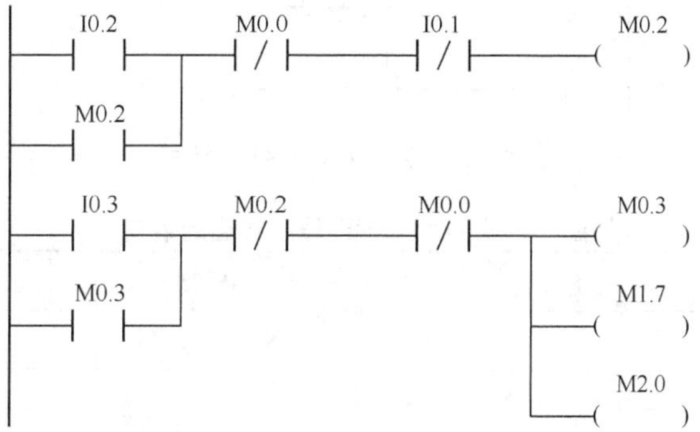

图10-30　自动控制梯形图程序

表 10-14   与图 10-30 所示梯形图程序对应的语句表

语句表		注释	语句表		注释
LD	I0.2	自动控制按钮	O	M0.3	
O	M0.2		A	M0.2	
AN	M0.0		AN	M0.0	
AN	I0.1		=	M0.3	自动方式启动标志
=	M0.2	自动方式标志	=	M1.7	潜水搅拌机运行标志
LD	I0.0	自动启动确认	=	M2.0	刮泥机运行标志

（3）功能程序

粗格栅系统程序完成对粗格栅机和清污机的控制，粗格栅机系统梯形图程序如图 10-31 所示，所对应的语句表如表 10-15 所示。

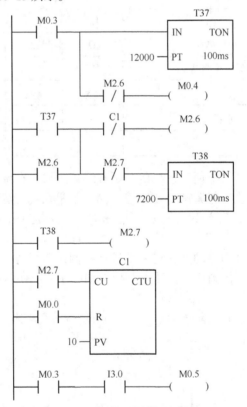

图10-31   粗格栅系统梯形图程序

表 10-15   与图 10-31 所示梯形图程序对应的语句表

语句表		注释	语句表		注释
LD	M0.3		AN	M2.7	
TON	T37,12000	定时 20min，粗格栅机运行时间	TON	T38,7200	定时 12min

续表

语句表		注释	语句表		注释
AN	M2.6		LD	T38	
=	M0.4	粗格栅机运行标志	=	M2.7	
LD	T37	定时到	LD	M2.7	
O	M2.6		LD	M0.0	
LPS			CTU	C1,10	计数 10 次，共定时 2h
AN	C1		LD	M0.3	
=	M2.6	粗格栅机停止标志	A	I3.0	
LPP			=	M0.5	

潜水泵控制程序完成对潜水泵运行、停止及运行数量的控制，潜水泵控制梯形图程序如图 10-32 所示，所对应的语句表如表 10-16 所示。

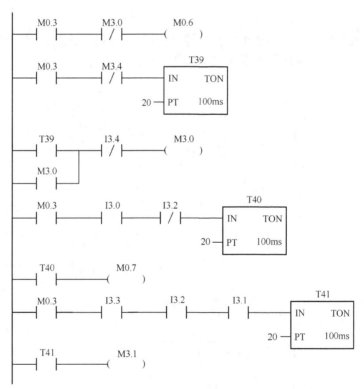

图10-32　潜水泵控制梯形图程序

表 10-16　　　　　与图 10-32 所示梯形图程序对应的语句表

语句表		注释	语句表		注释
LD	M0.3		AN	I3.2	液面处于中位和高位传感器之间
AN	M3.0		TON	T40,20	定时 2s，防止波动

续表

语句表		注释	语句表		注释
=	M0.6	1#潜水泵运行标志	LD	T40	
LD	M0.3		=	M0.7	2#潜水泵运行标志
AN	M3.4	进水泵房液面低位传感器	LD	M0.3	
TON	T39,20	定时 2s，防止波动	A	I3.3	
LD	T39		A	I3.2	
O	M3.0		A	I3.1	液面高于高位传感器位置
AN	I3.4		TON	T41,20	定时 2s，防止波动
=	M3.0	进水泵房液面低于低位传感器位置	LD	T41	
LD	I3.0		=	M3.1	潜水泵报警标志
A	I3.0				

细格栅系统程序完成对细格栅机和转鼓清污机运行及停止的控制，细格栅系统梯形图程序如图 10-33 所示，所对应的语句表如表 10-17 所示。

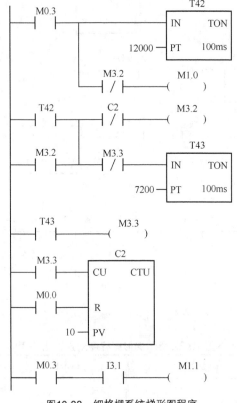

图10-33　细格栅系统梯形图程序

表 10-17 与图 10-33 所示梯形图程序对应的语句表

语句表		注释	语句表		注释
LD	M0.3		AN	M3.3	
TON	T42,12000	定时 20min，细格栅机运行时间	TON	T43,7200	定时 12min
AN	M3.2		LD	T43	
=	M1.0	细格栅机运行标志	=	M3.3	
LD	T42	定时到	LD	M3.3	
O	M3.2		LD	M0.0	
LPS			CTU	C2,10	
AN	C2		LD	M0.3	
=	M3.2	细格栅机停止标志	A	I3.1	细格栅机液位差输入
LPP			=	M1.1	转鼓清污机启动标志

　　曝气沉砂系统程序完成对转碟曝气机运行、调速及停止的控制，曝气沉砂系统梯形图程序如图 10-34 所示，所对应的语句表如表 10-18 所示。

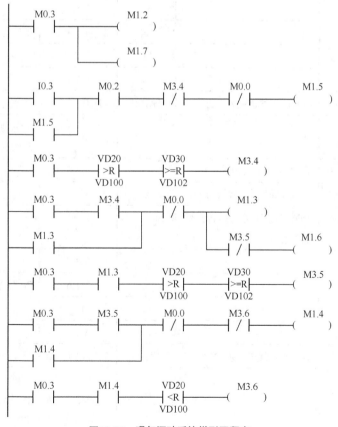

图10-34 曝气沉砂系统梯形图程序

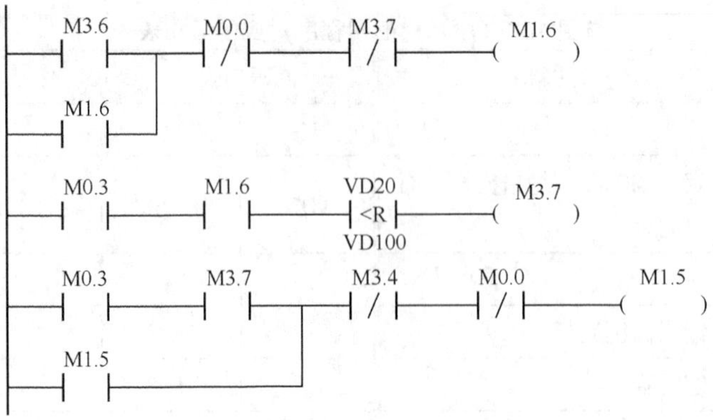

图10-34　曝气沉砂系统梯形图程序（续）

表 10-18　　　　　　　　　与图 10-34 所示梯形图程序对应的语句表

语句表		注释	语句表		注释
LD	M0.3		LD	M0.3	
=	M1.2	分离机运行标志	A	M3.5	
=	M1.7	潜水搅拌机运行标志	O	M1.4	
LD	I0.3		AN	M0.0	
O	M1.5		AN	M3.6	
A	M0.2		=	M1.4	2#转碟曝气机工频运行标志
AN	M3.4		LD	M0.3	
AN	M0.0		A	M1.4	
=	M1.5	1#转碟曝气机变频运行标志	AR<	VD20,VD100	含氧量大于设定值
LD	M0.3		=	M3.6	2#转碟曝气机工频转变频运行标志
AR>	VD20,VD100	含氧量大于设定值	LD	M3.6	
AR>=	VD30,VD102	变频器速度大于等于100%	O	M1.6	
=	M3.4	1#转碟曝气机变频转工频运行标志	AN	M0.0	
LD	M0.3		AN	M3.7	
A	M3.4		=	M1.6	2#转碟曝气机变频运行标志
O	M1.3		LD	M0.3	
AN	M0.0		A	M1.6	
=	M1.3	1#转碟曝气机工频运行标志	AR<	VD20,VD100	含氧量大于设定值
AN	M3.5		=	M3.7	切除2#转碟曝气机变频运行且启动1#转碟曝气机变频运行标志

续表

语句表		注释	语句表		注释
=	M1.6	2#转碟曝气机变频运行标志	LD	M0.3	
LD	M0.3		A	M3.7	
A	M1.3		O	M1.5	
AR>	VD20,VD100	含氧量大于设定值	AN	M3.4	
AR>=	VD30,VD102	变频器速度大于等于100%	AN	M0.0	
=	M3.5	2#曝气机变频转工频运行标志	=	M1.5	1#转碟曝气机变频运行标志

　　污泥回流系统程序完成对污泥回流泵运行及停止的控制，污泥回流系统梯形图程序如图 10-35 所示，所对应的语句表如表 10-19 所示。

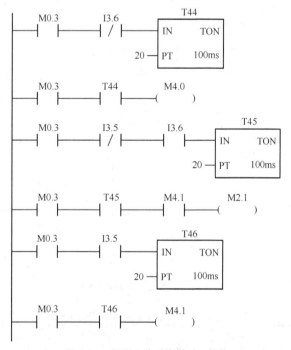

图10-35　污泥回流系统梯形图程序

表 10-19　　　　　　　　　与图 10-35 所示梯形图程序对应的语句表

语句表		注释	语句表		注释
LD	M0.3		LD	M0.3	
AN	I3.6	污泥回流泵房液面低位传感器	A	T45	
TON	T44,20	定时2s，防止波动	A	M4.1	
LD	M0.3		=	M2.1	污泥回流泵运行标志
A	T44		LD	M0.3	

续表

语句表		注释	语句表		注释
=	M4.0	回流泵房液面低于最低位标志	A	I3.5	
LD	M0.3		TON	T46,20	定时 2s，防止波动
AN	I3.5	污泥回流泵房液面高位传感器	LD	M0.3	
A	I3.6	污泥回流泵房液面高于低位传感器	A	T46	
TON	T45,20	定时 2s，防止波动	=	M4.1	回流泵房液面高于最高位标志

污泥脱水系统程序完成对离心式脱水机运行及停止的控制，污泥脱水系统梯形图程序如图 10-36 所示，所对应的语句表如表 10-20 所示。

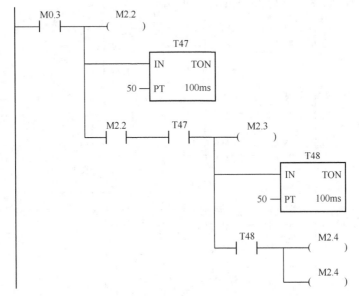

图10-36　污泥脱水系统梯形图程序

表 10-20　　　　　　　　　　与图 10-36 所示梯形图程序对应的语句表

语句表		注释	语句表		注释
LD	M0.3		=	M2.3	聚合物泵运行标志
=	M2.2	离心式脱水机运行标志	TON	T48,50	定时 5s，延时启动其他设备
TON	T47,50	定时 5s，延时其他设备	A	T48	
A	M2.2		=	M2.4	
A	T47		=	M2.5	切割机运行标志

变频器参数读取程序用于读取变频器的输出频率，变频器参数读取梯形图程序如图 10-37 所示，所对应的语句表如表 10-21 所示。

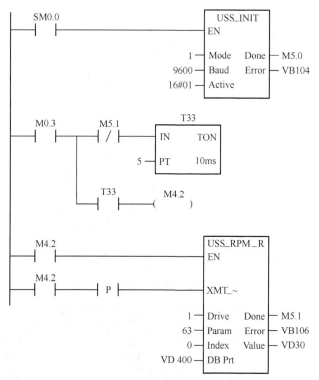

图10-37 变频器参数读取梯形图程序

表 10-21　　　　　　　与图 10-37 所示梯形图程序对应的语句表

语句表		注释		语句表	注释
LD	SM0.0		=	M4.2	
CALL	USS_INIT,1, 9600,1,6#01, M5.0,VB104	Mode = 1 使用 USS 协议，波特率为 9 600bit/s，变频器地址为 1	LD	M4.2	
LD	M0.3		=	L60.0	
LPS			LD	M4.2	
AN	M5.1		EU		
TON	T33,5	产生一个 50ms 的时钟信号	=	L63.7	
LPP			LD	L60.0	
A			CALL	USS_RPM_R,L63.7,1,63,0, VD400,M5.1,VB106,VD30	读取参数 r0063 的数值，将值存放在 VD30 中

（4）初始化程序

PID 回路表初始化梯形图程序如图 10-38 所示，所对应的语句表如表 10-22 所示。

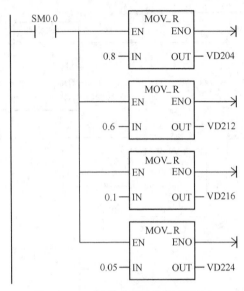

图10-38　PID回路表初始化梯形图程序

表 10-22　　　　　　　　　与图 10-38 所示梯形图程序对应的语句表

语句表		注释	语句表		注释
LD	SM0.0		MOVR	0.1,VD216	载入采样时间 100ms
MOVR	0.8,VD204	载入设定值 0.8	MOVR	0.1,VD220	载入积分时间 6s
MOVR	0.6,VD212	载入设定值 0.6	MOVR	0.05,VD224	载入微分时间 3s

初始化子程序用于定时产生中断，产生中断子程序梯形图程序如图 10-39 所示，所对应的语句表和注释如表 10-23 所示。

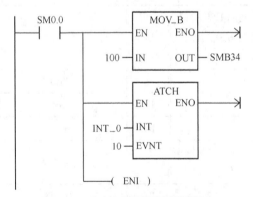

图10-39　产生中断子程序梯形图程序

表 10-23　　　　　　　　　与图 10-39 所示梯形图程序对应的语句表

语句表		注释	语句表		注释
LD	SM0.0		ATCH	INIT_0,10	连续中断，中断号为 10
MOVB	100,SMB34	载入采样时间 100ms	ENI		开中断

　　中断子程序用于处理采集的模拟量，并输出模拟量控制其他设备的运行，中断处理子程序梯形图程序如图 10-40 所示，所对应的语句表如表 10-24 所示。

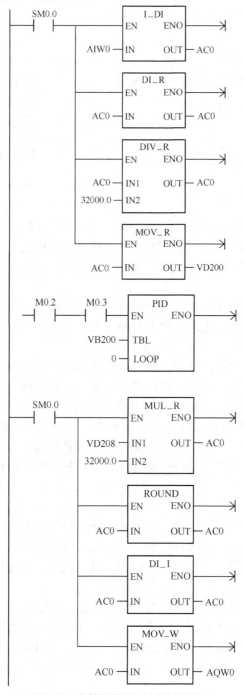

图10-40　中断处理子程序梯形图程序

表 10-24 与图 10-40 所示梯形图程序对应的语句表

语句表		注释	语句表		注释
LD	SM0.0		PID	VB200,0	执行 PID 指令
ITD	AIW0,AC0	采集模拟量并转换成双整数	LD	SM0.0	
DTR	AC0,AC0	转换成浮点数	MOVR	VD208,AC0	运算后输出值
/R	32000.0,AC0	转换成标准值 0.0~1.0	*R	32000.0,AC0	转换成实际值
MOVR	AC0,VD200	送回路表单元	ROUND	AC0,AC0	取整数形式
LD	M0.2		DTI	AC0,AC0	双整数转换成整数
A	M0.3	自动启动运行标志	MOVW	AC0,AQW	模拟量输出

10.2.4 经验与总结

本节详细介绍了污水处理系统的设计过程，此控制系统采用了西门子 S7-200 系列 PLC 的 CPU226 型作为核心控制设备。在该控制系统中利用定时器和计数器组合实现了长时间定时，变频器的控制方式利用模拟量控制，通过 PID 指令实现闭环控制，达到了污水处理系统的控制要求。

由于污水处理系统的机械结构种类比较多，而且不同类型污水处理方法的控制方法也有很大差异，因此需要首先确定采用何种形式的污水处理法，然后决定控制方式。

1. 硬件方面

在污水处理系统中，主要的硬件问题包括机械结构、PLC 外部电路设计和各处的接线。

在机械结构方面主要是转碟曝气机的安放位置，需要根据氧化池的结构，将转碟曝气机安置于适当的位置。若位置适合则可使用少量转碟曝气机就能完成供氧的功能。如果位置不合适，则需要增加转碟曝气机的数量，既增加成本，又增加控制的复杂性。

在 PLC 的外部电路连线方面，主要是增加一些保护设备。由于输出都是和接触器等元件连接，接触器的突然断开和闭合会形成突波对 PLC 的输出端子造成损坏，因此需要加装一些保护装置。

2. 软件方面

软件方面主要在于程序编写完成，首先需要在计算机上对程序进行软件仿真，检查是否存在各种错误，可利用西门子公司配套的仿真软件。然后通过模拟硬件的方式检查程序，检查程序是否存在逻辑上的错误。调试时，可根据功能模块的分类分别进行调试，最后进行总体调试。

在该控制程序中，需要根据外界输入的状态来控制清污机、潜水泵及污泥回流泵的启停，因此需要按照液位传感器和液位差计反馈回来的状态信息进行判断处理，再进行输出控制。在本节对变频器不再采用 RS-485 进行通信控制，而是采用模拟输出连接到变频器端子的方式，利用 RS-485 读取变频器频率，所以要注意变频器指令发出的时机和条件，以免读取频率指令失败导致控制失效。

10.3　全自动洗衣机控制系统

　　洗衣机是人们日常生活中常见的一种家用电器，已成为人们生活中不可缺少的家用电器，但是传统洗衣机基于继电器的控制，已经不能满足人们对其自动化程度的要求了。洗衣机要更好地满足人们的需求，必须借助于自动化技术的发展。自动化技术的飞速发展，使洗衣机由最初的半自动式发展到现在的全自动式，并正在向智能化洗衣机方向发展。

　　通常，人们利用洗衣机来洗衣服需要经历进水、洗衣、清洗、排水、脱水 5 个环节，而在全自动洗衣机中，这样的一个过程完全由 PLC 来完成。全自动洗衣机需要其控制系统足够可靠，以避免出现故障。

　　本节介绍的是一种全自动洗衣机，它可以自动地完成洗衣的全过程。随着 PLC 技术的发展，用 PLC 来作为控制器，就能很好地满足全自动洗衣机的各项功能要求，并且控制方式灵活多样，控制模式可以根据不同情况而有所不同。

10.3.1　系统概述

　　全自动洗衣机的简单工作过程如图 10-41 所示。其中，洗衣的方式（标准或柔和）、洗衣中的水位选择（高水位洗衣、低水位洗衣）两个方面需要将衣服放入洗衣机之后手动来选择，并且是必须选择的洗衣参数。当选择了洗衣参数后，按下启动按钮，洗衣机就会自动完成整个过程。

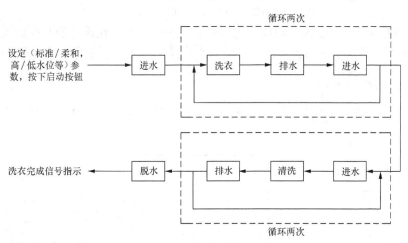

图10-41　全自动洗衣机的简单工作过程

全自动洗衣机系统中，PLC 主要完成以下功能。

1．检测功能

① 检测洗衣的方式：标准或柔和的选择。

② 检测洗衣时的水位：高水位或低水位的选择。

③ 检测进水是否到了需要的水位，即进水是否完成。

④ 检测排水是否已经完成。

2．控制功能

① 控制进水、洗衣、排水、清洗、脱水等洗衣机的动作。

② 控制洗衣、清洗、脱水等的时间长短。

③ 控制洗衣、清洗等的效果。

④ 控制在洗衣机完成一个动作后到下一个动作的准确转换。

⑤ 控制完成洗衣机洗衣时的信号提示。

自动洗衣机的设计除了满足上述功能以外，还需要考虑外观设计、造型等方面。尤其是在洗衣机的手动控制操作面板上，必须符合人机界面的基本要求。

全自动洗衣机的操作面板如图 10-42 所示。其中，进水、正转、反转、排水、脱水为信号灯，指示当前洗衣机的工作状态；蜂鸣器为声音指示，指示洗衣机在工作中的某些状态的转换；启动、停止、高水位、低水位、标准、柔和为手动控制按钮，用来手动输入一些控制信号。

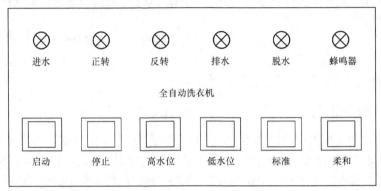

图10-42　全自动洗衣机的操作面板

在实际生活中，操作面板一般位于洗衣机的上表面，需要在设计的时候加入更多的个性化平面设计元素，并且操作面板往往不与控制器放置在一起，这就需要考虑线路布线的问题。

10.3.2　系统硬件设计

根据 10.3.1 节对全自动洗衣机的功能分析，可以设计出图 10-43 所示的全自动洗衣机硬件系统框图。

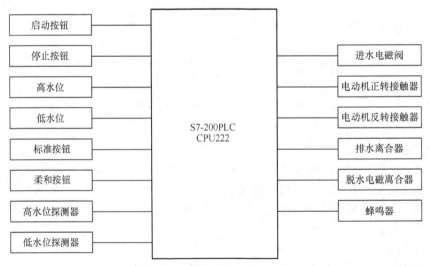

图10-43　全自动洗衣机硬件系统框图

1.　PLC 主机

选择西门子 S7-200 系列 PLC 作为此全自动洗衣机的控制主机。本控制系统中共有 8 个数字量输入和 6 个数字量输出，共需 14 个 I/O。根据 I/O 点数及程序容量，选择了 CPU222 作为本系统的主机。

2.　启动按钮

启动按钮用来控制全自动洗衣机开始工作。一般的，用户在洗衣机内放入衣服且已经准备好开始洗衣服之后，按下启动按钮，全自动洗衣机开始洗衣。

3.　停止按钮

停止按钮用来控制运行中的全自动洗衣机停止工作。在洗衣服的过程中，用户需要停止洗衣机，就可以直接按下停止按钮，洗衣机即会停止工作。

4.　高水位

高水位是指洗衣机在洗衣过程中，洗衣机机桶内保持的高水位。一旦选择了高水位，在洗衣过程中，水位保持系统设定的两个水位中相对较高的水位。在操作面板上，用高水位按钮来设置高水位，按下按钮表示选择高水位。

5.　低水位

低水位是指洗衣机在洗衣过程中，洗衣机机桶内保持的低水位，是相对于高水位来说的。在洗衣机系统的初始设计中，设计了两种水位，这个是相对比较低的一个水位，但是同样可以完成洗衣过程。在操作面板上，用低水位按钮来设置低水位，按下按钮表示选择低水位。

需要注意的是，用户在使用中只能选择一种水位——高水位或低水位，但是在实际生活中，很可能用户不小心同时按下了高水位按钮和低水位按钮。因此，在设计时必须要考虑高水位与低水位的互锁。当然，也可以将高水位与低水位选择设计成一个按钮，按下去的时候为高水位，不按则是低水位，并且高水位与低水位的选择必须在用户开始洗衣之前完成。

6.　标准按钮

标准按钮用来设置洗衣机洗衣服的模式，当按下标准按钮时，选择了标准模式，洗衣机自动按照标准模式洗衣服。

7.　柔和按钮

柔和按钮用来设置洗衣机洗衣服的模式，当按下柔和按钮时，选择了柔和模式，洗衣机自动按照柔和模式洗衣服。

在洗衣服的模式中，标准和柔和是两种相对的概念，标准比柔和洗衣要剧烈一些。同样的，与高、低水位的选择一样，用户只能同时选择一个模式。因此，也需要在设计时考虑标准与柔和模式的互锁，也可以将标准与柔和按钮设计成一个按钮，按下去时为柔和模式，反之则是标准模式。

8.　高水位探测器

高水位探测器用来检测洗衣机水位是否已经达到了高水位。该探测器采用数字量输出式水位探测器，这样就可以直接将高水位探测器的输出直接送至 PLC 主机的数字量输入端口。

9.　低水位探测器

低水位探测器用来检测洗衣机水位是否处于低水位。该探测器采用数字量输出式水位探测器，这样就可以直接将低水位探测器的输出直接送至 PLC 主机的数字量输入端口。

10.　进水电磁阀

进水电磁阀用来控制洗衣机的进水。当洗衣机需要外界进水时，PLC 主机发出控制信号，进水电磁阀会打开，水自动从外界送入洗衣机机桶内。当水已经达到了设定的水位时，PLC主机发出信号自动关闭进水电磁阀，同时控制洗衣机进入下一个洗衣步骤。

11. 电动机正转接触器

电动机正转接触器用于 PLC 主机控制洗衣机电动机的正转，可以直接用 PLC 主机的数字量输出端口来连接电动机正转接触器。在洗衣机洗衣过程中，电动机会正转与反转同时轮流进行。

12. 电动机反转接触器

电动机反转接触器用于 PLC 主机控制洗衣机电动机的反转，可以直接用 PLC 主机的数字量输出端口来连接电动机反转接触器。

13. 排水离合器

排水离合器用于 PLC 主机控制洗衣机机桶内的排放。本系统选用数字式离合器，可以直接用 PLC 主机的数字量输出端口来连接排水离合器。当洗衣机在完成洗衣或清洗后，需要将机桶内的脏水排出机桶，此时 PLC 主机发出控制命令打开排水离合器，进行排水。

14. 脱水电磁离合器

洗衣机洗衣服的最后一道工序就是对衣服进行脱水，脱水电磁离合器正是用于 PLC 主机控制洗衣机进行脱水。脱水需要电动机带动机桶旋转，有了电磁离合器后，就可以直接使用 PLC 主机的数字量输出端口来控制电磁离合器，最终达到控制脱水执行电动机的目的。在脱水过程中不涉及脱水电动机的调速问题，因此用 PLC 主机加电磁离合器这样一种比较简单的方式就可以完成控制任务。

15. 蜂鸣器

蜂鸣器用来指示洗衣机洗衣过程中的一些声音提示。本系统中采用工业用直流供电的蜂鸣器，这样就可以直接用 PLC 主机的数字量输出端口来控制蜂鸣器。

在上述对全自动洗衣机各个硬件组成部分进行了详细的介绍之后，可以很好地对 PLC 主机的 I/O 资源进行分配，其分配情况如表 10-25 所示。

表 10-25　　　　全自动洗衣机控制系统中 PLC 主机的 I/O 资源分配

名称	地址编号	说明
输入信号		
启动按钮	I0.0	启动洗衣机
停止按钮	I0.1	停止洗衣机
高水位按钮	I0.2	高水位选择
低水位按钮	I0.3	低水位选择
标准模式按钮	I0.4	标准模式选择
柔和模式按钮	I0.5	柔和模式选择
高水位探测器	I0.6	高水位检测
低水位探测器	I0.7	低水位检测
输出信号		
进水电磁阀	Q0.0	进水控制
电动机正转接触器	Q0.1	电动机正转控制
电动机反转接触器	Q0.2	电动机反转控制

续表

名称	地址编号	说明
排水离合器	Q0.3	排水控制
脱水电磁离合器	Q0.4	脱水控制
蜂鸣器	Q0.5	声音提示

根据 PLC 主机的 I/O 资源分配及 PLC 主机的硬件框图，其 PLC 控制部分硬件接线图如图 10-44 所示。

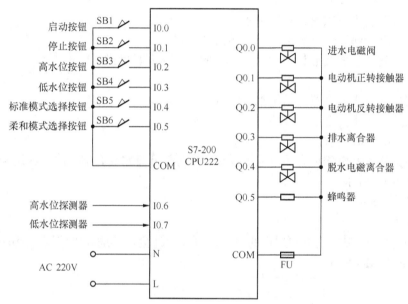

图10-44　全自动洗衣机PLC控制部分硬件接线图

输入口介绍如下。

① 启动按钮连至 PLC 主机的输入口 I0.0，停止按钮连至主机的输入口 I0.1。

② 高水位按钮连至 PLC 主机的输入口 I0.2，低水位按钮连至 PLC 主机的输入口 I0.3。

③ 标准模式按钮连至 PLC 主机的输入口 I0.4，柔和模式按钮连至 PLC 主机的输入口 I0.5。

④ 高水位探测器连至 PLC 主机的输入口 I0.6，低水位探测器连至 PLC 主机的输入口 I0.7。

输出口介绍如下。

① PLC 主机输出口 Q0.0 控制进水电磁阀。

② PLC 主机输出口 Q0.1 控制电动机正转接触器。

③ PLC 主机输出口 Q0.2 控制电动机反转接触器。

④ PLC 主机输出口 Q0.3 控制排水离合器。

⑤ PLC 主机输出口 Q0.4 控制脱水电磁离合器。

⑥ PLC 主机输出口 Q0.5 控制蜂鸣器。

10.3.3　系统软件设计

全自动洗衣机控制系统的详细工作过程如下。

① 按下启动按钮，洗衣机电源导通，准备进入洗衣状态。

② 用户设置水位高低，以及洗衣模式（标准模式或柔和模式）。

③ 洗衣机打开进水电磁阀，开始从外界输入水。

④ 水位探测器检测到水已经到位，开始洗衣。

⑤ 电动机正转与反转按照设定的洗衣模式的切换时间长度进行轮流工作。

⑥ 洗衣一直进行 10min。

⑦ 洗衣机打开排水离合器开始排水，并且持续 3min。

⑧ 洗衣机关闭排水离合器。

⑨ 重复③～⑧步骤一次。

⑩ 洗衣机打开进水电磁阀，开始进水。

⑪ 水位探测器检测到水已经到位，开始清洗衣服。

⑫ 电动机正转与反转按照设定的洗衣模式的切换时间长度进行轮流工作。

⑬ 洗衣一直进行 5min。

⑭ 洗衣机打开排水离合器开始排水，并且持续 3min。

⑮ 洗衣机关闭排水离合器。

⑯ 重复⑩～⑮步骤一次。

⑰ 洗衣机控制脱水电磁离合器，进行脱水，同时打开排水离合器，使脱水过程可以及时排除洗衣机机桶内的脏水。

⑱ 持续脱水 2min。

⑲ 完成洗衣。

根据上述对全自动洗衣机工作过程的描述，可以设计全自动洗衣机控制系统的 PLC 部分的主流程图，如图 10-45 所示。

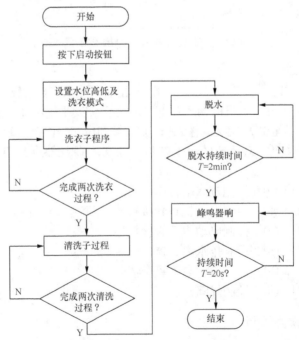

图10-45 全自动洗衣机主程序流程图

洗衣子程序流程图如图 10-46 所示。

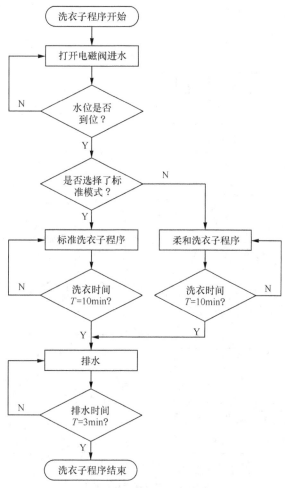

图10-46 洗衣子程序流程图

洗衣机子程序工作过程如下。

① 启动洗衣子程序。

② 打开电磁阀进水，同时检测水位。

③ 如果水位到达位置，选择洗衣模式（标准或柔和）。

④ 洗衣 10min。

⑤ 排水 3min。

⑥ 排水时间到，洗衣子程序结束。

清洗过程子程序如图 10-47 所示。图 10-47 所示的工作过程如下。

① 启动清洗子程序。

② 打开电磁阀进水，并检测水是否在指定水位。

③ 选择清洗模式（标准或柔和）。

④ 开始清洗衣服，定时 5min。

⑤ 定时时间到，开始排水。

⑥ 定时 3min。

⑦ 排水结束，清洗子程序结束。

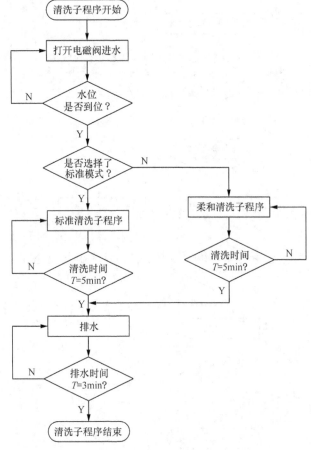

图10-47　清洗子程序流程图

在洗衣子程序和清洗子程序中洗衣服的模式有标准模式和柔和模式之分。标准模式与柔和模式流程图如图 10-48 所示，过程如下。

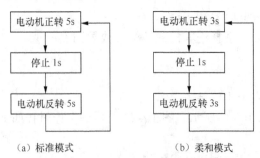

（a）标准模式　　　　　　　　（b）柔和模式

图10-48　标准模式与柔和模式流程图

① 标准模式：电动机先正转 5s，停止 1s，电动机再反转 5s。

② 柔和模式：电动机先正转 3s，停止 1s，电动机再反转 3s。

全自动洗衣机控制系统梯形图程序如图 10-49～图 10-55 所示。

与图 10-49 所示梯形图程序对应的语句表如表 10-26 所示。

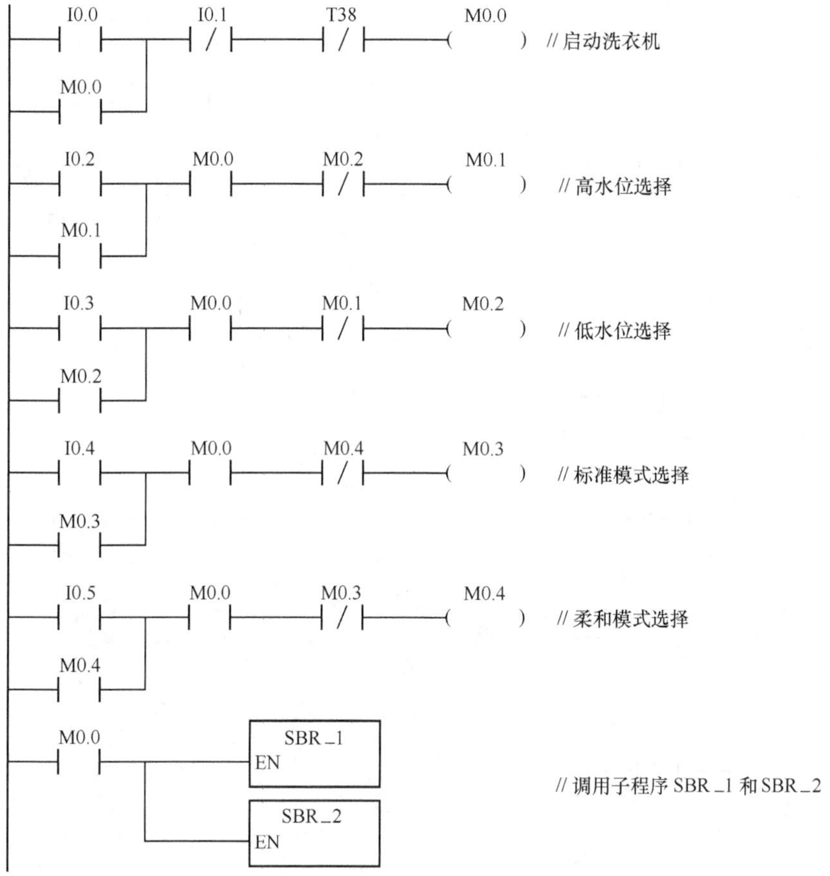

图10-49　全自动洗衣机控制系统梯形图程序（一）

表 10-26　　　　　　　　与图 10-49 所示梯形图程序对应的语句表

命令	地址	命令	地址	命令	地址	命令	地址
LD	I0.0	A	M0.0	=	M0.2	O	M0.4
O	M0.0	AN	M0.2	LD	I0.4	A	M0.0
AN	I0.1	=	M0.1	O	M0.3	AN	M0.3
AN	T38	LD	I0.3	A	M0.0	=	M0.4
=	M0.0	O	M0.2	AN	M0.4	LD	M0.0
LD	I0.2	A	M0.0	=	M0.3	CALL	SBR_1
O	M0.1	AN	M0.1	LD	I0.5	CALL	SBR_2

与图 10-50 所示梯形图程序对应的语句表如表 10-27 所示。

西门子 S7-200 PLC 从入门到精通

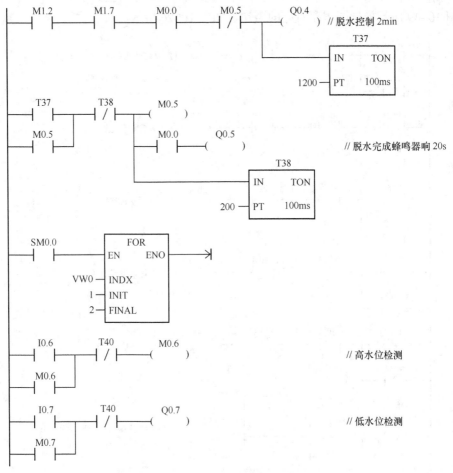

图10-50 全自动洗衣机控制系统梯形图程序（二）

表 10-27　　　　　　与图 10-50 所示梯形图程序对应的语句表

命令	地址	命令	地址	命令	地址	命令	地址
LD	M1.2	AN	M0.5	A	M0.0	AN	T40
A	M1.7	TON	T37,1200	=	Q0.5	=	M0.6
A	M0.0	=	Q0.4	LPP		LD	I0.7
AN	M0.5	LD	T37	TON	T38,200	O	M0.7
=	Q0.4	O	M0.5	LD	SM0.0	AN	T40
LD	M1.2	AN	T38	FOR	VW0,1,2	=	Q0.7
A	M1.7	LPS		LD	I0.6		
A	M0.0	=	M0.5	O	M0.6		

与图 10-51 所示梯形图程序对应的语句表如表 10-28 所示。

366

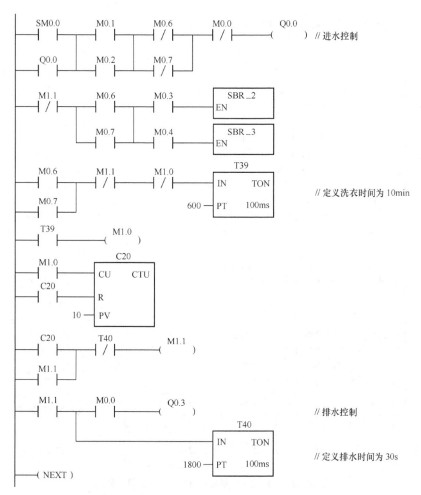

图10-51 全自动洗衣机控制系统梯形图程序（三）

表 10-28 与图 10-51 所示梯形图程序对应的语句表

命令	地址	命令	地址	命令	地址	命令	地址
LD	SM0.0	LD	M0.6	AN	M1.1	LD	M1.1
O	Q0.0	O	M0.7	AN	M1.0	=	M1.1
LD	M0.1	ALD		TON	T39,600	LPS	
O	M0.2	LPS		LD	T39	A	M0.0
ALD		A	M0.3	=	M1.0	=	Q0.3
LDN	M0.6	CALL	SBR_2	LD	M1.0	LPP	
AN	M0.7	LPP		LD	C20	TON	T40,1800
ALD		A	M0.4	CTU	C20,10	NEXT	
A	M0.0	CALL	SBR_3	LD	C20		
=	Q0.0	LD	M0.6	O	M1.1		
LDN	M1.1	O	M0.7	AN	T40		

367

与图 10-52 所示梯形图程序对应的语句表如表 10-29 所示。

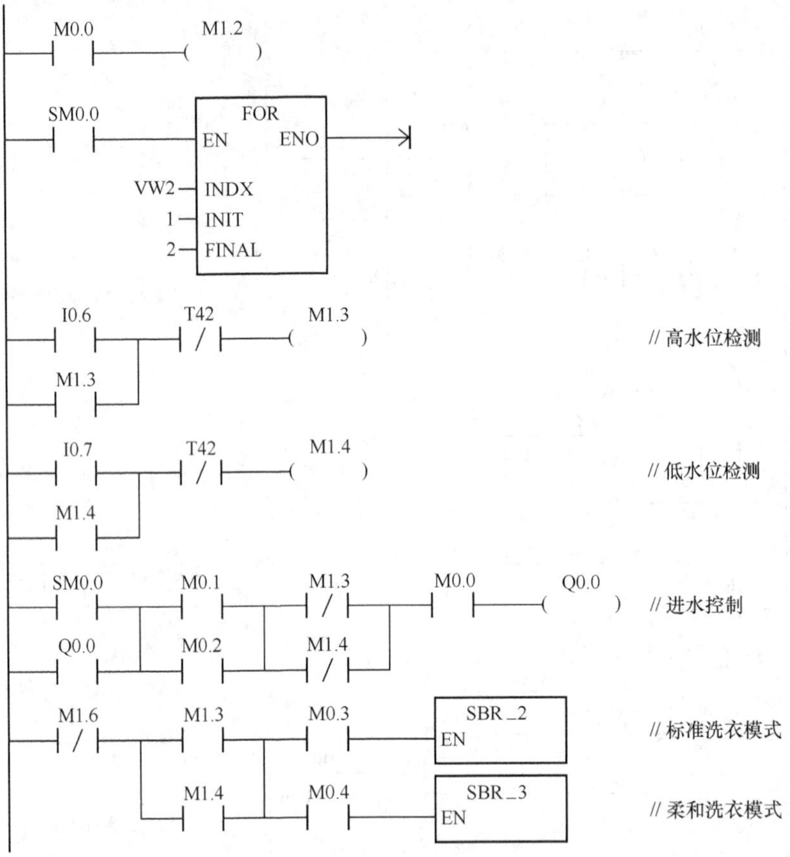

图10-52　全自动洗衣机控制系统梯形图程序（四）

表 10-29　　　　　　　　　　与图 10-52 所示梯形图程序对应的语句表

命令	地址	命令	地址	命令	地址	命令	地址
LD	M0.0	LD	I0.7	ALD		O	M1.4
=	M1.2	O	M1.4	LDN	M1.3	ALD	
LD	SM0.0	AN	T42	ON	M1.4	LPS	
FOR	VW2,1,2	=	M1.4	ALD		A	M0.3
LD	I0.6	LD	SM0.0	A	M0.0	CALL	SBR_2
O	M1.3	O	Q0.0	=	Q0.0	LPP	
AN	T42	LD	M0.1	LDN	M1.6	A	M0.4
=	M1.3	O	M0.2	LD	M1.3	CALL	SBR_3

与图 10-53 所示梯形图程序对应的语句表如表 10-30 所示。

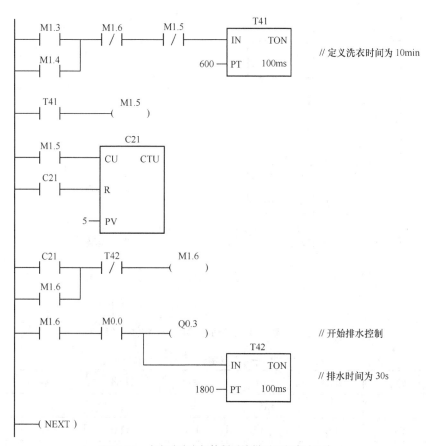

图10-53　全自动洗衣机控制系统梯形图程序（五）

表 10-30　　　　　　　　　　　与图 10-53 所示梯形图程序对应的语句表

命令	地址	命令	地址	命令	地址	命令	地址
LD	M1.3	=	M1.5	AN	T42	LPP	
O	M1.4	LD	M1.5	=	M1.6	TON	T42,1800
AN	M1.6	LD	C21	LD	M1.6	NEXT	
AN	M1.5	CTU	C21,5	LPS			
TON	T41,600	LD	C21	A	M0.0		
LD	T41	O	M1.6	=	Q0.3		

与图 10-54 所示梯形图程序对应的语句表如表 10-31 所示。

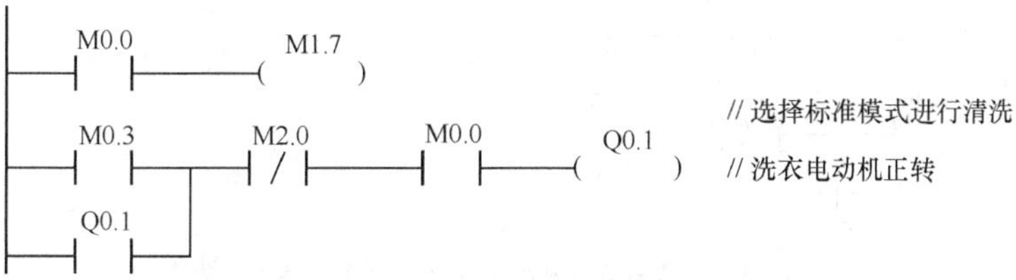

图10-54　全自动洗衣机控制系统梯形图程序（六）

369

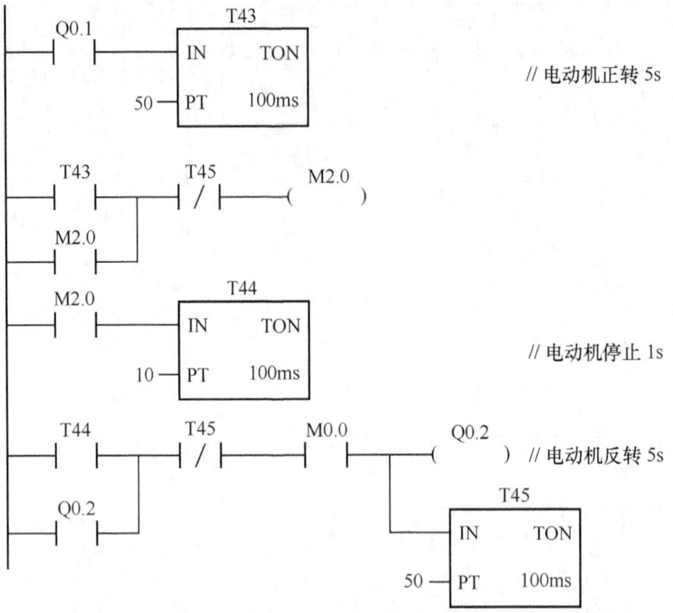

图10-54 全自动洗衣机控制系统梯形图程序（六）（续）

表 10-31 　　　　　　　与图 10-54 所示梯形图程序对应的语句表

命令	地址	命令	地址	命令	地址	命令	地址
LD	M0.0	=	Q0.1	=	M2.0	A	M0.0
=	M1.7	LD	Q0.1	LD	M2.0	=	Q0.2
LD	M0.3	TON	T43,50	TON	T44,10	TON	T45,50
O	Q0.1	LD	T43	LD	T44		
AN	M2.0	O	M2.0	O	Q0.2		
A	M0.0	AN	T45	AN	T45		

与图 10-55 所示梯形图程序对应的语句表如表 10-32 所示。

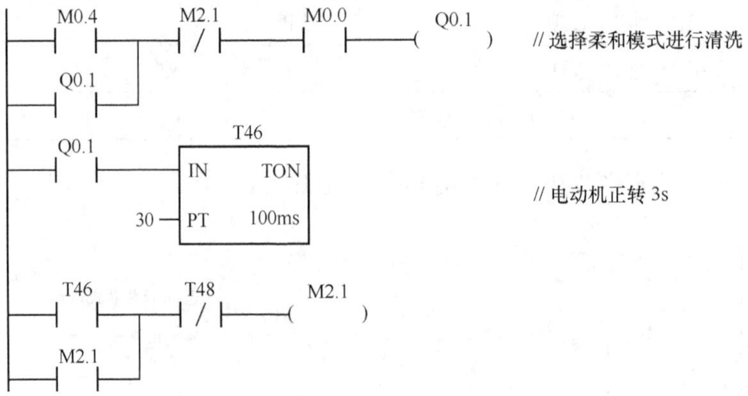

图10-55 全自动洗衣机控制系统梯形图程序（七）

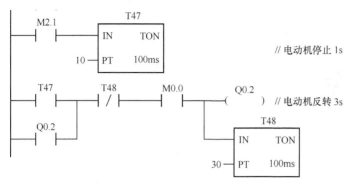

图10-55　全自动洗衣机控制系统梯形图程序（七）（续）

表 10-32　　　　　　　　与图 10-55 所示梯形图程序对应的语句表

命令	地址	命令	地址	命令	地址	命令	地址
LD	M0.4	LD	Q0.1	=	M2.1	AN	T48
O	Q0.1	TON	T46,30	LD	M2.1	A	M0.0
AN	M2.1	LD	T46	TON	T47,10	=	Q0.2
A	M0.0	O	M2.1	LD	T47	TON	T48,30
=	Q0.1	AN	T48	O	Q0.2		

10.3.4　经验与总结

本节通过全自动洗衣机控制系统的设计，巩固了 S7-200 系列 PLC 对定时器和计数器的知识，学习了 S7-200 系列的子程序及循环指令的用法。

10.4　本章小结

本章通过 3 个实例说明了 S7-200 系列 PLC 在日常生活和工业生产中的应用，其中应掌握以下内容。

① 通过带人行横道过马路请求的十字路口交通信号灯控制系统的设计，主要掌握 S7-200 系列 PLC 计数器和定时器的使用方法。

② 通过污水处理系统的设计，主要掌握 S7-200 系列 PLC 的变频器控制和 PID 指令的用法。

③ 通过全自动洗衣机控制程序的设计，主要掌握 S7-200 系列 PLC 子程序的调用和循环指令的用法。

附 录

附录1　S7-200 系列 PLC CPU 规格

附录 1-1　S7-200 系列 PLC CPU 规格

S7-200 系列 PLC CPU 规格如附表 1-1 所示。

附表 1-1　　　　　　　　　　　　S7-200 系列 PLC CPU 规格

CPU 类型	CPU221	CPU222	CPU224	CPU226	CPU226XM
存储器					
用户程序空间（Byte）	4 096		8 192	8 192	16 384
用户数据（EEPROM）（Byte）	2 048（永久存储）		5 120（永久存储）	5 120（永久存储）	10 240（永久存储）
装备（超级电容）（可选电池）	50h/典型值（40℃时最少 8h）200d/典型值		190h/典型值（40℃时最少 120h）200d/典型值		
I/O					
本机数字输入/输出	6/4	8/6	14/10	24/16	
数字 I/O 映像区	256（128 入/128 出）				
模拟 I/O 映像区	无	32（16 入/16 出）	64（32 入/32 出）		
允许最大的扩展模块	无	2 模块	7 模块		
允许的最大智能模块	无	2 模块	7 模块		
脉冲捕捉输入	6	8	14		
高速计数 单相 两相	4 个计数器 4 个 30kHz 2 个 20kHz		6 个计数器 6 个 30kHz 4 个 20kHz		
脉冲输出	2 个 20kHz（DC 输出 only）				
常规					
定时器	356 定时器；4 个定时器（1ms）；16 定时器（10ms）；236 定时器（100ms）				
计数器	256（由超级电容或电池备份）				

续表

CPU 类型	CPU221	CPU222	CPU224	CPU226	CPU226XM
内部存储位 失电保护	256（由超级电容或电池备份） 112（存储在 EEPROM）				
时间中断	2 个 1ms 分辨率				
边沿中断	4 个上升沿和/或 4 个下降沿				
模拟量调查	1 个 8 位分辨率		2 个 8 位分辨率		
布尔量运算执行速度	0.37μs/指令				
时钟	可选卡件		内置		
卡件选项	存储卡、电池卡和时钟卡		存储卡和电池卡		
集成的通信功能					
接口	1 个 RS-485 口		2 个 RS-485 口		
PPI、DP/T 波特率	9.6kbit/s、19.2kbit/s、187.5kbit/s				
自由口波特率	1.2～115.2kbit/s				
每段最大电缆长度	使用隔离的中继器：187.5kbit/s 可达 1 000m，38.4kbit/s 率可达 1 200m；未使用隔离中继器：50m				
最大站数	每段 32 个站，每个网络 126 个				
最大主站数	32				
点到点（PPI 主站模式）	是（NETR/NETW）				
MPI 连接	共 4 个，2 个保留（1 个给 PG，1 个给 OP）				

附录 1-2 S7-200 系列 PLC CPU 电源规范

S7-200 系列 PLC 电源规范如附表 1-2 所示。

附表 1-2　　　　　　　　　　S7-200 系列 PLC 电源规范

	DC		AC	
输入电源				
输入电压	DC 20.4～28.8V		AC 85～264 V（47～63Hz）	
输入电流 CPU221 CPU222 CPU224 CPU226/CPU226XM	仅 CPU，DC 24V 80mA 85mA 110mA 150mA	最大负载，DC 24V 450mA 500mA 700mA 1050mA	仅 CPU 30/15mA， AC 120/240V 40/20mA， AC 120/240V 60/30mA， AC 120/240V 80/40mA， AC 120/240V	最大负载 120/60mA， AC 120/240V 140/70mA， AC 120/240V 200/100mA， AC 120/240V 320/160mA， AC 120/240V
冲击电流	10A，DC 28.8 V		20A，AC 264 V	

续表

DC		AC
输入电源		
隔离（现场与逻辑）	不隔离	AC 1 500V
保持时间（掉电）	10ms，DC 24V	20/80ms，AC 120/240 V
保险（不可替换）	3A，250V 慢速熔断	2A，250V 慢速熔断
DC 24V 传感器电源		
传感器电压	L+减 5V	DC 20.4～28.8 V
电流限定	1.5A 峰值，终端限定非破坏性	
纹波噪声	来自输入电源	小于 1V 峰峰值
隔离（传感器与逻辑）	非隔离	

附录 1-3　S7-200 系列 PLC CPU 数字量输入规范

S7-200 系列 PLC CPU 数字量输入规范如附表 1-3 所示。

附表 1-3　　　　　　　S7-200 系列 PLC CPU 数字量输入规范

常规		DC24V 输入	
类型		漏型/源型（IEC 类型 1 漏型）	
额定电压		DC 24V，4mA 典型值	
最大持续允许电压		DC 30V	
浪涌电压		DC 35V，0.5s	
逻辑 1（最小）		DC 15V，2.5mA	
逻辑 0（最大）		DC 5V，1mA	
输入延迟		可选（0.2～12.8ms） CPU226，CPU226XM；输入点 11.6～12.7 具有 固定延迟（4.5ms）	
连接 2 线接近开关传感器（Bero）允许的漏电流（最大）		1mA	
隔离（现场与逻辑）		是	
光电隔离		500V，1min	
高速输入速率（最大）		单相	两相
逻辑 1= DC 15～30V		20kHz	10kHz
逻辑 1= DC 15～26V		30kHz	20kHz
电缆长度（最大）	屏蔽	普通输入 500m，HSC 输入 50m	
	非屏蔽	普通输入 300m	

附录 1-4　S7-200 系列 PLC CPU 数字量输出规范

S7-200 系列 PLC CPU 数字量输出规范如附表 1-4 所示。

附表 1-4　　　　　　　　　　　S7-200 系列 PLC CPU 数字量输出规范

常规		DC24V 输出	继电器输出
类型		固态–MOSFET1	干触点
额定电压		DC 24V	DC 24V 或 AC 250 V
电压范围		DC 20.4～28.8V	DC 5～30V 或 AC 5～250V
浪涌电流（最大）		8A，100ms	7A 触点闭合
逻辑 1（最小）		DC 20V，最大电流	—
逻辑 0（最大）		DC 0.1V，10kΩ 负载	—
每点额定电流（最大）		0.75A	2.0A
每个公共端的额定电流（最大）		6A	10A
漏电流（最大）		10μA	—
灯负载（最大）		5W	20W（DC），200W（AC）
感性钳位电压		L+减 DC 48V，1W 功耗	—
接通电阻（触点）		0.3Ω 最大	0.2Ω（新的时候的最大值）
隔离 光电隔离（现场到逻辑） 逻辑到触点 触点到触点 电阻（逻辑到触点）		AC 500V，1min — — 	 AC 1500V，1min AC 750V，1min 100 MΩ
延时 断开到接通/接通到断开（最大） 切换（最大）		2μs（Q0.0 和 Q0.1） 15/100μs（其他） —	— 10ms
脉冲频率（最大）Q0.0 和 Q0.1		20kHz	1Hz
机械生命周期		—	10 000 000 次（无负载）
触点寿命		—	100 000 次（额定负载）
同时接通的输出		55℃时，所有的输出	55℃时，所有的输出
两个输出并联		是	否
电缆长度（最大）	屏蔽	500m	500m
	非屏蔽	150m	150m

附录 2　S7-200 系列 PLC 数字量扩展模块

附录 2-1　S7-200 系列 PLC 数字量扩展模块输入规范

S7-200 系列 PLC 数字量扩展模块输入规范如附表 2-1 所示。

附表 2-1　　　　　　　　S7-200 系列 PLC 数字量扩展模块输入规范

常规		DC24V 输入	AC120/230V 输入（47～63Hz）
类型		漏型/源型（IEC 类型 1 漏型）	IEC 类型 1
额定电压		DC 24V，4mA	AC 120V，6mA 或 AC 230V，9mA（通常）
最大持续允许电压		DC 30V	DC 264V
浪涌电压（最大）		DC 35V，0.5s	—
逻辑 1（最小）		15V，2.5mA	AC 79V，2.5mA
逻辑 0（最大）		DC 5V，1mA	AC 20V 或 AC 1 mA
输入延时（最大）		4.5ms	15ms
连续 2 线接近开关传感器（Bero）允许的漏电流（最大）		1mA	AC 1mA
隔离 光电隔离（现场到逻辑）同时接通的输入		AC 500V，1min 55℃时所有输入	AC 1 500，1min 55℃时所有输入
电缆长度（最大）	屏蔽	500m	500m
	非屏蔽	300m	300m

附录 2-2　S7-200 系列 PLC 数字量扩展模块输出规范

S7-200 系列 PLC 数字量扩展模块输出规范如附表 2-2 所示。

附表 2-2　　　　　　　　S7-200 系列 PLC 数字量扩展模块输出规范

常规		DC24V		继电器输出		AC120/230V 输出
		0.75A	5A	2A	10A	
类型		固态-MOSFET		干触点		过零触发
额定电压		DC 24V		DC 24V 或 AC 250V		AC 120/230V
电压范围		DC 20.4～28.8V		DC 5～30V 或 AC 5～250V		AC 40～264V （47～63Hz）
DC 24V 线圈电源电压范围		—		DC 20.4～28.8V		
浪涌电流（最大）		8A，100ms	30A	7A，触点闭合	7A，触点闭合	5A（均方根值）2AC 周期

续表

常规		DC24V		继电器输出		AC120/230V 输出
		0.75A	5A	2A	10A	
逻辑 1（最小）		DC 20V		—		L1（−0.9V（均方根））
逻辑 0（最大）		DC 0.1V	DC 0.2V	—		
额定电流/每点（最大）		0.75A	5A	2.00A	10A 阻性 DC 2A 感性 AC 3A 感性	0.5A，AC3
额定电流/每个公共点（最大）		6A	5A	8A	10A	0.5A，AC
漏电流（最大）		10μA	30μA	—		1.1mA（均方根值）AC 132V 时以及 1.8mA（均方根值）AC 264V 时
灯负载（最大）		5W	50W	30W（DC）/ 200W（AC）	100W（DC）/ 1000W（AC）	60W
感性钳位电压		L+减 48V	L+减 48V	—		
接通状态电阻（触点）		0.3Ω（最大）		0.2Ω 最大，新的时候	0.1Ω 最大，新的时候	410Ω 最大，当负载电流小于 0.05A 时
隔离 光电隔离（现场到逻辑）线圈到逻辑 线圈到触点 触点到触点 电阻（线圈到触点）隔离组		AC 500V，1min — — — — —		无 AC 1 500V，1min AC 750V，1min 100MΩ，新 4 点		AC 1 500V，1min — — — — 1 点
延时 断开到接通/接通到断开 切换（最大）		50μs 最大/ 200μs —	500μs 最大/ 200μs —	10ms	10ms	0.2ms+1/2AC 周期 —
切换频率（最大）		—		1Hz		10Hz
机械生命周期		—		10 000 000 次（无负载）	30 000 000 次（无负载）	—
触点寿命		—		100 000 次（额定负载）	300 000 次（额定负载）	—
同时接通的输出		55℃ 所有输出		55℃时，所有输出	55℃时，所有输出	55℃时所有输出
并联两个输出		是		否		否
电缆长度（最大）	屏蔽	500m		500m		500m
	非屏蔽	150m		150m		150m

附录 2-3 S7-200 系列 PLC 数字量扩展模块输出规范（大电流型）

S7-200 系列 PLC 数字量扩展模块输出规范（大电流型）如附表 2-3 所示。

附表 2-3　　　　　S7-200 系列 PLC 数字量扩展模块输出规范（大电流型）

常规		DC24V 输出	继电器输出
类型		固态–MOSFET1	干触点
额定电压		DC 24V	DC 24V 或 AC 250 V
电压范围		DC 20.4～28.8V	DC 5～30V 或 AC 5～250V
DC 24V 线圈电源电压范围		—	DC 20.4～28.8V
浪涌电流（最大）		8A，100ms	7A 触点闭合
逻辑 1（最小）		DC 20V	—
逻辑 0（最大）		DC 0.1V	—
每点额定电流（最大）		0.75A	2.0A
每个公共端的额定电流（最大）		6A	8A
漏电流（最大）		10μA	—
灯负载（最大）		5W	30W（DC）/200W（AC）
感性钳位电压		L+减 DC 48V	—
接通电阻（触点）		0.3Ω 最大	0.2Ω（新的时候的最大值）
隔离 光电隔离（现场到逻辑） 线圈到逻辑 线圈到触点 触点到触点 电阻（线圈到触点）		AC 500V，1min — — — —	— 无 AC 1 500V，1min AC 750V，1min 100 MΩ 最小，新的时候
延时 断开到接通/接通到断开（最大） 切换（最大）		50μs 最大/200μs —	— 10ms
切换频率（最大）		—	1Hz
机械生命周期		—	10 000 000 次（无负载）
触点寿命		—	100 000 次（额定负载）
同时接通的输出		55℃时，所有的输出	55℃时，所有的输出
两个输出并联		是	否
电缆长度（最大）	屏蔽	500m	500m
	非屏蔽	150m	150m

附录3   S7-200 系列 PLC 模拟量扩展模块

附录 3-1   S7-200 系列 PLC 模拟量扩展模块输入规格

S7-200 系列 PLC 模拟量扩展模块输入规格如附表 3-1 所示。

附表 3-1   S7-200 系列 PLC 模拟量扩展模块输入规格

常规		6ES7231-0HC22-0XA0	6ES7235-0KD22-0XA0
双极性, 满量程		−32 000～+32 000	−32 000～+32 000
单极性, 满量程		0～32 000	0～32 000
直流输入阻抗		≥10MΩ 电压输入 250Ω 电流输入	≥10MΩ 电压输入 250Ω 电流输入
输入滤波衰减		−3dB, 3.1kHz	−3dB, 3.1kHz
最大输入电压		DC 30V	DC 30V
最大输入电流		32mA	32mA
分辨率		12 位 A/D 转换器	12 位 A/D 转换器
隔离（现场到逻辑）		否	否
输入类型		差分	差分
输入范围	电压（单极性）	0～10V, 0～5V	0～10V, 0～5V 0～1V, 0～500mV 0～100mV, 0～50mV
	电压（双极性）	±5V, ±2.5V	±10V, ±5V, ±2.5V, ±1V, ±500mV, ±250mV, ±100mV, ±50mV, ±25mV
	电流	0～20mA	0～20mA
输入分辨率	电压（单极性）	0～10V, 2.5mV 0～5V, 1.2mV	0～50mV, 12.5μV 100mV, 25μV 0～500mV, 125μV 0～1V, 250μV 0～5V, 1.25mV 0～10V, 2.5mV
	电压（双极性）	±5V, 2.5mV ±2.5V, 1.25mV	±25mV, 12.5μV ±50mV, 25μV ±100mV, 50μV ±250mV, 125μV ±500mV, 250μV ±1V, 500μV ±2.5V, 1.25mV ±5V, 2.5mV ±10V, 5mV

续表

常规	6ES7231-0HC22-0XA0	6ES7235-0KD22-0XA0
电流	0～20mA，5μA	0～20mA，5μA
模拟到数字转换时间	<250μs	<250μs
模拟输入阶跃响应时间	1.5ms	1.5ms
共模抑制	40dB，60Hz（DC）	40dB，60Hz（DC）
共模电压	信号电压加共模电压必须≤±12V	信号电压加共模电压必须≤±12V
DC 24V 电压范围	20.4～28.8V	20.4～28.8V

附录 3-2　S7-200 系列 PLC 模拟量扩展模块输出规范

S7-200 系列 PLC 模拟量扩展模块输出规范如附表 3-2 所示。

附表 3-2　　　　　　　　　　S7-200 系列 PLC 模拟量扩展模块输出规范

常规		6ES7232-0HB22-0XA0	6ES7232-0KD22-0XA0
隔离（现场到逻辑）		无	无
信号范围	电压输出	±10V	±10V
	电流输出	0～20mA	0～20mA
分辨率，满量程	电压	−32 000～+32 000	−32 000～+32 000
	电流	0～+32 000	0～+32 000
数据字格式	电压	−32 000～+32 000	−32 000～+32 000
	电流	0～+32 000	0～+32 000
精度	最差情况（0～55℃） 电压输出	±2%满量程	±2%满量程
	最差情况（0～55℃） 电流输出	±2%满量程	±2%满量程
	典型（25℃） 电压输出	±5%满量程	±5%满量程
	典型（25℃） 电流输出	±5%满量程	±5%满量程
	设置时间 电压输出	100μs	100μs
	电流输出	2ms	2ms
最大驱动	电压输出	5 000Ω 最小	5 000Ω 最小
	电流输出	500Ω 最大	500Ω 最大